落日

日落

（上）

最長之戰在緬甸1941-1945

作者序

　　我想,我應該說明寫這本書的初衷,以及寫完之後想法的改變。首先,緬甸戰爭不僅僅是「一個」精采絕倫的故事,而是「許多」動人故事的集合。這些英雄甚至是說故事者本人,都是了不起的人物。有些故事是軍方作家所寫的,包括了第十四軍團長:陸軍元帥史林姆(William Slim)子爵本人。的確,有幾場戰役已由這位獲勝將軍詳細記錄下來。他深入觀察個別戰鬥的特點、士兵的特質,而且用辭巧妙。但是史林姆有一個非常獨特的部隊:溫蓋特(Wingate)遠征軍,由幾位縱隊長如弗格森(Fergusson)、卡弗特(Calvert)、馬斯德斯(Masters)的著作所精彩描述;而伊文斯(Evans)將軍筆下的「方鎮」以及伊洛瓦底江渡河戰,是多麼令人難忘;伊文斯並且和安東尼・布雷特－詹姆斯(Antony Brett-James)合寫了日軍侵略印度的書。邁爾斯・史密頓(Miles Smeeton)利用航行維多利亞角的空檔中,即興寫下指揮坦克進攻密鐵拉引人入勝的實況;小說家貝特斯(Bates)及巴克斯特(Baxter)將敗退之恐怖情況,寫成難忘的小說;正若李察・馬森(Richard Mason)描述驚悚刺激的「因帕爾戰役」。還有其他不計其數的日本人以及英國軍人,描述個人的冒險及患難,創作了大故事中的許多小故事。

　　緬甸之戰,涉及了許多種族和各種不同的動機:其中有英、日、中、美、印度、廓爾喀、東西非洲、緬甸、克倫、克欽等族人。緬戰也涉及各種軍事行動,就像日本防衛廳的不破博大佐所形容的:緬甸大戰是兼叢林戰、山岳戰、沙漠戰與海戰而有之的複合戰;既有如石器時代的肉搏戰,也有即使二十世紀

也少見的,空運整個師的裝甲車及戰車的快速而高效率作業。

乘滑翔機,降落在遙遠的山中小徑,又搭海軍小艇,在若開(原名阿拉干)沿岸的紅樹林沼澤中,放下突擊隊員;無論英軍或日軍,都在離家千里的異地,雪花紛飛下翻山越嶺;雨季時,在傾盆大雨中長途跋涉泥濘的稻田,走到軍靴破爛。這樣的地形和天氣,就跟你的敵人一樣,都會要你的命。

緬甸是世界上最美麗的國度之一。先經過印度大陸的烘烤,之後再飛越緬甸濃綠的森林,對眼睛是一種恩賜;但這森林卻是病菌的溫床,足以毀滅一整個師的戰力。一隻小小蝨子,傳遞致命的灌木叢斑疹傷寒。若不小心,一隻蚊子也可引發成千上萬人因瘧疾而倒下。水蛭穿過綁緊的靴子、褲子縫隙,吸人血而活,直到點菸炙牠,才能驅離。所以這場戰爭,除了刺刀戰、炮戰、空戰外,也是醫療戰。它更是一場運輸戰,勝敗往往取決於空中或是陸上、水上的補給,而且經常是不足的。它是一場場非常殘酷的戰鬥,有時當場斃命會更勝於被俘。指揮官的絕望,逼使士兵走上自殺攻擊是下策,而對違反軍令者的懲罰,更回復到十九世紀的野蠻。

它見證了一九三〇到一九四〇年代,軍國化的日本向西進攻的最遠地點,結果日軍吃了史所未見的最大陸上敗仗。日軍的敗北,大都由英人當軍官,次大陸(印度大陸)各族人為士兵,所合成軍隊共創之成就(這些士兵並非暴亂後招降納叛來的印度好戰分子),如今這種部隊已不復存在。這支印度部隊是緬戰勝利的工具,他們飲食不同,說話南腔北調,最後簡化混成英國各階級用在戰地的所謂「烏都語」。

從一九四一年黑色的十二月開始,當時諸事不順,直到一九四五年盟軍得到疲憊的但殲滅式的勝利,很難不注意它悲

劇性的轉折,緬戰成為英國在二戰中最長的戰爭。表面上,緬戰有兩個目的:一是開闢通往中國的滇緬公路,使中國可以繼續留在戰場牽制大批日軍師團,以免轉來攻擊盟軍;另一是收復大英帝國的領土。然而,想從公路安全通往昆明,為時已晚;因為戰爭即將結束,而且飛機也比公路運載更多的補給。原先為了奪回緬甸,英國艱苦奮戰,但在第十四軍趕走日軍以後,短短三年緬甸卻脫離大英國協,獲許獨立。

科希馬戰場豎立的石碑,刻有簡潔卻道盡辛酸的文字:

> 當你們到家以後
> 告訴他們:我們
> 為了你們的明日
> 獻出自己的今天

但那些犧牲者究竟是為了誰的「明日」?是為一個瀕臨自我解體的帝國?她知道無法再用那太脆弱且毫無自信的軍隊,來維持以往富裕的領地?然而,認為這些犧牲者死得毫無價值,那也太簡單。如果讓日本最有野心的牟田口廉也中將的夢想實現,如果他侵入印度毫無阻礙,情況會是如何?他見到有機會可以將印度從英人手中奪走,擊潰英國在東方的勢力,逼英國必須從這場戰爭撤退。倘若加上與通過高加索及波斯的德軍聯手,日本可能會達成目的;雖非擊敗美國,而是孤立美國於盟軍之外,最終可能造成個別的談和。與這群在日本及德國近代歷史上最糟的壞蛋妥協,會造成一個「極權-軍國主義」的灰暗世界。當我們審視目前的實際情況,毫無疑問,會認為這些都是幻想;可是,當年這場戰爭,正就是以這樣的信念贏回的。

因此，本書不只從軍事面描寫個人和部隊的如何英勇及懦弱，或將軍們的愚蠢、野心或睿智，還包括許多其他的描述。政治操作最根本的，不只是根據何種因素派遣部隊，也對緬甸人終成自己國家的主人造成影響。英、日在緬甸兩度大戰，縱橫蹂躪該國，很少為了緬甸人本身。雙方都承諾要解放緬人，但必須按照己方開出的條件。種族問題，是造成敵對雙方，以及激發戰志的重要動機。性的問題，包括強奪或徵召女人，以解決自國戰士的饑渴與思鄉情懷。[1]

我曾試著記下所知的種種，但後來總覺得雙方天生敵意加上語言的鴻溝、嚴重且激烈的偏見，會把曾是盟友的人撕裂。不難回想到，當年作為二十二歲年輕戰士的我，天真和無知，而且也很慚愧。在閱讀藏在檔案館中英、日文有關緬戰的官方歷史、將領們辯白、新聞報導、私人回憶錄、日記或記述之著作等大量資料，又與雙方人士不斷溝通，分享或爭辯記憶中的情節之後，我修正了原來潛在的臆想。現代電子科技驚人的發展，使我再次聽見緬甸戰場的聲音：按一下開關，我在德蘭大學大教堂遮蔭下的舒適書房，能聽到重擊科希馬戰場小丘上教堂的機槍聲，及里斯將軍攻擊曼德勒杜佛林堡壘的號令聲；或在因帕爾報導的BBC戰地記者，因目睹日兵從附近路旁斷崖衝出，以手榴彈將自己腹部炸開當下所發出的驚叫。

日本人說，爪哇是他們在亞洲最快樂的一站，緬甸則為最悲慘之地域。在此作戰的英軍，也證實後者。離家千萬里，經

---

[1] 譯註：作者用"Le repos du guerrier"，意即「戰士之眠」。Le repos du guerrier 是法國小說家 Christiane Rochefort 於 1958 年發表的作品，描述一位女士救了一位要自殺的戰士，接著兩人在一起，她自認為兩人戀愛了，但男方只求性的滿足。1962 年由碧姬芭杜擔任主角拍成電影。英文片名是 The Lovers on the Pillow（枕上情侶）更加傳神。

常一待好幾年，補給線既長又不穩，且被母國大眾忽略，因為這場戰爭的本質，超越一般經驗。作戰的對象，比德軍還難懂。雖然不像德軍在歐洲進行種族大屠殺如此罪孽深重，但日軍看來更殘酷。因為陌生和語言的隔閡，是難以超越的障礙；從此以後，對英國和日本人相互間的看法，一直是我最關心的。

能記得緬甸戰事的人，最年輕的也快六十歲了；但我想這些老人不會忘記的。雖然經過幾十年歲月沖刷，即便事過境遷，記憶已褪色，但絕對會認可在緬的極端經驗是絕無僅有的。如果捫心自問，就會承認曾經參與一個空前絕後撲朔迷離且悲悽慘絕的超大戰役，即使昔年在場時會當局者迷。戰爭的殘暴、剝削、疾病與淌血，不安、悲憫或孤寂，加上冒險犯難的激情，我認為他們記不記得這些苦澀都不重要；因為無論日本或英國人，昔年戰爭的證據都一樣會透過各種方式刻下印記，出版在世界各大書局有關緬甸戰役的著作中，永無止境。

我之所以寫這本書，就是要述說這場戰爭的實況，以及我認為它所代表的意義，以探究戰爭背後的政治結構，同時描繪奇異又複雜的戰陣上，每個人奇妙又複雜的遭遇。我還想從敵對的雙方，來說明這場戰爭。因帕爾和科希馬戰役距今四十年，已經太久了，雙方都不該仍舊守著刻板印象，把戰時之敵，看成卡通人物，而是將心比心，看成常人：他們各式各樣，有平凡又簡單，有狡猾兼世故；有的可能非常殘忍，也有的具備無比的勇氣，也都要在本書還其本色。

路易士・艾倫
於德蘭大學 一九八四年二月

譯者序

　　一九四一年十二月日本加入軸心國，掀起整個世界的大戰，當時世界首強所謂「日不落」英帝國遭遇多線攻擊，東南亞英軍抵擋不住，紛紛敗退。緬甸一線更然，英、美、中的盟軍與日軍一接觸，竟然大敗。為此，英帝國情報部門迫切需要日語人才。曼徹斯特法語專業畢業的路易士・艾倫（Louis Allen，1922-1991），加入了海鷹步兵營，再受 SOAS（倫敦大學亞非學院）接受陸軍部強化日本語言課程招募，成為這方面新秀。

　　一九四三年十月，盟軍從印緬邊境的雷多展開反攻。次年三月，華軍首勝日本最強第十八師團於緬北瓦魯班，繼勝第五十六師團於緬北密支那，迫日將自裁於伊洛瓦底江畔。同年，英軍亦試圖深入日敵後方，使兩面夾攻，反擊日軍。日軍被逼，展開入侵印度因帕爾的「ウ號作戰」。但日軍到七月即慘敗。以單一作戰計畫損失規模而論，此戰為日軍在二次世界大戰期間，損傷最慘重的戰役；接著英軍也開始反攻緬甸。

　　也在一九四四年，二十三歲的艾倫入伍，被派往新德里 CSDIC 總部（聯合服務詳細審訊中心）和 SEATIC（東南亞翻譯和審訊中心）執行任務。一九四五年，艾倫在緬甸的英第四軍第十七印度師服役。他從虜獲文件，破譯日軍跨過錫當河突圍的計畫，使英軍即時反制而立大功。九月「太陽國」日本投降，太陽旗落緬甸。

　　日本投降後，他受雇聯絡叢林內的日軍，曉諭日兵，使肯認戰事結束。並在緬南 Payagyi 日軍戰俘營擔任翻譯，參與採訪日本參謀，講出日軍規劃制定戰略戰術等的過程，備極重要。

翌年，因嫺熟法語他兩度被派法屬印度支那（越南），協助日軍撤離。由於精通多國語言，只有學士學位的路易士，此後足以在大學贏得一席之地。當然，參與二戰的經歷與所蒐集資料，更使他具備畢生在德蘭大學工作的條件。雖然「日不落」英帝國後來也失去了遠東的大部分殖民地，退回英倫三島。但因路易士繼續努力詳盡研究與寫作，兒子 Ian Allen 回憶：父親大半生住在德蘭大學校舍，家中除了大教堂鐘聲外，就是打字機按鍵的聲音。這使艾倫遲至一九八四年二月，還能歷數四十年的因帕爾和科希馬等等數不清戰役的故事，寫成這部大書。書中他認為昔日在緬甸火拼的英日雙方，都不該守著舊惡，把戰時與敵之死鬥，看成卡通漫畫的廝殺。他認為要跳出來將心比心，改為相互以「人」對待。當然，這些人又有各式各樣的，不論是平凡又簡單，或狡猾兼世故；有的可能非常殘忍，也有的具備無比的勇氣，都要在《日落落日：最長之戰在緬甸 1941-1945》留一筆，並還其本色。憑著這種理解與善念，學術工作之餘，艾倫也為英日相互理解與和解而努力奔走。

當然，除了這 *Burma: The Longest War，1941-45*，還有五部重要著作。但是，這一部無疑才是巨著：必須以文武合一的學術根柢，才能解讀與譯介。

我們這群東方世界的中譯者，與直接參戰，很快就出版日文本的日人譯者不同。一九九五年，日譯本《ビルマ 遠い戰場》出版，書中日軍的漢字姓名，對我們的中譯助益甚大。但心態上，我們不受參戰者記憶中的情緒所圍。實質上，緬甸這真實世界大戰的歷史牽涉太廣，要將艾倫的這部巨作 *Burma: The Longest War，1941-45*，以心領之，將神會之，超然翻成中文，非常辛苦，我們因此耗去十二年光陰。

即使我們這工作一開始就受重視，在中華戰略學會兩位上將王文燮、丁之發的積極支持下，已請來包含史編局傅應川中將、駐韓大使林尊賢、孫立人上將舊屬陶瓊藻董事長、日譯權威曾清貴上校等各類學者專家的陣容，而且先聚該學會，繼在臺大社科院、中研院、火車站前牛排館、延壽街咖啡廳集體咬文嚼字，但是分配每人各做一兩章並不成功，譯出之後，仍多有不知所云者。在數位傑出教授退出後，又在近幾年增加幾位翻譯好手參與，交叉支援各章，前後因此超過三十位參與，使合力增補與校正，以達到首尾貫串順暢的程度。其詳如下：

第一章 The Bridge（日炙孤橋）由主持人中央研究院的研究員朱浤源（兼臺大政治系教授）開其端、李軼（時在新加坡任南洋理工大學博士後研究）接續（李小姐先齊赴緬甸訪問與錄音，後應邀來臺出席國防大學國際研討會，結婚嫁至英國，從事教學工作），描繪的重點是「日不落國」落了；第二章 The Balance（我們譯為「棋逢對手」）：The first Arakan battles；the first Wingate expedition 也由李軼主譯，描寫英軍借助華、美軍，並先期滲入緬甸中部日軍後方，但在損兵折將的同時，士氣已經提振。這兩章算是本書的開場白。

第三章木村侵印則敦請已經米壽，但思路與精力旺盛的傑出翻譯家黃文範（香港翻譯會的「會士」）主譯 The Box: The Japanese plan to invade India; the battle of the Admin Box，以及第四章 The Base（劍裂矢盡），描述 March-July 1944 日軍大敗於印度的 Imphal、Kohima 細節，也由黃一氣喝成，漂亮痛快地譯出，完成本書份量最重，頁數也最多的部分，奠定中譯「最長之戰在緬甸」基礎，客觀刻畫日軍作惡自斃，被逼自印度快速敗回緬甸的故事。這是最長之戰的第二場景，「落日」

的開始。

接著,是 Allen 又寫「日不落」國又能「落日」:英帝新的重頭戲開始了:英軍的反擊,從第五章 The Backdoor: Wingate and Stilwell(再襲敵後)啟動,本團隊由軍人子弟楊晨光博士(崑山科技大學兼任講師)先發,再由陸軍官校政治系講師楊力明接棒修補;第六章 The Bastion: The Irrawaddy crossings; back to Mandalay(越江奪堡)由楊力明負責主譯,接著與摯友美國姚敏芝,邀同日籍同學野澤多美、夫婿郭文安合作全書校對。

第七章 The Battering-Ram: The capture and siege of Meiktla(重槌攻城)原由政治學博士林若雩(淡江大學所長、主任)先發。其譯文再經臺大歷史系博士二戰海軍史權威、東京大學博士後與武藏野大學非常勤講師蕭明禮繼續經營了十年;第八章 The Battue: The pursuit: Pyawbwe to Rangoon 描繪英軍以戰車為主力敲打日軍至仰光,此章交由我國譯介戰車最權威的軍武專家黃竣民先生擔綱;

第九章再換角度細看日軍的如何掙扎脫出 The Breakout :The Japanese breakout from the Pegu Yomas; across the Sittang,先由邱炫煜(臺灣師範大學副教授)試譯,最後則由通曉英、日、中文的蕭明禮博士處理;第十章 The Beaten: The Japanese surrender(敗北投降)原請梁一萍(臺灣師範大學英語系)教授,以及第十一章 The Backwash: War and politics in Burma(本土反正)由時任該系主任的張瓊惠教授主譯,後來的十年,又再由本核心團隊,以慢工增補;最後的第十二章 The Backlog: How the armies see each other; sex, race, class and the aesthetic response(戰後回眸)為喜好文學的 Allen 畫

龍點睛之作，也由第一章的兩名譯者朱浤源、李軼結尾。

本書還有甕底好酒在附錄以及補錄之中：附錄1：Casualty Figures（傷亡人數）最具權威性。並可看到日軍王牌久留米礦工子弟組成的第十八師團的死亡人數統計，竟然高過該師團的編制，從中看出其對手孫立人的新一軍，在緬北戰場斬殺日軍的「績效」、附錄2：The debate on the Sittang Bridge（錫當橋炸橋之爭）、附錄3：Notes on the battle at Sangshak（桑薩克戰鬥備忘錄）、附錄4：British and Japanese units in Burma（1944英日軍事單位與人力）以及Bibliography（參考文獻），均由蕭明禮、鄭鈺山（瑞士歐洲大學DBA博士）和朱浤源負責。可惜由朱浤源、平山光將、李軼、程志媛、李飄星（U Tin Win 仰光華僑）、曾清貴等至少六人合作的Index（索引），為節省篇幅最後全刪了。

但我們團隊特別加上的三個補錄超級重要：補錄一「緬甸地名中譯」是個兩岸、緬甸華人國際合力製作的非常難統一中譯的工作，朱浤源、李軼、緬北華僑楊榮鎖等人做了許久，後來加上楊力明、李惠玲等十多人，仍不滿意。補錄二「軍隊編制名稱及人數對照表（英、中、日陸軍）」、補錄三「軍階名稱對照表（英、中、日陸軍）」，均由楊力明、朱浤源總其成。

至於全書各章總編校，則有楊力明、姚敏芝、蕭明禮、朱珮瑜，與負責核定的朱浤源。

研究與田野調查，戰地方面，朱浤源、簡明有與武之璋等多次到戰地緬甸，尤其緬北。臺灣花蓮玉里的緬甸建國三十志士，受日軍密訓基地方面，朱浤源、楊力明又與緬甸華僑，在當地文史志工引導下，親赴渠等藏身山中密訓之地。還有無數次到臺灣新北市的華新路（「緬甸街」）緬僑協會，也到華夏

科技大學，請教緬僑教師與緬甸學生。

我們這個團隊為求先得真相再翻譯，經過十二年補充研究與調查，於今年完成中譯本。我們先以正體字由黎明文化公司出版，介紹給海峽兩岸讀者及軍事愛好者有關這場緬甸戰役的詳細經過。

本書敘述二戰期間，英國、日本、中國、美國，尤其大英國協內的各國的軍隊，在緬甸與日本激戰的故事。我們特別用《日落落日》，做中文譯本的書名，象徵日英兩國在戰爭中消長的過程。因為本書所記旭日旗的「太陽國日本」在一九四一年夏威夷及美國東岸時間十二月七日不宣而戰，突襲珍珠港美國海軍基地，同時侵入英屬馬來亞、英屬香港、美屬菲律賓和荷屬印尼，將號稱「日不落」強權英帝國及其殖民國打得落花流水。緊接著，日陸軍第一四三聯隊即佔領緬甸最南城鎮高當，並在該地招募反英帝殖民統治的緬甸人一同抗英，揭開了緬戰的序曲。而緬甸的建國者翁山、尼溫等三十志士，竟引導日軍一九四二年三月八日就輕易占領首都仰光，續由三十志士引領，如秋風掃落葉，五月底，日軍已席捲及控制緬甸全境。

以上是譯者群的研究發現：在此之前數月，假手先在海南密訓體能，繼來臺灣再訓槍砲使用與爆破、情蒐、造謠、變裝等戰術之後，提前混入故鄉各地布署，成功製造緬人歡迎日軍，嚴拒英、美、中等十多國盟軍的氣勢。

本書也猶如一部史詩般的故事書，詳述從最高統帥的決策、指揮官的心態、長官之間的衝突與矛盾，到最前線的官兵親身的經歷，非常詳盡。從開戰到結束，清晰地連貫、闡述了無數個故事。故事的範圍遠遠超出了純粹的軍事歷史，是多層次的、客觀而寫實地記述人類面對痛苦、殘酷的戰爭、疾病和荒涼地

形時的反應及感受。對軍事事件交代得尤其詳細,並在其各自的政治和文化背景寄予同情,對衝突雙方也給予同等的關注。

唯一缺憾就是因為 Allen 不懂中文,所以欠缺對中國軍隊的深刻描述和精確理解,此部分則由我們譯者在書中略加補正。

本書有六大特色。第一,在 Allen 以美學筆法寫作。例如原書每章名稱全部用 B 開頭,非常講究。

第二,資料非常扎實而內容豐富。正文加上地圖、照片,與附錄、附表、參考文獻目錄,略掉索引後,仍有一千多頁。

第三,艾倫既用詞優美典雅,又屬較艱深之英國文學。他又常用複合句,因此本書多處不易了解。為此,我們特別加上很多的註釋,使讀者更容易進入狀況。

第四,由於有日文翻譯本先期出版。幫助精確中譯日本的漢文人名及日文資料名稱。但留意侵略者也加入日譯陣容,會無意間流露日人譯筆具帝國意識形態的主觀偏失。

第五,因本計畫參與有二、三十多位譯者,事後統一人名、地名、資料名、組織名,以及統一體例與格式非常費時費力。再次,緬甸的地名、人名,以及各國部隊名稱、單位名稱等也要注意,故使楊力明、蕭明禮、朱浤源等,每人都校改十數次以上。

第六,因地制宜並使華文翻譯做必要發明。簡介如下:

1・發明兩個重要名詞的斟酌簡介:

（1）例如第三章 The Box,最先不知所指,其實就是補給站。日譯本翻為「圓筒陣地」,英軍原稱為「行政區」（Administration Area）,是全旅把守嚴密的生命線。因為是密閉空間,簡稱為「Admin Box」。但朱浤源認為翻成「方鎮」最恰當。

（2）楊力明老師發現翻譯容易錯的是 phrases，也就是片語或成語。例如翻錯的 "out of question"，中文意思是「沒問題」，"out of the question" 是「不可能」，二者容易混淆。

2・軍制的斟酌：軍制各國不同又因時而異，對英日兩軍的「編制」及「軍階」，我們都依據國情軍制相互對應。例如 division，在英軍譯為「師」，日軍則譯成「師團」；regiment 在英軍譯為「團」，而在日軍則譯成「聯隊」（但不用日文的「連隊」）。Colonel 在英軍譯為「上校」，在日軍則譯成「大佐」，以求保存原汁原味，且讓讀者一目了然。

3・兵器、部隊、地名、人名等詞的斟酌與統一
（1）兵器、部隊、地名、人名等翻譯的困難，兵器方面，歷經時間沖洗，也須修正為意譯以促進當代讀者的了解。
（2）緬甸地名上，問題太大。因為緬甸是多民族國家，所以每個地區都各有不同民族區的地名，故翻譯缺乏統一性。所以我們做了補錄來統一地名。
（3）人名的翻譯，也深涉緬甸社會特異的命名風俗，如「U」的尊稱：緬甸人沒有姓，成年男生的人名前都會用 U 來尊稱，我們譯為「悟」跟佛教結合。Daw 是成年女人的尊稱等等，譯者都要參考緬甸風俗習慣。

4・英、法語文名詞、名句與俚語的斟酌：翻譯本書之最難處是艾倫引用極多英、法語文世界的名著的內涵及名句，要旁徵博引才知道原意。如第一章第一回 "A bridge too few" 黃文範大師譯為「孤橋」，脫胎於 "A Bridge Too Far"，是考李留斯・

雷恩（Cornelius Ryan）名著，黃文範先生譯成《遠橋》一書。本書書名 Burma: The Longest War 也源自考李留斯·雷恩另一本書 The Longest Day，中譯為《最長的一日》，非常有名，其實也是本書翻譯大將黃文範（他今年剛好一百歲）的傑作。

本譯本 12 年前由中研院朱浤源研究員發起，爾今終於有了成果。希望此書不僅讓讀者更接受當年真實的世界大戰就在緬甸，也體會地球上陸、海、空首度立體作戰，且加上生物化學、電子，成為現代科技戰的先驅，同時也探討種族偏見、民族性的議題，還有更值得稱道的，與其他戰爭史不同的，性愛與文藝的氣息。

朱浤源、楊力明　謹序

2025/7/7

推薦序

　　第二次世界大戰是人類史上規模最大的戰爭，主要參戰國將自身國家的全部經濟、科技、工業全部用於戰爭之上，是有紀錄以來死傷最慘重的軍事衝突。二戰時間的長短，則因地而異，發動在歐洲的，就是一般世人所稱的第二次世界大戰。1939 年 9 月 1 日德國入侵波蘭，義大利繼之，日本接續其後。參戰國遍及歐、亞、非、太平洋、南北美、澳各地。1931 年日本對華發動「九一八事變」，戰亂即已開始；至 1937 年 7 月 7 日，「盧溝橋事變」引發全面作戰，史稱「對日抗戰」。

　　再從緬甸看，自 1941 到 1945 年在該地主動與被動參戰的國家與地方武力，其數量之眾，遠超以上兩地區。而且，其他地區都停戰了，緬甸卻仍持續糾纏。在中國者，時長地廣；緬甸者，人種雜、禽獸亂[1]。但兩者戰況都極慘忍血腥，是為最地道的世界大戰。這都在亞洲。

　　本書作者 Louis Allen 就是如此看緬甸，他專寫緬甸之戰。Louis Allen 的 *Burma: The Longest War 1941 – 1945* 的確給我們這種感覺。因為從深度看本書，感覺到緬甸的作戰，真的是地球有史以來打得最兇殘、參戰國家最多，而且打得也夠久，雖然時間不如中國；但兩大陣營態勢的關鍵轉變，時間上在 1944 年 3-7 月。本書中文譯名「日落落日」，指出英日大戰，英國的反敗為勝，日本的從勝轉敗之節點，在印、緬交界的因帕爾。自此以後，同盟國逼使軸心國節節敗退。

1　在緬甸，不只馬、驢、牛、大象參戰，猴子與巨蟒也在本書出現。

但本書不只於此，在戰爭大背景之下，牽動的方方面面其實不可勝數。從 Allen 著作內容來看，所述並不局限於戰史，而對發生在作戰中的國性、族性、人性，乃至於野性，均細予著墨，這使本書也列為戰爭文學的上品。

　　從本書可以見到二戰相互廝殺，在緬甸主參與者的確是軸心國及同盟國集團內兩個超強，但國土中型卻自命不凡的國家。前者發動侵略，分別由德、義及日本所主導；後者被動參戰，主要不只有中、美、英、法、蘇、澳等國，又有當時屬於白人在非洲、亞洲、大洋洲、美洲的許多殖民地區許多種族的人民，為英、法、美等強國所驅使，成為各該強國的馬前卒而參戰。

　　我們所要補充的是日本與中國的戰爭，其實才是最大也最長之戰。時間上，前已言及日本侵華不止最早，也最長久。日本自開始侵華，即已心知無能三月亡華。原期結束中國之戰不成後，日本惱羞成怒，企圖轉移目標越做越大，乾脆一舉消滅美國太平洋艦隊於夏威夷。故於 1941 年偷襲珍珠港並發動「太平洋戰爭」，其積極目的是：建立自己的「大東亞共榮圈」，除消滅美、英、荷在東亞以及西太平洋的根據地外，又建立戰略優勢；確保重要資源地域與主要交通線，以維持長期自給自足的態勢。

　　日、德、義三國合作，原圖在亞太地區先制伏英國，令美國海、陸軍喪失鬥志、再阻絕歐美援蔣、扼中國咽喉，挫華軍戰力；在華既控制租借地、復唆使汪偽、冀東、滿州國等政權參戰，利誘各地華僑，使其在海內外以及當地互鬥，再強化認知迷藥，兼採政、軍兩略作戰，同時首度施予陸、海、空、立體戰以及毒氣人體試驗再加集體屠殺等慘絕人寰之手段，欲令

重慶政府屈服。[2]

　　但天無絕人之路，皇天不負苦人心。1941 年 12 月，自日軍掀起太平洋戰爭，激起全球大戰，正賜予中國從被迫單獨「抗」戰，邁向對外聯盟主動「參」戰。當然，蔣委員長的「持久抗戰」理念，不但是「大戰略」，亦認為得失相輔相成，但有一先決前提。他說：「我們抗戰的目的，就是要與歐洲戰爭－世界戰爭同時結束」；亦即「世界問題不能解決，中國問題也就不能解決，而我們依舊不能脫離次殖民地的地位。」這正是二十世紀上半葉，次殖民之中國，決志以血、淚、汗，作為清洗鴉片戰爭之後百年羞辱，重返世界強國的首要大事。

　　至於被英國殖民的緬甸，日本因其與南亞大英殖民地印度接壤，既是大米倉，又有豐富如石油等資源，更是中國南面吞吐口，所以戰略位置重要：經濟與軍事上均須掌握，乃發動對這個當世首強，自稱大英「日不落帝國」的殖民地戰爭。中國方面，滇緬公路為當時尋求外援的重要通路，為了打通對外交通路線，派出駐印軍，入緬遠征，助大英，並與新興首強美利堅並肩，既援英又救美，漂亮參與世界大戰。

　　駐印軍與英、美軍聯手，作為對日作戰兩大主力，專在緬北痛擊其最強日軍。而華軍驍勇無匹，以一連串殲滅（例如一九四四年三月三日，我戰車藉陸空同步，有效奇襲瓦魯班，令日第十八師團長田中中將當場棄甲、曳兵、丟帥印[3]，落荒而

2　日本防衛廳防衛研究所戰史室編撰，方志錄、王成美譯，《大本營陸軍部開戰與前期陸軍指導》，《日軍對華作戰紀要叢書》，（原書名：大本營陸軍部3），（臺北：國防部史政編譯局，1991 年），頁 35。

3　日軍第十八師團的田中師團長的帥印，為國軍清理戰場時拾獲。帶回先置南京，目前在臺北軍史館陳列。

逃）兼驅逐之勝仗，提前將日本最兇殘第十八師團（久留米礦工組成，駐守胡康河谷）、第五十六師團（駐守密支那[4]）、第二師團等部隊逐出緬北，並率先凱旋班師歸國；至於退至緬中、緬南的日軍餘部，則留給英軍續與再戰，並負責日軍在緬地的投降，以及降後數個月與日軍餘部糾纏之鬥。

路易士・艾倫（Louis Allen, 1922-1991）為日法語專才，在英國入伍參戰。戰後繼續擔任訊問官，蒐集無數口供，再以四十年工夫，參考極為大量的《戰史叢書》、口供筆錄、回憶錄、新聞報導、將校官兵在英、日、緬、泰、印度、巴基斯坦等地的紀錄以及當時英日雙方的文件。有幸留在德蘭大學，親率兩子，廢寢忘食投身爬梳史料、文件甚至錄音檔。其用功之勤與用心之切，舉世難尋其匹。

書中描繪了整個緬甸戰爭，就像一本小說，闡述了從最高統帥部到小兵無數的故事，清晰、連貫的事實，系統深入探討戰爭各層面。故事的範圍，遠遠超出了純粹的軍事歷史，是多層次，並客觀地分析與細膩刻繪人類在面對戰爭的死亡、傷殘、病苦、行刑、逼供、飢渴的多重無助和荒涼地域之中，所生殘酷、野獸性與性慾宣洩的總反應，將日本作惡必自弊之跡，誠實作成深刻記錄。

本書也探討軍事事件的政治和民族文化背景。因為熟稔日文，作者參考最大量的英、日文史料，又加上若干法、緬、泰、印度資料，對衝突各面，體貼入微，並對敵、友、我方，給予

4　據本書作者統計，第十八與第五十六兩個師團防區編制有五萬二千人，後來增員至五萬五千人。結果兩個師團總陣亡人數三萬八千人（參：原書 BURMA: THE LONGESTWAR 1941－1945, p.；本書《日落落日：最長之戰在緬甸》下冊附錄一，頁 508，附圖 1-1「日本在緬甸戰區編制與陣亡人數對照表」）。五十六師團長水上源藏少將，在伊洛瓦底江密支那段沙洲上自裁（本書第五章）。

同等的人性關懷。他掌握書中人物的情緒，自己卻不帶情緒，十分難能可貴。

我們在臺北，國防部史政編譯局將日本防衛廳防衛研修所戰史室1967年出版的《大東亞戰史叢書》，有計畫地編譯成《日軍對華作戰紀要叢書》乙套，共43鉅冊，1987年即已出版。其中包含與緬甸有關的《緬甸攻略作戰》、《伊洛瓦底會戰》兩部，後來再出版《西唐河（本書譯為「錫當河」）作戰》。

而我國對緬甸該戰爭的重視，可以在中研院、國圖、臺圖、軍史館、臺大、清大、政大等校，中國國民黨黨史館、歷史學會、口述歷史學會與抗日學會，以及中華戰略學會，均曾多次舉辦學術研討會和演講會深入論述。

喜見中研院朱浤源研究員與陸軍官校老師楊力明，在國防部、國防大學、中華戰略學會積極支援下，以十多年光陰，專門針對 Burma: The Longestwar, 1941 – 1945 譯介與註解這個英人自認「最長（the longest）」戰爭，而成中文巨著《日落落日：最長之戰在緬甸1941-1945》，當為華文世界必讀之書。

本書由臺北黎明文化公司、北京三聯書店分別推出正體與簡體字版，吾人擊掌慶之，樂為之序。

前海軍二級上將司令 **王立申**
前陸軍中將、史政編譯局局長 **傅應川**
2025.7.7

目錄

作者序 ii
譯者序 vii
推薦序 xvi

上冊

第一章　日炙孤橋 035

第一回　　斷橋拒敵 037
第二回　　日軍所到最遠處 040
第三回　　「作自己」（緬人觀點） 044
第四回　　白人的負擔 052
第五回　　緬總理入獄 055
第六回　　鈴木大佐與三十志士 058
第七回　　鈴木促婚 065
第八回　　史密斯將軍西望大海 069
第九回　　毛淡棉古塔旁 077
第十回　　密密凱和笙姨乍見戰爭 083
第十一回　巴希爾炸橋 086
第十二回　被棄之城 096
第十三回　統帥逃劫 109
第十四回　最長的撤退 114
第十五回　平民潰逃 147

第二章　棋逢對手 163

第一回　　首次阿拉干戰役 165

| 第二回 | 溫蓋特首次長征 | 201 |

第三章　木村侵印　251

第一回	醞釀侵印	253
第二回	牟田口執意開戰	262
第三回	蘇巴斯・錢德拉・鮑斯（S. C. Bose）	277
第四回	方鎮設置	282
第五回	英軍對策	307

第四章　劍裂矢盡　311

第一回	因帕爾景色	315
第二回	黑貓鬥白虎	318
第三回	申普路拉鋸戰（一）	334
第四回	攻下桑薩克	343
第五回	申普路拉鋸戰（二）	354
第六回	一戰科希馬	364
第七回	黑貓再鬥白虎	379
第八回	南士貢之戰	391
第九回	東京來的視察員	411
第十回	河邊親赴前線視察	417
第十一回	再戰科希馬	428
第十二回	黑貓三鬥白虎	441
第十三回	三戰科希馬	454

第十四回	公路打通	467
第十五回	山內的天鵝曲	472
第十六回	上原兵長的毒氣	475
第十七回	島達夫中尉歷險記	480
第十八回	申普路拉鋸戰（三）	485
第十九回	四戰科希馬	488
第二十回	「ウ號作戰」結束	491

下冊

第五章　再襲敵後 … 009

第一回	週四作戰	012
第二回	史迪威與菊兵團	018
第三回	欽迪飛入	023
第四回	武村會欽迪	034
第五回	弗格森在因多	044
第六回	溫蓋特殞落	053
第七回	「白城」與「黑潭」	068
第八回	史迪威烤英軍釘美軍	082
第九回	卡弗特之怒	093
第十回	水上自裁	110

第六章　越江奪堡 … 119

| 第一回 | 新將領、新計畫 | 122 |

| 第二回 | 橫渡伊江 | 146 |
| 第三回 | 奪回曼德勒 | 177 |

第七章　重槌攻城　185

第一回	戰車疾馳密鐵拉	188
第二回	進占密鐵拉	200
第三回	圍城再戰	213
第四回	重整旗鼓	232

第八章　再擊仰光　241

第一回	瓢背戰役	244
第二回	「吸血鬼」待命	255
第三回	「吸血鬼」咬住仰光	262
第四回	籠中鳥飛了	275

第九章　掙扎脫出　287

第一回	山中求生	290
第二回	繞水一戰	296
第三回	特務探路	309
第四回	突圍計畫曝光	314
第五回	齋藤與振武兵團	323
第六回	櫻井回師	330
第七回	堤少佐犯難	344

第十章　敗北談降 363
第一回　首度和談 365
第二回　圖瑞通報 372
第三回　最終投降 376

第十一章　本土反正 389
第一回　鈴木與翁山 392
第二回　巴茂做作 401
第三回　設局淺井 412
第四回　特務一三六 419
第五回　翁山反正 428

第十二章　戰後回眸 443
第一回　戰地的性 446
第二回　階級處遇 459
第三回　種族差異 466
第四回　文藝審視 482
第五回　勝歟敗歟留夢中 502

附錄 513
附錄一 514
傷亡人數 514

附錄二 528
錫當炸橋之爭 528
附錄三 541
桑薩克戰鬥備忘錄 541
附錄四 544
緬甸戰場的英軍與日軍部隊（1944年）................. 544

參考文獻目錄 554
壹、一手文獻 554
貳、二手資料 564
參、論文 582
緬甸地名中譯 587
軍隊編制名稱及人數對照表（英、中、日陸軍）......... 607

地圖：上冊

圖 1-1	緬甸南部	038
圖 1-2	錫當橋	088
圖 1-3	中緬甸	118
圖 1-4	仁安羌	124
圖 1-5	蒙育瓦	139
圖 1-6	瑞僅地圖	142
圖 2-1	北阿拉干	184
圖 2-2	馬由半島	185
圖 2-3	第一次溫蓋特長征：「長布作戰」	203
圖 3-1	北緬與戰區	255
圖 3-2	日軍「八號作戰」（Ha-Go）攻略圖	284
圖 3-3	新茲維牙方鎮圖	288
圖 4-1	因帕爾	313
圖 4-2	日軍因帕爾攻略圖	325
圖 4-3	日第三十三師團進攻英印第十七師	335
圖 4-4	烏克侯爾－歇爾敦角－桑薩克三角位置圖	342
圖 4-5	1944年3月桑薩克戰役	348
圖 4-6	科希馬戰區	368
圖 4-7	科希馬山脊	371
圖 4-8	南士貢	399
圖 4-9	1944年5月17-30日滴頂公路作戰	444
圖 4-10	突破包圍並重開科希馬公路	468

地圖：下冊

圖 5-1	「週四」作戰	013
圖 5-2	攻擊因多	045
圖 5-3	白城	071
圖 5-4	孟拱	094
圖 5-5	密支那	109
圖 6-1	1945 年 1-2 月橫渡伊洛瓦底江	147
圖 6-2	曼德勒	181
圖 7-1	密鐵拉圍城及占領	202
圖 8-1	瓢背	248
圖 9-1	錫當河灣之戰	297
圖 9-2	日二十八軍脫出	331
圖 10-1	1945 年 8 月 18 日英日軍各部隊部署圖	388

歷史照片：上冊

A-1	鳥瞰錫當橋（帝國戰爭博物館）	420
A-2	在橋下進行爆破的為孟加拉野戰工兵第三六九（馬扣拉）連的 B. A. 汗（Kham）中尉（後升少校）	420
A-3	占領時快照，上圖：日本管理人及印度僕人；下圖：緬甸佛塔前的日本軍人。	421
A-4	藤原岩市少佐和辛莫漢（印度人）建立親日的「印度國民軍」，後來在因帕爾擔任牟田口廉也的參謀。（藤原岩市少佐）	422

A-5	印度國民軍總司令蘇巴斯・錢德拉・鮑斯身著戎裝。	422
A-6	緬甸領袖巴茂，1943年在東京與鮑斯談話。（錄自巴茂著：《突破緬甸》Breakthrough in Burma）	423
A-7	鈴木敬司大佐（南益世，緬名：牟究）「南機關」創立者，也成立親日的緬甸國民軍。（錄自：《突破緬甸》）	423
A-8	翁山，緬甸國民軍三十志士領導者（帝國戰爭博物館）	423
A-9	菲利克・托波斯基的素描，英國士兵及日本俘虜在阿拉干前線。（帝國戰爭博物館）	424
A-10	1943年2月18日，阿拉干棟拜海灘的恩尼斯基林步兵團兩名死者，格羅斯畫（帝國戰爭博物館）	424
A-11	1943年阿拉干恩丁醫療所英國部隊及擔架上的日本俘虜，格羅斯畫（帝國戰爭博物館）	425
A-12	方鎮內部（帝國戰爭博物館）	425
A-13	科希馬。中央前景地區行政長官宿舍，白色斑點是落在當地的降落傘，右側前方是守備崗，向南延伸的道路通往野戰補給倉庫、特遣隊用品倉庫、監獄丘。後方是阿拉杜拉山脊。（帝國戰爭博物館）	426
A-14	科希馬網球場，第一四九戰車團B中隊豪斯士官孤軍奮戰之地。（帝國戰爭博物館）	426
A-15	1944年因帕爾戰役的主要戰場，普勒爾－德穆公路的一段。	427

A-16　第十一軍團軍團長吉法中將（左），某軍官（中）及皇家西肯特郡指揮官拉佛提中校（右）在科希馬包圍戰戰場。（帝國戰爭博物館）　427

A-17　日本第七十五師團步兵第五十一聯隊長尾本大佐及副官在南士貢觀戰。（史托利收藏）　499

A-18　1944年6月第三十三軍及第四軍前哨在因帕爾到科希馬路上會師。（帝國戰爭博物館）　499

A-19　印度第二十師師長格雷西少將（後升爵士），1945年攝於西貢，當時指揮法屬印度的英軍。（帝國戰爭博物館）　500

A-20　因帕爾授勳儀式。因帕爾日軍撤退後，由魏菲爾將軍代表英王授爵第十四軍團長及三位軍長。前排由左至右：史林姆中將（後升為陸軍元帥子爵），克里迪森中將（第十五軍），史肯斯中將（第四軍），以及史托福中將（第三十三軍）。（帝國戰爭博物館）　500

A-21　緬甸寺廟守護神獸「欽迪」。溫蓋特選「欽迪」作為他的遠征軍的象徵。（P. 伍華德）　501

A-22　溫蓋特坐在一架運輸機內，機內已改為運載騾子。（帝國戰爭博物館）　501

A-23　佛格森少校（巴倫特雷勳爵）（後升旅長），在溫蓋特第一次遠征擔任縱隊指揮官，後來的「週四作戰」擔任第十六旅旅長。（帝國戰爭博物館）　502

A-24　1945年3月16日，英軍行軍經過蒙育瓦。（帝國戰爭博物館）　502

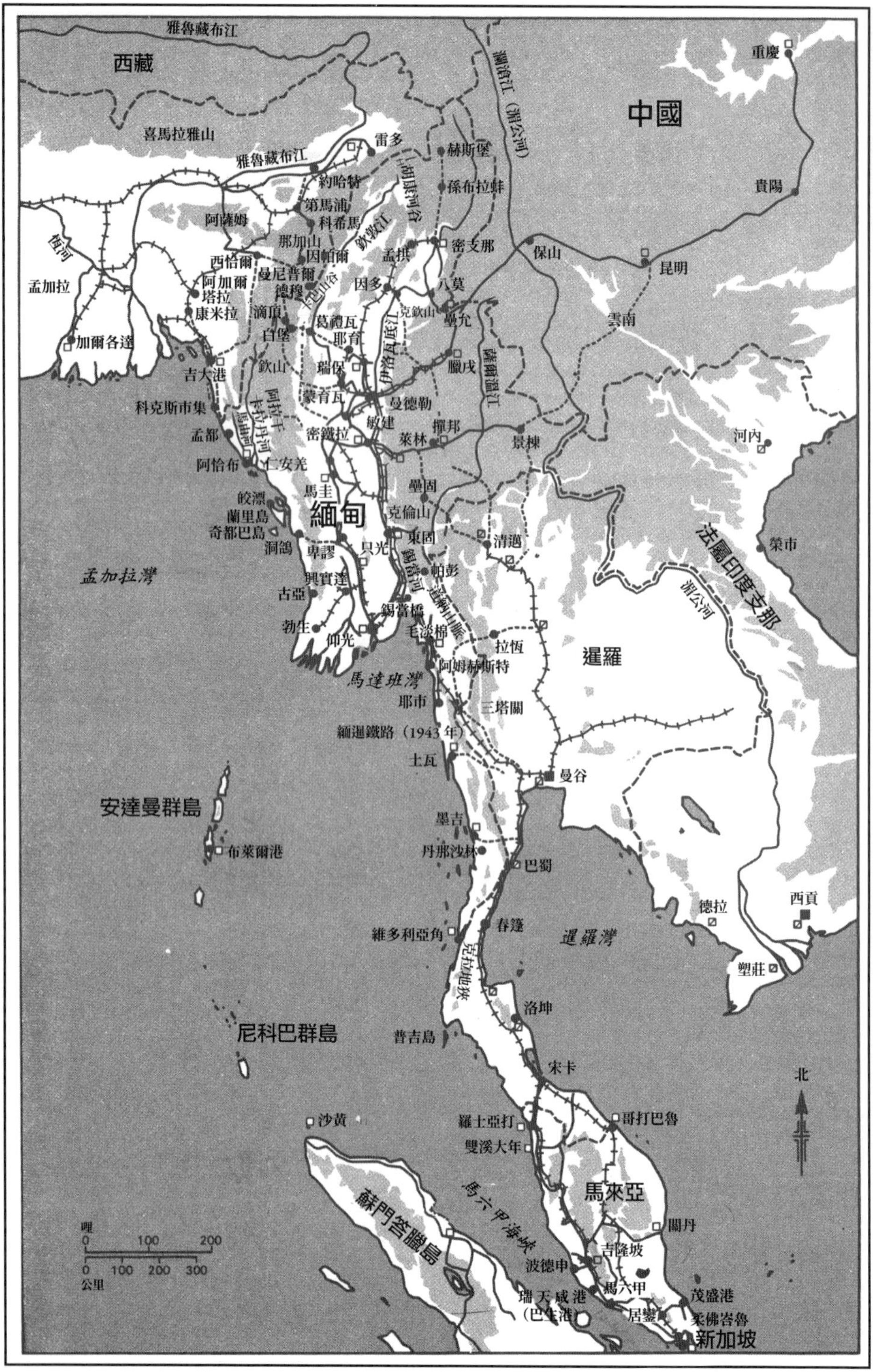
雅魯藏布江
西藏
中國
喜馬拉雅山
雅魯藏布江
雷多
赫斯堡
瀾滄江（湄公河）
重慶
貴陽
約哈特
孫布拉蚌
第馬浦
阿薩姆
科希馬
那加山
欽敦江
恆河
西恰爾
因帕爾
密支那
保山
昆明
孟加拉
阿加爾
曼尼普爾
孟拱
塔拉
德穆
因多
八莫
康米拉
滴頂
克欽山
臘戍
雲南
加爾各達
白堡
葛禮瓦
耶育
伊洛瓦底江
瑞保
吉大港
欽山
蒙育瓦
薩爾溫江
曼德勒
科克斯市集
阿拉干
敏建
撣邦
孟都
密鐵拉
萊林
景棟
河內
阿恰布
仁安羌
曼固
馬圭
皎漂
緬甸
克倫山
蘭里島
奇都巴島
東固
清邁
榮市
洞鴿
卑謬
只光
帕彭
法屬印度支那
孟加拉灣
興實達
錫當河
湄公河
古亞
錫當橋
勃生
仰光
毛淡棉
拉恒
暹羅
馬達班灣
阿姆赫斯特
耶市
三塔關
緬暹鐵路（1943 年）
土瓦
曼谷
安達曼群島
墨吉
布萊爾港
丹那沙林
巴蜀
德拉
西貢
維多利亞角
春蓬
暹羅灣
克拉地峽
塑莊
洛坤
尼科巴群島
普吉島
宋卡
北
沙黃
羅士亞打
哥打巴魯
雙溪大年
馬來亞
馬六甲海峽
蘇門答臘島
關丹
哩
0 100 200
0 100 200 300
公里
吉隆坡
波德申
瑞天咸港
（巴生港）
馬六甲
茂盛港
居鑾
柔佛峇魯
新加坡

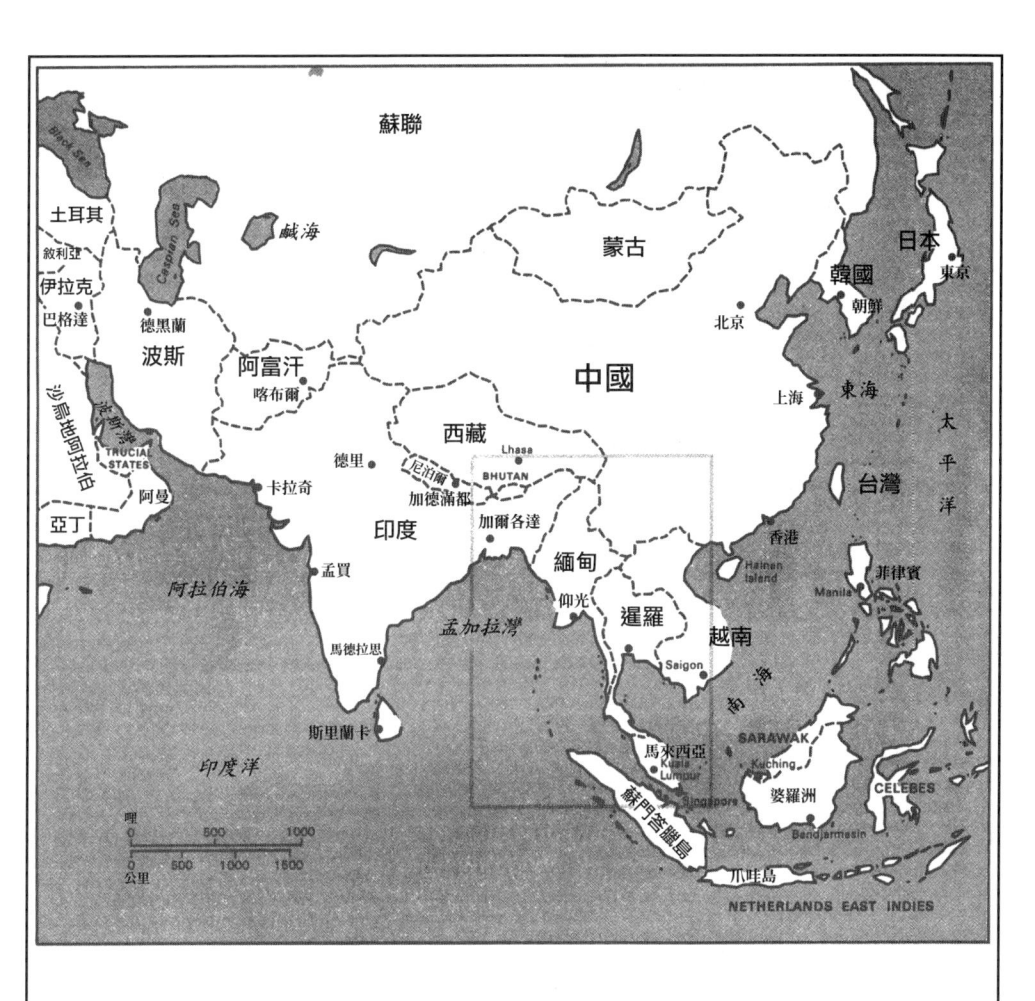

緬甸與週邊國家
(1940-1945 年)

圖例

- ------- 國境線
- ──── 道路
- -------- 小徑
- □ 1941 年 12 月盟軍機場
- ▨ 1941 年 12 月日軍機場
- ┼┼┼┼┼┼ 鐵路
- ▨ 超過 500 公尺地區（1640 呎）

第一章 日炙孤橋

- 第 一 回　斷橋拒敵
- 第 二 回　日軍所到最遠處
- 第 三 回　「作自己」（緬人觀點）
- 第 四 回　白人的負擔
- 第 五 回　緬總理入獄
- 第 六 回　鈴木大佐與三十志士
- 第 七 回　鈴木促婚
- 第 八 回　史密斯將軍西望大海
- 第 九 回　毛淡棉古塔旁
- 第 十 回　蜜蜜凱和笙姨乍見戰爭
- 第十一回　巴希爾炸橋
- 第十二回　被棄之城
- 第十三回　統帥逃劫
- 第十四回　最長的撤退
- 第十五回　平民潰逃

日落落日：最長之戰在緬甸 1941-1945（上）

摘　要

　　三〇年代日本侵華之後，發現無法單從陸路制服中國，乃於一九四〇年封鎖中國沿海，隔年更封鎖其假道的南洋港口，使中國對外管道只剩滇緬公路。日本認為如能控制緬甸，就可進一步堵住中國；又發現長期受英國殖民統治的緬甸人，主張反英獨立浪潮正高，乃成立南機關（Minami Kikan），創立者鈴木敬司結合以翁山為首的緬甸德欽黨青年，在對三十名精英進行軍事培訓以後，領導翁山成立緬甸獨立軍，引領日軍侵緬。

　　潛伏泰境經年的日本軍官，更奉鈴木之命與當地女子結婚，以融入泰國社會。一九四二年初，日軍越過泰緬邊境，從熱帶叢林偷襲緬南。緬南英軍猝不及防，很快失守。二月二十三日英軍被迫炸毀錫當橋，損兵毀橋仍無法阻擋敵軍，被迫一路後撤。雖印緬總司令魏菲爾下令死守仰光，卻見英軍士氣低下。日軍空襲仰光，城民驚懼。殖民政府、防守部隊、各族平民紛紛奪路，或北逃或西遁，仰光頓成空城，三月八日被日軍占領。

　　守橋的史密斯（J. G. Smyth）師長及在緬指揮官赫頓等都被撤換。新任緬甸軍統帥亞歷山大，負責英方撤退。他雖已得到甫自中國入緬的精銳部隊（在史迪威指揮下）的支援，但本人差一點被俘。在日軍緊逼之下，英印軍展開漫長撤退，敗將帶著殘兵，勉強渡過伊洛瓦底江、欽敦江，撤入印度。隨軍撤退的，還有大批印度平民，在極艱難狀況下，掙扎進入印度東北。

高橋頓時輕鬆的大大呼出一口氣。這人就是第一個成功越境的德欽黨人丹祖因（Than Zu In）。[35]

很快，來興的居民不得不習慣大量出現在當地的日本人。在竹內寬（Takeuchi）中將的帶領下，從彭世洛（Pitsanuloke）過來的第五十五師團，在來興成立了總部，這是他們進攻緬甸的跳板。

第五十五師團急缺精準的地圖。一九四一年十二月二十二日，當師團在曼谷集結時，竹內寬下令跨越緬境，直取毛淡棉。他向第十五軍要求地圖，可得到的回答是根本沒有地圖，最好的辦法莫過於自己「過去看看」。最終，南方軍司令部發下了一些相當粗糙的泰國地圖和還算能用的緬甸地圖。泰國地圖很不準，幾乎沒法跟實際地形地貌對上，就算在美索（Mae Sot）的南機關成員幫忙核對，也沒用。緬甸地圖相對好一些。

邊境複雜的地形意味著必須改變交通工具。摩托部隊改用騾和牛，山炮重新分配，每連一門。重炮乾脆全留在曼谷，等攻下毛淡棉後再從公路或海路運過去。一九四二年一月一日，師團離開曼谷向彭世洛行進，在彭世洛留下一個師團聯絡辦公室，然後繼續向來興進發。泰國人非常合作，彭世洛州長和素可泰（Sukhotai）當地的首領，都得到了竹內寬（Takeuchi）的正式嘉獎信。泰國方面還派出一名參謀隨軍，方便日軍與當地協調。日軍徵集了大量馬和牛，牛馬被驅趕在一處，可是一旦開始上軛，牠們即四散奔逃。當第五十五師團到達緬甸邊境時，牛幾乎一頭不剩。素可泰往西進，熱帶雨林開始出現。這支日本部隊頭一次在原始雨林裡行軍，翻越幾乎漫無盡頭的

35　同上, pp. 26-29.

山脈,部隊開始減損。士兵們聽說雨林中有老虎出沒,心驚不已。但最大的挑戰來自懸崖,載貨的馬匹腳下打滑,掉落到谷底,一路損失了不少,到美索時只剩下三分之一。本庄勢兵衛(Honjo Seikei)大尉(步兵第一四三聯隊)在日記裡寫道,「在離開彭世洛兩、三天之後⋯⋯

> 地面開始有坡度,不過還算平緩。地上鋪了厚厚一層竹葉。從一月四日開始,腳下驟然陡峭起來,我們一頭栽進了浩如煙海的熱帶叢林中。
>
> 我們單排前行,尋找岩石和樹根落腳,以免被深不見底的雨林困住。我們艱難登山,一步一步爬行般挪動身軀。白天的溫度高達攝氏40度,晚上卻冰冷刺骨。漸漸的,我們的隊伍拉得越來越長,直到拖成了一條無邊的長帶,從一座山峰蜿蜒到另一座山峰。我們一天只能前進10哩,最終在十七日抵達來興。
>
> 高達4,500呎的險峻高峰一座接著一座,彷彿一道連綿不絕的高牆橫梗在來興與美索之間。離開來興後的三天,非常艱苦。一月二十二日,也就是第四天下午,隊伍進入幽深的柚木林中,終於到了泰緬邊境上的美索。[36]

竹內寬中將於一月十七日到達美索,並在次日向全師團下達挺進高加力(Kawkareik),攻打毛淡棉的命令。

---

36 《緬甸攻略作戰》,頁85-86。

第八回 史密斯將軍西望大海

當新任印度第十七師師長約翰・史密斯（John Smyth）在巡視他的轄區，往西大約100哩的地方，竹內和他的部隊已經抵達緬甸邊境。史密斯少將被他所看到的情況嚇得心驚不已，不過表面上還是保持住鎮靜。他已經見過不少舊識，有些讓他鼓舞，有些卻相反。史密斯於一九四二年一月九日飛離加爾各答抵緬。在仰光，他和軍團司令赫頓（Tom Hutton）將軍，以及緬甸總督德曼－史密斯爵士（Sir Reginald Dorman-Smith）都已見過。德曼在錫克第十五軍中曾是史密斯的老部下，此時的他，誤信緬甸人民很可能會憤怒地反抗日軍入侵（當時日軍步兵第一四三聯隊已奪下緬甸最南端的維多利亞角）。史密斯告別總督後，與赫頓一同飛往墨吉（Mergui）[37]和土瓦（Tavoy）。駐紮在墨吉的緬甸第二步槍營長也是史密斯的舊交，肩負保衛機場、城市和當地人民的艱鉅任務，同時還要密切監視在墨吉南北以及由無數小島組成的墨吉群島上可能出現的日軍，離一小時飛機航程之外，是駐土瓦的緬甸第六步槍營。這支部隊剛由警察部隊改制為常規軍，基本沒受過訓練。一月十日，赫頓飛回仰光，史密斯則留在毛淡棉籌備師部。

總司令赫頓堅持將分散的部隊，要盡可能向前線部署，又主張要守住丹那沙林的幾個簡易機場。這兩點史密斯都不同意。史密斯把這樣的主張歸因於，曾經擔任印度軍區總司令魏菲爾（Wavell）參謀長的赫頓，只是依照魏菲爾的想法行事；而魏

37　譯註：也名丹老。

菲爾的意圖在於如果不是完全必要，絕對寸土不讓，因為他覺得日軍是一支弱小的劣質部隊（在馬來亞和新加坡，他也犯下同樣的錯誤）。但在史密斯看來，這是一場政治決斷和軍事決斷的較量：前者固守緬甸的每一寸領土，無關其戰略地位考量；然而後者則應撤退到一個合適的地點，以英軍熟悉的方式，集中戰力打擊日軍。而赫頓卻從不這樣認為，他所主張的，要在盡可能前沿的位置打擊日本人，也是出於軍事而非政治考慮。如果保衛緬甸的一個重要原因是保護滇緬公路暢通，那就必須把日本人遠拒於此路之外。而公路有相當長的一段離錫當河很近，很容易被破壞。如果日軍奪下丹那沙林的機場，他們就非常容易轟炸仰光以及出入仰光的運輸艦隊。另一方面，如果有一天必須從下緬甸撤退，仰光就是關鍵的撤退口岸，所以日軍空襲仰光同樣會造成巨大損失。更何況，英軍如果撤退，將會對華人產生重大影響，也就是說：這是不得不考慮的一個面向。因此，史密斯接到的命令是，在盡可能前沿的地點抗擊日軍；而且，除非接到明確的指令，否則絕不可以撤退。

　　赫頓需要時間。如果有足夠的時間，他可以把第四十六旅從仰光順利調到丹那沙林，確保第四十八旅安全著陸。如果蔣中正願意幫忙，讓華軍接防撣邦，他也可以將緬甸第一師從撣邦轉移到東固地區（儘管那樣與中國的協調會牽涉太多棘手的政治、軍事問題）。為了爭取時間，赫頓堅持要史密斯盡可能深入丹那沙林前線與日軍交鋒。如手指狀插入馬來亞最前沿的幾處地點肯定守不住，那就是墨吉（緬甸第二步槍營）、土瓦（緬甸第六步槍營）和維多利亞角。駐紮在那裡的部隊必須撤離，哪怕這意味著（事實也的確如此）讓當地百姓和警察直接面對殘忍的入侵者。不過，英軍真能在毛淡棉成功阻擊日軍嗎？

那裡是薩爾溫江入海口，水面寬達一哩半。

史密斯並不這樣想。事實上從軍事角度來看，他覺得這個建議簡直荒謬。他的任務是率領部隊跟一支實力優越的隊伍交鋒；而且他的部隊大後方是一條寬闊的河口灣，部隊本身處在一條難以通行的交通線末端。這條交通線上有汽輪、鐵路和未成型的公路。他事後寫到：「這條漫長的交通線，從毛淡棉往北向比林（Bilin）和錫當方向，簡直是個噩夢。在毛淡棉北面，與馬達班相望的七千碼開闊水面上，川行著老舊的汽輪。從馬達班的鐵路起點開始，有狀況較好的公路和單向鐵路線經由比林河，通過直通（Thaton），到達齋托。從那裡，有條路況很糟糕，且未完工的泥土路，一直通向寬闊的錫當河鐵路橋。這就是他的全部防區。」[38]

當史密斯環顧毛淡棉防務時，他的第一反應就是帶著部隊撤離。雖然他的父母在緬甸生活過很多年，他父親曾任職印度文官，這卻是他第一次來緬甸。他登上佛塔遍布的小山丘，向北眺望是被晨霧半掩的河流；轉頭西望，面朝大海的方向，在馬達班灣對面就是仰光。沿海是一片平原，水邊的棕櫚投下層層樹影，無數條小河層疊密布，水牛在明媚的綠草間慢慢咀嚼；巨大而美麗的蝴蝶掠過水面，飛向河上的舢舨，成群的白鷺在溫暖的沙洲停留，不時有禿鷹展翅掠過水邊；驕陽下，山丘上的佛塔泛著白光。

毛淡棉是一座繁榮的城市，以柚木和稻米出口為主，人口超過 5 萬，市內有三條平行的主幹道。這座城市有早期殖民地的韻味，早在一八二一年英國人到達下緬甸之前，葡萄牙人

38　Smyth, 前書，p. 140.

那是另外一回事了。不過,至少總督為這位訪客的樂觀態度所激勵,當夜拍電報給在倫敦的印緬事務大臣阿梅里(Leopold Amery),在見過魏菲爾之後,他無法相信最壞的情況將會發生。

就在同一天,在高加力被日軍襲擊之後,潰敗的印度第十六旅來到毛淡棉。殘軍沒有畜力運輸、沒有通信設備、也丟了全部車輛。他們渡過薩爾溫江,奉命防守馬達班和帕安(Pa-an)沿河一線。於此同時,緬甸第二旅靜待日軍第五十五師團進犯。毛淡棉已被證明位置太過靠前,不適合做師部。史密斯於是把師部沿河向北撤 50 哩到齋托,留下博爾克(Bourke)准將帶領三個緬甸步槍營防守毛淡棉:第三和第七步槍營已經到位,增援第八營。當時還有一個邊防團,第十二山炮連的 4 門榴彈炮和 4 門博福斯(Bofors)高射炮,這就是部隊所有的防空力量,總兵力約 3,000 人。毛淡棉還有師部行政、文書、總務人員、醫院雜役等等大約 2,000 人。緬甸步槍部隊裡只有少數人服役超過兩年,很多人入伍才幾個月,有的甚至不過幾週。

日軍兵臨毛淡棉並非大軍壓境。在一月二十六至二十九日的四天裡,他們分成小隊,非常有計畫的逐步滲透進入這個地區。巡邏隊在外面發現過他們的蹤跡,來自村民的報告也明確證實了日軍正在日益逼近。可是沒有交火,也沒有俘虜,因此博爾克對日軍打算如何進攻完全摸不著頭緒。

之後,一月三十日那天,日軍從南邊和東南邊猛攻毛淡棉周邊陣地。上午八點,博爾克將指揮部轉移到可俯瞰城鎮的山丘上。九點半,日軍炮轟山丘,從東邊發動進攻,博爾克的部隊成功守住陣線。到了中午,除了仍有斷斷續續的狙擊槍聲,

戰事似乎漸漸安靜下來。

戰事稍歇之際，步兵第十六旅指揮官羅傑伊金（Roger Ekin）准將從集結地齋托來到毛淡棉。赫頓要史密斯讓伊金負責毛淡棉防務。當時雖然博爾克正在指揮，但兩人還是在戰火中完成交接。據柯里斯（Maurice Collis）形容，伊金「性格迷人，就算在如此不合宜的情形下也不失個人風範」。[47] 不過，因為伊金事先並不了解部隊和地形，所以他這性格也沒發揮太大作用。[48]

日軍在下午四點再次發動進攻。城東的緬甸步槍部隊奉命後撤，縮小防線，按伊金的意思佈下包圍圈，只留一支單獨的隊伍在外守衛機場。這支守軍由在緬徵集的錫克兵組成，一位來自印度的錫克第十五軍團的軍官負責指揮，他本人在第一次世界大戰時曾是史密斯的手下。錫克兵出色的完成了任務，在孤立無援的情況下守了二十四小時，然後突破日軍重圍，打回馬達班。但是緬甸步槍部隊的失利，給包圍圈捅出一個大破口。到夜晚，撤退看似不可避免。可是伊金仍以為日軍只有 1,000 人，於是給史密斯打電話（這是當時緬甸少數幾種尚能正常運作的通信方式之一），說考慮到守城仍然有望，他決定暫緩撤退。夜晚，伊金繼續防守。晚上七點開始，防線壓力漸大；至次日清晨，指揮部遭到直接攻擊。指揮部坐落在山丘上，那裡有西向大海的毛淡棉白塔。接著，總部搬到薩爾溫公園裡工務局的平房裡。一隊日本兵突破防線摧毀了平房；旅指揮部於是

---

[47] 同上，p. 78.
[48] 考慮到對方的優越兵力，事實上他也做不到。日軍第五十五師團有五個步兵營，五個野戰炮台，20 門 75 公厘口徑炮彈，兩個騎兵隊，兩個工程連，總共七、八千人。

又搬到傳教街碼頭附近的電話交換站。事實上，日軍一再推進，迫使防線節節收縮，幾乎無路可退，沿河一帶的所有建築也都燃起大火。

好幾隊日本兵喬裝成緬甸人，在木材場附近上岸，混入正在疏散的緬甸步槍兵部隊中。他們拿著刺刀，突襲城北的高射炮部隊，迫使部隊丟棄高射炮。伊金此時電告通知史密斯必須撤了。史密斯早有心理準備，甚至歡迎這個消息。從感情上和民心士氣上，他都明白毛淡棉是緬甸一座非常重要的城市。[49] 他應該也知道僅僅一週之前，魏菲爾拍電報給赫頓，有點刻薄地說過，「不理解為何靠已有軍力，你無法守住毛淡棉，相信你能完成這個任務」。[50] 一月二十八日赫頓來毛淡棉時，確信情況平穩，高加力遭到的攻擊不算嚴重，人員傷亡也不多，所以印度第十六旅丟棄輜重倉皇撤退理由相當不足。他如此匯報給魏菲爾，並說絕不該放棄毛淡棉。

史密斯的想法不一樣。第十六旅瓊斯（J. K. Jones）旅長從高加力匆忙撤退，以及旅的交通工具和武器的喪失，更讓他堅信作為前線指揮官，他必須有權力在合適的時間地點，按照自己的判斷，下達撤退命令。在他和仰光總部的赫頓之間沒有其他軍團將領周旋調解。赫頓堅認撤退令該由自己下。而史密斯認為赫頓忽視了掩護撤退的緊要時機。史密斯公開反對赫頓。認識他們兩位的史密斯的上司們，還有軍部的准將參謀長戴維斯（「Taffy」Davis）也清楚，他支持史密斯反對自己的頂頭上司總司令赫頓。

49　Smyth, 前書, p. 156.
50　Connell 康奈爾，前書，p. 117。

第一章　日炙孤橋

　　一名美國女記者柯麗（Eve Curie）當時經過前線，事後她頗富文學色彩地把毛淡棉和史達林格勒相提並論，都是如此美麗，卻又如此奇特。最後，赫頓終於同意史密斯現在的當務之急是掩護撤退，並留下一個旅殿後，盡可能拖延日軍前行。已經沒有可能做最後一搏了。

　　事實上也只能如此。史密斯看到的是部隊士氣低落，緬甸和印度部隊互不信任；大家都明顯感受到日方炮火和空中支援的威力，而這正是己方所欠缺的。於是，當伊金電告要求撤離時，史密斯同意了。

　　日軍已逼近沿河一線。那裡，渡輪在江上列隊，等著把倖存者運到對岸的馬達班。第十二山炮連的指揮官發現少了一些裝備，於是帶著一隊炮兵和邊防團穿過敵方陣線，把丟失的槍炮帶了回來。有幾門高射炮落入日軍手中，不過有一名印度軍官發現，這些炮只是就地堆放，無人看守。於是他從本已安全的渡輪上跳水，游到岸上，想破壞高射炮的點火系統，結果被俘。日軍逐漸逼近碼頭地帶。守城部隊頂著漫天炮火和機槍掃射，渡過薩爾溫江。

　　當時情形可謂千鈞一髮。上午十點，郵局和電話局被毀，師部和掩護部隊在日軍抵達碼頭之際登上渡輪。渡江的船隻也不順利，有一艘船被日本炮彈擊沉，有人爬上筏子，有人游泳逃生。不出所料，不少平民船老大棄船而走，掌舵撐船的任務於是交由印度工兵。他們於三十一日上午九點，鎮定地穿過猛烈炮火，將後撤部隊運過寬闊的江面。伊金花了四十分鐘坐船過江。博爾克准將和第十二山炮團登上了最後一艘船，伊金離開馬達班回到齋托自己的旅，簡短的毛淡棉之役就這樣結束了。

　　史密斯一直認為毛淡棉的防守是一個重大的戰術錯誤。赫

頓自己也檢討過是否需要撤離毛淡棉,不過最後結論是,當時日軍已在城的南北兩面建立據點,就算有援軍也不可能解圍,因此撤退還是必須。他也承認需要至少兩個步兵旅才能守住防線,而且還有供水的問題:唯一的水源位於防線之外。此外,即使日軍實際只有一個聯隊參加戰鬥,赫頓和史密斯都堅信對手還另有一聯隊待命,可以隨時上陣。赫頓不得不給魏菲爾發了一通電報,報告毛淡棉失守。此刻寫這電文一定不容易,因為就在三天前他還滿懷自信,更何況赫頓向來是個精明而謹慎的人,慣於做出正確分析。

> 敵方昨日向毛淡棉發動全面攻擊,我軍迎敵並拖延其推進。至下午須發起還擊之前,情況尚可控制。指揮官在夜間加強小型橋頭堡,師部決定在還可能時撤軍。我軍看來作戰良好,除了一個例外。[51]

那個例外就是緬甸步槍兵第三和第七營。「我擔心這些緬甸步槍部隊不可靠」。魏菲爾於一月二十六日電告帝國總參謀部。[52] 這個概括論述太籠統,有些緬甸步槍戰士非常勇敢堅決,而且赫頓事後也提到,他們當中的一部分在日後兩次欽迪(Chindit)特種部隊行動中表現出色。[53] 但是在毛淡棉的戰鬥中,第三和第七營的士兵開始臨陣脫逃,而且在最後關頭,一些人甚至衝到渡口想要提早上船,是被軍官們用槍指著才沒敢

51　同上, p. 133.
52　同上, p. 122.
53　Hutton, op.cit.

造次。

毛淡棉就這樣淪陷了。這是日軍攻下的首個重要目標，他們成功占領了英國在緬甸統治最久（始於一八二六年）的一個地區。戰後，康普頓・麥肯齊（Compton Mackenzie）為撰寫戰爭史《東方史詩（Eastern Epic）》一書，曾到訪毛淡棉。在他看來，這裡是緬甸唯一沒有因商業利益而犧牲民眾福利的地方，且英國統治帶來的繁榮也與之前緬王時代的連年戰爭，形成鮮明對比。在他寫作的一九四七年，在緬甸其他地區，無一例外都是要求結束英國統治的強烈呼聲；只有在丹那沙林，他能感受到當地人對英國的離去有些遺憾。也許這真是個反諷：正是丹那沙林的緬人最先淪為日本統治。

第十回 密密凱和笙姨乍見戰爭

即使是政治上不熱衷反對英人統治的緬甸人，也能切身感受到外力操縱的戰爭日益逼近。仰光大學學生密密凱（Mi Mi Khaing）的二十五歲生日，對她而言，就是戰爭來臨的那天。多年後，她寫到：「許多國家捲入戰爭，無論是對人宣戰，或者被人侵犯，他們能體會為家國大義的犧牲。」「可是該如何解釋緬甸的參戰？」她問，「這個國家五十五年前就失去了驕傲的自主權，至今仍無法建立新政權，卻突然發現自己被命運拋到戰爭怪獸的面前。」[54]

這一感觸引起全家的反響。當時為躲避仰光的空襲，全家

54　Mi Mi Khaing, *A Burmese Family*, p. 130.

正逃往祖居地錫當鎮（Sittaung）避難。有個年輕的表親反對，指出錫當鎮正在日軍進犯的要道上。密密凱的母親反問：「那又怎麼樣？讓我們大家都站在路中央，睜大眼睛，張大嘴巴，等著炮彈落下來？我們是人，吃米飯的……會用腦筋、閃開、避一下，直到危險過了。」[55]

　　事實上並非如此。日軍開始空襲仰光後，人們驚慌失措，幾乎把仰光變為一座空城。一個叫做笙姨（Daw Sein）的緬甸接生婆記得，當時她隱約聽說有戰事，卻並不清楚誰打誰。結果，炸彈掉落的時候，她還一直把爆炸聲當作驚雷，直到她丈夫貌巴隨（Maung Ba Swe）衝進屋裡大叫大嚷：「快，快！我們趕快走！」

　　笙姨離開屋子奔往火車站，半路上才意識到自己居然沒穿長筒緬裙，可算是半裸。她丈夫於是停下腳步，把自己腰上的籠基一撕為二，給了她一半，讓她匆忙繫上。到火車站後，兩人不由分說滾進一列去毛淡棉的火車。火車離站時，連門邊都擠滿了人。一個小時之後，火車停了下來，讓乘客下車。一個老人嘔吐在她身上，兒童抽泣，婦女吵嚷。在火車上，完全沒吃沒喝的，她跳下火車，看到丈夫在採摘野香蕉果腹。他們在原地等了好幾個小時，看到靜止的列車旁走來一個男人，大聲叫著：「毛淡棉完了！毛淡棉完了！到處都是炸彈！火車哪兒也去不了啦！」

　　謠言還說仰光也一樣完了，所以他們進退不得。她丈夫提議說，「為什麼不試試去印度？這裡一定會被日本人全部占領的。」笙姨可不想走，她不希望永遠再也見不到自己的孩子，

55　同上。

孩子們正跟著親戚住在阿拉干的丹兌（Tandwe），那裡離三多威（Sandoway）不遠。於是夫妻間達成妥協，去曼德勒。之後，她的丈夫嘗試從那裡往印度，而笙姨則去丹兌。

於是，他們沿著鐵路線向北步行，最終來到一個地方，那裡停著另一列火車。他們上了車，火車開了三天才到曼德勒，一路上到處停，比前一列還要滿，連廁所都擠滿了人。乘客只得趁火車停靠時，去鐵道邊解決內急。不可避免的，有些人就這麼半路掉隊了。儘管情形如此糟糕，笙姨看到那些人才解手到一半，籠基還挽在臀部，就想要努力追上火車的樣子，還是忍不住笑出聲來。有個女人就是這樣跟自己的丈夫失散了，她丈夫那時因為途中飲食不淨，得了痢疾。笙姨聽到她在車廂裡哭泣，戲謔地對她說：「你可不會這麼容易失去一個男人喲！要是他沒被殺死，總有一天你們會重逢。」那個時候，笙姨的心腸已經很硬了。[56]

悟拉佩（U Hla Pe）回憶道，當曼德勒也遭到空襲後，有個女人極度驚恐而歇斯底里，立刻帶上所有的家當，逃往瑞保（Shwebo）。到瑞保半個小時之後，她才忽然意識到，竟然把兩歲的孩子遺忘在曼德勒火車站的月台上。悟拉佩不知道這個女人後來是否再見到她的孩子。[57]

---

[56] Claude Delachet Guillon, *Daw Sein, Les dix mille vies d'une femme birmane,* 1978, pp. 152-155.
[57] 緬甸建國州志士之一 U Hla Pe, *Narrative of the Japanese Occupation of Burma*, p. 3.

第十一回　巴希爾炸橋

第一次緬甸戰事的轉折點，是英軍在自己還有兩個旅滯留在河對岸的情況下，炸毀了錫當橋。[58]

當年為炸毀錫當橋埋設炸藥，和按下爆破鈕的兩名工兵軍官都還健在。[59] 羅伊・哈德遜（Roy Hudson）如今是泰國清邁哈德遜企業的經理，當年作為皇家工程兵跟隨野戰工兵馬扣拉（Malerkotla）連，[60] 歸理查・歐吉（Richard Orgill）少校指揮。馬扣拉連於一九四一年十一月入緬，在撣邦東枝（Taunggyi）加入緬甸第一旅。在日軍入侵丹那沙林時，他們是增援部隊之一，從緬甸第一師調出來，在齋托加入印第十七師。

哈德遜在比林河防線以及齋托一帶花了不少時間做爆破，其後轉移到莫巴林。當他的部隊向錫當防線撤退時，遭到英國皇家空軍連續三小時的攻擊，還損失了 2 人。

二月二十二日拂曉，哈德遜乘坐四分之三噸的卡車沿主幹

58　此「炸橋決定」的是與非，引起無止境的爭論。一名緬甸第八步槍營的軍官，戰後告訴麥肯齊康普頓，「我想見見那個炸橋的人，他的這個決定實在太無奈。我想告訴他，我認為他的決定是正確的。因為他的勇氣，他或許幫助我們避免了更悲慘的處境……我幾乎是最後一個過橋的人，所以別人不能說我是坐在扶手椅上的批評家。我要向這個做出如此勇敢而可怕的決定的人致敬」。至今，此事仍是個熱切爭論的話題，見附錄 2。
59　本節史料來自 1980 年與哈德遜・羅伊在清邁的交談，與哈德遜和野戰工兵馬扣拉連之退役軍官巴希爾（Bashir Ahmed Khan）少校的通信，以及如下文件：「哈德遜關於錫當之戰的說明」1942 年 2 月 22 日（打字稿）；「印度軍隊野戰工兵馬扣拉連戰時日記」（頁 32）；《緬甸南部戰事記錄》，第三十三師團第二一五步兵聯隊戰時日記，原田棟大佐撰，頁 56。保存於大英帝國戰爭博物館；B.A.Khan, *History of the Malerkotla Sappers and Miners*（草稿，來自私人通信）；Colonel E.W.Sandes, *The History of Indian Engineers 1939-1947*, Institute of Royal Engineers；《第二一五步兵聯隊第三中隊戰史》，第三中隊委員會 1979 年於東京出版。
60　譯註：馬扣拉（Malerkotla）是印度旁遮普邦桑格魯（Sangrur）縣的一個城鎮。

道而行，去領取爆破命令。路上卡車很多，排著長隊，於是他下車步行去錫當橋。哈德遜聽說印第十七師皇家工程部隊指揮官（CRE）[61]的一輛叫做「軍官俱樂部（Officers' Mess）」可載重3噸的卡車[62]在橋上被困住。當時這座鐵路橋已被暫時改為公路橋，卡車的一只輪胎就陷在橋面。大夥花了兩個小時才把卡車拉出來。

哈德遜回到自己車上，繼續往前，當離橋還有200碼的時候，聽到有小規模的交火聲（這正是日軍第三十三師團開始進攻橋頭的時刻）。哈德遜決意把卡車開到河西。一過橋，他就把車交給司機，手裡握著一支湯普森衝鋒槍，往回步行，再度登上這座結構複雜的橋樑。有一名不認識的軍官已等在橋的另一頭，手裡拿著一支布倫輕機槍。他們在橋北找到防禦地點，等著敵人馬上打過來。日軍當時已很逼近。哈德遜看到有緬甸村民試圖游到河西岸，但一小陣槍聲響過後，就有人被擊中沉入水中。

哈德遜回頭向橋上望去，看到指揮官歐吉。一隊軍官在東端巡邏，每人的左輪手槍都上了膛，這是為了對付落伍的兵失序的衝向大橋。在表明自己身分後，哈德遜加入歐吉的隊伍。之後，他們開始為炸橋做準備。

至今，哈德遜還是不明白為什麼是由他的部隊來炸橋。印度第十七師皇家工程部隊指揮官阿米塔（Tuffett Armitage）上校，手下有三個野戰工兵連，當時應該已接受這一任務。在彼時彼地的最後時刻，做出如此變動是很不合適的。那三個連都已在馬扣拉連之前過了錫當河，而馬扣拉連當時還在齋托河上炸橋。

61　譯註：CRE 是 Commander Royal Engineers 的縮寫，指皇家工程部隊指揮官。
62　譯註：一種在二戰中使用的軍用卡車。

圖 1-2　錫當橋

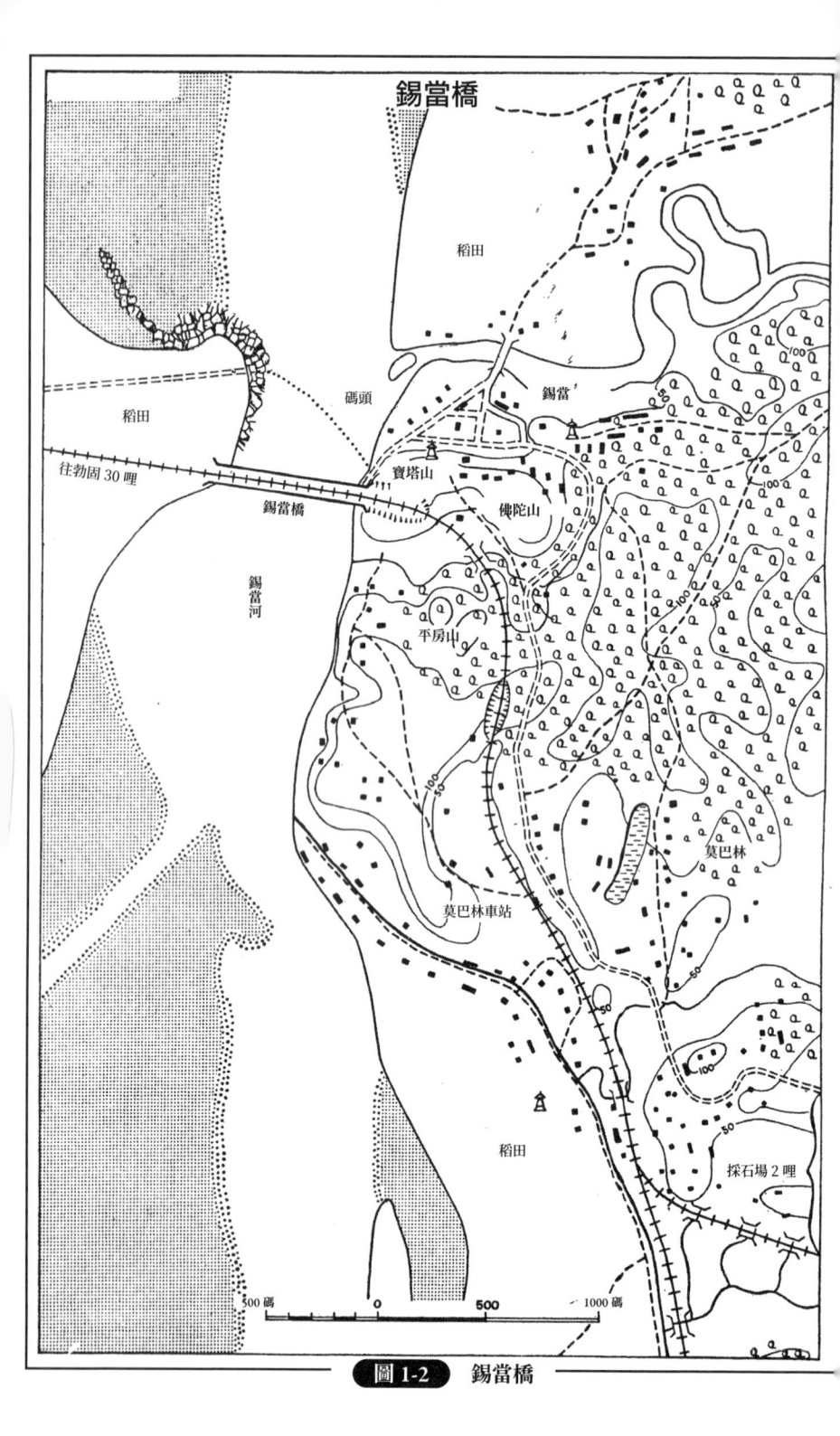

第一章　日炙孤橋

　　安排渡輪疏散從毛淡棉撤來的部隊，讓阿米塔心力交瘁。史密斯注意到，「他過度操勞，最後不得不將他送進醫院」。[63] 緊張的後果就是，他忘記讓手下工兵連炸毀錫當橋。他卻命令哈德遜帶領馬扣拉連一小隊人馬，去炸據稱是在錫當河與莫巴林火車站之間的一座小橋。哈德遜銜命而行，沿著鐵路線來到莫巴林，卻發現根本沒有這麼一座橋，於是他改在一段很長的鐵路上鋪設炸藥。完成之後，坐著他的四分之三噸卡車回到橋上，他是最後的一批過橋者。

　　歐吉讓哈德遜開始準備炸橋。這是一項艱巨任務。當時，改造鐵路橋為公路橋的工作剛剛完成，枕木很窄，相當危險。兩名工兵馬克林（Macklin）和米爾斯（Mills）花了整夜的時間把炸藥裝進木箱裡，木箱是早已固定在橋樑上的。他們進行任務時，日軍自始至終都在攻擊橋頭，但未能取得突破。

　　馬扣拉連儲備的炸藥在炸齋托橋時就用完了，此刻他們只得就地取材，在橋西端幾百碼處發現儲藏有一些炸藥和引信。因為炸藥有限，無法用在更多橋洞上，他們決定引爆從東岸數起第四、五、六的橋洞。即便是這三個橋洞也必須分頭操作：只在第五個橋洞上使用電子雷管和瞬間引信，其他兩個橋洞則拖出很長的安全引信導入各自樑上，然後感應引爆。

　　日軍狙擊手在英方工兵作業時，一直不停射擊，子彈在橋樑間穿梭，所幸無人中彈。事實上，爬上橋頂裝炸藥比面對日軍炮火更危險，並非每個人都能從事高空作業。至當日下午三點，一切準備就緒。

　　哈德遜此時又遇上另一個麻煩：從第五個橋洞拉出的導火

63　Smyth, *Before the Dawn*, p. 151.

線不夠長，不足以拉到岸上的安全地點。最後，裝炸藥的盒子不得不放在橋下橫樑的凸緣上，大約離岸上還有三個橋洞的距離。他試了一下迴路，發現可以操作，於是報告說第五橋洞爆破準備完畢。

日軍對東岸橋頭的炮火攻擊越來越準，英軍部隊於是奉命過橋撤離。大約500名士兵過橋之後，留下馬扣拉連爆破兵的一架維克斯機槍（Vickers）和操作機槍的3名軍官。他們都躲在大橋鐵軌上的一個沙袋工事後面，就在哈德遜身邊。當時，哈德遜蹲在鐵軌上，手按著啟爆裝置盒子的柱塞，只等日軍一上橋，就馬上爆破。但什麼也沒有發生。一些落後人員又三三兩兩過了橋，其中有些來自惠靈頓公爵旅。

隨後決定再次建立橋頭堡。第四十八旅指揮官修－瓊斯旅長顯然認為當時位於本部隊後面的第十六旅仍有可能過河，第十六旅正向錫當河行軍，其後還跟隨著第四十六旅，尚有機會在天黑前到達橋邊。

二月二十三日凌晨，修－瓊斯問歐吉少校：如果日軍奪下東岸，以火力攻擊此橋，能否保證我方於次日白天可以完成炸橋任務。正史的記錄是，「歐吉無法給出如此保證」。這回答似乎意味著歐吉太過顧慮工兵的傷亡。這一印象在卡瑞（Tim Carew）所著《最長的撤退（The Longest Retreat）》一書中也被證實。「他的回答出於人道考慮甚於戰術需求。在橋上裝置炸藥的危險行動中，已經傷亡了十幾個工兵。如果炸橋行動在白天進行，處理瞬間引信的士兵必將處在敵方機槍手的視野內。對方可以清晰地看到整座橋，並無疑會充分利用這一優勢。」[64]

64　Carew, *The Longest Retreat*, p. 123.

這樣的說法聽起來，好像歐吉只關心自己部隊的人員性命，而不考慮為了還在對岸的兩個旅需要保持大橋通暢的可能性。但事實上，哈德遜認為，歐吉的動機完全出於技術考慮。首先，工兵安置炸藥的過程中完全不要有損失。歐吉何嘗不知還有兩個旅在河對岸，其中也包括他自己手下的分隊，[65] 所以，他非常理解盡可能長久維持大橋暢通的重要性。但是由於炸藥、導火線和引信的短缺，第四和第六橋洞必須借助很長的安全引信，先由幾名工兵先使用防風火柴將之點燃；然後在第五橋洞按下爆炸盒的柱塞，比較簡單。但在引爆之前，這些工兵還要憑藉自身的機智和靈巧，迅速離開大橋。這些工兵的任何傷亡就表示第四和第六橋洞的引信可能無法點燃。因此，歐吉無法保證在白天可以有效炸毀一個以上的橋洞。他只能保證的是炸毀第五橋洞，僅此而已。二十二日下午，如果日軍衝上大橋時，坐在沙袋後面的哈德遜就準備好炸橋。實際上，哈德遜的觀點是－身為在場的工程師之一，他的觀點理應得到尊重－修－瓊斯根本不應該要求歐吉做保證。為了整個師考慮，他就應該接受白天無法徹底爆破的可能性，而且應該將此消息告知史密斯，當時後者正在離橋以西大約8哩的總部。

　　重新奪回橋頭堡後，哈德遜蹲在引爆盒後面，顯得極度疲勞。此時歐吉出現，要他把責任轉交給印第十七師野戰連的皇家工兵成員米爾斯中尉。哈德遜回憶道，「我返回岸上，找到總部，漱洗了一下，吃了點雞肉，在大約晚上十點又回到橋上。一切都很安靜，在一片漆黑中，我上上下下走遍整座橋，尋找歐吉，最終找到了他。他和一群正在沉睡的工兵在一起，一如

65　由一名印度中尉軍官帶領。這組隊伍被阻在河對岸，後來泅水歸來。

既往的平靜。他讓我回總部睡一會兒,橋上情況一切在掌握中。於是我照辦下橋。次日凌晨,我被炸橋的響聲吵醒。」

身為專業工程師,哈德遜對錫當橋爆破的即興發揮仍有不滿。只有被電子引爆的第五個橋洞掉進河裡;第四和第六個橋洞的樑被炸成幾段,但都沒有倒塌。[66]

日後,命運使得後來升任印度第七十七野戰連少校指揮官的哈德遜,有機會與爆炸後第一個上橋勘察情況的日本軍官不期而遇。一九四五年日本投降後,哈德遜在泰國,手下監管一些第三十三師團第三十三工程大隊的日軍。指揮橋樑建築連的日軍大尉也參加了一九四二年那場戰事,那時他還是陸軍中尉。他告訴哈德遜,「退潮時,我可以沿著垂下的橋樑鋼條攀爬上去。」所以,跟通向新加坡的柔佛長堤(Johore Causeway)被炸的情況一樣,錫當橋也只是部分完成了爆破。此後,哈德遜和馬扣拉連隨著英軍一路撤退,到一九四二年五月底退出緬甸之前,沿途痛快地炸毀許多橋樑和煉油設施。

在如此倉皇的情勢下,錫當橋的最後時刻在各方的說法中不可避免有所出入。

實際引爆大橋的當事人對此有自己的一番記憶。巴希爾·甘(Bashir Khan)中尉(後升少校)和羅伊·哈德遜一樣,是野戰工兵馬扣拉連的一名軍官。他的說法是,史密斯對前一次炸橋準備工作的估計是錯誤的;炸藥最後並沒有放在橋上;歐

---

[66] 這是哈德遜於1970年7月9日,給卡瑞的條子裡寫的。但是根據馬扣拉連戰時日記第九頁,第五、第六橋洞被「成功炸毀」。哈德遜寫到,「只有一張空中照片保存在帝國戰爭博物館,史密斯和卡瑞都用過。從照片上看,只有第五橋洞被完全摧毀。第六橋洞有一處陰影,說明橋洞的一部分還在空中……逃亡者們能夠爬上斷裂的鋼條,通過大橋。我還聽說他們使用繩索盪過第五橋洞的中間部分,其中有一段還得在水中穿過。」(1978年給作者的第二封信第十一頁)

吉本人在下達炸橋命令時並不在當場；而且實際炸橋時間比正史上記載的早了一個半小時。在一九八一年三月十日給羅伊·哈德遜的信裡，和一九八一年一月三十一日給《泰晤士報》的信裡，史密斯都提到，在戰鬥打響數週之前，赫頓手下的緬甸工兵部隊做了三次炸橋準備。巴希爾認為這很可能是事實，但是那些準備工作中使用的炸藥，後來被轉移到另一處堆放，並由工事連（Artisan Works Company）看管。而馬扣拉連在二月二十一至二十二日晚間找到了。他還說，最後的炸橋準備是由馬扣拉連在二月二十二日完成的，當時，上述的工事連已把原來的鐵路橋改裝為公路鐵路兩用橋。

　　巴希爾·甘本人負責點火，他調整了電路，使得爆破盒可以放在橋座一側的小洞裡，而不是放在橋本身。這是一個相當合理的防範。因為在原計畫中，爆破盒放在橋上的道路邊，將給點火的軍官造成很大的危險。巴希爾指出，如果他陣亡，那麼對工兵部隊的其他戰士將有非常大的副作用，會影響一次點火失敗後的再次嘗試。炸毀第四、五、六橋洞的電路都是連在一起的，這樣可以加強引爆效果，並防止可能發生的失誤。歐吉向卡恩強調絕對準時的重要性，並要求他盡一切可能避免失敗。隨後，歐吉帶領第二工兵排去了阿比亞（Abya），那時，離炸橋還有一段時間。

　　　　巴希爾·甘說道：（根據指揮官的命令）我先點燃了一小段安全引信，然後才開始電線引爆。儘管第六個橋洞上僅有極少量的炸藥，但電路運作得很成功，這能從爆破結果看出來。我從橋上一名操作維克斯機槍的廓爾喀軍官那裡得到預先約定的信號之後，即刻

開始炸橋。機槍是固定在橋上的,在第六橋洞之前,有很堅固的沙袋胸牆和背牆防護。當最後一隊固守橋頭堡的廓爾喀分隊快速撤離大橋並清理橋面後,爆炸立刻開始。那時剛剛過了早上四點,正是一九四二年二月二十三日凌晨,天還黑著。[67]

巴希爾強調,馬扣拉連是在一九四二年二月二十一日晚上七點半接到炸毀錫當橋的命令,當時他們還在清理莫巴林地區。除了馬扣拉連,沒有其他人員在爆炸的現場。廓爾喀部隊已苦苦守橋二十一小時三十分鐘(從二月二十二日早上六點半到二十三日早上四點),他們當時已經撤離現場。

巴希爾中尉於二十三日早晨向在阿比亞的歐吉匯報了炸橋行動。

從英軍角度,這個艱難的決定,以及所造成的悲劇損失,無疑成為本次戰事中長久的爭議話題。一旦錫當橋消失,印第十七師癱瘓,日軍通仰光的路就暢通,而緬甸的命運也就此決定。但在日方的記載中,對事件的描述卻不一致。服部卓四郎(Hattori)大佐在《大東亞戰爭全史》的著作中甚至沒有提及此事。在日方正史《緬甸攻略作戰》中第一百四十六頁有一張照片,顯示日軍在機槍的掩護下向橋上行進,可以看到一個橋洞被炸毀,日方軍官通過望遠鏡眺望對岸。[68] 文中一小段描述了日軍抵達橋頭堡,隨後就是平淡說明英軍持續激烈抵抗,在二十三日早上六點炸毀大橋,一些英軍成為俘虜;一些跳下河,

---

67　給作者 Allen 的信,以及 Major B.A.Khan, *History of the Malerkotla Sappers and Miners* 第二版前言(草稿)第一部分,1982 年 5 月 26 日。
68　《緬甸攻略作戰》,頁 147-148。

不少被淹死;還有一些人從莫巴林以南一處乘船渡河。「就這樣,錫當河岸的戰鬥以我方大勝告終。」來自原田第三十三師團第二一五聯隊的一份當時記錄,花了十頁記載此事,但大多數筆墨著力於向錫當的行軍,而不是奪橋作戰本身。在這份記錄裡,橋是在二十三日早上六點半被炸的。

這名《緬甸攻略作戰》日本歷史學家不破博對另一件事情更感興趣。儘管這是一個大勝仗,但他指出對於飯田祥二郎(Iida)將軍來說,同時也是甚為憂慮的一刻。將軍本人說道:

> 通常認為第十五軍的指揮是非常成功的,因為我們虜獲了大量軍械,並給對方造成嚴重損失。尤其是在錫當河岸的戰鬥中,每當對方遇上日軍前鋒的兩個師團,都被摧毀。但事實並非完全如此。第十五軍竭盡全力企圖控制擔任前鋒任務的兩支先頭部隊,但直到錫當戰鬥為止,我們不能有效的掌握他們。
>
> 當時我對這兩支前鋒師團的戰鬥效率頗為擔憂。他們之前不得不翻越泰緬邊境的高山,即使有駄馬幫助,這也相當艱巨;因而他們在裝備上都不太充足,僅僅具有名義上的師團編制。以一般師團編制而言,他們的人數處於劣勢,只有兩個步兵聯隊(而不是正常編制的三個),以及兩個山炮大隊,他們的補給和輜重安排都很不足。
>
> 那時對這兩支部隊的動作是否夠快,是有疑慮的,正當對方掉入陷阱要被我們抓到時,自然我們會擔心敵人突然在我們鼻子底下溜走。

第十二回　被棄之城

　　至三月四日，仰光已是一座死城。街市沉寂空曠，偶爾有無處覓食的野狗嚎叫聲打破靜謐。沿著主要商業區菲亞（Phayre）街一帶，門都上了閂，一點兒動靜都沒有。達豪胥（Dalhousie）街上印度穆斯林經營的絲綢店成為廢墟，硝煙靜靜升起。在居民區，火光緩緩布滿夜空，有流氓入室搶劫富人，事畢後縱火燒屋。整個城市除了混亂和搶劫，還彌漫著恐懼，罪犯和瘋子成群結隊在街上閒逛，從撤城令下達的第一晚起，監獄裡的罪犯和瘋人院裡的瘋子，都突然獲得自由，再無人看管。攝影記者喬治・羅傑（George Rodger）被警告，不要在夜裡上街，以免碰上狙擊手；但他決定見證這城市的死亡陣痛。他手中握著左輪手槍，在著火的郊區遊走，看到整條街陷入火海。某地，一座廟宇的牆坍塌，一整排 20 座 12 呎高的佛像，在夜色中被燒得通紅。

　　不可思議的是，由於英國野戰維安（British Field Security）部隊一小隊的努力，依然有少部分地區秩序依舊。當地大多數警察不是緬甸人，而是不受百姓歡迎的印度的錫克人或是旁遮普的穆斯林。他們對日軍的到來感到驚恐，還聽說在丹那沙林，日軍把當地警察交給暴徒處置。100 多名穿著制服的警察，當時正破壞火車站的隔離設施，企圖登上出城的最後一列火車。野戰維安部隊的一名軍官東尼梅因斯（Tony Mains）不得不開槍警示，阻止他們的暴力衝撞。最終，平靜下來的警察登上往卑謬的火車，每人都帶著自己從商店或市場掠奪來的個人「戰利品」：嶄新的布疋、席子、還有衣服，不

管是什麼，只要他們能拿到手都要拿。梅因斯立刻讓手下帶上警棒進入人群，逼迫警察放棄這些「囤貨」。就在此時，普萊斯考特（Prescott）警務處長來到現場，還生氣地要野戰維安部隊解釋，為什麼毆打警察。

梅因斯的脾氣於是徹底爆發。他質問普萊斯考特，為何事先不通知任何當局，就把這批毫無秩序的暴徒送到火車站？為何這批警察洗劫了服裝商店？說到底，這些人跟其他的小偷和流氓有什麼分別？對方應該慶幸梅因斯沒有下令對他們開槍。更讓梅因斯生氣的是，這批警察的行為與英緬混血的火車司機和消防隊員所表現出來的鎮靜和勇氣，形成了鮮明的對比。後者在沒有保護的情況下駕駛火車向北，哪怕這意味著很可能進入日軍的行軍範圍。他們來回奔波，從這座棄城中拯救更多的人。

緬甸軍團總司令部的參謀第一部（GSO I）[69] 傳喚梅因斯去他的辦公室。上樓時，他聽到警務處長憤怒的高叫：「你把我出賣給軍隊了！」梅因斯推門而入，有人告訴他其中原委。「你必須回到城裡，維護秩序。邱吉爾已經下令守住仰光。我們會從港口運入澳大利亞的一個師。」[70] 梅因斯還發現，赫頓的職務已被亞歷山大（Alexandra）將軍取代。這裡就像非洲戰場上的托布魯克（Tobruk）[71] 一樣，預計會出現保衛戰。駐防部隊格洛斯特營（Gloucesters）的長官被任命為「軍事總督」[72]，

69　譯註：General Superintendent Officer I 的縮寫，指一等警司。
70　Lt-Colonel Tony Mains, *The Retreat from Burma: an Intelligence Officer's Personal Story,* 1973, p. 49.
71　譯註：托布魯克，利比亞港口，二戰時在此發生過激烈對戰。
72　緬甸總督德曼－史密斯反對這個頭銜，認為這損害了他的權威。於是頭銜改為「軍事長官」。（Mains，op. cit., p. 51.）

梅因斯被任命為其副手,合力在仰光進行「軍事管制」。這並非戒嚴,但搶劫者可以就地正法。正史說到有宵禁,但梅因斯確認並無此事。幾乎所有市民都走了,根本沒有必要宵禁,留下來的,只有軍人、必須維持城市運轉的少數平民、以及流氓、暴徒。

對於後者,梅因斯毫不手軟。在中央市場,他向一群搶劫者開槍並隨後清場;這個消息傳開來,嚇壞了其他暴徒(梅因斯手下一共擊斃約6個人)。梅因斯還負責清理碼頭上的屍體。這不是空襲造成的傷亡,而是來自搶劫集團的相互鬥毆。[73] 通常清理屍體這活兒是由印度清道夫擔任的,但此時他們都逃了。因為種姓制度的緣故,他也不能讓印度士兵做這份差事,於是他手下的野戰維安部隊就擔起這個任務。後來,他想出一妙招。使用一輛噴過消毒劑的小型卡車充當臨時靈車,在兩名英軍士官指揮下,要被抓的暴徒充當勞工。暴徒本該被處死,不過如今承擔了這個噁心活兒。

令人驚訝的是,許多重要市政設施依然運行正常。發電站還在發電,電力一直持續到被占領前的最後一個下午;下水道正常工作,水龍頭裡依然有水;政府電信局和兩家私人電信總機還在轉接電話;[74] 一支臨時消防隊盡最大的努力在城中到處滅火;印度先遣兵團(Indian Pioneering Corps)將卡車集中在碼頭,爭取在日軍到來前運出更多卡車。可惜的是,美國技術團(American Technical Group)的中國技術人員本該向重慶輸送物資補給,但他們誤算了日軍的入城時間,結果提早執行焦

---

[73] 當然這些不全都是緬人「在沿河一帶,士兵、水手和苦力都向倉庫開槍。」*The Retreat from Burma,* Prasad, ed., p. 208.

[74] 這是梅因斯的說法。在印度正史中記錄的是,電話系統從二月二十一日起癱瘓。

土政策，把所有的軍需物資，包括 1,000 輛卡車，都燒得精光。燒焦的車骨架依然在碼頭邊冒煙。

梅因斯和野戰安全部隊本該在三月七日下午稍早，從碼頭搭乘渡輪去遠處的輪船，然後從海上赴印度。但下午兩點，軍隊司令來到，告訴他輪船已滿，他的隊伍必須沿公路北上。他們將和當時在河對岸的沙廉（Syriam）煉油廠駐防的格洛斯特營一個連，以及其他守到最後一刻的仰光守衛隊一起向北撤離。梅因斯對計畫的改變非常憤怒，因為他的部隊本來獲許可由海路撤離，但現在已無能為力。他和先前發生過衝突，如今氣得冒煙的普萊斯考特警務處長坐在一起乾等。下午三點，在炎夏中帶來絲絲涼意的電扇忽然停了，然後是一陣巨響：發電站爆炸了。

《生活》雜誌的記者羅傑（Rodger）和來自影音新聞社（Movietone News）[75]的某同事知道，他們必須在日軍到達城北 21 哩外的勃固至卑謬交叉路口前，離開仰光。他們驅車加入一列去卑謬的車隊。羅傑在車內回頭看了這座火中的城市最後一眼，只見大金塔金光閃閃指向天空，在飄蕩的黑煙襯托下，好像一個孤獨的哨兵。

他們一路行車，意識到自己從一個亂象進入另一個亂象。仰光以北 70 哩處有個村莊叫奧甘（Okkan），他們駕車經過那裡時，竟有子彈從路邊叢林中射出。在沙耶瓦島（Tharrawaddy），緬人和印人之間爆發衝突，街上穿梭著手持木棍和緬刀的暴徒，對路過的羅傑和托則（Tozer）又叫又扔

75　譯註：影音新聞社（Movietone News）是美國拍攝紀錄片的新聞社，是美國福斯電影公司設立的新聞社，也有英國影音新聞社。

石頭。再遠些的地方,他們的車好不容易穿出疲憊步行逃難的人群。路邊有被丟棄的屍體,霍亂和傷寒都開始出現,沒人停下腳步照顧瀕死的人。[76]

梅因斯和他的一小隊手下來到河邊,驚訝遇上被派到印度皇家海軍的一名英國上尉。因為執行爆破作業,他的軍帽帽頂被炸掉了;最後一艘船沒等他就開走了。梅因斯邀請他加入自己的隊伍,對方馬上接受了,還帶來了「皇家興都斯坦號」為這支隊伍增加了運輸力:這是一輛漆上軍艦灰色彩的吉普車。他跟梅因斯說,可不能把存放在港口「信託俱樂部」冰箱裡的冰鎮啤酒留給日本人。這事無須動員。梅因斯曾花大量時間打開裝載中國烈酒的木桶,也把威士忌裝進印度儲備銀行的地下室,以防得勝的日軍大醉。他從消防局裡面拿出椅子,和手下一起坐在碼頭邊,一邊把冰鎮啤酒一飲而盡,一邊等著格洛斯特部隊的船從沙廉出現。

死守仰光,等待原先承諾從中東趕來的澳洲援軍已無指望。當時,從魏菲爾以下的每一個人,都希望援軍能扭轉過去數月的敗局,把日軍趕回去。但澳洲總理柯廷(Curtin)需要每一名可用的澳大利亞士兵保衛澳洲本土。當時的日軍已從多處同時南下,逼近澳洲。根據他所觀察的緬甸防衛,柯廷認為,目前那些澳洲的精銳部隊若是加入戰爭,無非是在最後一刻給戰火再添些粗糠,無濟於事。緬甸總督德曼-史密斯(Dorman-Smith)拍電報給邱吉爾追問:「澳洲援軍來否?答案對我們非常重要。請說,是與否。」「我們一直在爭取⋯⋯但是澳大利亞政府堅決拒絕。請繼續戰鬥。」這就是他們等來的官方回

---

76 G.Rodger, *Red Moon Rising*, 1943, pp. 66-67.

答。[77]

繼續戰鬥總有極限。緬甸總督德曼－史密斯於二月二十七日發出如下電報給印度總督：

> 在我們奪回仰光之前，這將是我從仰光發出的最後一封電報……我們的部隊英勇作戰，筋疲力盡……除非有奇蹟發生，我建議在三月一日七時左右開始破壞本城……非常遺憾局勢已到如此境地……我看不到任何能拯救仰光的辦法。眼下撤離，意味著我們尚可全身而退，如此或許對你和你在遠東其他戰線的部署有益……若我們能成功撤退到上緬甸，再與敵對抗，將是非常幸運的事……至今沒有收到你的電報，既然如此，作為在地的長官，我必須做出決定。我打算在三月一日八時，下達爆破命令後離開。[78]

即使在這個節骨眼上，魏菲爾依然認為援軍也許能救下仰光。就在德曼－史密斯給德里發電報的同一天，印度步兵第六十三旅從仰光打道回府。這是軍總司令赫頓的意思，因為他知道這個旅無力戰鬥，於是緊急要求其返回加爾各答或是在阿恰布登陸。但魏菲爾取消了這個命令，要求他們還是在仰光上岸。魏菲爾感到赫頓已經準備棄城北上，於是在二月二十八日從加爾各答飛到伊洛瓦底江畔的馬圭，緬督德曼－史密斯、赫

77　Carew, op. cit., p. 149.
78　Connell, *Wavell, Supreme Commander*, pp. 201-202. 康奈爾著，魏菲爾大元帥。

頓、以及空軍副司令（AOF）[79]史蒂文森（Stevenson）少將都在那裡等他。

這是一個令人惱怒的會面。魏菲爾徹底失控，在總督、空軍指揮和一些文武官員面前，狠狠責備赫頓。在大庭廣眾之下被如此羞辱，赫頓顯然驚呆了，幾個月之前，他還是對方的總參謀長。受到指責的不是赫頓在戰事中的表現，而是魏菲爾認為赫頓的態度太消極，助長失敗情緒。但赫頓當時什麼也沒有說，他感到最有尊嚴的反駁就是保持沉默。[80]

魏菲爾要求仰光能守多久，就要堅持多久，並在還來得及的情況下，從港口盡可能多送軍隊入城。他帶著赫頓飛到仰光。當抵達陸軍總部時，赫頓接到來自史密斯師長的一封電報。史密斯的印第十七師總部當時在萊古（Hlegu），大約是仰光和勃固的途中。史密斯想立即把他的部隊撤出勃固。魏菲爾被這又一撤軍要求徹底激怒了，決定在當晚冒著酷暑，沿著灰塵滿布的道路，駕車去史密斯的總部見他。史密斯後來寫道：「我從沒想到三月一日星期天，會是我作為軍人的最後一天，但事實就是如此。」[81] 魏菲爾看到史密斯病得不輕，哪怕注射番木鱉鹼和砷都已不能減輕他痔瘡造成肛裂的痛苦。面對日軍和疾病的同時入侵，史密斯顯然無力應付。魏菲爾下令史密斯的總參謀長考萬（David Tennant Cowan）接手印第十七師，史密斯則

79　譯註：Air Officer Commanding 的縮寫，指飛行指揮官。
80　「這是唯一一次我見他失控，在總督以及飛行指揮和文武官員面前對我激動大吼。我覺得唯一可維持尊嚴的方法就是保持沉默。直到現在我都確切認為，如果按照他的方式去做，會使仰光整個軍隊及平民被日軍逮捕。事實上，停止撤退，下令亞歷山大反攻勃固，幾乎造成同樣結果。」（Lt. General Sir Thomas Hutton, op. cit., p. 56）
81　Smyth, *Before the Dawn*, p. 195.

第一章　日炙孤橋

被送回印度。

在下緬甸的陷落過程中，發生了許多個人悲劇，史密斯的情況可算最重。在承受身體疼痛的同時，他為一個自己完全不相信的目標奮鬥，又沒有足夠的資源可支配。在緬甸被就地解職已是羞辱，但抵達德里後的遭遇更是雪上加霜。他收到陸軍大臣的一封正式函件，告知史密斯，照魏菲爾命令，即時剝奪其少將軍銜，並勒令他立即退役。史密斯不但一舉失去軍銜和退休金，更被控兩項罪狀：入緬時沒有按照規定進行體檢（觸犯《印度衛生條例》第八十六條），和在醫療組認為身體合格後卻請病假。

錫當河戰役給史密斯帶來的是無邊苦澀。他手下的醫務局副主任（ADMS）[82]麥肯齊（Mackenzie）中校在炸橋之前給他做過體檢，要求他盡快請病假。[83]麥肯齊中校後來被日軍俘虜，被押在仰光監獄直到戰爭結束。魏菲爾顯然沒能看到麥肯齊醫療組給史密斯的建議。筋疲力盡的史密斯求見魏菲爾，卻遭到拒絕。他認為赫頓一定把仰光和緬甸失守的罪責怪在他身上。[84]

我們大約永遠不會知道魏菲爾是否看到了醫療組給史密斯的診斷報告和建議。赫頓在二月二十五日獲知此事，但一週之後，當他們在總部見到史密斯時，他覺得已無必要就此再向魏菲爾多說什麼。正如魏菲爾對其總參謀長所暗示的，史密斯「絕對是個病人」，根本不需要醫療診斷來證明。而且赫頓對後來

82　譯註：ADMS 是 Assistant Director Medical Services 的縮寫，指助理醫官。
83　讓指揮官在戰事正酣之際請病假看上去很奇怪，但史密斯後來寫道：「當時我看上去應該很緊張。這一戰事實在相當費力，尤其是，我總是被下令做一些明知軍事上來說非常不正確的事情。不過我完全可以堅持。」檔案資料，帝國戰爭博物館。
84　通常，魏菲爾在報告緬甸失利的信件中會感謝一些屬下將領。史密斯的名字不在此列。

史密斯在印度的遭遇也無法干涉。無論如何,他與史密斯失去印第十七師指揮權一事完全無關。這個決定從醫療診斷方面考慮是合理的,但這是魏菲爾個人的決定,並沒有徵求赫頓的意見。

無獨有偶,赫頓自己的緬甸總司令指揮權也已被人取代。繼任者亞歷山大(Sir Harold Alexander,後來晉升元帥)中將還沒到任,但赫頓已經知道自己失去了最高指揮權,將就地改任為亞歷山大的總參謀長。兩人私交不錯,但這依然是個尷尬的情形。更糟的是,對戰事接下來如何收尾,兩人意見分歧。

阿倫・布魯克爵士(Lord Alan Brooke)日記的編輯亞瑟・布萊特(Arthur Bryant)爵士形容亞歷山大是「帝國總參謀部(CIGS)所推薦最好的將領」。[85] 但這看法並未得到全面認可,尤其日後在亞歷山大手下參加北非戰鬥的印度軍隊將領們,對此頗有異議。在這方面,塔克(Tuker)中將的謹慎說法為對立面提供了相當有分量的註解。他寫道:「我覺得他可算是我遇到的高級將領中最缺乏智謀的一個。我無法想像他準備過任何計畫,更別提好的計畫了。我想他從沒做過計畫。可以肯定的是,在義大利他從來沒有真正指揮過作戰行動。他完全沒有自己的戰術部署,所有一切都是相機行事。」[86]

亞歷山大完成緬甸作戰多年之後,這個批評得到平反。但在當時,亞歷山大提出的計畫其實來自魏菲爾,而不是他自己的主意。如果按照他對時局的理解,那麼最終失去的,可能不只是首都仰光,而是整個在緬甸的軍隊。

85　Sir Arthur Bryant, *The Turn of the Tide*, p. 256.
86　MS notes, Tuker Papers, Imperial War Museum 帝國戰爭博物館,塔克文件。

第一章　日炙孤橋

　　從亞歷山大的立場而言，他當時所面臨的情況，早在其本人到達現場之前，已經急速惡化，完全失控。赫頓被解職，從某方面來說，並非由於指揮戰鬥失當；而是來自於其冷眼旁觀的消極態度，用消極的眼光看待事物，以及任由嚴重的悲觀情緒蔓延。要是赫頓能把自己的想法私下跟魏菲爾說，考慮到兩人相知甚深，赫頓的想法會得到尊重。但就算這樣，也是非常冒險的做法，因為當時魏菲爾正竭力振作英軍在遠東的士氣。而赫頓給魏菲爾發出的電報被人看到，並報告給印度總督。受到印度軍區代理總指揮艾倫·哈特利（Alan Hartley）爵士的提示（赫頓是這麼認為的），總督林利斯哥（Linlithgow）侯爵為印度的安全擔憂，給倫敦發電報說，「我方駐緬軍隊在不佳的精神狀態下作戰。我堅信這源於軍隊上層缺乏動力和激勵。」他還說，赫頓是個好參謀長，但並不適合在前線指揮戰鬥。總督的電報由邱吉爾轉交給魏菲爾，並要後者向帝國總參謀長阿倫布魯克中將說明自己的想法。邱吉爾還說，如果魏菲爾對總督的意見無異議，那麼他將立即派亞歷山大入緬。當天，魏菲爾給邱吉爾和阿倫布魯克同時拍電報，支持總督的悲觀質疑。

　　對我軍在馬來亞和緬甸呈現出的鬥志低下，我深感苦惱。來自英、澳、印的士兵，沒有一個表現出堅強的體力和精神⋯⋯。深究原因，近二十年來的疲軟、和平時期的訓練缺乏激情、東方的氣候和環境的影響。有真正衝勁和鼓舞的領導者很少。我在馬來亞和新加坡找不到像他一樣的人。赫頓沉靜的外表下擁有足夠的意志，並從不失態，但他個人缺乏鼓舞軍心的能力。我當時選他擔當全面重組緬甸軍團的重任，乃出自實

際需要,因我知道他能出色完成任務,也是一個堅決和有技巧的指揮官;然而我完全同意,亞歷山大充沛堅強的個性也許能激勵士氣。[87]

魏菲爾不太樂意換將,但同意赫頓或是就地擔任總參謀長,或是回到印度當總參謀長。他還建議如果派亞歷山大來,最好在一週內抵緬。二月二十二日下午稍早時候,錫當橋之戰還在進行中,赫頓接到魏菲爾的一封密電,對方要求他親自解碼:

> 考慮到將大量擴充駐緬軍隊,戰時內閣決定由亞歷山大將軍擔任緬甸總司令。他抵達之後,你繼續留任緬甸總參謀長。你應將此事告訴緬甸總督。另外,在亞歷山大抵緬之前,對此任命保密。[88]

即使在亞歷山大到任之後,赫頓還經歷了一段相當尷尬的時期。在軍部之外,所有人都依然認為赫頓是總司令。兩人軍銜相同(亞歷山大於一九四二年四月升任中將代理總司令),所以自然赫頓很討厭向人解釋他已經不是總司令了。他苦澀地回憶起描述威靈頓公爵生前的一段話:「在所有人生尷尬時刻中,最難堪的莫過於在曾任總司令的軍隊中擔當下屬。」[89]

亞歷山大在三月五日的到任,沒能拯救仰光,就算是一個師的援軍登陸也無法拯救。三月七日晚上七點半,最後一列火

87　Connell, *Wavell, Supreme Commander*, pp. 181-182.
88　同上, p. 191
89　Hutton, *Rangoon*, 1941-2, p. 56.

車呻吟著北上,離開這座著火的棄城。幾分鐘後,格洛斯特郡部隊和梅因斯的戰地維安部隊的吉普和卡車一起,取道卑謬路開離。次日中午[90]日軍入城。

帝國殖民歷史就此終結,是由緬甸總督的副官劃下句點。三月一日離開前,總督在官邸舉行正式晚宴。當少數幾名出席者用餐完畢,離開餐桌去撞球室時,副官艾里克・巴得比(Eric Battersby)感到一種難以言喻的亢奮。他拿起一粒檯球,對著牆上一幅畫像。畫像代表帝國昔日的輝煌,像中人從鍍金的相框裡正俾倪眾人,彷彿做出無言的批評。「殿下,您覺得我們是否也該拒絕這些畫落入日寇之手?」艾里克大叫著,檯球穿過畫布。幾秒之內,其他人也紛紛拿起檯球,向屋裡到處懸掛的畫像扔去。次日清晨,一九四二年三月一日,德曼－史密斯閣下離開他的首都,驅車北上眉苗(Maymyo)。

亞歷山大中將抵達緬甸接管指揮權之際,自是打算不惜一切代價保住首都。這也是帝國參謀總長阿倫布魯克中將把他派到緬甸的原因。布魯克日記寫道:「如果我們把兵力集中在仰光,……緬甸或許可以保住。」[91]但當時,在一九四二年二月十八日,他的日記是這樣記載的:「緬甸的情況不妙。如果我們日不落帝國的軍隊不能提高戰鬥狀態,那麼我們活該日落。」二月二十七日他沮喪的註解:「我實在看不出來,我們如何能將仰光守得更久。」[92]

三月三日,魏菲爾回到印度,在加爾各答見到亞歷山大,

---

90 'Before the dawn' in Prasad, op.cit., p. 213.
91 Bryant, op.cit., p. 255.
92 同上, p. 256

給他做了如何作戰的口頭指示。

仰光對我們在遠東的局勢極為關鍵,必須盡一切可能保住。萬一無法勝任,英軍不被敵人阻隔及殲滅,應從仰光地區撤退,去防衛緬北。為了捍衛仁安羌油田,要盡可能與中方保持聯繫,並維護從阿薩姆入緬的道路。[93]

亞歷山大於三月五日中午抵達仰光,前往萊古。赫頓曾命令第四十八旅從勃固撤退到萊古,第十六旅從萊古撤退到濤建(Taukkyan),但這些命令全被亞歷山大否決。最新的命令是,緬甸第一師從良禮彬(Nyaunglebin)向南攻打勃固,第十七印度師得到新近抵達的步兵第六十三旅和第七裝甲旅的支援,要向勃固東方攻擊沃鎮(Waw)的日軍。亞歷山大希望由此扭轉戰局,阻擋飯田將軍手下第三十三和第五十五兩個師團進攻仰光。但這一嘗試失敗,日軍對勃固形成包圍之勢,突擊隊也從海上成功滲透到沙廉的煉油基地,就在仰光的對岸。亞歷山大僅在抵達緬甸一天之後,就意識到仰光無論如何是守不住了。他下令拆毀城市設施,準備放棄仰光,他希望在伊洛瓦底江盆地北部重整軍隊。[94]

港口一帶的起重機或被扔進河裡,或被炸毀;倉庫著火,留在仰光火車站的補給物資也被點燃。戰地維安部隊用中國炸藥爆破了電信總局,發電站被炸毀,警察總局也著火了。最明顯的莫過於沙廉的煉油廠,爆炸之後,升起數千呎高的黑煙,蔓延整座被毀的城市上空。志願擔任毀城行動的所謂「敢死

93　Kirby, *War Against Japan*, II, p. 86.
94　Kirby, *War Against Japan*, II, p. 94.

隊」，奉令乘上小輪，沿仰光河而下，登上等著載他們回到加爾各答的三艘輪船。[95]

指揮部向北轉移，通過濤建的交叉路口，這是北上勃固和曼德勒，以及從伊洛瓦底江入仰光兩條道路的交匯點。指揮部的先頭部隊於三月七日黎明通過濤建，往沙耶瓦底，之後被鎖定，作為抵擋仰光日軍的防線。指揮部穿過濤建之後，印第十七師隨之成為後衛，保護指揮部北上伊洛瓦底江河谷，以防衛油田。

第十三回 統帥逃劫

這只是理論。但事實上，日軍在濤建以北5哩處佈了據點，儘管遭受仰光總指揮部的反覆攻擊，仍然成功封鎖公路。亞歷山大和他的指揮部被困於此，動彈不得。第七裝甲旅奉命對付封鎖，但直到三月七日下午四點，依然沒有進展。第六十三旅下轄兩個邊防步槍營從萊古調到濤建，但被擊退，還遭受重大傷亡。亞歷山大和他指揮部人員在附近一個橡膠園過夜，此處被坦克和步兵團團包圍，但還好日軍並沒有發動攻擊。被困在裡面的，主要是仰光的行政人員和幕僚，還有一群違令逃離該市的女士。[96]

亞歷山大下令在黎明時分繼續攻擊，第六十三旅廓爾喀步槍兵第十團第一營在西，錫克第一團在東，加上第七胡薩爾輕騎兵（Hussars）的坦克，在炮火掩護下，由大路直接進攻。可

95　Alfred Wagg, *A Million Died,* 1943, p. 53.
96　Mackenzie, *Eastern Epic*, p. 455.

是這次攻擊還沒開始就註定失敗：廓爾喀營在叢林中迷路失散；錫克團在空曠鄉間集結，則成為日機轟炸的目標。

眼見日軍對亞歷山大的箝制英軍無法化解，但一眨眼的工夫，日軍忽然都不見了，亞歷山大和他的指揮部在沒有阻擋的情況下，順利通過此地。印軍史學家康普頓‧麥肯齊（Compton Mackenzie）的說法是，「敵人不可思議地放棄了據點」，他還補充，「至今沒有一個滿意的說法可以解釋這一令人驚訝的錯誤。」[97] 英國的軍事史作家們也對此一插曲充滿疑惑，其中一名上校沃茲（G. T. Wards）本人是日軍研究專家，曾擔任駐日武官。戰後，他向東京發函詢問日方當年動機。其實當時差一點就成為日軍囊中之物的不只有仰光的防備隊，還有印第十七師師部，後者正從勃固撤退，途經萊古、濤建，沿卑謬路北上；當然，還有總指揮亞歷山大本人。

沃茲上校寫道，這裡面馬上有兩個疑問：第一，第三十三師團部不知，或者沒有意識到如果收緊口袋，將捕獲如此大規模而重要的一群敵人；第二，或許這師團被指派的主要任務是奪下仰光，而擒敵是次要的。目前如果後一假設成立，這可以作為對日軍領導統帥的批評：他們竟以攻城為重，擒敵為輕，實在是不當的戰術。我還認為，日軍此次錯誤，也許跟其軍事方式和行動的嚴格管制有關。軍令經常太過詳細，往往導致執行部隊綁手綁腳，從字面上嚴格遵照命令，乃至不惜貽誤戰鬥良機（比如這次）。這次，如果現場

97　同上, pp. 455-456.

指揮官能見機行事,將能直接取勝。[98]

當時在現場指揮的是第三十三師團第二一四步兵聯隊的作間喬宜(Sakuma Takanobu)大佐。第三十三師團接到的指令是,於三月三日在斷橋以北的庫賽克(Kunzeik)渡過錫當河,然後打通萊古和茂比(Hmawbi)兩地,再經過這一通道突襲仰光。對二月二十七日下達的這一命令,師團長櫻井省三(Sakurai Shozo)中將的理解是,要為奪取仰光保持兵力,盡量不為無謂的小規模摩擦所羈絆,因為他預計在仰光北郊和市內街道將有硬仗。他最不希望出現的局面是仰光久攻不下,導致該軍無法使用碼頭設施,且英軍可能藉機從卑謬反撲。他是知道對方守備隊正從城裡撤離,卻沒想到這是完全撤離。

但三月六日,來自第十五軍的命令似與前面截然相反。當時櫻井在瓦帕俄(Wapange)村,是位於從萊古進入勃固山脈的主幹道以東。軍部要他「進入仰光,尋敵並消滅之。」[99]當命令到達時,櫻井不但對敵軍力量不太清楚,也不了解比鄰的友軍第五十五師團正與印第十七師對戰勃固。櫻井決定眼下最好的做法是挺進仰光,不計代價,絕對避免與英軍正面交鋒。六日中午,[100] 櫻井召集手下聯隊長和大隊長,告訴他們將於當日天黑時出發進攻仰光。部隊行軍分為兩路,步兵第二一四聯

---

98 1953 年 2 月 26 日,致東京英國大使館的信,帝國戰爭博物館。
99 戰史叢書(OCH),《緬甸攻略作戰》,頁 90。日本防衛廳防衛研修所戰史室於 1966-1980 年編纂。刊行之初時稱為《太平洋戰爭戰史叢書》或是《大東亞戰爭戰史叢書》,其後單純簡稱《戰史叢書》,共 102 卷,國防部史編譯局,翻譯為《日軍對華作戰紀要叢書》。
100 譯註:英文版寫的是七日,但根據推論應是六日。日文譯本《ビルマ遠い戰場》寫成六日。參見日譯本上冊,頁 75。

隊在左,第二一五聯隊在右。行軍一旦開始,日軍將盡一切可能避開英軍耳目,繞過大型村莊,穿越乾涸稻田,沿叢林小道而行。如此一來,當在濤建和茂比之間穿過卑謬路後,他們就會出現在仰光西北。

然後,乘坐卡車的聯隊遭遇一支被認為是正從勃固撤下來的英軍裝甲部隊。大隊長高延(Takanobu)少佐馬上受了重傷,部隊傷亡人數也開始上升。聯隊長作間大佐意識到眼下的情況與師部此次行動的指示大相徑庭,他將兵力集中在主要幹道以南,決定暫時靜觀戰局變化。

同時,當英軍還在交戰時,原田棟(Harada Munaji)大佐率領的第二一五聯隊順利穿越卑謬路。當櫻井中將得知與英軍的遭遇戰後,告訴作間,他的主要任務是遵循原定命令,不惜一切代價進入仰光。作間奉命行事,於七日上午十時要高延不再戀戰。實際上,這場遭遇戰本就完全是高延的過錯。日軍一小隊規模的偵查隊,發現沿大路撤退的英軍,當時大隊的主要人馬還在東邊 1 哩外整補。高延得到偵查匯報後,決定直接攻擊撤退的英軍,並在事後向作間匯報。[101]

其實對櫻井而言,如果有想要殲滅敵人(不管英方是何種部隊)是非常的好的時機。但作間於上午十時二十分抵達師團司令部,告知參謀長曾經發生的情況。參謀長告訴作間,不應輕率採取攻擊,停止由高延引起的盲動,而應專注挺進仰光。在徵求意見時,原田也表示同意。

櫻井的想法是,英軍在卑謬路受到高延的攻擊,會提醒他們有日軍在此地出沒,可能讓對方做出反應,增加仰光北部和

---

101 戰史叢書(OCH),《緬甸攻略作戰》,頁 92.

西北部的防禦。他與手下兩名聯隊長的意見相同,即盡快趕到仰光才是當務之急。他讓作間通知高延,以繼續行軍為上,勿再戀戰。

下午三時,作間回到聯隊部,下令在五時繼續行軍。當大隊人馬來到卑謬路,發現高延受傷,其部隊無法繼續。作間於是決定繼續行軍,留下高延的第三大隊,並讓高延盡快解決,趕上聯隊。三月八日黎明時分,作間抵達明格拉洞(Mingaladon)機場。[102]

與此同時,另一聯隊長原田已到達北郊。原田預計在仰光會有惡戰,對之前聯隊一路穿越勃固山脈、卑謬路以及之後南下遇到的平靜村莊。他理解為暴風雨前的寧靜。他的部隊為自己成功切斷給蔣中正的補給線,從而間接幫助在中國進行「聖戰」的同袍而感到興奮。三月八日上午十時,原田的先鋒部隊進入城中廢棄的街道。兩小時後,櫻井在維多利亞湖(Victoria Lake)畔[103]設立師團戰鬥指揮部。

不過沃茲的批評,並非完全不正確,他的觀點其實反映了當時寺內壽一(Terauchi)大將和南方軍的計畫。在第十五軍的兩個師團跨過錫當河五天之前,南方軍告訴十五軍軍長飯田,雖然仰光可以由其手下少數兵力拿下,但與其早些奪取仰光,不如應該擊敗將由緬北南下增援的中國軍隊。但飯田有更實際的打算,自從越過泰緬邊境之後,第三十三和第五十五師團都再也沒有得到物資補給,他們的軍火儲備少得可憐。要是飯田

102　同上,頁 90-4; US Historical Section, Tokyo, reply to Colonel Wards, 30 April 1953, Imperial War Museum Archives. 美國歷史部分,1953 年 4 月 30 日東京,給伍茲上校的答覆,帝國戰爭博物館檔案。

103　譯註:仰光城北的大水庫。

拿下仰光,那就可以馬上通過新加坡得到海路補給,因新加坡已在二月十五日落入日方控制。要在緬中和緬北發動更多攻勢,他需要有港口運進更多師團。因此,儘管飯田對櫻井放過第十七印度師感到遺憾,但很滿意拿下了仰光。

無論在濤建(Taukkyan)的日軍聯隊長、師團長、軍司令,乃至後來的日本軍事史家,似乎都沒有意識到亞歷山大將軍差一點就成為他們的囊中物。日軍正史及為自衛隊軍官編寫的操練手冊,依然把攻擊濤建據點的英軍,認為是從勃固撤退到萊古的印第十七師的部隊。第六十三旅確實在場,但最初與第二一四步兵聯隊發生交火的卻是從仰光撤退的守備隊。這一點,在一九五八年出版的英軍正史中,已明確指出。九年之後出版的日方歷史借鑒了英方的很多說法,但這一事實卻被忽略了。赫頓後來評價道:「這是亞歷山大一生中最大的幸運。」[104] 由於櫻井堅定不移的執行既定命令,鎖定目標為仰光城而非某個人,亞歷山大逃脫了在日軍戰俘營度過其後三年的厄運。

第十四回　最長的撤退

　　華軍在第一次緬甸戰事中登場是一個複雜而有爭議的話題。蔣中正需要維持來自西方盟國供給路線的通暢,保證仰光港的安全,也就保障了他所倚賴物資的來源。空中防禦主要由陳納德(Claire Chennault)少將帶領的美國志願隊(「飛虎航空隊」American Volunteer Group)的美國飛行員負責。魏菲爾

104　見赫頓撰寫的悼詞,刊載於《泰晤士報 The Times》,1981 年 1 月 20 日。

接受兩個中國師的援助,即第四十九師和第九十三師,也就是華軍第六軍三分之二的軍力。第五軍也願意提供支援,但魏菲爾要求第五軍留在昆明做後備。魏菲爾沒有張開雙臂歡迎第五和第六軍是情有可原的。[105] 中國軍隊沒有建立補給系統,如蝗蟲一樣靠當地吃飯。中美以及中緬之間有很深的不信任,中國軍隊的指揮系統也相當混亂。為了迎合羅斯福,在參謀總長馬歇爾的推薦下,蔣中正同意讓美軍將領史迪威(Stilwell)擔任入緬中國軍隊的「指揮官」,同時也是蔣的參謀長。但當他拜訪亞歷山大,告知對方自己是入緬華軍的司令官時,卻發現第五軍軍長杜聿明早已自稱擔任同一職位。[106] 緬甸總督德曼－史密斯對這一雙重任命感到不解,但杜聿明告訴他,「美國將軍覺得自己在指揮,但實際上並非如此。你要知道,我們中國人認為,讓美國人參與戰爭的唯一辦法是給他們幾個紙上的頭銜。主要是我們在做事,他們不會造成太大傷害!」[107]

蔣中正在四月五日到眉苗拜訪亞歷山大,他集合華軍將領,告訴他們史迪威擁有全權指揮權,並向史迪威保證會給他正式印章(即官防)以資證明。史迪威於是認為自己已全盤控制局面,可是沒有這印章的紅色印記,任何命令都無效。但當印章

---

105 譯註:日文增加了「關於中國軍隊,當我在仰光見到從重慶返回的魏菲爾時,他對我明確表示,不希望華軍入緬。他覺得當時緬甸還沒受到急迫的威脅,而且他認為已經有足夠的英印軍隊和非洲軍隊。所以當真的需要中國支援時,他的這一見解顯然耽誤了華軍入緬的進程。」(Hutton, op.cit., p. 4.)。本書日文譯本上冊,頁87。

106 當時出版的書中有不少錯誤拼寫:*The Stilwell Papers*(史迪威文書)裡寫作 Tu Yu Ming;Barbara Tuchman 所著 *Sand Against the Wind* 寫作 Tu Li Ming;美國外交關係(*US Foreign Relations*)一九四五年第七卷裡寫作 Tu Li-min。

107 Romanus & Sunderland, *Stilwell's Mission to China*, 1953, p. 120. 杜聿明強調羅卓英(Lo Ying-Ching)將軍才是指揮官。羅是蔣中正派給史迪威的「執行者」。譯註:本書作者拼錯了,應該是 Lo Cho-Ying。

抵達時，上面的刻字並非「緬甸遠征軍最高司令官」，而是「盟軍參謀長」，也沒有相應的授權書。對中方將領而言，這顯然說明史迪威只是顧問，並非實際指揮官，不管蔣中正在眉苗說的是什麼。[108]

一九四二年三月十三日，在史迪威的日記中被稱為倒楣的黑色星期五，他首次會晤亞歷山大。可以想見，他對亞歷山大的印象並不好。「過於謹慎，長而尖利的鼻子，很直率又『洋氣』。[109] 他讓我站著等商震[110]到來。當商到來時，亞歷山大態度冷漠。他很驚訝地發現是我─不過是我，一個天殺的美國人─來統領中國軍隊。『太不尋常了！』他看著我，好像我剛從石頭底下爬出來。」[111]

讓事情更複雜的，是蔣中正認為史迪威應該統帥在緬的中英兩軍。自新加坡和仰光失守後，蔣對英軍的戰略和士氣毫無信心。[112] 最終，魏菲爾和參謀長聯席會議達成協議，讓亞歷山大「代表魏菲爾協調在緬的中英兩軍」，才算是解決了問題。[113] 與此同時，華軍第五軍第二〇〇師要駐防東固（Toungoo）地區。第五軍的其他兩個師（第二十二師、第九十六師）不會推進到曼德勒以南。史迪威一旦取得指揮權，即把這兩個師調入緬甸，並徵得蔣中正的同意，讓第二十二師在東固增援第二〇〇師。

108　同上, p. 280.
109　譯註：原文為 Yang Chi，洋氣，英文標註意為高傲、冷漠、難以接近。
110　譯註：商震時任中央軍事委員會外事局局長。商震，字啟予，祖籍浙江省紹興縣，生於直隸省順天府大城縣，中華民國軍事將領，陸軍二級上將。
111　*Stilwell Papers*, p.78.
112　Kirby, *War Against Japan*, II, p. 154.
113　同上, p. 155.

第二〇〇師要接替布魯斯・史考特（Bruce Scott）少將率領的緬甸第一師防守東固。緬甸第一師將越過華軍陣線，去耶達謝（Yedashe）後去東敦枝（Taungdwingyi）；後者是勃固山脈以北公路鐵路交通的樞紐所在。緬甸第一師加上印度第十七師和第七裝甲旅，要組成新的緬甸軍，擔任新的軍指揮官的是威廉・史林姆（William Slim）中將。在緬甸戰場，整個戰爭過程中，他堅強的意志力，比其他任何軍人給人留下的印象更深。

緬甸軍要為保護仁安羌油田而戰。中國軍隊則要防守自曼德勒上達錫當河谷的鐵公路。

他們正面對大幅增援中的日軍。受到華軍由滇入緬的威脅，日方將駐緬軍力翻倍。三月和四月間，第三十三師團增加了一個聯隊（步兵第二一三聯隊），第十八和第五十六師團從海路抵達仰光。加強後的第三十三師團從伊洛瓦底江流域北上，通過卑謬，奪取仁安羌。第五十五師團則繼續從勃固至良禮彬一路往北，拿下東固，挺進平滿納和曼德勒。第五十六師團在東繞路急進，穿過東枝，北上撣邦，切斷進入中國的通道。第十八師團作為後備留在錫當盆地，跟隨第五十五師團前進。

華軍第二〇〇師由戴安瀾指揮，共有大約 8,500 人。這比第五軍的其他兩個師（各自為 6,000 人的編制）都多，也比第六軍大約 5,700 人的師級編制多。但數字有些誇大，因為其中也包括隨軍勞工和運輸苦力。這個師已經摩托化，也有一些裝甲部隊。新近透過租借法案得到的火炮設備包括 36 門 75 公厘口徑的榴彈炮，還有一個機動化營裝備 105 公厘口徑大炮。但他們沒有醫療服務單位，並且沒有能與英軍溝通的翻譯，這一點在整個戰事中為雙方都帶來極為嚴重的問題。

日落落日：最長之戰在緬甸 1941-1945（上）

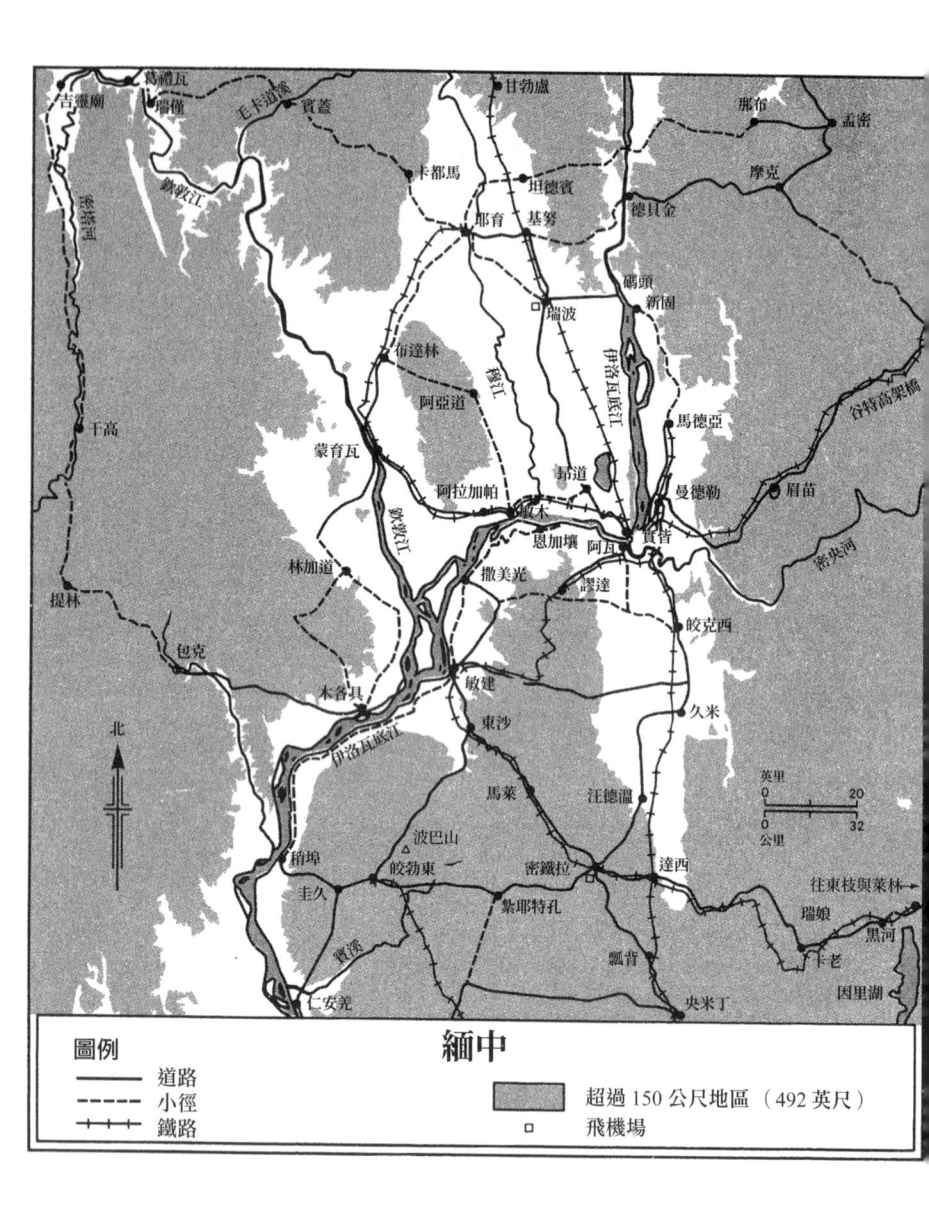

圖 1-3　中緬甸

第一章 日炙孤橋

　　所幸史林姆對他手下兩個師長都很了解。三人都曾在廓爾喀第六團第一營裡擔任過軍官，是超過二十年的老朋友。史林姆需要所有可能獲得的精神支持。魏菲爾直言不諱地告訴史林姆新加坡陷落的原因，也指出緬甸眼看就要步其後塵。但沒人告訴史林姆這場戰事的目的是什麼，是保住緬甸的部分領土，還是帶著軍隊完整退回印度？他的軍司令部缺少運輸設備和通信設備，當抵達在卑謬的總部後不久，更是完全失去了空中支援：三月二十一日，作為對英軍空襲仰光的報復，日軍轟炸馬圭機場，炸毀了停在地面上的英國皇家空軍和美國志願隊的飛機。[114] 三月二十二日下午之後，史林姆剩下的全部空中力量只有 6 架布倫亨式轟炸機（Blenheim）、3 架鷹式戰鬥機（Tomahawk），以及 10 架颶風戰鬥機（Hurricane）。這些飛機突然被撤離；皇家空軍的飛機撤到當時仍在英軍手中的阿恰布，美國的則撤到中國邊境附近的羅紋（Loiwing）和臘戍（Lashio）。史林姆對馬圭的皇家空軍被如此輕易擊敗並不吃驚。他之前去卑謬，曾路過馬圭，發現沒人防守飛機，皇家空軍居然樂觀的認為保護飛機是陸軍的職責。從此之後，史林姆明確指出，他的部隊完全沒有空中偵察、防禦和支援能力。整個天空屬於日本人。[115]

　　緬一師師長史考特·布魯斯和戴安瀾[116] 在東固要交接，由於缺乏翻譯，華軍又缺地圖，幾乎無法溝通。最後，史考特放棄移交，並即時將師部撤離。所謂放火是最好的防城手段的理

114　Slim, *Defeat into Victory*, p. 19.
115　同上, pp. 21-22, p.42.
116　華軍第二〇〇師師長。

論，華軍把包括這棟大樓在內的很多東固的建築都放火。杜聿明想要緬甸第一師儘早離開以免礙事，但史迪威卻很希望第一師堅持到華軍第二十二師南下。[117]

三月二十四日，竹內的第五十五師團開始攻擊東固。戴安瀾手下奮勇作戰，但到二十七日，日軍奪下機場並包圍城市。當時距離最近的援軍是廖耀湘的第二十二師，在北面60哩外的平滿納。但蔣中正要亞歷山大從伊洛瓦底河谷攻擊日軍，希望由此減輕東固的壓力（史迪威誤信與華軍第二〇〇師對戰的日軍，正不斷得到來自伊江河谷的增援。）史林姆的部隊仍在集結中，他並不想開戰，而且相信不管他怎麼做，都無法使攻擊東固的日軍撤離。他讓印第十七師考萬奇襲卑謬東南60哩的奧波（Okpo），於是第七裝甲旅的安斯迪（J. Anstice）准將帶領一支集結來的部隊去榜地（Paungde）做初步探襲。安斯迪率領一個坦克團，一個炮兵連，以及三個步兵營。但在進入榜地並給日軍造成重大傷亡後，還是被擊退。他的一名聯絡官在被派回考萬的司令部路上，發現卑謬以南10哩的瑞當鎮（Shwedaung）已落入敵手。三月二十九日上午九時，第三十三師團第二一五聯隊第二大隊長佐藤操（Sato Misao）少佐占領了瑞當。

眼看安斯迪就要成為孤軍，考萬於是派兩支大隊（邊防第四團、第二邊防步槍營）掃蕩瑞當，為安斯迪殺出一條血路。考萬部隊主力30輛坦克、20門大炮和200輛卡車，從南門進攻；兩個步兵營從北門進攻；同時格洛斯特郡（Gloucester）步兵第一營的兩個連和第七胡薩爾輕騎兵的隊伍共同襲擊，此時日機

117　Romanus & Sunderland, op.cit., p. 106.

則在空中用機槍對準英軍掃射。這次戰鬥比較重要的，是日方有相當多的緬甸獨立軍（Burma Independence Army）[118]由伯揚乃（Bo Yan Naing）和兩名日軍軍官平山（Hirayama）和池田（Ikeda）帶領。日本人占卑謬路右側，緬甸人占卑謬路左側。緬甸獨立軍伯屯盛（Bo Tun Shein）率領的前鋒營被英軍包圍，幾乎全軍覆滅，部分原因就在他們對現代戰爭一無所知。巴茂苦澀地形容他們是「一群無知的青年農民，除了膽量大以外，什麼也沒有」。因為之前從來沒見過坦克，這些人站在離坦克過近的位置，一下子被炸成碎片。[119]

伯揚乃和400名緬甸獨立軍士兵就在此處封鎖安斯迪裝甲旅之退路，日軍唯一的反坦克炮擊中橋上一輛英軍坦克，頓時堵住交通，於是戰場擴大到鎮外。伯揚乃看到70名印度兵，在英國軍官的帶領下，舉手前來投降，於是他和平山下令緬軍停火，他本人大聲喊叫，要印度士兵放下武器。正當雙方交涉投降之際，英方忽然開火，當場擊斃這兩名日本軍官。伯揚乃本人幸而無恙，即刻下令殺盡每一個印度兵。正如巴茂所說，此舉為整日苦戰畫上一個殘忍的句點。事後，伯揚乃向巴茂解釋，「我必須馬上行動，沒有時間反覆考量或仔細權衡。當時，看到兩個最親密的同志倒地而亡，這場面實在讓我瘋狂。」[120]

當伯揚乃最終從瑞當撤退時，人馬損失過半。1300名編制中，有60人陣亡，大約60人成了俘虜，300人受傷，還有

---

118 譯註：原書稱 Burma National Army，其實那時還稱作 Burma Indepenedese Army，獨立軍成立於1941年12月8日於泰國。1943年8月1日，緬甸國成立，巴茂出任總理，翁山出任國防部長之後，將緬甸獨立義勇軍改稱改組為緬甸國民軍（Burma National Army）。
119 Ba Maw, *Breakthrough in Burma.*, p. 167.
120 同上, p. 168

350 人在恐懼中逃亡,其中有些入夜之後厚著臉皮重返部隊。即便如此,瑞當的緬甸獨立軍也只成功集結大約 600 人。他們收起平山和池田的屍體,舉行了隆重的葬禮,在屍體上澆上汽油並點火,這些緬甸人哭泣著為兩人在天堂重生禱告。巴茂感到瑞當一戰給緬甸獨立軍帶來紀律以及滿足感,但日軍正史卻根本沒提到這事。[121]

考萬的損失也相當慘重,他在瑞當失去了 10 輛坦克和兩門炮,還有 350 多人員傷亡。[122] 僅就結果而言,此戰對東固戰局毫無影響。史迪威催促第二十二師開往平滿納,其指揮官答應三月二十八日開始攻擊,但沒兌現。華軍第二〇〇師經過十日苦戰殺出重圍,來到耶達謝(Yedashe)。但撤退時忘記炸斷錫當河上游一座橋,結果門戶洞開,日軍藉此一路攻到茂奇(Mawchi)和南撣邦境內。第五十六師團派出先鋒隊加入第五十五師團的戰鬥,並抓住機會過橋,進入東枝和臘戍。此路一開,形成由撣邦直達華軍前線的包圍圈。四月二十九日,日軍第五十六師團第一四六聯隊在激戰五小時後占領臘戍,還在當地找到了超過 4 萬噸的庫存物資。

東固失守使史林姆之緬甸軍在伊洛瓦底河谷防線過長,於是他決定北移 50 哩,直接防衛仁安羌油田。他派出印第十七師控制東枝日軍,並與勃固山脈以東的華軍聯絡。仁安羌本身當時並無重兵防守,只有格洛斯特郡(Gloucesters)第一營殘部,總共不超過軍官 7 名和 170 名士兵。又無指揮官,因為巴戈(Bagot)上校被送去住院。

---

121 《緬甸攻略作戰》,頁 300-306。
122 有說是「8 輛坦克」,參見 Mackenzie, *Eastern Epic*, p. 464;也有說是「22 輛」,參見《緬甸攻略作戰》,頁 304。這類損失的誤差很常見。

日方的推進迫使緬甸第一師一路退到因溪（Yin Chaung）一線。這是一條幾乎乾涸的水道，在東枝北面流入伊洛瓦底江。往北40哩是另一條河道賓溪（Ping Chuang），就在仁安羌北面。在這一線上英方冒險展開遲滯作戰，延緩了日方的行軍速度。四月十四日，英王特屬約克郡輕步兵團（KOYLI）兩營在敏貢（Myingun）被日軍包圍，勉強突圍後，抵達北面幾哩外的馬圭。但這冒險是值得的，因為有效延長了仁安羌產油時間。而今，盟軍就只有這個供油來源。[123]

　　史林姆本人下令在四月十五日下午一點，摧毀煉油設備。[124]曾在仰光執行破壞行動的民間工程師福里斯特（W. L. Forester），會同皇家工兵部隊工程師、在沙廉有過經驗的二十三歲的華德‧史考特（Walter Scott），兩個人把這塊遍布油井的土地變為火海，幾百萬加侖石油四處燃燒，空中充滿爆炸巨響。

　　油井著火時，緬甸第一師還在仁安羌以南，正渡過賓溪，打算往北撤退，並希望華軍能從東枝北面翻山過來支援。四月十六日至十七日的夜間，第一緬甸旅在因溪兩岸遇敵，抵抗一會兒後，被迫退守馬圭至仁安羌的公路。儘管第四十八旅竭盡全力在可可瓜（Kokkogwa）阻攔，日軍第三十三師團還是在東枝成功插入英軍印第十七師和緬一師之間。史林姆對此形容為「整個戰事中最艱苦的戰鬥之一」。[125]實際上，華軍遠在東

123　Kirby, *War Against Japan*, II, p. 167.
124　有說是「上午一點」，見 Mackenzie, op.cit., p. 470.，有說是「4月15日下午一點，見 Romanus & Sunderland, op. cit., p. 125. 也有說是「下午一點」，見 Tim Carew, op. cit., p. 229.
125　Slim, *Defeat into Victory*, p. 55.

日落落日：最長之戰在緬甸 1941-1945（上）

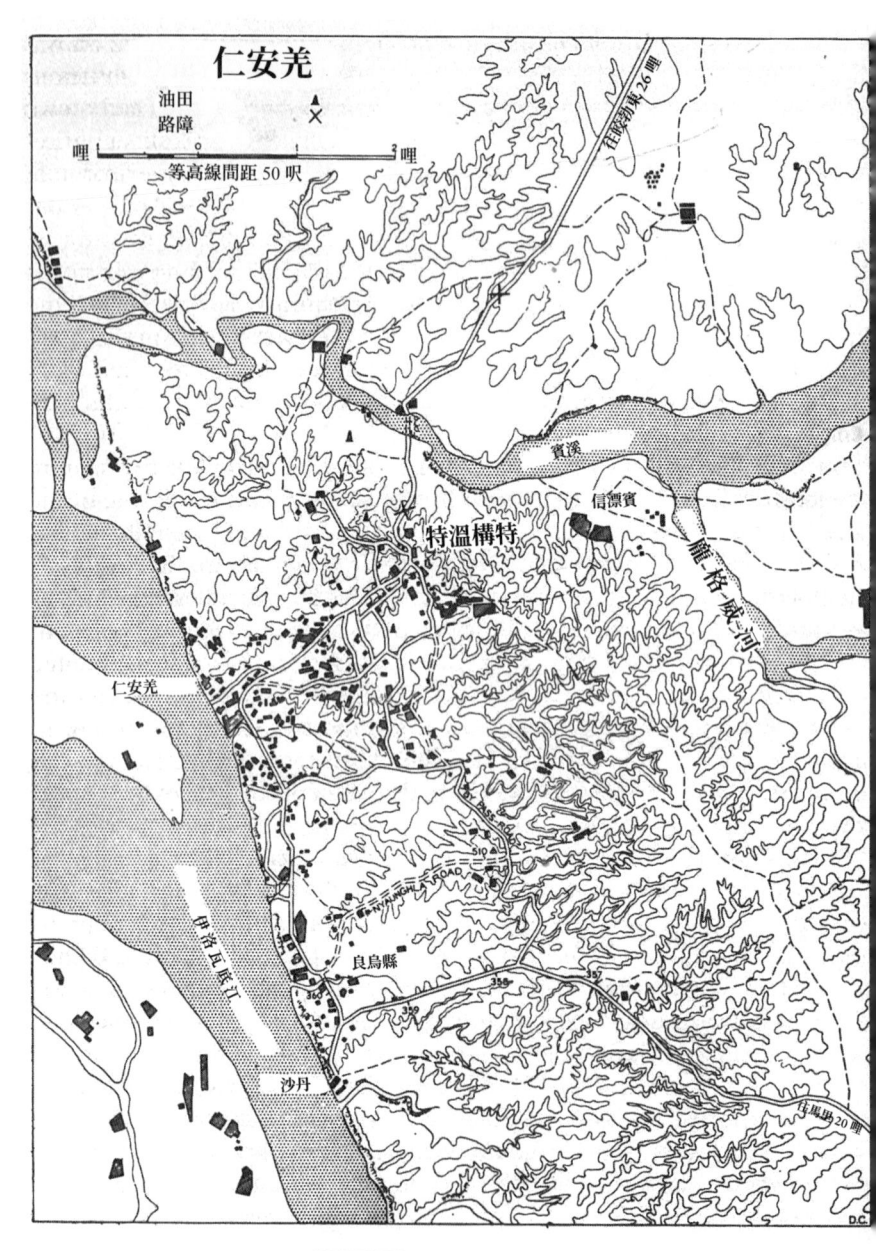

仁安羌
油田
路障

等高線間距 50 呎

特溫構特
賓溪
信漂賓
蘭格威河
仁安羌
伊洛瓦底江
良烏縣
沙丹

圖 1-4　仁安羌

枝東北，而緬一師又被迫沿伊洛瓦底江北上，印第十七師保持如此前鋒位置已無實際意義，而且其陣地又不斷被日軍蠶食。史林姆很希望把印第十七師調回。但是亞歷山大堅持原地堅守，他擔心的是若印第十七師撤退，會對在錫當河谷的華軍不利。印第十七師的補給線也很成問題；幸虧工兵部隊具有超人幹勁和創意，把東枝和伊洛瓦底江之間的鐵路，改成可通汽車的公路，一路直通納茂（Natmauk），這才解決了問題。

若非得到華軍的支援，史林姆替印第十七師所擔心的很可能成真，甚至他整個緬甸軍都會被困。櫻井手下聯隊長作間，帶領第二一四聯隊一個山炮大隊，發現了他認為是仁安羌向北唯一可通汽車的出口，那就是賓溪上的一個淺灘。於是第二一四聯隊在此設置據點，阻止緬甸軍北行。四月十六日午夜，緬一師前哨部隊遭遇這個日軍據點，當時緬一師主力還在12哩以南。軍部馬上得到這個警告。史林姆考慮到本軍的殘破，決定尋求中方支援。原來打算防守曼德勒的第六十六軍新三十八師孫立人部，在蔣改變主意並直接下令之後，已在趕往伊洛瓦底江的路上。[126]

蔣中正對英軍從卑謬以北的阿蘭謬（Allanmyo）撤退，到敏拉（Minhla）至東敦枝（Taungdwingi）一線不以為然，加上史迪威總部英軍聯絡官所敘述情況相當不妙：英軍各營都減員到三、四百人，在沒有事先偵查的情況下，坦克又無法在公路以外地區行動。四月九日，蔣原打算只派一個營幫助英國人。次日，他顯然得到了更準確的戰報（蔣的情報總是比實際戰情

---

126 Romanus & Sunderland, op.cit., p. 125.

慢幾天），於是同意派出「一個精銳師」支援史林姆。[127] 四月十五日，蔣再次改變主意，表示英軍已入絕境，華軍必須獨立行動。五天之後，他又再度改口，讓史迪威援救英國人。只靠史林姆麾下的一萬名士兵和 36 門大炮，能否守住伊洛瓦底江和錫當盆地之間的任何防線，實在很成問題。櫻井手下有三個聯隊，1 萬 5 千兵力，只要找到英軍縫隙，就果敢的突破。守著固定的防線沒有意義，因為敵人一直在移動。當時，英日雙方都極端缺水，飽受緬甸中部沙漠地區的酷熱煎熬，即使在夜間，溫度也很少低於華氏九十度。

這樣的狀況並未改變史迪威看法。他所看到的是英軍正在全面瓦解：在三月二十八日（此處日期相當不準）的日記裡，他寫道：「仁安羌英軍士兵暴亂。**英軍正在摧毀油田。天哪！我們到底為何而戰？**」[128] 杜聿明將軍在走訪馬圭駐軍之後，評價英軍「徹底喪失鬥志」。之後史迪威飛去眉苗，在總司令部見到亞歷山大，更確認自己的看法：「亞歷山大難道不感到自危、災難、沮喪啊。英國人已經毫無鬥志了。」[129] 這些評價與史迪威對華軍評價（「懦弱的混蛋」[130]）如出一轍，這是他對盟軍各部的整體評價。但這場戰役，中英兩軍在如此逆境下表現出的勇氣，其結果卻讓史迪威驚訝。他對此事在日記上僅以寥寥數語帶過：「新三十八師拿下仁安羌。殲滅 400 日軍。緬人（緬一師）赴圭久（Gwegyo）。所以一切處理妥當。」[131]

---

127 同上，p. 124.
128 *Stilwell Papers*, p. 88. 粗黑字體是史迪威本人加註。
129 同上，p. 99.
130 Tuchman, *Sand Against the Wind*, p. 277.
131 1942 年 4 月 21 日, *Stilwell Papers*, p. 103.

但實際的情況,則完全值得大書特書。

新三十八師是孫立人的部隊,隸屬第六十六軍張軫中將。同許多其他華軍師部編制一樣,數量上僅相當於英軍「旅」的規模(中國軍隊的「軍」相當於英軍的「師」)。孫是最優秀的中國將領,畢業於維吉尼亞軍校,而且在當時更難能可貴的是,他的英語流利。後來的戰鬥中,當時派駐史迪威部隊的美國傳教士醫生戈登・奚格雷(Gordon Seagrave)醫師注意到,孫「高大英俊,看上去比實際年齡年輕許多。他在醫院病房巡視傷兵,耐心傾聽他們的訴說,對待士兵比他們的中尉或中士長官更和善。」[132]

孫立刻給史林姆留下深刻印象。不過,就算當時史林姆急切需要來自任何地方的安慰和支持,他很明白需要中國人幫助。但是猶如希臘人送禮物,不懷好意。[133] 時間對華軍無足輕重,而且他們是積習已深的竊賊和強盜。不過他不得不承認,中國軍隊有很好的理由如此:

> 畢竟,如果我所屬的部隊,沒有任何補給、運輸或醫療支援,僅以從其他人那裡搜集物資為生,還能作戰四、五年之久,那我也會對財物持像中國軍隊一樣的觀念,否則早已陣亡。[134]

史林姆計畫下令在皎勃東(kyaukpadaung)華軍第一一三

132　G. Seagrave, *Burma Surgeon Returns*, 1946, p. 30.
133　譯註:源自希臘神話中的特洛伊戰爭,當時希臘人送出的「木馬」禮物成為破城關鍵。
134　Slim, op.cit., p. 64.

團進攻賓溪，好讓此時緬甸第一師由仁安羌突圍。堅毅而有自己想法的劉放吾上校先接下這個任務，但卻拒絕讓他的士兵登上史林姆派來的卡車，在一個半小時的激烈討論之後，直到孫本人下令，團長終於同意馳援。當日稍晚，孫立人也來到現場。史林姆發現他機警且充滿活力、冷靜、積極，「行為舉止非常直截了當」。[135]

孫立人一開始存有戒心，懷疑英國人想利用他。但史林姆把所有賓溪以北緬甸軍的大炮歸孫指揮，包括其中最珍貴的安斯迪准將的第七裝甲旅。這一做法削減了孫的不信任。安斯迪痛苦的表情，讓史林姆了解到盟軍聯合作戰的確不易；但他的折衷辦法是，要孫立人使用裝甲武器前，先與安斯迪商議。在這件事上，孫立人的參與可說拯救了緬甸軍。

在仁安羌南邊的緬一師必須再打通一條路，通過仁安羌市區，北上突破日軍在賓溪邊上敦貢（Twingon）村內的路障；同時在溪的北岸，日軍還設了另一個路障，所以第一師的北進需要突破雙重障礙。皇家恩尼斯基林（Inniskillings）步兵第一營奉命攻打敦貢，發現此地日軍機槍陣地構成一片火網，密如蜂巢。一名恩尼斯基林營的少校對一名美國記者說：「我們的士兵雖然肉體上精疲力盡，但勇氣不減。他們裝上刺刀，蹲下身體，如同儀仗隊一樣前進—或者說，他們自認為如此。事實上，他們是如此疲憊幾乎握不住槍，更像一群醉鬼蹣跚而行。但他們狠狠教訓了日軍……把這些混蛋趕出了敦貢。」[136]

這名叫做白里乾（Darrell Berrigan）的記者當時站在有收

135　同上，p. 65.
136　Darrell Berrigan in A.Wagg, *A Million Died*, p. 90.

發報機的卡車旁,親耳聽到布魯斯・史考特說:「我們被包圍了,我的隊伍十分疲憊,缺水。水是我們最大的問題。我們無法從敦貢再向前推進。我警告我的部下不要誤傷華軍。」這一警告很有必要。英軍、印軍和廓爾喀兵都很容易把孫立人的軍隊誤為敵軍,儘管孫和英軍早已一致同意以標記區分華軍和日軍—即把華軍的軍帽繫在步槍頂端,舉到空中。而日軍也很快發現了這標記,並加以模仿。結果恩尼斯基林營有兩個連,繞過敦貢到達賓溪時,還把日軍誤當成華軍,主動稱兄道弟,之後被俘。[137]

四月十八日在烈日下,史考特(Bruce Scott)坐在馬場邊的一棵刺槐樹下,指揮部隊進攻仁安羌東北郊的敦貢這場戰鬥。有數條道路匯集於此,然後一路往北前進到渡口,但戰鬥毫無進展。孫立人的新三十八師於十七日由皎勃東出發,在次日上午十點已經清理賓溪的一角,並就地紮營。

史林姆要求孫立人繼續進攻。但在完成足夠的偵察之前,孫拒絕執行。孫立人坦白告訴史迪威的助手麥瑞爾(Frank Merrill)[138],盟軍在緬迄今的失敗,都因事前偵察不足所致。無論如何,史林姆要求史考特堅守。史考特提議丟棄運輸裝備,橫過鄉間殺出生路。史林姆告訴他,華軍將在次日進攻,於是史考特在四月十八至十九日夜間固守在一個防圈內。他們當時沒有水,因為在仁安羌,破壞部隊除了毀壞油井,也破壞了水井,士兵在酷熱中精疲力竭。他告訴史林姆:「我們會堅持,

---

137　Kirby, *War Against Japan*, II, p. 171.
138　譯註:法蘭克・麥瑞爾(Frank Merrill),是一位生於美國麻薩諸塞州的美國陸軍少將。他在史迪威將軍的指揮下建立麥瑞爾突擊隊參加緬甸戰役;該部隊日後發展為美國陸軍第七十五遊騎兵團。

不過,以上帝之名,讓華軍開打吧!」[139]

史考特此時還面臨來自南部的威脅。攻下仰光的原田第二一五聯隊正在北上,勢成包圍鉗的另一側。原田溯著伊洛瓦底江而上,乘坐登陸艇,從西面切入仁安羌。另一側則是作間的第二一四聯隊,在四月十六日夜間由東逼近。[140] 作間的大隊在十七日上午在賓溪北邊布下據點。史林姆得到誤報,說日軍已抵達皎勃東,於是派一個坦克連和西約克郡步兵轉回到北邊的圭久(Gwegyo);否則他們已經跨過賓溪,在華軍未到時,去支援史考特。其實這個戰報有誤,威脅並不存在,在皎勃東的,是華軍。

十九日下午兩點,史考特決定不再等下去。他讓運輸裝備沿著賓溪往東,排在最前面的是炮,載著傷員的卡車跟在後面。被日軍發現後,對方用大炮猛轟,擊毀一輛坦克和幾輛卡車,其他的則陷入泥淖中,動彈不得。史考特手下已有人開始因熱衰竭致死,於是他決定要大家放棄車輛,把大炮破壞。[141] 坦克跨過賓溪,傷員躺在坦克車頂上,其他人則步行跟隨。騾子跑得最快,看到河水,跟瘋了一樣地奔馳。後面隨著的,是飢渴的士兵。[142] 黃昏時分,他們已行進到離仁安羌東北方5哩的淺灘。而在抵達皎勃東時,他手下的兩個旅,戰力都只剩一半;離開皎勃東時,更損失了剩下的五分之一的兵力和幾乎所有裝備。[143] 緬一師作為戰鬥單位實際上已經不成立了。日軍正史的

---

139 Slim, op.cit., p. 68.
140 譯註:英文原書寫成3月(March),應該是4月。
141 Mackenzie, op.cit., p. 475.
142 Slim, op.cit., p. 71.
143 Kirby, *War Against Japan*, II, p. 172.

記載是：「敵人的鬥志忽然垮了，他們放棄車輛，向北潰敗；立刻瓦解，大敗而去。」[144] 日軍第三十三師團早期的歷史中說道，英軍爆破油田，使得整個英印軍喪失了主要作戰目標；這個損失也成為此後英印軍隊在緬中作戰失敗的決定性影響。[145]

華軍進攻的時間，原先訂在四月十九日拂曉，後來一再推遲，到中午十二時半、下午兩時、下午四時。在史林姆的堅持下，戰鬥終於在下午三時打響。[146]

得到緬甸軍炮兵和安斯迪坦克旅支援，孫立人的部隊攻入敦貢，救出被俘的恩尼斯基林官兵。部隊在二十日再次對仁安羌發動攻擊，給日軍造成慘重損失。次日，他們推測日軍會反撲，但防守仁安羌並無意義，因為油井都已炸毀，而史林姆也不想消磨這支英勇華軍的鬥志。於是他讓孫立人退回賓溪，再回到圭久。孫的部隊給史林姆留下深刻好印象。後來，當盟軍最終撤出緬甸時，史林姆要求上司允許緬軍帶著孫的新三十八師回印度。

兩件事如今已很分明，亞歷山大的軍隊不可能永遠守住緬北防線。從阿薩姆入緬的道路每天只能運送最多 30 噸物資，而緬北的儲備只有兩個月。失去仰光這個補給港口，再失去仁安羌的燃料，當前的問題不再是是否要撤退，而是退向何處？指

144　《緬甸攻略作戰》，頁 354。

145　Major Misawa, *History of Japanese 33 Division*。1946 年 8 月由緬甸總指揮部 SEATIC（東南亞翻譯和審訊中心）分部，緬甸軍團總部翻譯組譯成英文。

146　對此，英軍的說法和美軍歷史有所出入。Romanus & Sunderland 書說中國軍隊 19 日上午八時到十一時半之間發動進攻。但他們的說法缺乏邏輯，因為他們說下午三時進攻的後果之一，是給日軍機會調整兵力填補充空檔。這一空檔，之後又被緬甸第一師下午一時的突圍所用。（同上書，頁 126）編按：據《孫立人回憶錄》（孫太平女兒手稿）：一一三團確定是依約在十九日拂曉出擊。由於史林姆本人不在現場，且緬甸獨立軍早已滲透其間，有可能製造假情報。據此，英軍的突圍，以及日軍的接著再利用，才有基礎。

揮高層仍然充滿鬥志:仁安羌慘敗的四天之前,魏菲爾還要參謀長艾德溫‧莫里斯(Edwin Morris)中將開始制定重奪緬甸的攻勢計畫。[147]

亞歷山大事後聲明,除了一開始保住仰光的命令之外,他沒有收到其他來自上級的指示。這顯然是不實的,就在史林姆從油田撤軍兩天之前,魏菲爾寫信給亞歷山大,要他繼續維持和華軍的聯繫,保護通向印度的葛禮瓦(Kalewa)至德穆(Tamu)一線,以及保持軍力。四月二十三日亞歷山大下達行動命令,要求所有在瓢背(Pyascobwe)至曼德勒鐵路線以東的中國軍隊向東北撤退,確保通往臘戍的道路;另外英軍加上孫立人的新三十八師,不必加入曼德勒保衛戰,而去確保經過瑞保和欽敦江的入印通道。四月二十五日夜晚,亞歷山大下令軍隊渡過伊洛瓦底江,由第四十八旅的炮兵部隊在皎克西(Kyaukse)阻擋日軍第十八師團。四月二十九日的一個會議中,定下葛禮瓦—杰沙(Katha)—八莫(Bhamo)—新維(Hsenwi)防線。一旦此線被破,則緬甸大軍將撤入印度。他決意不讓自己的軍隊陷入無望而漫長的曼德勒保衛戰。[148]

四月三十日,在曼德勒下游,橫跨伊洛瓦底江宏偉的阿瓦大橋被爆破。魏菲爾順勢派遣當時是擲彈兵衛隊(Grenadier Guards)的作家彼得‧弗萊明(Peter Fleming)中校執行欺敵行動,用意在於仿效一九一七年梅納扎根(Richard Meinertzhagen)少校(後升上校)在加薩(Gaza)的做法。當年梅納扎根在土耳其人的注視下,帶著公文袋騎馬而行,假裝

---

147 Major-General Sir John Kennedy, *The Business of War*, p. 209.
148 Connell, *Wavell, Supreme Commander*, p.211; Romanus & Sunderland, Stilwell's Misspp. p.136-137.

被槍擊中後，故意落馬，並刻意丟下公文袋。袋裡裝滿了聲稱是愛德蒙・艾倫比（Edmond Allenby）元帥[149]戰鬥計畫的假文件，讓土耳其人信以為真。魏菲爾曾是艾倫比傳記的作者，認為這一妙計對日後英國人在加薩的勝利起了關鍵作用。弗萊明做了相似的安排，讓一輛卡車在大橋爆炸後從30呎高處掉落，車裡有一個標明是魏菲爾本人的信封袋，裡面有「給亞歷山大的文書」，寫著有數量極為誇大的英軍正入緬增援。魏菲爾的傳記作者認為，這個策略的效果對日軍此後行動是否有影響，實在很難確定。但是有可能，日軍在一九四二年沒有繼續向印度挺進，是受到這種欺敵行動的影響。[150]

史林姆更擔心的是，為了執行魏菲爾的命令，亞歷山大有可能對跟華軍互動太認真，甚至打算把自己的一部分軍隊撤去中國。這並非空穴來風，三月底草擬的一個計畫曾提到，把印第十七師的一個旅，加上（最不可思議的）第七裝甲旅派去臘戍，跟華軍第五軍一起進入中國。印第十七師餘部，以及緬甸第一師則退入印度。如果這樣，史林姆認為在飢荒遍地的中國，將不可能給養英軍；而且，這些入華英軍的狀態，也不是結盟的最好宣傳。他要緬甸軍和孫立人新三十八師一起，由葛禮瓦入印。[151]

即使到四月底，史林姆依然滿腦進攻計畫。他打算集結緬甸第一師，然後用緬甸軍加上中國第二〇〇師，打敗櫻井的第三十三師團；再渡過錫當河，從側翼攻擊第五十五師團，其

---

149 譯註：愛德蒙・艾倫比（Edmond Allenby）是一戰中指揮北非和中東戰役的英軍將領。
150 原著作者認為絕無可能。一九四五年作者向每一個留在泰緬的日軍將領詢問，無人知道此事，更別說起到作用。
151 Slim, op.cit., p.75.

餘華軍則從正面攻擊。計畫不無道理，但與時局南轅北轍。幾天內，增強的日軍徹底瓦解了華軍第六軍（史迪威要求懲治軍長甘麗初中將，並開除其手下一名將領），並控制北撣邦到萊林（Loilem）地區。甘軍長收編被打散的部隊，從景棟（Kengtung）返華。接著，景棟被與日方合作的泰軍占領。[152]

獲悉華軍第六軍敗北的消息後，史迪威原先同意讓史林姆使用華軍第二〇〇師的計畫也即告吹。這些華軍一到緬甸軍總部所在皎勃東，就收到史迪威命令：重回車上，速轉緬甸東北。史迪威充分發揮第二〇〇師戰力，於四月二十四日從日軍手中奪回東枝，原想進一步奪回萊林。史林姆認可這是一個「絕佳的建樹」，但結果有始無終，中國軍隊取道萊林至臘戌公路，回到雲南。[153]

史迪威自己也打算回中國。五月五日他還想去密支那，就收到消息，說因多（Indaw）南北的鐵路沿線都已被封鎖，日軍已經到了八莫。這離密支那太近，很不安全，於是史迪威在六日棄車向西。這一舉動還算明智，因為日軍隨後在八日占領密支那。史迪威的手下是一群雜牌軍，有華人、英國軍官、記者、他自己的部屬、奚格雷（Seagrave）的救護車和克欽護士。其中一些人被酷暑擊倒脫隊，幸而恢復過來繼續前行。部隊沿著叢林小徑行軍，道路盡頭跨過小溪，濺起水花，小溪入河後，遂造筏渡河。五月十三日，他們渡過欽敦江；十五日經印度邊境的賽亞坡（Saiyapaw）；二十日安全抵達因帕爾（Imphal）。史迪威在此發表了戰事感言，這段話常被後人引用：「我承認

---

152 Romanus & Sunderland, op.cit., p.130.
153 Slim, op.cit., pp.77-79.

我們慘敗，這是個奇恥大辱。我們應該找出原因，然後打回去，收復緬甸。」[154]

十天後，新三十八師抵印，幾乎被阿薩姆行政長官視作「散兵游勇」，想要解除他們的武裝並拘禁。辛虧史迪威在印度的代表克魯伯（Gruber）准將，找到魏菲爾出面干預，才解決問題。[155] 第二十二師，以及第二十八、九十六和二〇〇師殘部也相繼來到印度。史迪威的副手海登‧博特納（Hayden Boatner）准將報告說，第九十六師中國兵搶劫掠奪難民和克欽族；但他們的行軍路程，確實漫長而艱難。他們沒能在塔洛（Taro）西轉進入印度，反而北上新平洋（Shingbwiyang），來到赫茲堡，並穿越緬北大片無人山區，往中國前進。

有六個中國師被日軍第十八和第五十六師團尾隨追打，逃入雲南。其實，當時要是日軍有心入滇，顯然沒什麼能阻擋他們；但四月二十六日，飯田下令以薩爾溫江（即怒江）為界停止追擊。陳納德的飛虎隊對第五十六師團運輸部隊的空襲，更確定此項命令。[156]

亞歷山大的緬甸軍團向欽敦江撤退，但一路都不乏意外和損失。原想讓第七裝甲旅和考萬部隊的一個旅和華軍共進退，這可嚇壞史林姆和倫敦的戰爭部。「魏菲爾發來電報，他的意見是讓亞歷山大去中國。」作戰指揮官約翰甘乃迪爵士（Sir John Kennedy）少將寫到：「如果這個意見被接受的話，我們

154　Romanus & Sunderland, *United States Army in World War II*，*China-Burma-India Theater*，op.cit 引用，p.143. 譯註：此段原文刊載於 1942 年 8 月 10 日出版美國《時代》週刊〈史詩一窺 Glimpse of an Epic〉一文。

155　同上, p. 140.

156　同上, p. 143.

的部隊將完全失去補給，只能淪為游擊部隊。我們認為亞歷山大應該去印度阿薩姆。那樣，給我們數月時間，我們可以從那裡打通進入緬北的道路。」[157]

史林姆的參謀長戴維斯（Davies）准將也被這個主意嚇住。他明確表示史林姆從來沒打算讓他手下任何一支部隊去中國。不過，要是直接收到上級命令讓史林姆如此行動，也不知道史林姆會如何接招。[158]

最終，亞歷山大和蔣的參謀團團長林蔚將軍達成共識，英軍不撤往中國，緬甸軍保護從葛禮瓦入印的退路，而第七裝甲旅保護從曼德勒西邊往北、經過瑞保的華軍後撤。伊洛瓦底江以南的部隊，在阿瓦大橋被炸之前從那裡過河。緬甸第一師的車輛走大橋，人員則乘渡船往下游的薩梅空（Sameikkon）登陸。[159] 他們於四月三十日過江，穿過緬甸中部，向西推進往欽敦江畔的蒙育瓦（Monywa）。走在緬甸軍團前面的是一群其他部隊的殘兵，在失去鬥志的情況下，已經淪為盜匪。這些人於五月進入印度國境，所作所為給當地人民留下錯誤的印象，以為後來入印的緬甸軍也會如此恐怖。

有謠言說日軍已向北到達伊洛瓦底江西岸，打算從敏達（Myittha）河谷切斷英軍退路（即包克 Pauk—甘高 Gangaw—吉靈廟 Kalemyo 一線）。雖然英軍已到達欽敦江以西，但亞歷山大還是派出全部緬甸第二旅（而非部分）去河谷。緬甸第一旅則依令沿欽敦江乘船而上到葛禮瓦，再走陸路到吉靈廟。這

---

157 Kennedy, *The Business of War*, p. 210.
158 Ronald Lwein, *Slim*, p. 97.
159 同上，p. 98.

樣一來，緬一師只剩下第十三旅留在蒙育瓦，由印第十七師第六十三旅增援。蒙育瓦是一個重要的河口，也是欽敦江上最後一個可承擔大批軍隊沿江上溯瑞僅（Shwegyin）的口岸。從瑞僅到景棟的葛禮瓦只有6哩。

印第十七師和第七裝甲旅則另走一路，這也是日後一九四四年第十四軍打回緬甸時所走路線。當時已被燒成廢墟的曼德勒，尚有鐵路和公路通往瑞保和基努（Kinu），從那裡有鐵道抵達耶育（Yeu）以及更西邊的賓蓋（Pyingaing）。從耶烏到欽敦江的直線距離是80哩，從耶烏以及穆（Mu）河到欽敦江上的蒙育瓦大約是50哩，布達林（Budalin）大約就在兩者中間。史林姆為了照顧撤退的部隊，決定將軍總部設在靠近布德林的地方。因為部隊是步行，距離有140哩的路程，在卡都馬（Kaduma）之後，要通過叢林，大部都是陡峭、狹窄、缺水的小徑。

當時，比日本追兵更讓人擔心的，是雨季的到來。雨季大約在五月二十日來臨，它當然會解決缺水問題，但卻帶來更大的問題：河流將不再能渡，道路變得泥濘滑溜，所有物件隨時可能被沖走。

四月底，印第十七師沿著伊洛瓦底江，從實皆（Sagaing）到阿拉嘎帕（Allagappa）一路拉成長條的行列；緬一師和一個小部隊包括一些格洛斯特郡步兵營和皇家海軍陸戰隊，到達離蒙育瓦以南4哩的馬烏（Ma-U）。就在這個時刻，史林姆做了嚴重錯誤的判斷。[160] 緬甸第一師麾下第一和第十三旅還沒到蒙育瓦，還在蒙育瓦以南20哩，正在緩慢行進中。緬甸第二旅原

---

160 Slim, op.cit., pp. 91-92.

訂四月二十八至二十九日晚開進敏達盆地,但史林姆要他們快速推進,因為謠言說在盆地有日軍和懷有敵意的緬人,所以他要這個旅加快趕路,即使這意味著蒙育瓦至少將有一天無軍防守。

史林姆的緬甸軍司令部設在離蒙育瓦以北幾哩一緬寺外的樹林裡。在四月三十日晚上,他吃了晚飯,正在責備一個從亞歷山大總部過來的倒楣軍官,蒙育瓦被占的消息就在此時傳來,他們當時的位置甚至可以聽到遠處的炮聲。

其實此刻日軍還沒占領蒙育瓦。第三十三師團的前鋒,原田的第二一五聯隊乘船溯欽敦江而上,在蒙育瓦對岸的月額謝(Ywashae)登陸,開始炮轟緬甸第一師的一支小部隊。五月一日凌晨,日軍聯合緬甸叛軍攻打位於馬烏的第一師總部,並切斷師部和蒙育瓦之間道路後,成功攻克。擔任師部警衛隊的緬甸步槍排全軍覆沒,史考特和他的下屬只能靠自己殺出血路,過程中有官兵傷亡,還丟失了不少師部的設備。不過史林姆記得,他們還是帶出了密碼文件和機密檔案。[161] 在日軍完成空中偵察後,對預定登陸蒙育瓦的地區,先進行猛烈轟炸,格洛斯特郡步兵營和皇家海軍陸戰隊人數太少,無法防範整整三艘船,每艘船上都有 200 名的日軍士兵。日軍在五月一日早上八點登陸,一小時後占領此地,英軍撤入布德林,緬一師剩下的人馬和印第十七師,不得不繞過蒙育瓦到耶烏。[162]

---

161 美軍歷史學家並不同意此說;「第三十三師團第二一五聯隊占領蒙育瓦……摧毀英軍師部,得到全部密碼簿」。(*Stilwell's Mission to China*, p.139)柯比說史考特的總部帶出了所有的文件(*War against Japan*, II, p.201),而日本軍校歷史教材也同意此說。更大部的日方正史《緬甸攻略作戰》,則完全沒有提到對師部的攻擊。

162 第二一五步兵聯隊第三中隊戰史,頁 240。

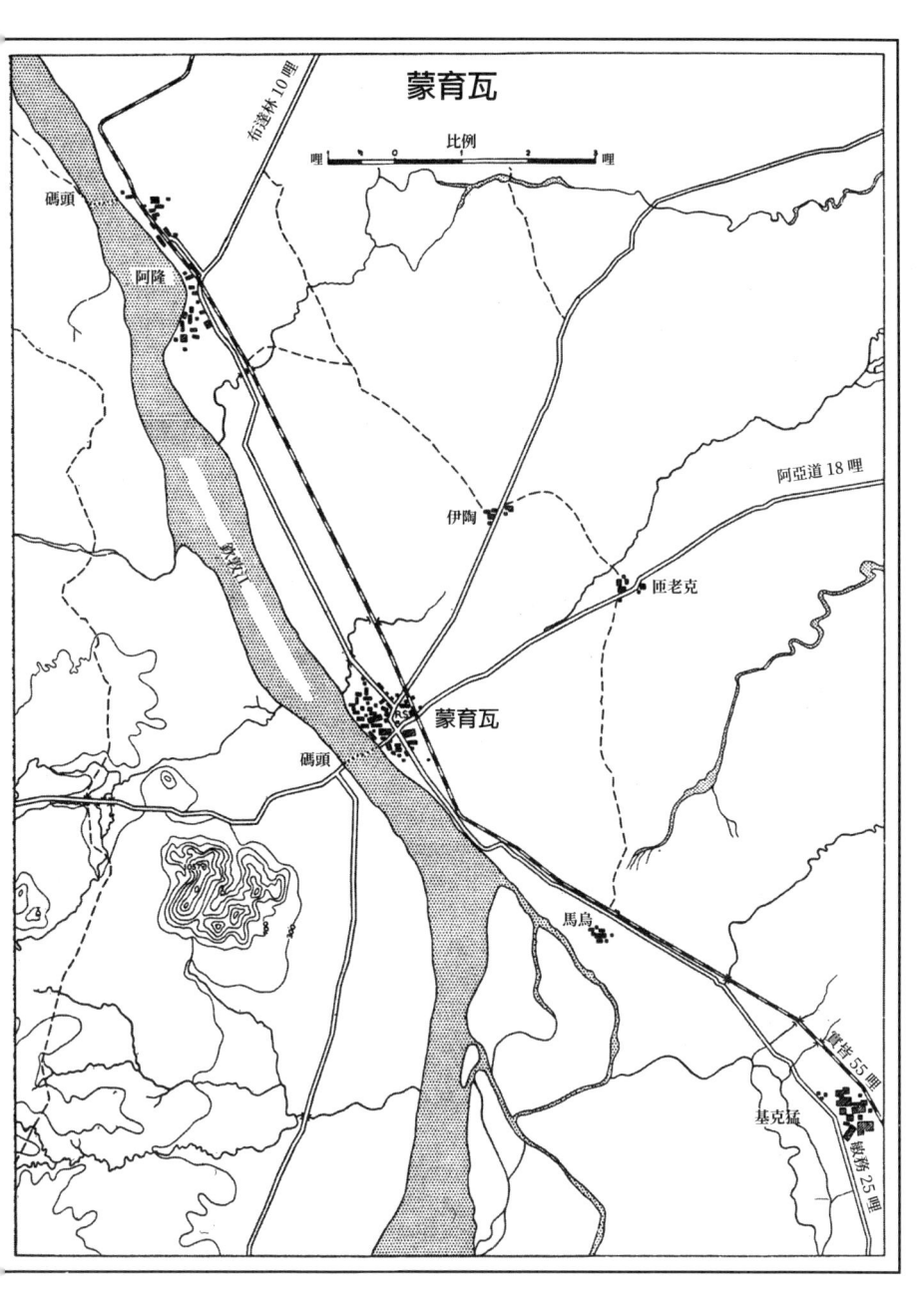

圖 1-5　蒙育瓦

史林姆緊急調派緬一師所轄第一和第十三旅北上，至蒙育瓦以南 15 哩外的烏溪（Chaung-U），並把軍司令部的大多數人員撤至耶烏。他要考萬部署第六十三旅去烏溪，並要求亞歷山大，解除第七裝甲旅擔任掩護穆河以東華軍新三十八師的任務。如今，耶烏是各部隊的隊部所在地：亞歷山大的緬甸軍團、史林姆的緬甸軍、考萬的印第十七師全在那裡。所有人都為日軍占領蒙育瓦之事而心情沉重，蒙育瓦落入敵手，意味著沿水路走瑞僅至葛禮瓦的通道受到威脅，這將打亂整個撤退計畫。

　　五月二日，原田的第二一五聯隊準備就緒，從各方同時攻打蒙育瓦。他估計英方有大約 10 輛坦克和 20 門大炮對付他，但他的部隊成功回擊，並在次日扭轉戰局。英軍開始往北潰逃，留下 403 名戰俘、31 挺重機槍、6 架反坦克炮、158 輛卡車和 2 輛坦克。五月三日夜，原田繼續往北追擊，在布德林附近，攻擊緬甸軍大約有 700 人和十幾輛坦克，並在四日正午之前進入布德林。

　　櫻井派出第二一四聯隊（作間）作為援軍。作間於五月二日早晨渡過欽敦江，三日抵達蒙育瓦以南，彼時城裡的巷戰已經結束。第二一三聯隊第二大隊（砂子田長太郎 Isagoda）也從密鐵拉（Meiktila）趕來，加入盟育瓦第三十三師團，分擔追擊緬甸軍的任務，但沿途完全未遇到英軍。

　　同時，史林姆將第十六旅派去防守瑞僅，也就是大部隊過欽敦江的渡河口。他們有足夠的汽油將所有的車輛開到那裡，但為慎重起見，部隊開始以半額發放配給，以節省資源。當時大約有 2,300 名傷兵需要運送，還有數以百計隨著部隊撤退的

難民。[163] 亞歷山大原想在五月三日、四日和五日,對從蒙育瓦出發的日軍船隻進行空襲。魏菲爾還告訴他,為了便於補給,部隊不要在葛禮瓦停留,而是直接去卡巴(Kabaw)盆地的德穆。[164]

緬甸軍團就此撤退,後衛部隊第四十八旅和第七裝甲旅尾隨其後,走叢林小道,從耶烏到橄突橋,再到賓蓋(Pyingaing)此地被西方人按發音戲稱為「Pink Gin,粉紅琴酒」),跨過毛卡道(Maukkadaw)河,到瑞僅村,同時與日軍以及雨季賽跑。後衛部隊跨過乾涸的河床,走過困難的竹橋。亞歷山大在他的報告中寫道:「任何人第一次看到這些小道,都很難想像一支完全機械化的部隊可由此行軍。」[165]

後衛部隊通過一個馬蹄形漥地進入瑞僅村,這裡只有四分之一哩寬,左右都是高達200呎的懸岩。這被稱為「盆地」的瑞僅,是通往欽敦江邊的一片沙土河畔,可供部隊和車輛登船。渡江共使用六艘江輪,由於每艘容量僅600人加4輛車,所以大多數車輛都在東岸被銷毀。[166]

為阻擋日軍船隻北上,在瑞僅村下游的欽敦江上放置了炸彈,於五月七日炸毀日船。兩天後,日機空襲瑞僅。當天,櫻井師團先頭部隊乘坐登陸筏沿江而上。早在五月三日至四日夜間,零星日軍已開始襲擊考萬和史林姆的耶烏(Yeu)總部。如同史考特在蒙育瓦的遭遇一樣,史林姆的緬甸步槍守衛排也全部逃跑了。司令部的官員整晚備戰。史林姆本人事後寫道:「如

163　Kriby, *War Against Japan,* II, p. 205.
164　同上 , p. 206.
165　Mackenzie, op.cit., p. 494.
166　Mackenzie, op.cit., p. 495.

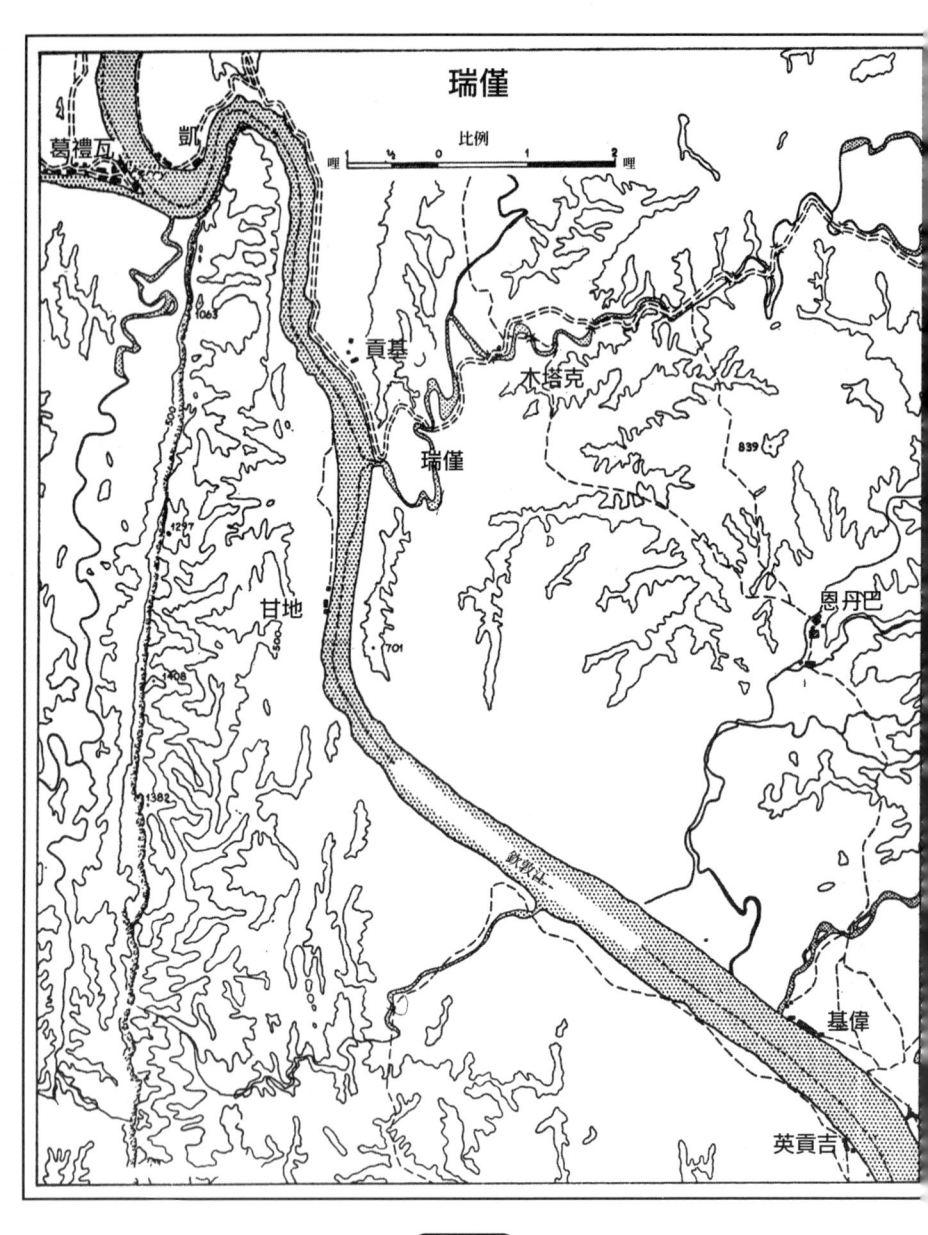

圖 1-6　瑞僅地圖

果當時有任何人給我帶來一點點好消息,我一定會放聲大哭」,又苦澀地添了句:「我從未經歷過那麼慘烈艱難的考驗。」[167]

收到來自軍司令飯田和參謀長的催促後,櫻井火速前往欽敦江。五月九日,飯田在瑞保以北的基努召見他,宣達第三十三師團之後進攻緬北的計畫。櫻井本人保持緘默,他並不十分熱衷,覺得自己師團已經做得夠多了,何不讓新調來的第五十六師團執行其掃蕩緬北的計畫呢?他認為第三十三師團應該專注掐斷亞歷山大沿伊洛瓦底江及欽敦江的退路。[168]事實上,櫻井師團的快速行動真的讓史林姆和亞歷山大措手不及。五月十日凌晨,史林姆從葛禮瓦來到瑞僅村渡口,監督渡河行動並加速撤離。當他走下渡口時,曳光彈立刻在他頭頂和右邊擦過,那裡是盆地的南端,本該有英軍防守;但日軍機槍追著他開火。對方是荒木(Araki)部隊,也就是第三十三師團總部、第二一三步兵聯隊、以及一個山炮大隊。他們歸櫻井直接指揮,乘坐40艘船沿欽敦江而上,在五月九日夜間登陸瑞僅南邊。

盆地中此刻滿是英軍士兵和車輛。五月五日櫻井在日記裡記載,他眼見可以完成軍總參謀長的要求,「不讓同盟國軍隊一兵一卒逃回印度。」[169]一旦攻克部署在山脊上的英方哨兵,他的部隊就能在完美的局面下屠殺對手。日軍開始用迫擊炮轟「盆地」,越過英軍的防線,當日軍被英軍偶爾反擊時,調上狙擊手;為了對付英軍的柏夫斯炮(Bofors gun),日軍使用小型野戰炮。

濃密的槍林彈雨間,英軍還是持續登上渡輪。同時,戰爭

---

167 Slim, op.cit., p. 97.
168 《緬甸攻略作戰》,頁 426。
169 同上, p. 426.

的慘狀,也逃不過史林姆的眼睛:

> 一個可憐的女人就在我說話的坦克邊,她靠著戰車履帶旁邊躺著,奄奄一息,是致命天花的末期。她的兒子,一個四歲的小男孩,無助地想要從罐子裡給她餵牛奶,那是一個英軍士兵送給他的。我們在渡口救護傷兵的一名醫生,抽出時間給那小男孩接種了疫苗,但對他的母親實在無能為力。她死後,我們用一條毯子和許可上渡輪為條件,說服一個印度家庭帶走這個男孩。[170]

史密斯·鄧(Smith Dun)是一名分配在印第十七師的緬甸克倫族軍官,戰後成為緬甸陸軍總司令。他聽到一輛被遺棄的卡車那邊傳來呻吟聲,看到一個年輕女子正在分娩,一個生命就在死亡遍布的環境中誕生了。[171]

考萬為了避開混亂又擁擠的情況,帶領印第十七師停留在盆地之外2哩。不過聽到戰鬥聲響後,立刻帶著人馬趕來,殺入戰場。彼時,蒸汽船上的當地船工已忍無可忍,無論如何不願從瑞僅再繼續冒險航行。於是精疲力盡的緬甸軍戰士在打完最後一輪子彈後,又不得不蹣跚走到6哩外葛禮瓦對岸的凱(Kaing)村。

日軍未繼續追擊。盆地上的戰利品實在太多,數百台的車輛、大炮、甚至坦克。史林姆為損失這些裝備深感痛心,但當

---

170 Slim, op.cit., p. 105.
171 General Smith Dun, *Memoirs of the Four-foot Colonel,* 1980, p. 33.

時實在沒辦法把這些裝備運過欽敦江。只有一輛綽號「蘇格蘭詛咒」的斯圖亞特（Stuart）坦克登上輪渡，占了原來是一輛卡車的位置。兩年後，它帶頭率領裝甲部隊重回緬甸戰場。日軍沒有繼續追擊，不符合櫻井不讓英軍一兵一卒逃回印度的指示；但是荒木又接到命令，沿欽敦江繼續北上，封鎖路上所有可能的渡口。於是荒木部隊沿河北上，在五月底來到250哩外的達曼迪（Tamanthi）。飯田在日記裡滿意地記下日軍在五月十二日占領葛禮瓦後的情況，從渡過欽敦江的英軍和緬軍繳獲的戰利品：共有1,200 具屍體、2,000 輛卡車、110 輛坦克和40 門火炮。取得這樣戰果，櫻井的的三十三師團連續作戰一百二十七天，進行了34 場戰鬥，作戰距離包括部分徒步有1,500 多哩，平均日行軍 30 哩。他們徹底地擊潰英軍，從大英帝國手中奪下一個富饒繁榮的國家及其首都。[172]

史林姆帶著部隊經過吉靈廟，繼續北上德穆。甚至有一次像他的手下一樣，放任鬍子生長。不過當他發現有白鬍子，立刻將它剃掉。[173] 五月二十四日，他在因帕爾與孫立人會合。孫帶著新三十八師一路北上，直到日軍占領密支那，招斷他回中國的路；於是他改為往西，來到阿薩姆。路上，日軍包圍並摧毀他的第一三八團，[174] 但史林姆指出，孫立人帶來因帕爾的是一支完整的作戰部隊。其他中國軍隊一路往北往東搶劫，直到返滇。

在因帕爾，緬甸軍受到了非常糟糕的待遇。史林姆的手下

172　《緬甸攻略作戰》，頁 440-442。
173　Slim, op.cit., p. 108.
174　編按：作者 Allen 原著寫的是第一三八團，但懷疑是筆誤。因為新三十八師轄有第一一二團、第一一三團、第一一四團，共三個團，沒有這個編號的團。第一一三團被遠征軍副總指揮杜聿明派到了卡薩堅守，以掩護杜聿明的第五軍撤退。一一三團是遠征軍中最後一支離開戰場的部隊，但並沒有被日軍摧毀，只不過跟著一一三團的齊學啟副師長被俘了。

拖著沉重的腳步來到因為雨季成為一片泥淖的營地，雨不停的下。他們沒有營帳或毯子，沒有供水，也沒有醫療設施。在逃出日軍追擊後，仍然面對無盡的煩惱。雖進入安全的曼尼普爾（Manipur）邦，瘧疾和痢疾仍然打擊他們本已疲憊而潮濕的身體。幾乎十分之一的人病倒，其中很多人死亡。

史林姆記下雙方死傷人數：亞歷山大的軍隊損失 13,000 人（陣亡、受傷或失蹤），而日軍的傷亡數字是 4,000。五月二十日，他把剩餘的部隊交給歐文（Irwin）中將的第四兵團，緬甸軍（Burma corps）從此不復存在。史林姆看到這些人撤出緬甸的經過，為他們感到自豪：即便在極其糟糕的情形下，他們仍然像個戰士。

> 在 900 哩大撤退的最後一天，我站在路旁邊坡，目送後衛部隊進入印度。英國兵、印度兵、廓爾喀兵，所有人都憔悴虛弱，像稻草人一樣破爛。然而，他們跟在倖存的指揮官後面，以可憐的小規模成組蹣跚而行時，還是扛著槍，排著隊，依然維持戰鬥隊形。他們看上去也許像稻草人，但也像戰士。[175]

---

175 Slim, op.cit., pp. 109-10. 但日方的數字有所不同。從戰役開始到 1942 年 6 月 10 日，他們號稱英軍有 27,454 人死亡，4,918 人被俘，這一數字應該也包括華軍。日方對華軍的數字灌很大的水，因為他們的估計是，華軍的一個師編制為 11,000 人，實際上有在緬的中國師人數僅有其半。他們號稱虜獲 270 輛坦克，但原作者手上第三十三師團歷史的一份早期打印本上的數字是 126 輛。他們還虜獲 100 多門炮，6,000 輛卡車和 7,000 多輛汽車。日方在戰場上的損失為 1,896 人陣亡，108 名傷員死亡，其他死亡 438 人，總計 2,431 人。與取得的勝果相比，這個代價不算太高。他們認為英軍起初的兵力為 28,000 人，後來補充到 45,000 人，這還不包括他們估計為 10 萬之眾的中國軍隊。以上出自《緬甸攻略作戰》，頁 439-441。此本出版的書有計算錯誤，但不嚴重影響大局。

第十五回 平民潰逃

當駐緬軍向北撤退時,平民也開始逃難。有些是英國人,包括商人以及偶有停留過久運氣不佳的公務人員,以及一些跟隨他們的緬甸人,但絕大多數難民是印度人。一九三一年,戰前的最後一次人口普查數字顯示,緬甸共有一百萬以上印度人,五分之三出生於印度。如果緬甸還是印度的一個省,這不算大問題;但一九三七年緬甸從印度分治出去,加上日本鼓吹下產生的極端緬人民族主義,印人自然會為自己的地位、財產和生命擔心。大多數印人聚居在南部和三角洲地區的大型市鎮,如仰光、勃固、沙廉、毛淡棉、皮亞朋、帕生(Pathain)、卑繆、洞鴿和阿恰布。一九四一年十二月二十三日仰光受到空襲後,他們開始回歸印度。只要仰光還在英國人手裡,那麼去加爾各答坐船只要花上一週時間,750哩的海路也不是那麼難以忍受。另外一個目的地是1,000哩之外的馬德拉斯(Madras),7萬人由此路在日軍占領前離開仰光。之後,真正的災難才要開始。

印度難民往往跟在撤退的軍隊後面,走公路、小道和河流。他們先是用卡車或牛車,後來步行,前往印度。在早期,最常用的道路是去卑繆,過伊洛瓦底江,然後翻越阿拉干山區的隘口,到孟加拉灣畔的洞鴿;從那裡,有機動艇可到阿恰布。從阿恰布到在國界另一側的印度吉大港之間,則有許多海岸輪船。不是每個人都付得起機動艇的票價,不過搭鄉間的小船,花一週時間,也能到達目的地。印度僑民部的博茲曼(G. S. Bozman)曾經沿著山路翻山越嶺步行,共花了三個星期。

但在啟程之前就有阻礙，對仰光的印度社區，最初給他們的指令是留在原地，因為沒有這些人，仰光的碼頭和市政設施就無法運行。仰光至卑繆路上一直有政府官員勸說印人回仰，並保證會讓他們在城外官方提供的營地留宿。此外，緬甸警察得到的命令是阻止人們從卑繆渡伊洛瓦底江，並告訴有意翻山的難民，去洞鴿的山路非常危險。此外，禁止成年印度人從仰光用甲板票上船。這樣一來，實際上就只有富裕的商人才能買得起船艙票登船，而那些只夠錢睡甲板的人就沒機會離開了。對一些印度政治人士和官員來說，這樣的隔離是天經地義的。帕拉查理（Rajagopalachari）[176]就說道，即使是在如此極端危急的情況下，職員和教師之類的中產階級跟勞力工人混合雜處，仍會有人抱怨。[177]

　　當大撤退真正開始急了的時候，在卑繆的緬甸警察依然執行先前的命令，並加上了自己的附加條件：只有在多交了兩盧比的費用後才能過伊洛瓦底江；還必須出示一份疫苗接種證明──如果拿不出來，那就得付 6 盧比；到達洞鴿之後，要交 3 盧比才能上船。在阿恰布，麥金諾·麥肯齊（Mackinnon Mackenzie）輪船公司額外多開 5 艘船去吉大港，另有幾百名難民由中國國家航空公司的美國飛行員空運出去；但這不過是滄海一粟。從這條路上成功抵達印度的難民數字是百分百的不準確，路上有太多人死去。一些資料說到一九四二年五月中旬為止，有 10 萬人入印，另一些說是 20 萬人。考慮到此事的性

---

[176] 譯註：印度國大黨政治人物，印度獨立的重要人物，對其評價有爭議。
[177] Hugh Tinker, *'The Indian Exodus from Burma 1942', Journal of South-East Asian Studies,* Vol.VI, No.1, March 1975, p. 5., n.7.

質,要數字準確,恐怕無望。[178]

印度政府在仰光的正式代表是被稱為「代理人」的羅伯特・哈欽斯(Robert Hutchings)。他要求印度政府在印度那邊提高處理難民的速度,並在曼德勒以西的實皆設立總部,讓他可以指揮自下緬甸和緬中湧入的難民潮,朝蒙育瓦、葛禮瓦、德穆和因帕爾一線前進。葛禮瓦到德穆之間有一條汽車路,但之後只有一條舊騾馬道去普勒爾(Pallel)。從普勒爾有條旱季才能使用的道路去因帕爾,然後還有一條全年可用的道路抵達第馬浦(Dimapur),那裡是「阿薩姆」鐵路終點,此路線總長200哩。印度政府正疲於應付湧入曼尼普爾邦的難民,他們告訴哈欽斯從德穆入印的印人數目每日不可超過500人。他們顯然沒有想到,當時緬甸駐在山中避暑地眉苗的政府,早已徹底失去執行能力,對哈欽斯的任務完全幫不上忙。

哈欽斯依令行事,將為數十萬的難民收容在曼德勒地區的營地,歸瓦里(J. S. Varley)管轄,此人也曾負責仰光營地。營地中不少人死於一九四二年耶穌受難節那天日軍對曼德勒的空襲,其餘人則大多逃亡。瓦里本人撰寫了一份非常嚴厲的報告,批評政府對此人間悲劇不負責任的態度。耐人尋味的是,無論在倫敦還是德里的檔案館,都找不到此份報告。

三月中,運輸車隊的到來,縮短了曼德勒地區和德穆之間原來二到三週的路程。這一改變的主要受益人為歐洲人,以及受僱於緬甸石油公司的英緬混血或英印混血人士。但很快遭到抗議,指責此舉有種族歧視之嫌,於是一些車隊開始載送印度人。這條路從三月開始不再受數量限制,那個月裡,共有3萬

---

178 Tinker, op.cit., p. 6.

難民由此抵達因帕爾。[179]

那時,離日軍進攻葛禮瓦還有六週。在此期間,印度平民和亞歷山大的敗兵共同走過煉獄般的132哩,前往普勒爾。麥可維(Roy McKelvie)記道:「幾個月後」,

> 當第一批英國軍隊回到德穆時,他們發現骸骨或坐或躺或靠著,完全保持死去時的模樣。在一家郵局裡,有20具骸骨環繞著櫃檯,一具骸骨還拿著一架破損的話筒。可以輕易想像當時從緬甸潰逃時的那般痛苦和無助,疾病、營養不良和疲憊使得人們失去求生意志。展望最後一程,還要翻越寒冷多雨的山區,這已經超過了可承受的極限,只有靠剛強的意志和體力才可成為倖存者。大約有20萬難民從德穆抵達因帕爾,其中一些人死於疾病,一些人則在醫院死去,因為那裡太擁擠,沒有足夠的人手治療病人,超過九成完成這一長途跋涉的軍民都患上瘧疾。[180]

有些部隊坐卡車抵達因帕爾以北的康拉東比(Kanglatongbi),但他們的遭遇也好不到哪裡去。印度野戰工兵第二十四連被分配到一塊宿營地,在暴雨中沒有帳篷,只有極少量鋪地用的防潮布,飽受瘧疾和痢疾折磨的士兵於是在泥地上紮營露宿。一九四二年五月十八日,野戰工兵第七十連抵達康拉東比時的情況稍好。他們分到的宿營地是一片灌木

179　Tinker, op.cit., p. 8.
180　Roy McKelvie, *The War in Burma*, pp. 44-45.

叢林，依然沒有帳篷。士兵有蚊帳，但沒有防潮布和毯子。萊爾－格蘭特（I. H. Lyall-Grant）少校（後升少將）寫到：「入印後的境遇實在是淒涼而悲慘。」之後的三天內，工兵們用樹枝和防水布為自己蓋棚，但他們的衣衫始終是濕的。直到五月二十二日移駐因帕爾之後，才有些許改善，彼時每 5 人中就有 1 人入院。[181]

他們還算是幸運的。普勒爾和通往因帕爾的路上到處都是腐屍，倖存者們既無時間也無精力埋葬死者，這一帶連清理腐屍的禿鷹都沒有。

根據奉命擔任印度東部邊境交通行政總指揮，於三月十日抵達德穆的伍德（Wood）工兵少將所說：緬甸政府已經放棄對難民的責任。憑藉小型整地工具和幾名工兵，伍德的首要任務是建立一條 54 哩長，連結德穆和普勒爾的旱季道路[182]，這也是他力所能及的最實際的事了。但道路花了八週才完成，在此期間，可憐的印度平民不斷的走過那段路，並死在山間。四月二十二日，哈欽斯和伍德在德穆見面，要伍德兩週內動用所有的運輸工具，使難民離開葛禮瓦。伍德將這要求呈報印度政府，卻被拒絕。[183]

不過，看似無情倒也不得已。四月二十六日，亞歷山大下令緬甸軍團撤回印度。他們將從葛禮瓦撤退，因此一路上一切以軍事需求為優先。除了路上的天險，難民們還要承受惡劣的對待，他們常被洗劫掠奪，而滯留在緬北的印人，必須付出

181　Colonel E.W.C.Sandes, *The Indian Sappers and Miners*, Institution of Royal Engineers, Chatham, p. 237.
182　譯註：dry weather road 旱天路，乾燥時才能使用，雨天無法使用。
183　Tinker, op.cit., p. 8.

280盧比才能登上從馬圭到瑞保的飛機。換言之，只有專業人士和商人家庭才能逃出。即便是這條路，也在五月九日被封死了。到那時為止，共有超過1.4萬人由此離開，但其中印度人不到5,000人。[184]

伍德當時正準備沿著新建的道路用卡車運送平民，但來自亞歷山大司令部四月二十八日的命令要求他別管難民，而是集中全力收攏緬甸軍隊的部隊。伍德運送物資去葛禮瓦，填飽士兵的肚子，而無暇顧及在德穆臨時營地的難民。五月四日，他這個責任終於結束，因為第四軍將全權接收軍事運輸責任。伍德的任務依舊包括運送難民，但他不能使用這條道路，而且他手上也沒卡車了。

接著，軍司令的部隊也開始到達。修・廷克（Huge Tinker）回憶，各部隊士氣差異極大。有一些還是很有秩序，也保持軍紀：擔任後防的第七裝甲旅還有戰鬥力，雖然他們只成功地帶出一輛斯圖亞特（Stuart）坦克到葛禮瓦。其他部隊則「士氣低落，幾乎完全崩解。高級軍官都像戲劇人物懦夫托若・普拉則公爵（Duke of Plaza-Toro）[185]一樣：站在撤退隊伍的最前面，帶頭先跑。在德穆，有位下級軍官諷刺地開了一盤「德穆賭注」，讓人下注賭一天之內有幾名准將會通過德穆。[186] 緬甸軍團共花了三週時間通過。之後，一名印度文官阿金森（T. S. Atkinson）為了繼續幫助平民撤離，留守葛禮瓦直到五月十日。

修・廷克（Hugh Tinker）當時是一名年輕的軍官，工作是

184　Tinker, op.cit., p. 9.
185　譯註：十九世紀末期英國大眾歌劇 'The Gondoliersi' 中的人物，以「從隊伍後面帶兵，領先逃跑」聞名，表示軍官對士兵漠不關心。
186　同上，p. 10.

在普勒爾和德穆之間的道路上，開車收容難民。在塵土飛揚的路上開車本身就非常危險，整個過程結束時的情形更讓人心碎。

> 年輕的司機們不得不推開叫嚷想衝上車子的男人們，將婦女和病人塞進卡車內。這真是絕望的混亂，就是這樣，家庭離散，財物丟失，而最需要幫助的人也沒能上車。車隊來來往往，印度司機往往要在車上每天工作 18 小時；但至少他們可以想在抵達目的地時有一頓飯，難民們是什麼也無法指望的。[187]

即使是在最絕望的境地，依然不乏悲劇幽默時刻。雨越下越大，最先沖淨滿布灰土的空氣，然後一瀉而下，把道路變成沼澤。在申南鞍部（Shenam Saddle），一群海邊高地兵（Seaforth Highlanders）泡在淹水的戰壕裡，等待應該會入侵印度的日軍先頭偵查隊。忽然來了一群淡米爾人（Tamil），個個戴著安全帽，還保留著看似時髦的樣子。他們是仰光消防隊員，跟著政府離開。此地，在印度邊界，碰上雨季的開始，他們遲疑地環顧四周，等待上司的命令。

通常的情況是，軍紀首先廢弛。而在暴雨加劇之後，流行疾病開始散播，痢疾、天花、瘧疾；六月中旬開始，有更可怕的霍亂。五月十日和十六日，即使是在因帕爾的機構，也遭到日軍空襲的嚴重破壞。如同之前在仰光和曼德勒一樣，伍德的平民雇員溜之大吉。

印度茶葉聯合會的園主，組成了補給車隊，最遠送到因帕

---

187 同上，p. 10.

爾。但是印度政府的官方和非官方代表都抱怨，說難民救助工作完全由歐洲人掌握，而且歐洲人和英印混血受到優待，於是聯合會就撤回救難人員。

因帕爾以北，是連逃入曼尼普爾邦的華軍都不願紮營的骯髒地帶。那裡有通向胡康（Hukwang）河谷的隘口、通向雷多（Ledo）的彭沙（Pangsau）隘口，還有超坎（Chaukan）和迪普（Diphu）隘口，這就是那些來不及避開火速前進的日軍而留落在緬北；還有無法從密支那起飛的人們所走的通道。一九四一年五月一日，緬甸政府通知印度方面，有500名歐洲人和1萬名印度人正前往雷多。伍德帶領6,500名挑夫，還有大象和騾馬，準備幫這批難民入印；但大雨阻斷伍德一行入胡康河谷的道路，突漲的河流更阻擋了難民的進程。

這可從一個歐洲人的描述說明當時整個情況。[188] 工兵軍官古德曼（C. J. Goodman）中尉在被告知日軍已突破通往壘固（Loikaw）[189]的道路時，正在黑河（Heho）建造機場。他的隊伍馬上收拾行裝，坐上兩輛大卡車和兩部汽車離開，一行共計有4名軍官，2名士官，和20名印度勤務兵、伙夫。他們還帶走滯留在附近山間小鎮格勞（Kalaw）的2名英國女子，一個上校的遺孀和她的姪女，這姪女的軍官丈夫正在其他戰場作戰。古德曼駕駛的奧斯汀20汽車像飛鳥一樣，一路穿過昔卜（Hsipaw）、臘戍和庫凱（Kutkai），在昔卜到處都是華軍。有一次，華軍一名六輪卡車的司機一直試圖超車，把古德曼的

---

[188] 古德曼（Goodman）於1943年7月於錫蘭寫下他個人經驗，1942年4月20日到5月6日乘坐汽車由黑河（Heho）到密支那。5月7日到6月16日只能用雙腳由胡康河谷走到潘哨隘口，再到阿薩姆的雷多。《古德曼紀錄》，頁12。

[189] 譯註：也翻作羅伊考。

第一章　日炙孤橋

車逼到路邊。古德曼下車衝著對方揮拳，對方蹲下身子閃開，然後抓起一把1呎長的扳手，回來對付古德曼，不過沒能命中。古德曼從車裡拿出上了膛的步槍，威脅要射對方大卡車的輪胎。最後，這名中國司機不情願地讓英國人先走。

在八莫待了兩天之後，他們把卡車留在卡祖（Kazu）渡口，燒毀卡車及其工具。不可思議的是，他們得到的一箱戈登琴酒，在接下來的二十四小時裡大家很快喝完了6瓶。到密支那以後，他們安排兩名婦女和古德曼的少校長官，搭乘次日首班飛機離開。

早上六點半，一行人來到機場，在不可置信地炎熱中，等了一小時又一小時。直到最後，終於有兩架達科塔（Dakota）飛機落地，載上印度傷員和少數平民，包括古德曼這群中的三個人。當飛機發動引擎，古德曼向他們揮手告別時，兩架日本戰鬥機忽然飛來，投下炸彈，以機槍掃射跑道。古德曼立刻趴下，知道在這種不設防的機場地帶非常危險，待他起身之時，眼前已是一片狼藉。

這兩架載運飛機成了墳地。兩名女子中，年輕的那位已經死去，她的阿姨和古德曼的少校長官嚴重受傷，而少校於隔天死了。原先還滿懷期待，想冒險的行程，如今轉成悲劇。

古德曼集結了部隊的殘餘人員，開車開到沒路，只得燒了汽車，開始步行。他把食物、半條毯子、替換的襯衫、短褲和襪子打包，步上孟拱（Mogaung）至麥光（Mainkwang）的路，估計有30到40哩遠，希望半路能搭上往麥光的便車，省下90哩路。不過，這只是個夢。

他們最終到了平坦的路上，把行裝卸在拖車上，這是他們准將在一個緬甸村買的，但原有的騾子夜裡跑了。到麥光，公

路又沒了，之後便是叢林小道，剛好夠拖車通過。「那裡有一條長達好幾哩的人龍，有英國軍官、印度和緬甸部隊士兵、各種平民、從英國文官到印度苦力，都有。一對很和善的英緬混血夫妻非常可憐，妻子已經懷孕七個月。」

幾天之後，他們到達欽敦江口，渡河的唯一工具是竹筏，要靠兩岸的竹繩拉扯才能移動。數以百計的人們聚集在河灘上。隨著每一次渡河，竹筏越來越超載，最終繩子在緊繃下斷了。古德曼看到竹筏根本無法運載拖車，於是決定跟之前的卡車和汽車一樣，燒毀拖車。他們點起巨大的篝火，火焰高達 8 呎，燒了整整一夜，所有人圍著火坐著。而雨，則自始至終下著。

兩個年輕的英緬混血軍官游下河，試圖修補繩索，但還是不行。結果大家要當地村長拿出中間挖空的獨木舟，給大家使用。村長起初拒絕，說是之前一些軍隊在他村裡放槍驚嚇了村民。最終，獨木舟開始擺渡，牛群則游過河。古德曼在對岸的村莊休息了一整天之後，和剩餘的手下繼續前行。

> 有天晚上，我們看到前方有個大村子，感到很高興，希望能在那裡得到遮蔽和睡眠。當我們抵達之後，奇怪的是沒人留在那兒紮營……很快，我們知道原因是臭味：那裡到處是死屍。所以我們只能繼續往前走，在露天宿營，當老天下雨時我們抱怨連連！很快，我們習慣了看到死屍，很多是非常令人難過的場面。平民的撤離比我們早了幾個星期，許多人已經死了相當長一段時間。在那之前，我從來不知道「腐爛」這個詞的真正涵意！有些我猜是死於飢餓，其他死於疾病，基本上都是低層的印度人。毫不誇張地說，我看了幾

百具屍體,讓人吃驚的是,人真的可以變得如此無動於衷。我還看到幾個瀕死的人坐臥在路邊,但沒人能幫他們什麼,我們只是說著「可憐啊……」,希望自己別淪落到那個地步。當然,所有死去的英國人都被他們的同伴盡可能體面地埋葬了,還好沒有太多英國人死去,我只知道有兩個。

我們繼續蹣跚前進,天氣越來越糟糕,小道非常泥濘,至少深到腳踝,常常深及膝蓋,在泥沼中,如鵝般行走,真是非常吃力。我們時常要休息,而且要鼓足餘勇才能再出發。

然而,他們的幽默,以及對啤酒和文明的渴望還沒有消失,他們的印度伙夫也想方設法保持食物供應。早上常常是茶和一小份麥片粥,中午是餅乾,晚上是米飯加牛肉罐頭,到吃完為止,那就只剩米飯。「還好我們沒有缺水,實際上,水是過剩的。我們常艱難地涉水過河好幾個小時,如同把自己『尿濕』了。」

疲憊越來越明顯,食物越來越少,他們開始不敢相信皇家空軍會空投救援物資的傳言。不過,當聽到大型飛機低空飛過空曠的村莊,給了他們新的力量。在這村裡,有隊英國士兵正在分發空投物資。古德曼的人同意接下分發任務,讓對方繼續上路。整整三天,他們給數百個可憐的印度人發食物,包括帶著嬰兒和幼童的母親。食物包括米、煉乳、罐裝水果,罐裝牛肉給他們自己,袋裝無花果、還有杏桃乾。

古德曼此時已完成一半路程,但前面依然是山,於是他們再度出發。他們因食物而受鼓舞的精神,又被大雨澆熄了。

那些山啊！你不停的爬啊爬，直到你連罵人的力氣都沒了。當你登上山頂（他們說最高的有6,000呎），眼前沒有別的，只有更多的山，目力所及全都是山。於是你下山，進入下一個山谷，再繼續向上攀登。小徑最多不過3或4呎寬，全是爛泥，所以你隨時會滑倒；要是不小心，摔錯邊，還會滾下山崖。每個人每天都會滑倒好幾次，晚上宿營時，要花很多力氣洗掉泥巴。

他們分成更小的組行動，通常在夜間停留時再會合。古德曼發了高燒，一直由他的印度雜役照顧，在高燒和發抖的間歇時刻，用勺子給他餵米飯。

日子一天天的捱過去，每個人都看上去形容枯槁，精疲力竭。我留了很可笑的鬍子，加上濕得爛了的帽子，看上去一定像被搗爛的羊雜碎布丁。在我們這一隊裡，來自緬甸軍需服務隊（ASC）[190]的庫克（Cooke）少校和我落在後面。他有一條可卡犬，這隻可愛小狗，全身沾滿了泥巴，我們都實在忍俊不禁。不過它很有勁頭，跑前跑後，彷彿這是週日午後的散步。

當進入第五週，古德曼靴子上頭泥巴跑進靴子，產生摩擦，腳起泡。他要庫克先走，但庫克不同意，一直在小徑前方不遠處等他。直到有一天，他休息之後，還沒力量起來，他們才分開。古德曼聽說許多阿薩姆茶園主設立帳篷接待他們，而不遠

190　譯註：ASC 是 Army Service Corps 的縮寫，指軍需服務隊。

處就有一個，於是他繼續上路，希望能找到一個收容所。

不過我的腳腫到膝蓋，在路上一再滑倒又爬起來，真是非常痛苦。我一天大概要摔倒十多次。時間過去，卻沒有看到營地或是村莊的影子。事情不妙，我頭一次懷疑自己是不是真的能夠撐得下去。我唯一的食品是一罐乳酪，沒開過，以及一點點紅茶。下午，我看到一個在兵營邊當地人的小屋，內有三個印度兵。他們生起一小堆火，我無法抗拒有人陪，還能有一杯茶的想法，所以掙扎著走過去。他們樓上還有兩個同伴，其中一個病了。他們有些餅乾，加上我的乳酪，我們一起吃了，又泡上了我們僅有的水，喝了點茶……他們指15呎外的一具屍體給我看，過於面黃肌瘦的我，已完全無動於衷。

但他的冷漠沒有超過一個晚上。次日，怕自己也會像那具屍體一樣，於是要那些印度兵跟他一起走。他們卻只想留著，古德曼於是用盡吃奶的力氣，獨自一人蹣跚前進：

我的腿讓我痛不欲生，我握著棍子的右手因為支撐身體太久，都麻木了。如果再得不到幫助，我可能就再也見不到大不列顛我的祖國了。其實想也沒什麼用。我真不知道那一天是怎麼熬過來的，可是這一次謠言成真了：那天下午，當一座竹子搭建蠻好的屋舍進入眼簾，我居然激動地像個孩子般地哭了起來。一個和善親切的英國人接待了我，給我一杯茶。我的感

覺無法形容,那個地方全是泥漿,還下著大雨,但我感覺就像在天堂。

古德曼的腿腫脹有平常的兩倍粗,隨即被擡上簡易擔架。擔架用繩子綁在竹竿上,由兩個苦力扛著。他們有一兩次滑倒,把他摔出來;不過他不再擔心,知道最壞的路段已經過去。他的年輕和韌性,加上偶有的友好對待,助他渡過了難關。

抵達雷多的許多人情況更糟。一名旅長的報告寫著:「精神和體力都徹底耗盡,再加上疾病,是最常見的情形。」又說:「所有顧及旁人的意識都沒了⋯⋯他們被可怕的噩夢套住,夢囈中出現河流、渡口、泥沼、屍體⋯⋯的幻影,所有人都憔悴衰弱和瘦骨如柴。」[191]

印度難民如此大規模的潰逃,反映出印度和緬甸政府既缺乏遠見又缺乏同情心。如果沒有諸如阿薩姆茶園主人那樣的志工們豪俠又無私的奉獻,也許更多成千上萬的難民會死去。根據印度政府海外事務部的估計,大約 50 萬人安全抵達印度。死亡數字估計高達 10 萬。但廷克認為數字被遠遠誇大了,實際死亡數字在 1 萬到 5 萬之間。大約一半的人戰後重回緬甸拾起舊生活,獲得各種成功。廷克聲稱一九四二年的大潰逃徹底終結了緬甸的印度社區。從一定程度上,確實可以如此說,但並非所有印人都離開了仰光。一九四四年,當地有人觀察到,在日本占領下,印度商人成為日本人的承包商,收集貨物賣給日本商社,再轉售給日軍,印度的鮑斯(Bose)是造成這一情形的因素之一。日方在向巴茂博士保證他的緬甸「獨立」政府可獲

---

191 Tinker, op.cit., p. 14.

得最大利益的同時，也不忘籠絡鮑斯，讓鮑斯和他的印度獨立聯盟（Indian Independence League）維護在仰光印度資產家的利益。當時日方將逃離印人所放棄的土地列為「敵產」，拒絕交給緬甸政府，聲稱應該交由「自由印度」的「臨時政府」接收。所以社區的確還是保存了，但顯然處在極嚴峻的情境下。

難道逃離是較好的選擇嗎？負責搜尋緬甸到印度的路上最後一批離緬印度難民的一名軍官，如此形容在通往雷多的塔貢山區，所見到的一個印度難民休息站。他的報告如下：

> 這片開拓的地方到處是倒塌的房屋，常常整個家庭留住且死在裡面。我看到母子的屍體，兩人手臂互相擁抱著。在另一個屋內，一個母親死於生產，嬰兒只出生了一半。僅在這一個休息站上，就50多人死亡。偶然見到，虔誠的基督徒在死之前，將一個小小的木頭十字架，攤放地上，還有骷髏的手中攢著聖母像。一名死去的士兵戴著帽子，他身上所有的棉織衣物都腐爛了，只有羊毛帽子還端正地戴在這個露齒的頭骨上。無堅不摧的熱帶叢林，已經發威了，吞噬了舊屋，覆蓋了骷髏，將它們變為塵土。[192]

---

[192] Geoffrey Tyson，*Forgotten Frontier*，p. 79.

日落落日：最長之戰在緬甸 1941-1945（上）

第二章 棋逢對手

> 第 一 回　首次阿拉干戰役
> 第 二 回　溫蓋特首次長征

日落落日：最長之戰在緬甸 1941-1945（上）

摘　要

　　從日軍占領緬甸，到攻打印度曼尼普爾邦的一年半期間，英方有三次重要作戰試圖削弱日軍對緬甸的控制力。其一是在阿拉干反覆的攻擊，企圖奪回阿恰布；其二是支持以華軍為主力的中美聯軍，目標在攻擊緬北以第十八師團為主的日軍，目的則在打通由印度邊境開往中國雲南的路線。因此，修建從雷多（Ledo）開始的中印（史迪威）公路，以替代滇緬公路；其三則是一九四三年二月英軍所發動的「長布作戰」，也就是溫蓋特的部隊長程滲透，進入緬甸北部日軍的後方作戰。

　　第一次阿拉干戰役，英軍試圖奪回阿拉干地區，卻由於指揮不力，缺乏協調，敗給人數遠少於自己的日軍，部隊士氣一落千丈。與此同時，溫蓋特在緬北開始第一次遠征的「長布作戰」，並大膽藉用新科技：滑翔機，進行敵後滲透活動，破壞鐵道線，確實成功打擊日軍。他的敵後突襲行動，正係人類立體戰的重要里程碑；藉著妥善應用新武器等設備，深入敵後，達到意外打擊的目的。這一作為，大大鼓舞英印軍的士氣。

第一回 首次阿拉干戰役

「很少能找到比這裡更不適合發動戰爭的地方了」，傑弗里·伊文斯（Geoffrey Evans）將軍這樣形容阿拉干（Arakan）。這不是因為距離遠，而是因為地理條件太差。「阿拉干」這個地名覆蓋了從曼尼普爾邦（Manipur）邊境欽族山區，直到緬甸西南端內格雷斯海岬（Cape Negrais）的廣大區域。但對一九四二至一九四五年的戰事而言，則是指從印度邊境直到阿恰布（Akyab）市及阿恰布島。邊境那頭是印度的科克斯巴扎爾（Cox's Bazar）。在阿恰布以北120哩，再往北45哩就是吉大港，英軍在孟加拉灣上的補給港口。馬由（Mayu）山脈最高可達2,000呎，從印緬邊境附近起，沿半島向下延伸，終於阿恰布島對面的弗爾角（Foul Point）。山脈總長80哩，弗爾角距阿恰布市15哩。

所以距離不算遙遠，但作戰環境卻特別艱苦。阿拉干全境布滿小溪及小河，[1] 交通以水路為主。陸路都是小徑，只有一條可稱得上是道路，那就是從納夫河邊（Naf）的小港口孟都（Maungdaw），穿過馬由山到卡拉潘辛（Kalapanzin）的布帝洞（Buthidaung）的一條路，途中需穿越兩個隧道。馬由山脈被茂密的森林所覆蓋，山脈西側是一條狹長的海濱，在孟都的寬度是2哩，在弗爾角的寬度只有幾百碼。濱海地帶部分是沙灘，部分是紅樹林沼澤，一些河道也有潮汐。在平坦的谷地上，則是長滿菩提樹和竹林的小山丘。儘管發生過不少慘烈戰鬥，

1　緬語 chaung 意為溪或小河。

賽西爾‧比頓（Cecil Beaton）在一九四四年看到阿拉干的景色，依舊發出讚嘆：

> 這裡一片田園風光，在燦爛的日光或皎潔的月光下，總是林木蔥鬱，靜謐安寧。即使槍炮聲時斷時續，還是很難令人相信，致命的戰爭正在附近進行。[2]

日本海軍少佐堤新三（Tsutsumi）也這麼認為，他是防守阿恰布到伊洛瓦底三角洲海岸守備隊的主計長。他熱愛阿拉干：「那裡有猴子尖叫著從一棵樹跳上另一棵樹，有羽毛燦爛的鳥兒，他的槍響（山裡有大型獵物，甚至老虎）在群山間迴盪，直到被蔥蘢的山坡林木緩緩吸收。當夜色降臨時，如果望向內陸，可想見無垠的山巒，橫越緬甸，連往印度或中國；漸漸消失在熱帶夜晚的紫色絲絨天際中。如果轉向西方水域，可看到孟加拉灣最後一縷日照逐漸沉入大海。」[3]

此地氣候反差極大。十月到次年五月是旱季，也是適於作戰的季節，熱浪不那麼殘酷，夜間有時會冷，早上晨霧濃烈。雨季一來，什麼都變了。阿拉干沿海地帶，從阿恰布往北，在降雨圖上呈現一片深紫色，一年降雨量可高達 200 吋（超過 5,000 公釐）。除了溪上的船隻以外，一切都停止運作。瘧疾叢生，水蛭橫行。這就是軍事行動只能在旱季發動的原因。那麼，為何在這裡發動戰爭呢？

答案就在阿恰布。如果盟軍有朝一日要從日軍手中奪回首

2　Cecil Beaton, *Far East*, p. 29.
3　Louis Allen, *Sittang: the last battle*, p. 196.

都仰光,最好的辦法就是渡過孟加拉灣,由海上進攻。不然的話,就要考慮走極為艱難的陸路;不到萬不得已,部隊不會真的做此打算。而不管盟軍走哪條路,進攻仰光需要有空中掩護,這就只能靠阿恰布的簡易機場。從那裡到仰光,飛行距離只有330哩。而且以機場為半徑,在250哩範圍內,還可以包括中緬甸的曼德勒、東固和三角洲上的興實達(Henzada)。

日方非常清楚這一點,一九四二年五月四日日軍推進到阿恰布,甚至有可能由此進入印度。為此,駐吉大港的英軍已北撤100哩,退到菲尼(Feni),只由一小支部隊留守;如果日軍真的來襲,這支部隊也會撤退。由於上次大撤退,碼頭設施受到破壞,許多當地居民不得不尋找更安全的地點安身;因此,即使是在一九四二至一九四三年的旱季裡,吉大港仍是一個相當暮氣沉沉的地方。不過,這裡也是展開反攻必要的起點。

駐印軍總司令魏菲爾將軍(後授爵位)取消了和平時期分為北、東和南部的指揮體系,改為戰時軍事系統,各區總部也由行政轉成作戰功能。東部軍團總部設在蘭契(Ranchi),負責阿薩姆、孟加拉、奧里薩(Orissa)和比哈爾(Bihar)的防衛;還要阻擋可能沿阿拉干海岸,或經孟加拉灣到胡格利(Hoogly)河口來犯的日軍。東部軍共有兩個兵團(Corps):第四(轄英國第七十師和印度第二十三師)與第十五(轄印度第十四和二十六師)兵團,以及在阿薩姆的一個旅。一九四二年下半年的大部分時間,受印度國大黨「退出印度」(Quit India)運動的影響,印度國內治安問題比外來的日本軍事威脅更為嚴重。第七十師分成零星小隊,花了大量時間,代表行政長官在騷亂的地區巡邏,維持治安。

但是魏菲爾向來低估日軍。早在一九四二年四月,大撤退

尚未完全結束之前，他就已經開始計畫奪回緬甸，第一個選擇就是突擊阿恰布。第四軍前線部隊那年夏季接收了從緬甸撤退的敗軍，他們當時的任務是巡邏和庇護難民，或者盡可能將難民後送。軍長歐文（N. M. S. Irwin）中將，曾在失利的達卡（Dakar）戰役指揮英軍，[4] 所以對這些從緬甸前線退下來的敗兵殘將，態度不算友好。對歐文而言，這些人所經歷噩夢般的撤退，實在算不上什麼，他認為這些士兵應該表現得更有秩序。他對這些指揮官們也直言不諱，其中就包括一九四二年三月十九日在撤退時，接管緬甸兵團（Burcorps）的威廉·史林姆（William Slim）中將。史林姆明白，在主力部隊之前入印的人員，的確是烏合之眾，他們聲名狼藉：

> 他們不再是有組織的部隊，沒有任何補給的安排，也拋棄了長官；他們成群結隊，搶劫掠奪，還沿途不時傷害倒楣的村民。這些絕大多數是印度人，極少數仍屬於軍隊的戰鬥成員。[5]

歐文對這些烏合之眾的粗魯態度也許可以理解，不過史林姆顯然覺得對方至少應該把這些暴徒和其他較有秩序的士兵區別開來。可事實上，歐文對史林姆本人也相當不遜。史林姆說過，「我從沒想到，我即將加入之部隊的部隊長，竟然這麼無

4　譯註：1940 年 9 月盟軍發動的戰役，目的是為了奪取維琪法國控制的法屬西非達卡的控制權。由夏爾·戴高樂率領自由法國軍隊發動進攻，最後的結果是以盟軍的撤退結束。

5　Slim, op.cit., p. 86.

禮對待我」。「我不可能無禮，我是他長官。」歐文反駁道。[6]

史林姆傳的作者羅納‧勒溫（Ronald Lewin）雖然願意肯定歐文的才能，但指出這「才能」被「獨裁專斷和自我中心的壞脾氣」給毀了。歐文對待下屬「好像契約勞工一樣，既不信任，也不體恤」。[7] 因為除了自己，他誰也不信任，歐文無法下放權力。他總是監視麾下的指揮官們，追究行動的每個細微末節，事必躬親，干涉過多，不肯放手讓部下執行。不過從另一方面來說，他和魏菲爾及史林姆的關注焦點是一致的，他們都為自己部隊面對日軍時，所表現的低迷士氣而無比擔憂。

從日軍完全占領緬甸，到正式下令攻打曼尼普爾（Manipur）邦的一年半之間，英方有三次重要行動，試圖削弱日軍對緬甸的控制。其一在阿拉干，反覆攻擊企圖奪回阿恰布。其二是修建從雷多（Ledo）開始的史迪威公路（Stiwill's Road）。起初英方的主意是要打通潘哨隘口（Pangsau Pass），拓寬道路，以便運用從緬甸撤下來、在印度重新整編培訓的中國軍隊。日後，這支中國軍隊將在緬北一路挺進275哩到密支那；美軍工程隊則緊隨其後，一路建築公路和輸油管道。其三是一九四三年二月的「長布作戰」（Longcloth Operation），也就是溫蓋特第一次敵後遠征（Wingate Expedition）。

往後幾個月裡，阿恰布是英軍攻擊的重點。當歐文從第四軍升任東部軍團（Eastern Army）總司令時，阿恰布是他的目標。曾在因帕爾被歐文汙辱過的史林姆（五月二十日交出緬甸

6　Lewin, *Slim*, p.105.
7　同上, p. 105.

兵團指揮權），擔任第十五軍軍長。史林姆面臨著另一個突發任務，就是保護胡格利（Hoogly）河口一片廣大的森德班（Sunderbans）的內河網。[8] 為此史林姆設計了一支槳輪蒸氣船隊，船上裝備有來自孟加拉炮兵部隊的馬克沁（Maxim）機關槍和螺旋式山炮，[9] 以及 2 磅反坦克炮。有些武器從十九世紀中期羅伯茨勳爵（Frederick Roberts）[10] 時就存放在加爾各答的兵器庫裡了，或許這支森德班艦隊根本也沒機會測試在實戰中能否阻擋日本戰艦。不過按史林姆的性格，他不會抱怨欠缺的，而會好好利用他可支配的資源。

史林姆領導的師之中，第二十六師因缺交通工具不能移動，只有第十四師可上前線作戰。這支部隊將要執行魏菲爾奪回阿恰布代號為「食人族作戰（Cannibal Operation）」，或者至少是一九四三年二月二十七日取消海路作戰仍保留的部分。

魏菲爾於一九四二年九月下令奪回阿恰布和阿拉干北部。剛剛完成馬達加斯加登陸戰而調派過來的第二十九旅，帶著突擊艇，是計畫中的主力部隊。第十四師則從事陸路牽制和干擾。最終，第二十九旅時間無法配合，空中支援比預期的少，命令也就隨之更改。歐文決定由第十四師單獨攻下整個馬由半島，然後從陸地推進；在到達弗爾角後，強渡海峽，登上對岸的阿恰布島。作戰訂於一九四二年十二月二十一日打響。

8　譯註：森德班（Sunderbans）是一個特有地名，是印度對胡格利河 Hoogly River 入海口大片密集的內河網的特殊稱呼。

9　譯註：螺旋式山炮，以前都用牲口拉大炮，所以不能太重，射程不遠。1870 年後為了增加射程，距離達 3,000 碼，炮要加長加重，用 7 磅炮彈，所以將炮拆成膛與炮管兩部分，分開裝載，到戰地再旋轉合起來。叫 screw gun。

10　譯註：羅伯茨勳爵（Frederick Roberts）十九世紀中期英國軍事家，參與英帝國在世界各殖民地的多次戰役，並成功鎮壓 1857 年印度人民起義。

長期以來，史林姆的第十五軍總部幾乎把全部精力花在支援非常麻煩的地方治安上。歐文沒有讓史林姆參與第十四師的指揮作戰，這是他犯下的一個大錯，因為師長威爾芙瑞德‧路易斯‧勞德（Wilfrid Lewis Lloyd）少將統率的部隊，很快增加到九個旅的規模，是普通師編制的三倍之多，足以組成一個軍。歐文負責的防區從加爾各答一直到緬北的赫茲堡，戰線拉得太長，超出他的掌控。然而，這正是他想要做的。史林姆的軍部從加爾各答旁邊的巴拉克普爾（Barrackpore）搬到比哈爾的蘭契。歐文的東部軍團部，則於一九四二年八月在巴拉克普爾成立。從這裡，他不但需要指揮阿拉干和從曼尼普爾至欽敦江陣線的戰鬥、雷多的工程，還要負責在因帕爾收容難民，以及在熱帶行軍作戰最重要的一環：將設備不足的戰地醫院提升為現代化的醫院。所有這些，加上已經啟動皇家空軍和將近六十個步兵營以鎮壓反叛行為，全都是歐文的責任所在。

歐文認為道路建設是當務之急，第十五軍必須從吉大港往南闢建一條路。第四軍正在興建一條從第馬浦（Dimapur）到因帕爾之間的雙線道，並在良好天氣下可以繼續延伸到滴頂（Tiddim）；以及一條通往德穆鎮和卡巴盆地（Kabaw Valley）的道路。另外還有一個野心勃勃的計畫，就是把西恰爾（Silchar）至比仙浦（Bishenpur）的小道升級為現代公路，不過這個計畫被歐文否定了。因為升級意味著需要重新校準道路，而他認為至少在一年內無法實現，所以這條「只可勉強通行吉普車」[11]的小道，不得不維持原狀。

11　1942 年 11 月 14 日歐文給總司令魏菲爾的信附件，《歐文文件》（Irwin Papers）。

一九四三年初，當乾季結束前，歐文計畫興建一條可通潘哨隘口的機動車道，並把這條道路向南一直延伸到新平洋（Shingbwiyang）。大家也都一致同意，築路比所有其他任何事情包括戰鬥本身，都更重要。

不過歐文並不滿足機動車，他頗有前瞻力，相信緬甸未來戰爭的關鍵在運輸機。他寫信給魏菲爾，要求調集所有的英美資源，投入到運輸機的製造上，同時他也清楚預見奪回曼德勒的最佳方法：

> 如果我可以一躍而過欽敦江，比方說直接跳到瑞保（Shwebo）；假如我可以把部隊帶到交通條件相對好一些的地方，那麼不管是不是雨季，從那裡我們可以努力作戰，直到貫穿由曼德勒到東固的道路。我了解這意味著需要大約150架飛機。不過現在離四月還遠，我希望到時候，也許一整隊的飛機可以為我們所用。[12]

「我真希望可以給你更多的運輸機」，魏菲爾答覆：

> 但看來英國本土根本不製造運輸機，我們得完全依賴美國人。可他們自己的運輸機也相當短缺。無論如何，他們不會給我們很多，前景真是不樂觀。[13]

12　同上。
13　Wavell to Irwin, 16, November 1942, Irwin Papers（1942年11月16日歐文給總司令魏菲爾的信。歐文文件。）

第二章　棋逢對手

　　由於心中為此不安而煩惱，歐文本不該在勞德的團的戰術細節上過於費心，可事實卻正如此。

　　截至一月的第一週，一直和勞德第十四師對抗的是駐防阿拉干日軍第三十三師團的兩個大隊。這兩個大隊歸宮脇幸助（Miyawaki Kosuke）大佐指揮，他是第二一三聯隊的指揮官，同時還指揮一個山炮大隊，有工兵中隊、野戰炮、高射炮和反坦克炮的一個中隊、一個機場大隊、一支通信部隊、一個兵站（A Line of Communication）的醫院、[14] 憲兵、還包括一支來自「光機關（Hikari Kikan）」負責跟印方諜報人員聯絡的諜報分隊。[15] 全部兵力總計大約 3,600 人，被稱為宮脇支隊。宮脇對勞德的動向和軍力有些不安，但是出身日本北部仙台，指揮的部隊曾經在中國作戰，新近又攻克緬甸，所以他對眼下對手的實力並不特別擔憂。他和部隊的兄弟都知道，英國軍隊比中國部隊要弱。[16]

　　宮脇的砂子田（Isagoda）大隊（第二一三聯隊第二大隊）在大部隊以北 55 哩，於一九四二年十月二十四日占領布帝洞和孟都。這兩個鎮相距 10 哩，分別在馬由山脈兩側，由一條穿越山脈的道路連接。此路需要通過東西兩條隧道，平常用來運送阿拉干富饒的沖積平原上所生產的大米。這條道路路況良好，極具戰略價值。於是砂子田部花了五十天時間，一直工作到十二月十六日，在道路周圍修建防禦工事，並偵察印緬邊境。

14　譯註：「兵站」（A Line of Communication），又稱後方聯絡線，在交通線上作戰單位補給的基地，將作戰物資運送、儲存，負責補給物資、接收傷病人員、給部隊駐紮等，是後勤單位。二戰時我方和日方都以兵站相稱。
15　譯註：跟南機關相似，目的在支持印度脫離英國殖民統治。
16　戰史叢書，《阿拉干作戰》，頁 25。

很幸運地,他們虜獲該區的英國地圖,立刻空運日本;複製多份之後,再運回阿拉干。此後兩年,日軍的行動全靠這些地圖。

勞德決定在十二月二日攻打布帝洞至孟都一線,但歐文通知他等到補給路線改善了之後再打。當時的交通狀況極糟,鐵路運來的補給最遠只能到吉大港以南 20 哩的多哈扎(Dohazar)。從那裡往南,有一條長 10 哩的碎石路,接著變成 4 呎寬的土路,雨季不能用。從科克斯巴扎爾到納夫河源頭的吞布魯(Tumbru)有機動車道,然後補給可以沿江而下,用舢板運到靠近入海口的代格納夫(Teknaf),舢板同時還可以把貨運到保里市集(Bawli Bazar)和代格納夫;最後的一段路程則全靠挑夫完成。在這條路線上,勞德對道路上某些不牢固的部分做了改進,讓補給可以從海路直接運到科克斯巴扎爾。儘管當地缺乏石材,一條到科克斯巴扎爾和拉穆(Ramu)的路,還是在一九四二年十月中旬按時完工了,足以讓牲畜和輕型車輛通過。不過,這就好比是要在沿著石器時代的道路上,打一場現代化的戰爭。

十二月七日的暴雨封鎖了所有道路,也停止了道路建設,勞德決定把攻擊計畫延到十二月中旬。十七日,他開始行動。第一二三(翰蒙德 Hammond)旅取道馬由河東岸,向拉岱當(Rathedaung)進發;同時第四十七(布雷克 Blaker)旅其中兩個營部署在馬由山以西,一個營則在馬由山以東,沿半島南下,都向弗爾角推進。在吉大港後備的是第五十五旅。為了完成任務,勞德還可以調配第六旅,他們有 5 艘大型機船、72 艘登陸艇和 3 艘槳輪,可以用來渡河登上阿恰布島。在空中,他或多或少有著絕對優勢的制空權;在兵力數量上,也有相當可觀的優勢。

第二章 棋逢對手

　　日方也了解這些情況。為了避免不必要的損失，宮脇讓砂子田大隊於十二月二十二日從布帝洞至孟都一線撤退。當勞德的隊伍於次日到達那裡時，整條戰線空空如也。砂子田沿馬由山以東，撤退到孔丹（Kondan）至貴道（Gwedauk）一線，與拉岱當隔河而望。在敵後活動的英軍 V 部隊，[17] 給勞德發來一個誇張得可笑的數字，聲稱大約有 800 名日軍在孔丹修築防禦工事。空中偵察人員竭力想找到這些工事，不過孔丹地區密林覆蓋，什麼也沒看到。事實上，也確實不可能看到什麼。孔丹只有砂子田的一個小隊，大約 50 到 60 個人。當拉普特（Rajput）第七團第一營報告說他們被孔丹的日軍拖住時，勞德相信這就是 V 部隊所報告的日本軍力了。另一方面，第四十七旅的裝甲車先頭部隊一路直達弗爾角，沒有遭遇到任何日軍。

　　宮脇由總部設在仰光的第十五軍直接指揮。一月三日，他被命令要奪下棟拜（Donbaik）和拉岱當，與預計當週會進駐阿拉干的第五十五師團一起接管緬甸西南的防禦。宮脇讓砂子田奪下拉岱當，並派一小股兵力占領馬由河口西岸的郎莊（Laung-chaung）村。伊藤的第三大隊派出一個中隊去棟拜前線，其餘兵力駐守阿恰布。一九四三年一月四日傍晚，由渡邊貞夫（Watanabe Sadao）中尉率領的混成中隊到位。五日，他與旁遮普第八團第五營交鋒，雖然旁遮普兵被擊退，但渡邊戰死，遺缺由淺野原二郎（Asano Genjiro）少尉接任。[18]

　　日軍前進到在棟拜以北 1 哩的位置，一條叫做「F.D.L. 河」地段，這是一條天然的反坦克防線，兩旁有高達 9 呎陡峭的斜

17　譯註：1942 年 4 月，魏菲爾將軍下令設立一個游擊組織，該組織在印度和緬甸的邊界沿岸開展活動。V 支隊從敵方後線收集情報，進行破壞。
18　《阿拉干作戰》（OCH *Arakan Sakusen*），頁 53-54。

坡。中隊左邊是孟加拉灣，右邊是屬於馬由山脈的小山，唯一的缺點是，沿海一帶因潮汐影響，地形會變。低潮時，英軍車輛和士兵可以利用海灘上的硬沙地，日軍陣地有可能被包抄。日軍在這裡堅守了五十天，擋住了來自印度第十四師一次又一次的營級進攻。這部分要歸功於宮脇堅持對馬由山脈和沿海地帶所做的仔細偵查。他對地形勘察有獨到的眼光，這個位置也是精心選擇的；而且日軍使用了一個英軍之前不曾遇到過的防禦系統，主要因為英方之前一直處於防守狀態，這就是「掩體」。

這些掩體主要是用天然材料建成的碉堡，可容納多達 20 個人。掩體或是往地下挖，如果地下水位太高不合適，則在地面上構造最多 6 呎高的建築。牆用原木和泥土搭建，最多 5 呎厚；屋頂可以抵擋轟炸和炮擊，許多掩體曾經受到直接的槍炮攻擊而不倒。掩體位置也經過精心選擇，目的是可以為附近的其他掩體提供炮火掩護。對方步兵在攻擊一個掩體時，常常遭到其他兩個或更多掩體交叉火網攻擊。在阿拉干戰役初期，英軍炮手一直以為掩體是用混凝土建造的，可見原木所造的牆和屋頂是多麼有效。正是這種防禦系統，使勞德的攻擊多次無功而返。

一月七日，第四十七旅恩尼斯基林營嘗試拿下棟拜，投入連級兵力，未果。次日，以營級兵力繼續攻擊，依然失敗。接下來的兩天，八日和九日，恩尼斯基林全營出動攻擊棟拜日軍，都被擊退，傷亡達 100 人。

在馬由河東岸，英軍第一二三旅的進展也不大。翰蒙德（Hammond）派出蘭開郡燧發槍兵（Lancashire Fusiliers）第十營的一個偵查隊，在聖誕節當天進入拉岱當，發現那是空城一座，他們立刻回報。翰蒙德於是決定讓槍兵營更多人沿河而

下,到拉岱當以北 7 哩的提最(Htizwe)上岸,再抄小徑趁虛前進。部隊按計畫前行,在十二月二十八日到拉岱當的時候,卻遭到日軍機槍和迫擊炮伺候。次日,燧發槍兵營其餘人員陸續到達,並繼續加入戰鬥。進攻部隊被擊退,損失嚴重。一月九日,皇家空軍對日軍陣地實行空中轟炸,並用機槍掃射,兩個山炮連也加入戰鬥,共同協助蘭開郡槍兵營再次發動攻擊,期望削弱日軍。他們取得了一些進展,但到當晚,還是被擊退,回到原來攻擊發起位置。布雷克(Blaker)的後備營,即旁遮普(Punjab)第十五團第一營,占領拉岱當北面幾百碼處的廟山(Temple Hill),但無法取得進一步突破。截至一月十日,在馬由河兩岸,英軍的攻勢都陷入僵局。

一月十日,魏菲爾和歐文來看勞德,告訴他,奪下棟拜極為重要。勞德問:「那我可以調動坦克對付掩體嗎?」他們向他保證,很快就會派來坦克。坦克是瓦倫丁式(Valentines),屬於史林姆第十五軍第五十坦克旅。但當史林姆知道如何使用坦克後,卻表示反對。聽到只需要一小隊坦克時,坦克旅旅長立即表示抗議,因為如果用在小規模作戰,對坦克是很危險的。史林姆本著「投入越多,損失越少」[19]的原則,支持旅長的意見。有人提醒說,馬由半島前線非常狹窄,可史林姆仍然認為,就算在那麼狹窄的地方,還是可以派上一整個坦克團。但是他的意見不被採納。於是,來自第一四六皇家裝甲兵團的 C 中隊,由隊長達・柯斯塔(Da Costa)上尉會同兩名領隊凱瑞(Carey)中尉和桑頓(Thornton)中尉率領,將半個中隊的坦克開到前線。幾個人到達前線後,馬上偵查地形,得出的結論是:史林

19　Slim, op.cit., p. 152.

姆是對的，他們共有 8 輛坦克，但完成這個任務需要整團編制的坦克。[20]

勞德下令在二月一日由第五十五（亨特 Hunt）旅攻擊棟拜。第五十五旅得到 8 輛坦克和師部大部分炮火的支援，另外第一二三旅則在兩天後開赴拉岱當。在此期間，將兩次動用到坦克：一是從丘陵地帶沿著 F.D.L 河行進，到一個叫木村（Wooded Village）的地方，然後返回；另一次是支援多格拉（Dogra）第七團第一營，也是沿河道去更南邊一個叫瓦迪交叉口（Wadi Junction）的地方，然後再開進山麓，到達一個叫南旋鈕（South Knob）的高地。

桑頓帶著他的坦克部隊到河岸，右轉，繼續向西，一路上向日軍開火。領頭的坦克陷進壕溝，後面兩輛也一樣。為了掩護坦克，他們點起煙霧。凱瑞的坦克掉到溝裡，駕駛員倒車的時候，一顆子彈擊中槍手，凱瑞也受傷，不過還是成功退回海灘。中隊長達柯斯塔帶著 3 輛坦克沿著海灘搶救桑頓未果。日軍機槍對準他們開火，阻止坦克前行。一九四五年，當日本人已完全離開馬由半島後，英軍在當地進行了清查，在坦克附近找到 5 具遺體。[21]

在拉岱當，翰蒙德旅的幾個營在二月三日小有進展。可是當日傍晚，還是不得不退守城北的兩座小山：西山和廟山。日軍依然成功守住拉岱當。

但是日軍對眼前的勝利並無興奮之情。宮脇得到的命令是死守棟拜和拉岱當，直到古閑（Koga）的第五十五師團來接

20　B. Parrett, *Tank Tracks to Rangoon*, p. 80.
21　Kirby, *War against Japan*, II, p. 267. 這裡提到坦克兵沒有事先偵查，所以出現在錯誤的河岸。但是 Perrett 談到 3 名坦克軍官偵查過地形。

防，宮脇決心防守。古閑跟他的屬下在一月二十四日飛抵阿恰布，但他的大部隊在二月底之前無法完成集結，就算到了那個時候，也只有三分之二的兵力到位。因為其中第一四四步兵聯隊的 4,300 多人，被派去東新幾內亞作為南海支隊（Nankai Forces），直接歸帝國大本營指揮。一九四二年底，古閑從竹內寬（Takeuchi）中將手上接過第五十五師團指揮權時，在他的頂頭上司仰光的第十五軍看來，這支部隊的聲譽比不上它的姐妹部隊，也就是共同參加緬甸戰役的第十八師團和第三十三師團，其參謀長被解除職位。另外一九四二年三月第一一二聯隊長又因跟英軍交戰傷亡過高而精神失常。但不管怎樣，師團的戰績相當不錯。在將近一百六十個作戰日裡，共推進了 1,600 哩，也參與營級以上大規模戰鬥不止 50 次。因此師團對自己的作戰能力，還是相當自信。

為了趕到阿拉干，它的部隊必須行軍近 600 哩，越過高達 8,000 呎的阿拉干山脈，同時還要避開盟軍空襲。第十五軍司令官飯田祥二郎考慮到可能出現非常艱難的情況，告訴古閑，從第二一三聯隊再調一個大隊入阿拉干，與宮脇的部隊取得聯繫。第二一三聯隊第一大隊當時駐防木各具（Pakokku），他們奉命帶上一支山炮隊，進入卡拉丹（Kaladan）谷地的百力瓦（Paletwa），也就是 V 部隊的活動範圍。如果宮脇能夠成功阻擋勞德，那麼古閑師團可以在月底接防。[22]

向來不隱瞞自己的想法，又一直堅持日軍能力被高估的魏菲爾，在一九四三年三月七日寫信給歐文，表示相信歐文可以應付最近由卡拉丹而來的日軍對英軍補給線的威脅，因此威脅

---

22 同上, II, p. 266.

現正被長程滲透行動所遲滯,「什麼也比不上在馬由半島的一次強力打擊,一場真正的勝利,能改善目前的處境。我希望以一場真正的勝利結束這個戰季,讓我軍和日軍都見識一下,我們想要而且能夠領先」。[23]

就在魏菲爾表達這個願望的當天,日軍在卡拉丹谷攻擊拉岱當以北的第一二三旅。一週之內,情況轉危,迫使勞德從沿海平原調動第七十一旅到馬由河谷,幫助在拉岱當的兩個營撤退。第七十一旅林肯第一營和第四十七旅旁遮普第八團第五營都歸第六旅指揮。這樣,第六(卡文迪西 Cavendish)旅共有六個營,是一支非常強大的步兵隊伍。歐文命令勞德於三月十八日攻打棟拜。

歐文早已經粗暴地否決了勞德的作戰計畫,就是要把第六旅部署在沿海平原,以第七十一旅去掃平馬由山高處地帶。因為他認為第六旅和之前的其他作戰部隊一樣,也會失敗。歐文告訴魏菲爾,他想要調集大批部隊,集中力量,高強度的攻擊有限的目標。在山頂上坐了一個小時,俯瞰敵方戰線,並走遍某營陣地之後,歐文制定出作戰計畫。被逼這樣做,他覺得很惱火:

> 以這樣方式來執行此任務,是可怕的想法,這些本應由師、旅、營指揮官一起好好執行的任務。從今天這個局面來看,再加上我在拉岱當前線度過一整天之後的體會,我只得相信,我們的高層指揮官執行不力,部隊缺乏訓練。雖然我並不樂意這麼說,但我們

23　1943 年 3 月 7 日,魏菲爾給歐文的信,歐文文件(Irwin Papers)。

的許多部隊缺乏必勝的決心和士氣……而我個人必須為這些後果負責。[24]

來自卡拉丹的威脅出現了。日軍一個大隊穿過勘蘇（Kansauk）山口，在拉岱當以北的提最，從後方攻擊第五十五旅，迫使該旅渡過馬由河撤退。當三月十八日棟拜戰爭打響時，日軍已經控制了馬由河谷東岸的大部分地區。二十四日，日軍渡過馬由河，然後翻山，直接威脅勞德在馬由半島部隊的補給線。德蘭郡輕步兵營和皇家威爾士燧發槍團以密集炮火，對棟拜展開新一輪的攻勢，共有 140 噸炸藥落在 F.D.L 河附近。

第六旅的對手並非宮脇。古閑的第五十五師團已經到位，棟拜的防守如今交到步兵第一四三聯隊宇野武（Uno）大佐的手上。棟拜已是一座堅實的堡壘，第六旅進攻不成，損失了 300 人。卡文迪西在次日發起夜間攻擊，之後陷入對峙狀態。

第二天，三月二十日，魏菲爾、歐文和勞德在第十四師部開會，三人都有各自的煩惱。魏菲爾忙著應付加爾各答大都會主教區妓院問題，加上有報告說第四軍前哨巡邏隊在欽敦江盆地，因為懷疑當地村莊跟日本人有勾結，開始處死村民，焚燒村莊，這實在讓他分神；[25] 歐文堅信官兵士氣正在瓦解；勞德則為二月間女兒在英格蘭家中過世的消息悲傷。這是一場不愉快的會議，決議是承認失敗。他們同時決定，在雨季到來之前，不能丟失一寸土地，但為了給撤軍孟都至布帝洞一線做準備，

24　1943 年 3 月 9 日，魏菲爾給歐文的信，歐文文件。
25　他當時聽到的只是謠言，但如果這是真的，他認為必須馬上阻止，並以軍紀嚴懲。對未來戰事而言，沒有什麼比報復老百姓更有損部隊名聲了。1943 年 1 月 15 日，魏菲爾給歐文的信，歐文文件。

部隊將做「縱深部署」。[26]

歐文仍然相信，以大批步兵集中在狹窄的前線陣地發起攻擊是正確的做法：

> 第六旅的失敗，顯然是因為沒有足夠的接應部隊，雖然前線指揮官不這麼認為。我的觀點是，問題不是出在前線陣地寬度，而是在縱深。[27]

魏菲爾回答說，他覺得唯一可以戰勝日軍的辦法是拿下整個馬由半島，控制河口，威脅阿恰布。另一方面，勞德在棟拜似乎越陷越深，在該地集中兵力可能意味著會被日軍從東面包抄。魏菲爾不理解在馬由東邊的部隊扮演甚麼角色。雖然他無法提出另一個取代歐文的方案，但他不喜歡歐文的主意。他們已經讓日軍取得主動權，他不知道怎樣奪回來。他對僵持狀態的惱怒，顯露在提出建議的報告最後一段。

> 你們應該了解，我對棟拜戰鬥非常不滿。在我看來，這是一個非常缺乏創意的攻擊，十分混亂。我相信，如果有真正的攻擊縱深，那麼第六旅英勇的士兵們應該可以完成某些戰鬥任務，哪怕會付出不少傷亡代價。可是戰鬥應該一次投入一個營，卻通常只派出一個連，在我看來是糟糕的戰術。我無法相信，已經是囊中物的日軍，竟然沒有一個計畫可以殲滅他們。

26　Connell, *Wavell, Supreme Commander*, p. 252.
27　1943 年 3 月 20 日，魏菲爾給歐文的信。

第二章　棋逢對手

依我看來，這種情況下，從側翼用機槍以及迫擊炮猛烈攻擊是最合適的。我現在希望看到的是，再添上一點點想像力和創意後，能用一個逐步漸進的方式來做些什麼。比如，是不是可能把 25 磅炮拉到最前方，對敵做近距離直射？是不是可以讓一兩架戰鬥機低空飛到日軍前哨陣地，做夜間突襲，製造噪音和干擾？是不是可能在小河上築壩，然後放水淹沒日軍前哨陣地？我們能不能集中火力，比如說用 20 門迫擊炮和一些火炮，對準他們的主要陣地，打它個落花流水，然後在對方採取報復之前，快速轉移迫擊炮？有人告訴我有一種用焦油、石油製成的定向地雷，專門對付坦克，幾乎任何東西碰上都能著火；你或者你的工兵指揮官知道嗎？我聽說在加爾各答地區有一些這種炮。我無法想像日本人仍可從那樣被包圍的戰線存活，而且沒有付出重大的代價。[28]

三天後，當魏菲爾批准英軍在棟拜的騷擾行動，並希望在雨季前盡量「肅清」敵軍時，他表達了對勞德的不信任：「我覺得只要是勞德指揮，下任何命令都無用，因為他顯然對執行那些命令缺乏信心。不過，如果洛瑪（Cyril Lomax）能接管，並在進行考察後，認為可以完成任務，那麼我很樂意支持發起另一次進攻。」[29] 調離勞德的意思在這裡表現得再明顯不過。

以上魏菲爾所寫的這些，是在歐文對勞德做如下褒貶的兩

28　1943 年 3 月 22 日，魏菲爾給歐文的信，歐文文件。
29　1943 年 3 月 25 日，魏菲爾給歐文的信，以及 Kirby, *War Against Japan*, II, p. 339.

圖 2-1　北阿拉干

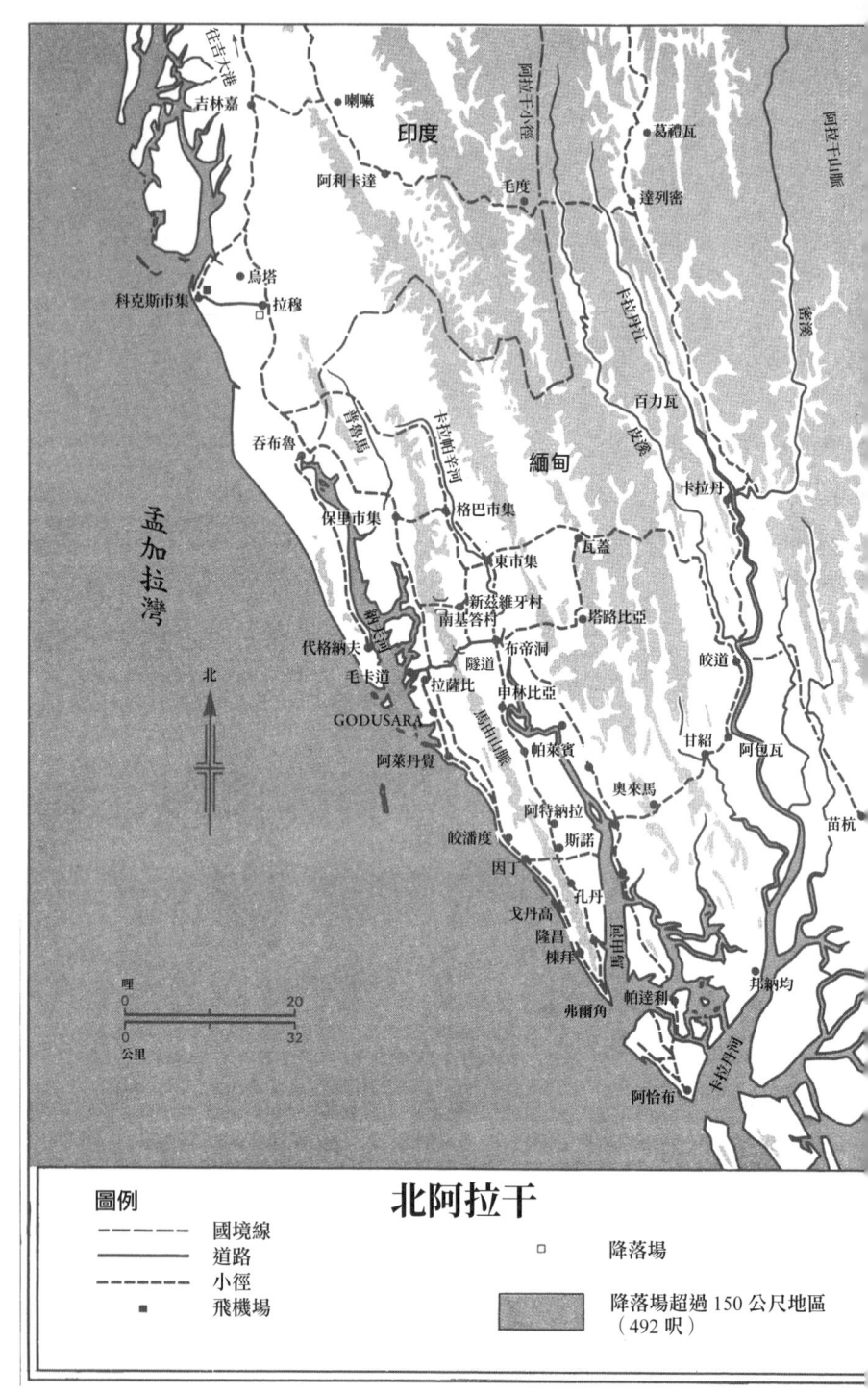

圖 2-2　馬由半島

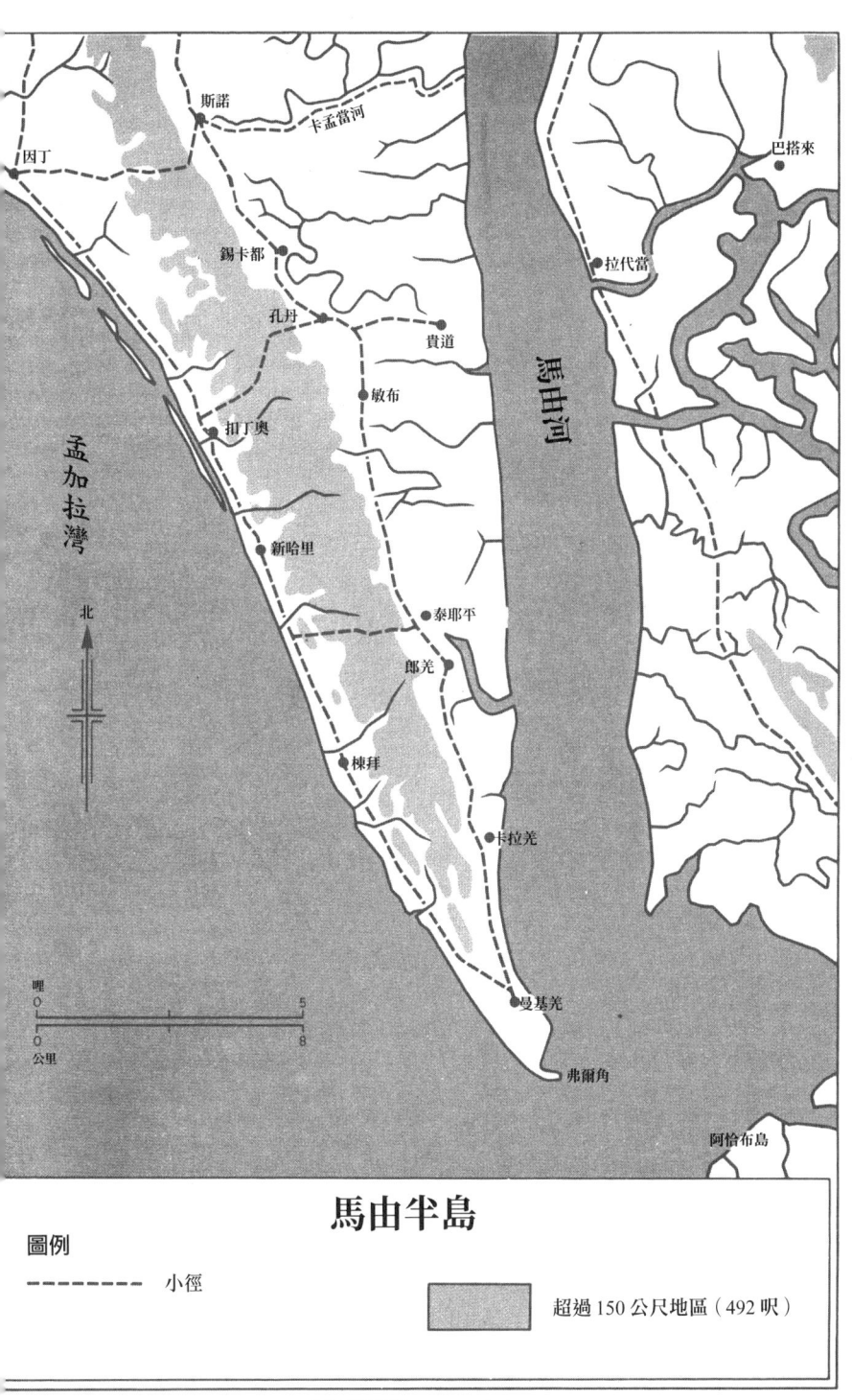

週之後：

> 從某些方面來說，我已對勞德感到失望，因為他沒有表現出我希望看到的指揮官的決心和魄力，他更傾向於等待下級指揮官的建議或要求，而不能把自己的意願加給他們。同時他對於別人提出的計畫，既沒有事先做足詳細的考察，也沒有監督執行的細節——距離遙遠也是相當重要的一個因素。這點我早就警告過他。
>
> 但另一方面來說，他面臨的是一個非常艱巨的任務，而我給他的資源卻非常有限。也許一開始我們太順利或者說太浮躁，結果他現在發現，自己率領的是一支非常疲憊，甚至可以說喪失鬥志的部隊。我相信在此刻，即使單單興起換將的念頭，也是不妥的。[30]

的確，歐文相信在一個狹窄的戰線，數量占優勢的英軍可以把日軍壓倒。就像我們已經看到的那樣，這是個需要付出慘重傷亡代價的主意。可是當歐文派史林姆去阿拉干見勞德時，史林姆發現，其實勞德也認同這個觀點。身為第十五軍指揮官，史林姆覺得歐文的命令很難理解且模糊，是要他帶著他的總部人馬過去接管指揮權嗎？歐文說不是，軍部人員不用帶，史林姆不是去指揮戰鬥的，只是去看看，然後回來匯報。

三月十日，史林姆到達孟都，訪問前線各旅，馬上注意到，師部無法控制9個旅，其實早在動身之前他就察覺這一點了。

---

[30] 1943年3月9日，歐文給魏菲爾的信，歐文文件（Irwin Papers）。

他也看出部隊士氣低落，因為驚慌，無謂地消耗了太多彈藥，而且勞德使用第六旅的計畫似乎是錯的。勞德的說詞是，他必須正面攻擊，因為沒有艦艇可從海上干擾牽制敵人，而且側翼部隊幾乎不可能穿越馬由山脈的叢林。史林姆寫道：「我告訴他，我認為他正在犯一九四二年時我們大多數人都犯過的錯誤，就是我們都認為叢林是不可穿越的。試著讓一支旅隊，或者至少它的一部分，到山脊上去是值得的」。[31] 但是勞德告訴他說，他已經仔細考慮後，才斷定穿越叢林不可行，而且他的旅長們也同意這個結論。史林姆沒有作戰指揮權，不能改變勞德的主意，於是只好回去向歐文匯報。歐文受到魏菲爾要求發起另一波攻勢的壓力，並且相信來自現地人員的觀點不使用馬由山脈，他最終接受了勞德的意見。這決定的後果，已眾所周知了。

最後一根稻草落下了，在日軍從東面向馬由河谷開始新一輪進攻的壓力下，勞德於是下令被切斷的第四十七旅，和在沿海平原帶的第六旅，一起向北撤退。當時是三月二十五日，離歐文聲明在雨季到來，英日兩軍都不能動彈之前，不可放棄一寸土地還不到一週。歐文駁回勞德下的命令，並在三月二十九日親自指揮第十四師，把勞德打發回印度休假。他告訴第四十七旅「堅守！」，並下令第二十六師第四旅與第四十七旅要取得聯繫。[32]

洛瑪受命繼續進攻，他比參謀們先抵達孟都，接管師的指揮權，史林姆的第十五軍也被告知準備作為戰鬥的上級指揮。歐文要史林姆在吉大港建立軍部；雖然指揮作戰還要等歐文下

31　Slim, op.cit., pp. 153-154.
32　Connell, op.cit., p. 252.

令;可是即便如此,史林姆還是沒有行政指揮權。史林姆顯然覺得這是個愚蠢決定,因為軍部可以接下許多行政負擔,讓前線的部隊專注在戰事上。史林姆短暫的會見兩個人:四月五日凌晨,他剛從休假中被叫回來,早上在加爾各答會見歐文;同一天晚上,他與被解職的勞德,在孟加拉俱樂部共進晚餐,發現勞德「並不那麼怨恨」,也了解到他那方面的詳情。次日,史林姆飛到吉大港,隨後見到在前線師部的洛瑪,對後者的鎮靜留下深刻的印象。[33]

史林姆顯然太需要保持鎮靜了。就在歐文交給洛瑪軍權的同一天,也就是四月三日,古閑中將的部隊從東面沿小道成功穿過阿拉干,翻過馬由山脈,來到沿海地帶。他們出現在恩丁(Indin),正是在第六旅從棟拜戰敗後撤退的路線上。攻擊部隊是棚橋(Tanahashi)率領的步兵第一一二聯隊。以下是棚橋回到第五十五師團部後匯報的戰鬥經過:

> 四月三日,我的縱隊成功切斷恩丁西北的沿海道路,主力沿著海岸道路,其他部隊從馬由山麓,對英軍逐漸加強壓力。六日破曉,我們衝進恩丁村,閃擊第六旅總部。敵軍旅長及其部下,共5、6個人,當場投降。當我正在通過翻譯審問俘虜時,英軍從南北兩方開始大規模密集炮轟;同時,我軍部署在馬由山上的山炮,以及宇野(Uno)中隊的炮兵也對著英軍開炮還擊,恩丁頓時硝煙瀰漫,彈片紛飛,一下子炸開了鍋。

---

33   Slim, op.cit., p. 156.

> 我們中隊的無線電被炸爛,我和其他5名總部人員也受傷。英軍旅長卡文迪西(Cavemdish)准將和其他5、6個人就在此時喪命。槍炮非常猛烈,縱隊主力被困死在恩丁,無法追擊沿海向北潰逃的英印部隊。[34]

消息在當天早上七點傳到德蘭郡輕步兵營,亦即日軍在夜間攻破的皇家蘇格蘭團和卡文迪西的司令部,旅指揮權於是交由來自德蘭輕步兵營的第六旅資深指揮官西奧巴德(Theobalds)上校代理。德蘭郡營趕到恩丁,發現皇家蘇格蘭團損失慘重。日軍把環繞恩丁村營房的竹叢當作掩體,代理旅長於是下令營隊沿著海岸北去3哩,在傍晚五點到皎潘度(Kyaukpandu)集結。開拔之前,英軍帶著火炮和迫擊炮,對準那些沒來得及挖好掩體的日軍猛轟。日軍不是被炮彈炸死,就是在逃跑時被槍擊斃。德蘭郡輕步兵營成功重創棚橋和宇野的部隊,並且在去皎潘度的路上,經過馬由山日軍炮兵陣地時,也如法炮製。火炮從炮車上卸下,發射煙霧彈和榴彈,掩護撤退的步兵。山上日軍炮兵的射程似乎已到極限,「彈片無力的落在濕漉漉的沙灘上,慢慢地彈起,越過行軍中縱隊的路徑」。[35]

第六旅不是唯一被古閑包圍的隊伍,從馬由山以東第四十七旅的所在地,有一條路可以連接恩丁,途經一個叫斯諾(Sinoh)的村莊。當第六旅撤退後,日軍控制了這條小徑,成功切斷印第四十七旅。旅長溫伯利(Wimberley)下令全旅在六日破曉轉移到恩丁,但發現此路不通。於是決定離開這區域,

---

34 戰史叢書(OCH),《阿拉干作戰》,頁110;《因帕爾戰役》,頁42。
35 D. Rissik, *The D.L.I at War*, p. 180.

越過田野到恩丁南邊的瓜宋（Kwason）村，因為他認為第六旅已在那裡。他很快發現，在這田野地帶，部隊無法集體行動，只得下令放棄重型裝備，包括3吋口徑的迫擊炮。他讓部隊又回到山頂，希望找到一條新通道。前哨偵查隊傳回消息，說是日軍已等在瓜宋村。於是溫伯利就地把旅隊分成若干小隊，並下令部下以最大的努力各自尋找退路。大多數士兵都成功地在四月十四日前與第六旅會合；不過在當時，這批士兵對洛瑪來說沒什麼用，既無組織，也沒有裝備。正史是這樣記載的：「作為一個作戰單位，第四十七旅暫時已經不存在了。」[36] 倖存者被送回印度。

「我在戰場上很少如此不悅」，史林姆回憶那個星期，「所有情況都出錯，非常糟糕，我們必須非常努力，才能避免事情惡化。」[37] 他真想接過洛瑪的戰術指揮權，要不是看到第二十六師師長的出色表現，史林姆幾乎就這麼做了。這位師長處理得穩定、自信、能幹，並重新編組後方的旅，防守孟都至布帝洞一線，並重組被打散的先頭部隊。史林姆與洛瑪都看到，這場敗仗是如何在已經低迷的士氣中雪上加霜。第六旅卻是個例外，雖經重創卻仍然頑強，其他一些部隊則表現得非常糟糕。從不吝嗇批評別人的歐文說得更明確，他告訴魏菲爾自己是多麼不滿意第四軍的一些部隊。在寫信給魏菲爾討論印第十七師時，他描述部隊士氣「一流」，但指出一些部隊有「內部問題」：

> 例如，我發現格洛斯特郡團（Gloucesters）

36　Kirby, *War Against Japan*, II, p. 345.
37　Slim, op.cit., p. 157.

總體還不錯，不過跟國王專屬約克郡輕步兵團（K.O.Y.L.I.）[38]一樣，我們要求把這些部隊中的一些人調到其他戰區去，因為他們是那種最糟的無賴。格洛斯特郡團也有一些高級軍官，在國外服役已滿六年，正在申請回國。在這個節骨眼上竟然還這麼做，我覺得他們的士氣真是不行。不過申請回國的事情，已經開始進入處理程序。[39]

在新一輪敗仗之後，歐文怒氣指向第四十七旅，他指責：

恩尼斯基林營作戰明顯失敗。我相信他們大部分人逃出的時候沒帶武器。一份虜獲的日軍文件提到，紀錄者所在地前線的英軍很快投降：這顯然就是恩尼斯基林營。在我撤出第十四師後，我會設立調查庭，調查當時情況，也會調查丟失裝備的內情。

他寫信的對象魏菲爾，是一個同樣對該部隊情況相當存疑的人。魏菲爾在同一天給歐文的信裡是這樣寫的：「我最最擔心的是士氣，不光是我們部隊的士氣，而且是整個印度的士氣。」[40]然而兩人好像對卡文迪西的命運還不如對旅司令部攜帶的文件更擔心。失去卡文迪西以及「第六旅的秘密文件和密碼本」顯然的，是這次行動最令人煩惱的事，歐文這樣評價，

38　譯註：K.O.Y.L.I. 英王直轄約克郡輕步兵（King's Own Yorkshire Light Infantry）的簡稱。
39　Irwin to Wavell, 9 April 1943, Irwin Papers.
40　Wavell to Irwin, 9 April 1943, Irwin Papers.

魏菲爾也無異議。「日軍占領第六旅總部真是太不幸了,我怕他們會由此詳細瞭解我們的配置和實力。」[41]

日方將卡文迪西被擒當作一件大事,飛速通報到師部,到仰光,到南方軍,再一路到帝國大本營。「殲滅敵人 6 個旅」的報導出現在日本媒體上,伴隨著誇張的「敵軍傷亡 2 萬人」。[42] 所以當棚橋報告說,卡文迪西在英方炮火中喪命時,古閑很失望。接著,醜陋的謠言開始擴散。英方戰史僅在註腳中提到:「根據日方報告,他不久就死於英軍炮火。」[43] 史林姆寫得稍微詳細些:「卡文迪西准將被擒,其後不久,或是死於負責看守他的日軍槍下,或者我們自己的炮火下。」[44]

史林姆對於卡文迪西死因的疑惑與日本軍事史家高木俊郎（Takagi Toshiro）不謀而合。後者注意此事,始於一九四六年棚橋被召回東京盟軍最高總司令部（SCAP）[45] 後自殺的消息。高木最初認為棚橋是應麥克阿瑟總部的要求,回來配合調查卡文迪西死因的,大概棚橋自己也是這麼認為。事實上,他們只是要求他向戰爭史撰寫者匯報緬甸戰場的情況。棚橋自殺的原因也許很複雜,包含因一九四四年阿拉干戰役失敗造成的自責心情。高木所寫《戰死》[46] 一書給讀者的印象是,這是一個無法證實的懸案。不過自那以後,出現了更多關於卡文迪西死因的資料,包括來自一名日本軍醫小川中宏（Ogawa Tadahiro）

41　同上。
42　戰史叢書（OCH）,《阿拉干作戰》,頁 117。
43　Kirby, *War Against Japan*, II, p. 344., n. 1
44　Slim, op.cit., p. 156.
45　譯註：SCAP,Supreme Commander for the Allied Powers.
46　譯註：東京朝日新聞社 1967 年出版。

的文章，[47]他本人當時曾經驗屍並簽署了死亡證明。小川指出，沒有任何目擊者倖存，不過從屍體的位置和姿態，以及鄰近的日軍屍體來判斷，他相信卡文迪西死於英軍炮火。

一九四五年在勃亞基（Payagyi）集中營，我應當時盟軍東南亞地面部隊（ALFSEA）總司令邁爾斯・鄧錫（Miles Dempsey）中將之請，[48]他是卡文迪西家族的朋友，來調查卡文迪西死因。來自第一一二聯隊的倖存者們就是這樣跟我描述的。我詢問的其中一人（後來也接受了高木的詢問）是翻譯官松村弘（Matrumura），他也涉嫌在投降階段毆打圖拉爾（Turall）少校。他看上去相當令人討厭，不過他的說法從本質上與其他人無異。

四月二十日，古閑下令奪取布帝洞和孟都。攻擊計畫於二十四日開始，使用宇野武（Uno）的部隊（步兵第一四三聯隊和步兵第二一四聯隊第二大隊）、松木平直行（Matsukihira）大隊（步兵第一一二聯隊第一大隊）、宮脇幸助（Miyawaki）部隊（步兵第二一三聯隊）、棚橋真作（Tanahashi）部隊（步兵第一一二聯隊）和師團的炮兵。宇野部隊肩負沿馬由山脈北進的艱鉅任務，始終被補給所困擾。他們沒有卡車和馬匹，糧食只得由棚橋派一支隊進行人力運輸。宇野少佐感慨困境而作詩一首：

> 糧食殆盡，已七日；
> 嚼蕉樹芯，上戰場。

47　譯註：《恩丁戰役》，刊載於南總文化（Nanso）第三十九期，東京，1972年7月。
48　譯註：作者是日軍戰俘審訊官及翻譯官。

回到黯淡如廢墟的吉大港，史林姆推斷古閑的下一個目標是布帝洞至孟都一線和隧道，洛瑪看法也一致。剛在宇野和棚橋手下經歷大敗的第六旅，當時陷在馬由山麓和沿海地帶更北的地方，洛瑪還有一個後備旅跟在第六旅後面。他斷定古閑會在山脈東側移動，於是為日軍設計了一個「補蠅陷阱」，就是做一個「盒子」，讓進攻的日軍進入包圍圈，然後把蓋子闔上。這個包圍盒子會動用六個營，兩個集結在馬由山脊上，兩個沿馬由河駐守，還有兩個在布帝洞至孟都公路以南的一座小山上，就是這個盒子的底。蓋子則由幾乎一個旅的軍力組成，在日軍深入盒子，向隧道進發時，蓋子就會闔上。史林姆事後評價，這個設計聽上去非常簡單，就是幾何圖形，不過他和洛瑪用的是一支非常疲憊的敗軍。

宇野部挺進布帝洞，在二九七高地和二七五高地附近遭遇第五十五旅，並展開激烈的山地戰。二十八日，盟軍空軍加入，轟炸掃射宇野部隊，讓第五十五旅有機會反擊。棚橋救下宇野部隊，重新奪回兩高地。宇野繼續奮力推進，於五月四日在路標 27 哩和 55 哩兩處切斷布帝洞至孟都公路。日軍往北突入，正如史林姆和洛瑪的計畫。但是這個包圍計畫還是失敗，因為盒子的底脫落了。構成盒子底的兩個營沒能成功守住陣地。第七十一旅派出蘭開郡燧發槍兵第十營防守五五一高地，這是一座俯瞰東隧道的小山。五月二日，日軍發起進攻，三日下午把蘭開郡槍兵營趕下小山。五日，史林姆與洛瑪會面，允許他如有必要，可以犧牲布帝洞，讓第五十五旅和隧道以東的部隊解脫出來，但是孟都必須守住。日軍摧毀了離布帝洞 4 哩的禮為德（Letwedet）河上橋樑，逼得第五十五旅和林肯郡第一團只好破壞自己部隊的車輛，在六日晚越野行軍。兩天後，洛瑪把

部隊部署在孟都附近,執行史林姆同時也是歐文的命令,死守孟都。八日,日本空軍出現,轟炸孟都和保里市集,造成民伕大批逃亡。宮脇部隊繞過茂多(Mowdok)丘陵,在四月九日到達布帝洞東面,包圍盒子就這麼散了。五月八日晚上七點,宇野部東移,占領布帝洞,這不僅僅是軍事上的勝利,因為布帝洞也是阿拉干軍政府的總部。松木(Matsukihira)營從戈度薩拉(Godusara)往北前進,在十四日奪下孟都。「這一切真像是一九四二年重演,更苦的是,這次我們是被數量比我們少的對手打敗」[49],史林姆如是說。

不顧歐文的反對,史林姆在壓力下,允許洛瑪棄守孟都。史林姆如今可以肯定,如果用這支「不能指望它能守住任何東西」的部隊,又沒有儲備的情況下守城,只會遭來災難。孟都的棄守相當倉促,與 V 部隊轉交的報告無關,而是認為日軍正從東面層層包圍推進,勢必阻止英軍任何有秩序之撤離。在當時的情況,無論如何,大概也是守不住的了。於是,經過數月艱苦且洩氣的戰鬥後,英軍又回到了一九四二年十月起點的位置。

歐文在給史林姆的一封信的後記裡,憤怒的列出截至五月八日一週內的傷亡統計數字:「在阿拉干,包括英印軍各階層:10 人陣亡,40 人受傷,3 人失蹤。情況是,我們 17 個營被對手大約 6 個營追著打。這就是讓人傷心的當前戰鬥的實情」。[50]

回顧整個戰役,史林姆不認為人員傷亡很高。「我們在陣亡、受傷和失蹤上的實際損失並不大,總共約 2,500 人。雖然

49　Slim, op.cit., p. 160.
50　1943 年 5 月 10 日,歐文給史林姆的信,歐文文件。

我們沒有給敵人造成很大的損失,但他們也蒙受了相當的痛苦」。[51] 史林姆的估計和英國官方的數字相當符合:

陣亡:916

受傷:2,889

失蹤:1,252

總計:5,057[52]

不過跟日本統計的數字相差很多:

英軍損失:

陣亡:約4,789(這個數字指的是棄屍)

戰俘:483(包括3名軍官)

(受傷者的數字沒給)

日軍損失:

陣亡:611

受傷:1,165

總計:1,775(占參戰部隊的30%)[53]

魏菲爾在他的報告中聲稱,「這場戰役最大的收獲,是見識了敵方的攻擊手段,並看到我方在訓練和編組上的不足。最嚴重的損失是部隊的聲望和士氣。總體權衡後,我並不後悔在缺乏資源的情況下發起這場戰役。」[54]

史林姆說得更明確。在一九四三年四月十八日給歐文的信裡,他如此評價部隊的士氣:

---

51 Slim, op.cit., p. 161.
52 Kirby, *War Against Japan*, V, p. 543.
53 OCH,《因帕爾戰役》,頁45-46。
54 Connell, op.cit., p. 255.

所有的旅長,霍普金斯(Hopkins)、勞德(Lowther)和柯第斯(Curtis)都擔心麾下部隊的狀態,這是整個戰役過程中最嚴重的問題。如果我們的軍隊處於一流的戰鬥和健康狀態,我們沒什麼好擔心的。英國軍隊非常疲憊,對整個阿拉干行動感到氣餒。他們的健康狀況持續惡化,最近的大雨又帶來瘧疾,第六旅的3個營和山炮部隊每天減少50名士兵。所有營的兵員人數都比500高不了多少,有幾個還低於500。

印度軍隊除了第四旅,也很疲憊。不過他們的問題是低劣的體質、訓練水平和精神士氣,尤其是新近徵集加入阿拉干作戰的士兵……。

我認為不論是英軍還是印軍,總體上還可以好好再打一仗,但之後就難說了。無論在阿拉干發生了什麼,當務之急是我們最高統帥部需要認真改進步兵部隊的士兵素質,提高他們耐久力。我們的對手,把最好的戰士放在步兵,如果不仿效,我們沒法取得大的進展。

或許,歐文對於將過錯都推到高層指揮上,自然感到很煩惱。他承認有這些缺點,但覺得過錯在別的地方。在一封五月八日給魏菲爾,標明「極機密私人」的信裡他說:

> 我們即將面對的難題,是需要解釋在布帝洞和孟都遭受的損失。從公眾角度來看,無疑應該由指揮官為失敗負起責任。可事實上,雖然指揮官稱不上非常優秀,但根本原因絕對是部隊作戰的能力不足。

隨後，歐文繼續提交一套「極機密」的〈關於駐印軍以及部隊在印緬邊界戰事問題的說明〉文件。他肯定：「我可以說，這些部隊幾乎無一例外，在叢林野地的能力不及日本步兵的一半⋯⋯因為這個原因，我特意強調部隊作戰時應該「敏捷而確實」的必要性。我手上有部隊素質低劣的報告，我本人也可以舉幾個通常情況下被認為是「面對敵人表現出卑劣和懦弱行為的實例。在阿拉干戰役中，這類行為出現的比例很高，讓人毫無選擇，只能承認部隊的水平實在太差，無法完成戰鬥任務」。

五月上旬，當布帝洞—孟都戰事正酣之際，史林姆總部曾派出一名聯絡官，訪問第四、第六和第七十一旅。他的觀察是，「根據個人觀察和與各階官、士、兵及逃回的俘虜等人所做的交談，除了炮兵之外，這條戰線上的日軍絕對比我們在這個地區部署的部隊要優異得多。」

　　（他繼續說）很明顯的事實，我們的隊伍或是精疲力竭，或是惱火沮喪，或是兩者皆具。不管是印度兵還是英國兵，他們的心不在這戰爭上面，前者顯然很恐懼日軍，士氣普遍受挫於這場戰爭的特質，例如茂密的熱帶雨林和由此產生的盲目摸索行軍、夜間叢林的各種聲音、關於日軍暴行的恐怖傳說、因發燒而產生的逐漸衰弱、還有一系列的軍事失敗；英軍也害怕雨林，憎恨這個國家，不明白為何而戰，而且強烈感到自己在打一場被世人遺忘的戰爭，高層沒有人真正關注他們⋯⋯。

一些部隊，尤其是蘭開郡槍兵營，從一九四二年十月戰役開始就一直在戰場上，他們抱怨其他很多部

隊都能輪班換防,而他們卻一直奉令待在戰場⋯⋯。

到達的增援部隊大多由未經訓練的士兵組成,按照蘭開郡槍兵營指揮官的說法,很多人甚至從來沒見過布倫輕機槍⋯⋯。

總而言之,以一對一的情況是──久經嚴格訓練的日軍所面對的,在很多情況下,我們是一支比被強徵的隊伍好不了多少的軍隊;雖然在表面上這支軍隊看似很強大,但這要素,尤其在叢林作戰時,我們大約五比三數量的優勢徹底消失了。

然後他舉出一些具體的實例:邊防第十三團第八營失守五五一高地,他們在夜間聽到怪聲時用盡所有槍彈,次日早晨竟無彈可用,只能棄守。同一營的錫克連拒絕服從命令,「在戰鬥過程中,連長柯依(O. C. Coy)和副指揮官發現自己在五五一據點上,但自己的連隊卻往相反的方向快速移動」。第七十一旅的少校告訴他,負責前哨巡邏的英國軍官,在遭遇敵人的威脅時,突然發現自己成了光桿指揮官,手下士兵跑得一個都不見,這是當時屢見不鮮的情況。

而士氣跟訓練密切相關:

最讓人關注的是,第二十六師絕大多數指揮官和參謀對手下的士兵沒有什麼信心,所有人都認為問題來自缺乏訓練。被派上戰場的士兵沒有做過實戰準備,再加上有很大比例是純粹新手。[55]

---

55 1943 年 4 月 5 日到 9 月 5 日,在孟都前線的報告,歐文文件。

歐文卷宗裡有份一九四三年五月二十二日的報告，出自「一名阿拉干前線的聯絡官」，用更直截了當的方式講述了同樣的故事。直言不諱的口氣，加上這份報告是夾在一封信裡，似乎顯示作者是歐文的兒子安東尼（Anthony）。在參加V部隊之前，安東尼曾擔任一段時間的阿拉干聯絡官。

> 我所接觸的部隊，他們是最懦弱的一支部隊，還有他們的指揮官非常沒膽。這是我能想到的唯一的形容詞。他們大多漠不關心，不守紀律，在許多情況下是沒有受過訓練的。總之他們全都沒種。我無法形容更貼切，例如：一名英軍下士說，「長官，不要對他們開槍，不然他們會還擊的。」
>
> ……像目前的部隊，我看不到任何勝利的可能性。而那些在後方的人只知道舒服地坐在屋裡閱讀白紙黑字的戰況報告。他們怎麼可能了解熱帶叢林？如果你告訴他們，英國士兵只要和日軍對打一會兒，就成了個不堪一擊又孬種的戰士，他們會怎麼回答？如果你告訴他們這裡的實際士氣，他們會怎麼回答？來到這裡的士兵，怪罪把他們送上前線的當權者，他們來這裡只期待翌日就可以回家，他們祈禱不要遇上戰鬥。這就是我們的軍隊。[56]

來自各方的文獻一再重複戰敗的頹喪經歷和原因，還有低迷不振的士氣。在緬甸的軍隊無疑需要平坦的道路、武器、安

56　歐文文件，帝國戰爭博物館。

撫、空中支援等等。但是最重要的,他們需要大力提振士氣,他們需要奧德・溫蓋特(Orde Wingate)。

第二回 溫蓋特首次長征

關於奧德・溫蓋特的個性和戰略思想,以及他兩次在緬甸日軍占領區後方進行的長程滲透行動,已經有很多研究和討論了。可以說溫蓋特行動所吸引的注意,比緬甸戰事中其他所有戰役加起來都多;因而也使那些行動的戰略價值和成就受到不公平的低估。而另一方面,溫蓋特在英軍同僚指揮官和後方參謀中所引發的敵意,導致這些人努力醜化他,貶低他的所作所為。即便在今天,要給溫蓋特和他的敵人一個公正的評價,仍然需要相當斟酌。

溫蓋特行動所造成的「衝擊」是最重要的,至少他第一次遠征被認為如此。當這次行動開始時,英軍已經放棄了原來的計畫;所以明白說,這行動無法實現最初設定的目標。原先的主意,是派溫蓋特率領 3,000 名士兵,以從空中獲得補給的方式,長征進入緬甸,進行遠距離騎兵式突襲,為更大規模的作戰部隊提供支援。不過那支更大規模的部隊始終未能成形,那麼這一突襲行動到底是該繼續進行,還是徹底取消呢?最終,主要是因魏菲爾的支持,突襲行動得以繼續。事後,溫蓋特行動及生還的故事被精心策畫並廣泛宣傳,為日後在緬境內的行動帶來了無法估量的助益,那些非常討厭他的軍事觀點以及好鬥特質的人,也認同。特遣行動振奮了英軍士氣,第一次阿拉干戰役已經充分說明,當時的作戰部隊是多麼需要這樣的鼓舞。

當部隊的士氣處在最低點,當所有士兵幾乎都一致認為,日本步兵是叢林超人,除非英方擁有壓倒性的人數和絕對優勢的火力;不然,日軍是不能被擊敗的—這些觀點是指揮官們最不願遇見的。即使大家都認為日軍最擅長的:體力和耐力、秘密的快速行動、叢林戰法的靈活運用,但就在此時,有人證明,還是可以戰勝日軍的。

無疑的,軍史家會繼續嘲笑溫蓋特有些炫耀之處,但事實證明,緬甸戰事最終贏得勝利是由於在因帕爾和密鐵拉擊敗日軍的印度師團,這是非常正確的。那些嚴肅和古板的人會繼續詆毀溫蓋特的誇張性格、裝腔作勢和宣傳的手法;但他們忽略了重點:媒體和世界輿論為溫蓋特首次長程滲透大肆宣揚,替緬甸戰事注入朝氣。不管戰略結果如何,也不管溫蓋特心理和性格上的缺陷,部隊的士氣得到重振,這點毋庸置疑。

第一次長程滲透代號為「長布作戰」(Operation Long Cloth)[57],部隊在一九四三年二月十三日進入緬甸。當天,勞德(Lloyd)進入阿拉干突擊不順,在棟拜和拉岱當(Rathedaung)的進攻失敗。「長布作戰」於五月結束時,印度東部軍團和第十五軍被比自己少的日軍擊敗,不得不接受戰敗的事實,沮喪地被打退至戰役的起點。這兩個作戰同時進行,但背後的士氣和動力卻截然相反。儘管第一次特遣行動也失敗,卻對未來前景看好。「長布作戰」非常耀眼、有吸引力、充滿鬥志,阿拉干戰役接連失利所欠缺的它都有,對自己的戰法、目的和能力失去自信的哀兵敗軍來說,這是一帖最佳的精神振奮劑。

---

57 譯註:long cloth 意為上等棉布。

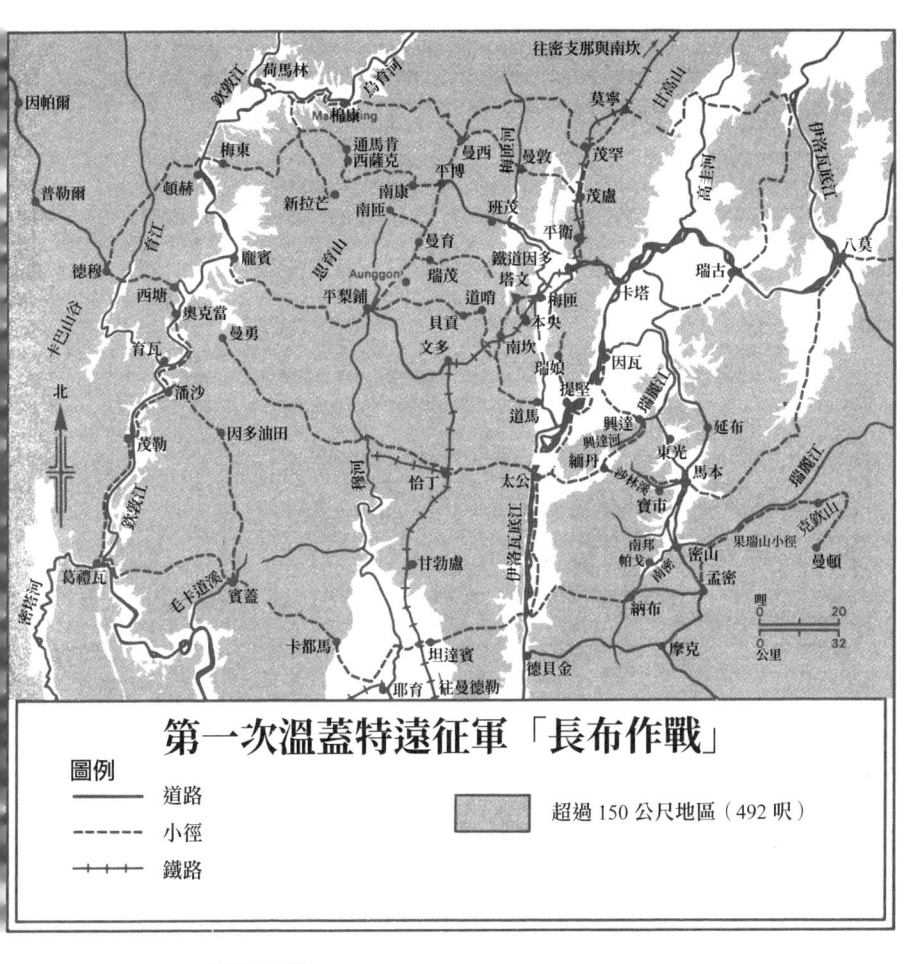

圖 2-3　第一次溫蓋特長征：「長布作戰」

奧德・查爾斯・溫蓋特（Orde Charles Wingate）是一名炮兵軍官，於查特豪斯（Charterhouse）公學校和伍里奇（Woolwich）皇家軍事學院接受教育。二戰前他駐守巴勒斯坦，一九三六年在鎮壓阿拉伯人暴亂時，曾組織當地猶太居民成立「夜警隊」

保護社區，[58] 取得顯著成績。因此被授予英國傑出功勳十字勳章（DSO），[59] 但因為他有明顯親錫安主義的傾向，[60] 於是被調離這地區，成了邊緣人，尤其是在陸軍軍官裡顯得獨特。溫蓋特這些行動為後來的哈迦納（Haganah）猶太組織[61] 打下基礎，對抗英國和阿拉伯人，並成為一九四八年建立以色列國的軍事力量。此時，溫蓋特已去世四年。在之前，反猶太傾向在英國高層軍官中相當流行，學生普遍因輕率而誤解勞倫斯所著之《智慧七柱》（Seven Pillars of Wisdom）而產生同情阿拉伯的心態。溫蓋特父母是嚴格的普利茅斯弟兄會信徒（Plymouth Brethren），[62] 可以解釋溫蓋特對《舊約》人物的關注；讓猶太人回到以色列，是他傾力襄助的事業。

二戰爆發的最初幾個月，溫蓋特賦閒在家。但隨著一九四〇年六月義大利加入戰局之後，由於他對游擊戰的精通，以及在蘇丹國防軍的服務經歷，使他成為英軍理想的人選，負責要把義大利入侵者趕出阿比西尼亞（Abyssinia）。[63] 在北非，英國有4萬軍隊，義大利有40萬軍隊。數字上的懸殊使得當面交鋒幾無可能，只能依靠詭計和謀略。一名長期生活在阿比西尼亞的英國人桑福德（A. D. Sandford）建議，把阿比西尼亞廢帝海爾‧塞拉西（Haile Selassie）召回，並鼓動起義。在得到來自蘇丹正規軍的支援後，這場起義獲得成功。溫蓋特的「基甸部隊」（Gideon Force），包括2,000名蘇丹和阿比西尼亞正規軍，

58　譯註：原文用詞為希伯來語 kibbutzim，特指當時在以色列鄉村出現的集體社區。
59　譯註：Distinguished Service Order。
60　譯註：pro-Zionist，即猶太復國主義。
61　譯註：Haganah，猶太半軍事組織，現今的以色列國防軍之前身。
62　譯註：保守教派，沒有教會、沒有牧師、同情猶太人。
63　譯註：今日衣索匹亞。

1,000名阿比西尼亞游擊隊,零星數名英國軍官和士官,打敗了3.6萬人的義大利軍隊,並繳獲裝甲車、野戰炮、轟炸機和戰鬥機。溫蓋特和重新登基的塞拉西(Hali Selasie)一同進入首都阿迪斯・阿貝巴(Addis Ababa)。隨後,溫蓋特飛往喀土木(Khartoum),然後到開羅(Cairo)。[64]

當然一路行來,並非一帆風順,溫蓋特跟桑福德有過爭執,也曾經惹惱了英軍總司令威廉・普拉特(William Platt)爵士。部分原因是,他認為英國政府對游擊隊的成就態度冷淡,想讓英軍正規軍搶先進入首都,從而削弱塞拉西皇帝的權威,迫使塞拉西之後能順從英國在東非的計畫。這些想法並非無中生有,但溫蓋特對此過於執拗,他的不滿為他招來敵人。回到開羅後,一九四一年七月,在一陣突發的抑鬱情緒中,溫蓋特在旅館臥室內割喉自殺。幸虧隔壁房間的一名軍官聽到他倒地的聲音,才從他這愚蠢的行為救回他的命。而魏菲爾的同情和寬待則挽回溫蓋特的職業,免得突然中斷。魏菲爾對基甸部隊的成就印象深刻,在擔任印度區總司令後就想到溫蓋特。魏菲爾深為英軍在遠東低落的士氣所困擾,於是他招來溫蓋特,試試非常規的作戰,能否在緬甸的戰火中有所作為,能否「火中取栗」,幫英軍脫困。

溫蓋特先飛德里,然後到眉苗。在那裡,緬甸軍司令赫頓(Hutton)中將告訴這個看來有點憂鬱的年輕上校,因為缺少人員和飛機,再加上日軍正在快速挺進,此時展開游擊行動沒什麼希望。他建議溫蓋特去見麥可・卡弗特(Michael

---

[64] 阿比西尼亞和厄利垂亞(Eritrea)是日後不少緬甸戰場上的將領一試身手並證明自己能力的地點,包括史林姆、梅舍維(Messervy)、布里格斯(Briggs)、勞德、里斯(Rees)等。

Calvert），一名好戰的工兵軍官。卡弗特當時正在經營一所「叢林作戰學校」，訓練英國軍官如何在中國指揮中國抗日游擊隊。卡弗特了解中國，曾經在上海看過日軍作戰，曾經代表陸軍參加拳擊賽，在挪威打過德國人，並幫助經營蘇格蘭洛凱羅（Lochailort）的突擊隊訓練中心。卡弗特的「學校」不僅授課，也組織實際襲擊行動。溫蓋特跟他討論，並通過卡弗特的介紹，結識了當時擔任緬兵團（Burcorps）司令官，身在卑謬的史林姆，也介紹他給蔣介石。溫蓋特隨卡弗特一起飛到重慶，在那裡討論從中國出發進行長程滲透的可能性。但戰局惡化得太快，溫蓋特根本來不及在當時緬甸各地湧現的游擊隊中建立權威，一九四二年四月底，他回到德里。

參與聯合計畫參謀會議的伯納德·弗格森（Bernard Fergusson）記得，當時在總部會議中每個人都出謀策畫，想要重新奪回緬甸，但只有一個人真正讓他印象深刻。「一個寬肩膀、粗曠、幾乎像人猿的軍官，經常憂鬱的飄進辦公室，一待就是兩、三天，大聲說著夢話，然後再飄出去……我們覺察到他根本當我們不存在……不過即使沒有我們的幫助，他卻受到高層的重視，所以我們對他的計畫開始注意。很快地，我們被他幾乎催眠的說辭所折服，而且一些人漸漸開始分不清現實和夢幻。」[65]

其實溫蓋特計畫的基礎一點兒也不夢幻，那就是依賴空軍力量。英軍在馬來亞和緬甸敗給數量少於自己的敵軍，是因為英軍完全依賴陸路，牢牢地受制於地面。如果他們的後方補給線被切斷，那麼就幾乎注定無法反擊；這正是日軍屢試不爽的

65　Fergusson, *Beyond the Chindwin*, p. 20.

標準策略。所以英軍作戰時總要多留一個心眼看著後面，總是擔心敵軍堵住後路，切斷跟醫院和補給線的聯繫。而溫蓋特看到的是在一個空中運輸的時代，這一切是可以徹底改變的。卡車可以裝載的大多數東西，飛機也可以裝載；就算飛機不能著陸，也能用降落傘空投。如此，士兵就不必再依靠陸上補給線。在任何地方，士兵都可以從天上得到任何東西：糧食、水、信件、驢子、吉普車、槍炮。唯一的前提是：要建立一個有效的無線電通訊系統，可以準確標出投放地點。如果遭到包圍，士兵無須打破日軍圍困，從陸路突圍回基地，或是拋下一切裝備從雨林遁逃；他們不但可以原地反擊，而且從天上還可以提供地面士兵無法攜帶的長程重型火炮，戰鬥轟炸機可以替代現代的加農炮。今天，這一切聽上去是那麼普通，那只是因為有了像溫蓋特那樣的人把它們實現了。[66]

可是溫蓋特的戰略不僅僅是拯救被圍部隊，還要把他們變為成功的守備隊。他要的是更積極的行動。在緬甸這樣一個面積比法國還大的國家，當時駐紮的日軍只有四個師團以及一些守備旅團，大多數駐守在前線防禦可能的進攻。大片的兵站區域，相對地幾乎不受保護，或是防守薄弱。一支人數不多的部隊，如果在這一補給線上採取軍事行動，可以取得相當大的成果。這跟阿比西尼亞的情況很不同。在阿比西尼亞，當地居民對義大利占領者懷有敵意，任何承諾願意趕走義大利的人，可獲得居民的協助。緬甸的情況很不一樣。一九四三年，日本還被看作是解放者，並且獲得政治獨立的跡象就近在眼前。在

---

[66] 就溫蓋特對飛機在炮戰中所起作用的評價，見 Terence O'Brien, 'Wingate - a flawed hero'，《週日電信報（*Sunday Telegraph*）》，1984 年 3 月 11 日，頁 9。

這種情況下,不能認為緬甸人會希望英國人回來。另一方面,一九四二年才成立的緬甸步槍部隊依然存在,仍是作戰單位,士兵來自山地民族,有克倫族、欽族、克欽族。他們可以充當嚮導、翻譯,組成前哨偵察排。「他們是我們的耳目,也是幫我們徵糧的人」,弗格森如是說。[67]

魏菲爾對他信任,讓溫蓋特首次行動獲得所需要的人力:一個旅。不過溫蓋特仍面臨一些問題。第一次入緬時,溫蓋特四十歲,不修邊幅,但想給他的官兵留下印象,他在阿比西尼亞和進入緬甸時(但不包括在印度訓練時)都留起鬍子,戴著熱帶部隊都會使用的一種舊式遮陽帽;[68] 雖然當時軍中已改用較實用及美觀的澳洲叢林帽。他說話好像古詩中老水手(an ancient mariner)般滔滔不絕,[69] 銳利的藍眼睛緊盯著談話的對方,吐出一連串催眠的深奧信息。個性喜好高談闊論,又容易與人起爭執,但很奇怪,總是特別有說服力。他簡直就是魏菲爾喜歡的那種非傳統、非保守完美戰士的典型,或者按照謝福德·比德威(Shelford Bidwell)的說法,是「一位浪漫的愛國者」。[70] 比德威也稱他為「躁鬱症患者」,我個人覺得形容得挺對。他就是一個狂躁抑鬱的人,時而極度沮喪,認為上帝揀選他做大事,卻又拋棄了他;時而又興奮無比,相信一切跡象都預示著成功。

他手下有個英國營,是國王利物浦步兵團第十三營。從表

67　Fergusson, *Trumpet in the Hall*, p. 143.
68　譯註:"sola topee" 十九世紀下半期到二十世紀初在熱帶生活的歐洲人廣泛使用的一種遮陽帽。
69　譯註:可能出自十八世紀末英語長詩《古舟子詠》(*The Rime of the Ancient Mariner*)中的水手形象。
70　Bidwell, *The Chindit War*, p. 39.

面上看,他認為要完成這任務沒有比這個營更糟的了。他們原本防守英格蘭海岸線,隨後被調到印度做守備部隊。士兵是從利物浦、格拉斯哥(Glasgow)和曼徹斯特召來的城裡人,許多已婚,許多超過三十歲。在徵召年輕新兵補充之前,這個營的平均年齡超過三十歲。「很普通,在某些情況下則是三流水準……沒什麼特別」,是比德威對溫蓋特手下英國部隊的評價。[71] 卡弗特手下的軍官傑弗里·洛基(Jeffrey Lockett)認為,雖然這不是他們的錯,但許多人身體不合格執行此任務,或者「不喜歡將要去做的事」。溫蓋特自己也注意到他們「明顯缺乏熱情」。[72]

有很多人難免被淘汰。這支部隊的完整編制是 8 個縱隊,每個縱隊以一個步兵連為基礎;實際上,只有 4 個廓爾喀縱隊和 3 個英國縱隊。在印度中央省訓練時,篩選過程極為嚴格,被淘汰的包括營指揮官和 250 名士兵。剩下的人眼看著自己從蒼白變成古銅色,肌肉變堅硬,胸脯挺起來;他們也發現,憂鬱症也受到控制。在軍醫的幫助下,溫蓋特決定降低部隊高達百分之七十的的告病率:任何沒有理由的傷病報告都會受到懲罰;所有小病統一由排長醫治(經常就在行軍路上);軍官必須檢驗士兵如廁後的糞便,從而判斷士兵遞交的痢疾報告是否合理。[73] 當訓練結束時,只有百分之三的士兵告病。

廓爾喀步槍兵第二團第三營是溫蓋特手下的另一支步兵隊

---

[71] 同上, p. 25.
[72] 德瑞克・圖諾克少將著,《溫蓋特的戰爭與和平》(Major-General Derek Tulloch, *Wingate in Peace and War*),頁 71; 及賽克斯著,《溫蓋特》(C. Sykes, *Orde Wingate*),頁 372。
[73] 信息來自艾基(W. Edge)中尉。

伍,他們在戰爭中成長,缺乏專科軍官。營裡只有一名現役作戰軍官,只有兩名軍官完全了解廓爾喀人。[74] 實際上,不少廓爾喀軍官認為自己已充分了解溫蓋特所要培訓他們的這類型戰爭技巧;但是卡弗特認為,廓爾喀營從來沒有真正接受溫蓋特的想法。[75] 溫蓋特和卡弗特都認為,在團本部以及在德里,有高級軍官鼓勵這些士兵不服從溫蓋特。有些高級廓爾喀軍官不喜歡溫蓋特是毋庸置疑的。藍田(W. D. Lentaigne)當時正在訓練第一一一旅成為長程滲透部隊,他後來還繼任溫蓋特,統帥欽迪(Chindit)行動;據說藍田討厭溫蓋特,也看輕他的想法。另外,有一個匿名印度陸軍將領(前廓爾喀軍官)說過:「他給廓爾喀部隊帶來的是史無前例的敗壞,這個年輕人啊!」[76] 值得一提的是,儘管眾所周知溫蓋特對印度軍隊整體的印象不佳,但在第二次特遣行動中,他仍繼續使用廓爾喀部隊。

卡弗特「叢林作戰學校」戰爭的倖存人員編入第一四二突擊連,他們將執行破壞任務,這也是特遣行動的一個目的。在一九四二年撤退的最後時刻,卡弗特有不少強悍的手下,其中還包括一些被關在拘留營服刑的逃兵。有一次,卡弗特發現看守逃兵的哨兵睡著了,有一夥逃兵趁機跳上一輛卡車逃走。他去追尋他們,卻沒能找回來;可見當時軍中的混亂程度。不過後來廣泛的傳說是,卡弗特追了上去,還親自處死這批逃兵。這事一點兒也沒破壞他與其餘悍徒間的關係,因為他對那些人的忠誠本來就不存指望。[77]

74　Skyes, op.cit., p. 371.
75　Calvert, *Fighting Mad*, p. 123.
76　Connell, *Auchinleck*, p. 743., n. 1
77　Calvert, op.cit., p. 116.

每個縱隊由一名少校指揮，配有 15 匹馬、100 頭騾子；武器配備為維克斯（Vickers）中型機槍，以及其他標準步兵武器和湯普森衝鋒槍。重型武器由騾子承載，並由空投補充，因此每個縱隊還配有皇家空軍的一個分隊，負責由各縱隊發信號，標示合適的空投地點。配給就算有，也很少足夠。嚴格的叢林訓練使戰士能夠適應艱苦環境，他們經常補給不足，又乾渴，被昆蟲叮、水蛭咬，精疲力竭是慣常的狀態。這使得在印度訓練中心所在地騷格（Saugor）所執行的醫療準則是有道理的：在緬甸叢林裡，落單的病人與傷員一樣必須被放棄，這就意味著或者被俘、或者死去。軍官和士兵在接受無情訓練的幾星期裡，一致詛咒溫蓋特；但他們也同樣佩服他，也使溫蓋特的古怪行為更容易被大家接受：他們有時會發現溫蓋特一絲不掛，用一支硬的梳子往自己身上刷，喝水牛的奶，吞食生洋蔥；這些刻苦行為也就是他想要傳達給所有人的特別品行。

每天的訓練從六點開始，半個小時劈刺訓練和徒手對打。早餐後是叢林技巧課程，如何使用羅盤，閱讀地圖。在一天中最熱的時候小憩，下午三點到五點做雜役。那裡沒有房屋需要打掃，所以主要任務是挖廁所，以及為騾隊在叢林中清出道路。在普通工作日，訓練到下午五點結束。他們經常外出訓練，炸橋樑，攻機場，或是設置埋伏。[78] 卡弗特對訓練課程的超高壓力是這樣輕鬆解釋的：

> 很多歐洲人不知道自己的身體可以承受的能耐，通常是心理和意志力先放棄了。許多戰士從不知道他

78　David Halley, *With Wingate in Burma*, pp. 30-32.

們可以做到這些,現在也幾乎不敢相信自己能行。極端艱苦訓練的一個好處是向士兵證明,自己可以做到,可以吃苦。如果你每天行軍 30 哩,那麼你當然可以輕鬆完成 25 哩。[79]

溫蓋特向來重視宣傳的價值,他對以往用數字表示部隊名稱,做了改進。在跟一名緬甸軍官對話時,他把緬文中「獅子」一詞「chinthe」誤聽為「chindit」。[80] 這個詞「欽迪」於是成形,並從此進入軍事史。這主要還得歸功於屬下的兩名縱隊指揮官,邁克·卡弗特(Michael Calvert)和伯納德·弗格森准將(後為巴蘭翠勳爵 Lord Ballantrae),他們寫的書都很有影響。在最後撤離緬甸時,卡弗特在欽敦江游泳時,遇上一名日本軍官,兩人赤身裸體在水中一對一肉搏,結果卡弗特勒死了對方;而後他又喬裝成印度婦女,混在一批印度難民中間,終於成功逃離緬甸。他驍勇不屈,是如此合適的人選,溫蓋特一聽到他生還的消息,立即召他入隊。

在印度總部的炎熱溫室裡的弗格森,已為溫蓋特的主意所折服,但其實雙方早就見過面。這名戴單片眼鏡的伊頓公校畢業生,來自皇家蘇格蘭高地團(Black Watch),[81] 說話帶著貴族式的腔調,此點日後無意中對史迪威產生了顯著影響。總體而言,弗格森的陸軍生涯相當優越,擔任過魏菲爾的副官,也在英國著名軍校桑德赫斯特(Sandhurst)授過課。跟溫蓋

79　Calvert, *Prisoners of Hope*, 1971, p. 12.
80　譯註:Chinthe:欽迪(緬甸語:ခြင်္သေ့)是一種常見於緬甸等其他東南亞與南亞國家寶塔或廟宇門口的石獸,龍頭獅身,用以守衛寶塔。
81　譯註:此部隊外號 Black Watch,意為黑色看護者。

特一樣，弗格森也對近東（Near East）情有獨鍾，而且也在一九三六年參與過巴勒斯坦的情報工作。他熱切想要逃離德里秘書處那修道院般的隱世氣氛，去加入溫蓋特。他身邊的其他參謀，則勸他千萬不要惹上溫蓋特這個麻煩。他在離騷格（Saugor）不遠的一個轉運站，遇到一名憤怒的少校正在轉火車離開欽迪。這位少校也告訴弗格森：「我勸你還是打道回府回德里去吧。溫蓋特是個瘋子，我可是受夠了！」但所有這一切都沒能動搖弗格森加入的決心。[82]

弗格森在德里並不如意，他唯一的工作讓他感到「持續且徹底的悲慘」。他在總部不受歡迎，這不光是針對他，也針對他從前的長官：此時的英屬印度部隊總司令官魏菲爾。他回憶在英格蘭軍事基地阿德哨（Aldershot）和開羅時，魏菲爾手下出色的軍官們，跟眼前在德里的這班人做比較，他很高興自己能離開德里。[83]

不像勞倫斯為自己寫了辯護書，溫蓋特的理念只在他的信件和官方備忘錄裡流傳。他的聲望來自他人的寫作，其中多半曾是他的手下，只有一個是他的上級。就弗格森而言，他書裡的觀點有些起伏。《越過欽敦江》（*Beyong the Chindwin*）乙書是向一個皈依者的頌詞；而他的最後一本書《大廳裡的號角》（*Trumpet in the Hall*）雖然重複了前書的稱頌，但加上了年輕弗格森都不敢做的特質，反思國家媒體「把溫蓋特誇大到一個

82　Fergusson, *Beyond the Chindwin*, p. 24.
83　Fergusson, *Wavell: Portrait of a Soldier*, p. 72.

可笑的地步」，[84]「有時候，已根本不是真實的他」。[85]

第一次溫蓋特遠征當然不只是溫蓋特和魏菲爾兩人的合作，身為印度東部軍團的總指揮官，歐文也有參與。歐文提出的唯一條件是，只有在一支更強大的部隊同時攻打緬甸時，這個計畫才可能成功。這其實也是最開始的構想：

> 我想說的是……一九四二年魏菲爾派溫蓋特來見我，討論他的組織和可能的角色。他走後，我對整個主意表示支持，並且撰寫了總司令作戰指導，總部同意後，以總司令部的名義發了下去。不過，當時必須決定是否在沒有其他主要戰役伴隨的情況下，派欽迪部隊入緬。簡而言之，我對總司令的建議是，就行動價值和不可避免將暴露整個計畫而言，溫蓋特行動不應在那時使用。不過，從練兵以及獲得地空合作經驗而言，這個計畫值得執行。我感到我不夠資格在重大局勢中做輕重衡量，於是請魏菲爾去阿薩姆見溫蓋特和史肯斯（Scoones），當場做決定。他做的決定大家都知道了。[86]

正如我們所看到的，當時曾有過一個構想，讓溫蓋特的部隊在阿拉干遠距離攻擊日軍補給線，為原計畫裡的海上登陸做接應。但後來因為缺乏登陸艇，海上登陸行動沒有實現，最後

---

84 Fergusson, *Trumpet in the Hall*, p. 179.
85 同上，p. 177. 再後來，弗格森在一定程度上後悔在書裡做出這一評價，參見廣播時報（Radio Times, 16. vii. 76）。
86 1956 年 1 月 4 日，歐文給柯比的信。歐文文件。

只剩下勞德部隊的陸上推進。也許對溫蓋特縱隊的未來而言，沒有陷入阿拉干的泥淖是件好事，就算最後的傷亡率也許不會更糟。

一九四三年二月三日，溫蓋特被告知行動將延遲，但隨後魏菲爾選擇繼續作戰，魏菲爾來到因帕爾與溫蓋特詳細討論了作戰計畫。如今他的部隊將單獨行動，肯定無法完成當初既定的戰略目標，而且還會出現無謂的犧牲。就如歐文所推測的，日方將會猜測出英軍對緬北的企圖（日後牟田口廉也司令的反應，證實了英軍這個顧慮）。溫蓋特爭辯說，如果他不將計畫付諸實踐，長程滲透就只是一個可以輕易被取消的理論。他還被告知，一小隊駐守在緬甸最北部赫茨堡最後據點的英國守軍，正面臨日軍的威脅，他的行動可以將日軍的注意力從赫茨堡引開。

但這都不是真正的理由。溫蓋特在報告裡寫道，「部隊編制建立了，並在一九四二和四三年間的冬季接受訓練；整個部隊的節奏，無論是體力還是心理，都已經調適到應戰狀態。如果此時不予利用，就將功虧一簣」。[87]

魏菲爾認為：「我必須在不可避免的戰術損失及從溫蓋特新戰法和組織取得經驗之間謀求平衡，損失將相當可觀，因為沒有其他的軍事行動同時分散敵人的注意力。在我心中，無疑已經認定正確的選擇；但我也必須確定，溫蓋特自己對這一行動也深信不疑，而且成功機會很大，又不會造成無謂犧牲。我花時間仔細研究了他的方案，然後下令執行。這項批准是溫蓋特和他的部隊期待已久的。」但歐文還是認為，魏菲爾的決定

87　Prasad, ed. *Reconquest of Burma*, I, p. 99.

出自他本身一向對與日軍為敵過分樂觀，再混合了對自己軍隊士氣低落的悲觀看法。當歐文問他，日軍將如何反應時，魏菲爾答道：「我有個直覺，日軍會撤退，而溫蓋特的出現，將可能變成事實」。[88]

另外一個問題是，當時在曼尼普爾，有人擔心日方會採取與溫蓋特同樣的戰術。負責因帕爾兵站的指揮官提格（Teague）准將和他在科希馬（Kohima）的總部人員，都認為日軍有可能穿越那牙山脈（Naga Hills），切斷英軍連接因帕爾和科希馬的補給線。歐文同意這個觀點，但印度總司令部和第四軍軍長傑弗里·史肯斯（Scoones）不以為然。而這，恰恰是溫蓋特第一次行動開始後十二個月內發生的事。

於是魏菲爾衡量了溫蓋特和他自己的動機，向陪同他到因帕爾的美國空軍索馬維爾（Somervell）中將徵詢意見。「好吧，我想我願意一試。」索馬維爾這樣回答，這恐怕也是當時情況下唯一可能給出的答案。

縱隊集結在因帕爾郊外兩山間的小溪邊，魏菲爾尷尬的說了幾句告別辭，在部隊向西開拔時舉手致敬。溫蓋特用他特有的風格（聖經式的語言和老派的煽動語詞）寫了當日計畫。一些受影響的軍官嘲笑如此誇張的作戰想法，但是，即使是對最頑強的人，有時也能起到意想不到的效果：

> 今天我們站在戰爭的邊緣，準備的日子已經結束，我們將奔向敵人，以證明我們自己的能力和戰鬥方法……我們的動機源於用我們最可行的方式，為我們

88　Irwin papers.

今天和這一代做奉獻。戰鬥並不總是強者勝出，賽跑也不總是跑的快的那一個贏。勝利不是我們算得到的，但我們預期的是堅定地邁進，盡我們所能，結束戰爭。因為我們堅信，這是對我們的朋友和戰友最好的做法。不需大言不慚，也不忘記我們的責任，我們立志做正確的事。

……明白人的努力可能枉費和面對目標時有困惑，讓我們向上帝祈禱，接受我們的奉獻，讓祂指引我們。當一切完成時，我們將看到努力的成果，並得滿足。

指揮官溫蓋特

洛基（Jeffrey Lockett）領導第三縱隊（卡弗特）的突擊隊，他把這份文件給手下輪流閱讀，最後落到布萊恩（Blain）士官長手上。這是一名強壯粗悍的正規兵，三十七歲，在阿蓋爾（Argylls）高地步兵團中服過役，曾受到五次軍法審判。布萊恩看得熱淚盈眶。弗格森回憶到，「我們大多數人確實情緒激昂，我想對這一壯舉，沒有更好的承諾了……。」[89]

一九四三年二月十三日夜，溫蓋特首次遠征的部隊跨越欽敦江，戰略目標已經不存在，但他們有幾個特定的任務要完成。他們要破壞曼德勒和密支那之間的鐵路線，從而切斷日軍對緬北兩個師團的補給。他們還要騷擾在曼德勒西北方瑞保

---

[89] Fergusson, *Beyond the Chindwin*, p. 59. 在給作者的信中，艾基中尉談到訓練時的印象：「我記得，在騷格（Saugor）附近叢林裡完成一次挫志訓練後，相當多的士兵由於叢林潰瘍、瘧疾和痢疾等倒下了。他把整個隊伍召集起來，做了一個維多利亞式的講話，激發他們的愛國心、責任感、榮譽感等等。一開始反應不佳，但他繼續堅持，後來所有人都被說動。」

（Shwebo）地區的日軍。如果情況允許，他們也要切斷曼德勒和臘戍之間的鐵路。

部隊分成兩組：第一組即「南方組」，由第一、二縱隊組成，擔任欺敵的任務，誘導日軍誤解溫蓋特的真正意圖。「北方組」由旅總部和第三、四、五、七、八縱隊組成，負責破壞。這組在東黑（Tonhe）附近渡過欽敦江，而負責佯攻的南方組也同時南下，在奧當（Auktaung）渡江，引誘在欽敦江東岸巡邏的日軍往更南方移動。突擊隊長傑弗里（Jeffries）少校偽裝成溫蓋特，在奧當附近出現，他佩戴准將軍銜肩章，讓自己很容易被對方發現，確保日軍的報告裡寫出溫蓋特在此地渡河。在欺騙日軍崗哨之後，這一組前進太公（Tagaung），從那裡渡伊洛瓦底江，進入孟密（Mongmit）附近山區，等待大部隊的到來。準確地說，部隊需要在敵占區行軍近250哩；這個組確實做到了。

一旦過了欽敦江之後，所有縱隊必須翻越西普（Zibyu）山脈，下到一處寬廣的谷地，然後再爬山，翻過將近4,000呎高的馬寧（Mangin）山脈。然後再下到梅札（Meza）河谷。梅札河是伊洛瓦底江的支流，有南北鐵路跨河。梅札河上游是重鎮因多（Indaw），有時候也稱作「鐵路因多」（Rail Indaw），與更東邊的「油田因多」（Oil Indaw）相區別。再往上幾哩是伊洛瓦底江畔的杰沙（Katha）。從地圖上看，直線距離約為100哩或多一點。而背負超過60磅的裝備，單排徒步行進的「蛇形縱隊」人員，上下山坡，大約需要步行兩倍的路程。為了避開山系最高點西普塘丹（Zibyu Taungdan），直接從東黑經梅奈（Myene）和通馬肯（Tonmakeng）到平博（Pinbon），然後可在馬寧山脈短暫休息一下。從平博向東南行進，北方組將

遇上博將（Bongyuang）和南坎（Nankan）間的鐵路，這就是他們要破壞的目標。

主力部隊在東黑順利渡江，花了四天時間才到達僅僅10哩之外的梅奈，在那裡他們得到補給。緬甸步槍第二營指揮部已經先期到達，花了三個晚上接受空投下來，重達7萬磅的物資，由英國皇家空軍共出動16架次才完成空投任務。之後，北方組繼續向東30哩外的通馬肯（Tonmakeng）前進，於二月二十二日到達。

通馬肯以南15哩處有一個村莊新拉茫（Sinlamaung），據報有日軍駐紮。三個縱隊：第三（卡弗特Calvert）、第七（吉可Gilkes）、第八（史考特Scott）縱隊被派到南邊，因為溫蓋特打算一旦空投物資分發完畢就發起進攻。他們到了村裡，發現村民被徵用，正為日軍做飯；而日軍剛離開村子出去巡邏，目的應該就是搜索欽迪。卡弗特並非不知情況危急，但令手下士兵把食物一掃而光。縱隊退回通馬肯時，帶回一匹馬和一頭大象，還加上馴象人。

英方知道在穆河谷往南約30哩的平梨鋪也有一支日軍駐防。為了把日軍注意力從鐵路引開，溫蓋特要求第七、八縱隊攻擊防守平梨鋪和穆河谷北端平博（Pinbon）的日軍。與此同時，第四（布朗黑Bromhead）縱隊向因多進發。如果英方第四軍想從欽敦江畔的西塘（Sittaung）推進，平梨鋪正是他們看來最可能挺進的目標（一九四四年印度第十九師走的正是這條路）。溫蓋特希望給日本人造成的印象是，目前他的這支部隊想包圍平梨鋪，為大部隊打先鋒。後來，溫蓋特聽說穿越穆河谷的鐵路線，從平梨鋪以北開始，經過昂貢（Aunggon）和貝貢（Pekon），直到南坎，一路上全無日軍防守。於是他改變

主意，讓布朗黑（Bromhead）往南去平梨鋪，與吉可和史考特會合。

布朗黑依令而行，但發現道路被人數占優勢的敵軍堵住了。他的部隊開火，卻寡不敵眾，於是他馬上下令疏散。原本約定過有一個會合點，但布朗黑在戰鬥中丟失了信號本和無線電，導致與主力部隊完全隔離，無法取得聯繫。無奈之下，他只得做出符合常理的決定，讓士兵自己退回欽敦江，大多數人如期完成。

南方組的兩個縱隊也遭遇災難。三月三日，第一縱隊幾乎到了文多（Wuntho）鐵路線以南的傑汀（Kyaikthin），距正在作戰旅的主力部隊的南方僅40哩。第二縱隊在三月二日夜間抵達傑汀地區，在城外3哩的山腳下集結。不過隊長博內特（Burnett）從傑汀之外6哩處就開始在白天行軍，被日軍發現。一個日本步兵中隊從北面25哩的文多趕來。晚上九點半，當第二縱隊開始攻擊鐵路線時，這支日軍已經就位等待。他們用迫擊炮攻打博內特的部隊，博內特下令就地解散，到戰線後方重新集結。但這個命令沒有傳達到每一個單位，於是有些人認為其餘人馬遲早會到伊洛瓦底江，就一路衝到江邊；另一些人則在恩耐特（Emmett）少校的帶領下去欽敦江。恩耐特跟布朗黑的處境相仿：牲畜大多已死，無線電發報設備丟了，密碼本落在日軍手上。溫蓋特事後在報告第二十頁上寫道：「如果相關指揮官（博內特）了解滲透作戰的原理，那麼第二縱隊的災難可以輕易避免，其實完全就不該發生。」[90]

派出的七個縱隊中，兩個已被消滅；不過第三（卡弗特）

90　Prasad, op.cit., I, p. 107.

第二章　棋逢對手

和第五(弗格森)縱隊得利於避開平梨鋪,轉向鐵路,進行破壞活動。三月五日,卡弗特在南坎西邊,派出一支巡邏隊偵察,發現那裡沒有日軍,但在文多有大約 60 名敵人。這意味著跟皇家空軍合作的機會來了,卡弗特隊裡的空軍小組於是發出信號,引來轟炸機對當地進行轟炸。這給了卡弗特一個主意:如果能以同樣的轟炸機去炸文多,次日再去炸傑沙,那麼他可以攻擊南坎而遇到極少的阻礙。當夜,他們駐紮在南坎車站 2 哩外。

大約往北方 10 哩,弗格森抵達博洋(Bongyaung)。這裡的鐵路穿越一個峽谷,他的任務就是在峽谷中引爆,讓碎石封住鐵路。當地人告訴他,博洋往北是梅札,往南是南坎,這兩車站有小規模日軍防守,博洋站本身沒有日軍。在站以外 3 哩的營地裡,弗格森用無線電跟溫蓋特聯繫,傳來的情況並不好,布朗黑(Bromhead)丟了密碼本。雖然弗格森明白這意味著第四縱隊處境不妙,但他自己卻充滿了愉悅的希望。在渡過欽敦江後十八天的行動裡,一個日本兵都沒遇見;而此刻,他們就準備第二天在這條重要鐵路線的邊上爆破。是在白天,而不是夜晚。因為弗格森對連續不斷的夜間行軍開始感到懊惱,這裡根本沒有日軍監視,那為何不在白天進行破壞呢?他的工兵軍官懷特海(Whitehead)中尉告訴他,峽谷那裡可以輕易地清理碎石,所以更合適的做法是炸掉火車站的鐵路橋。弗格森回答,那何不兩者都做?他派出強力偵查隊上上下下巡邏,保護爆破不受干擾。一個巡邏隊員遇上一卡車日軍並向其開火,日軍進行回擊,卡車加速前行,帶走日軍的傷亡者。弗格森這邊有兩人陣亡,6 人受傷,其中包括約翰·柯爾(John Kerr)中尉。傷員是弗格森最擔心的問題。在動身之前,溫蓋特跟所有人都講得很清楚,傷員必須留下。沒有人可以拖慢行軍速度,

如果傷員不能跟上隊伍,他們就必須被留下。最後,這群傷員裡,只有一人倖存,其餘的不是被當地人所殺,就是落入日軍之手。[91]

炸藥在 140 呎長的橋面以及俯瞰鐵軌的懸崖上鋪設完畢。九點,橋被爆破。弗格森寫道,「騾子又跳又踢,噪音在周圍好幾哩的山間迴響,還傳到鄰近的山上。邁克・卡弗特和約翰・弗雷澤(John Fraser)在他們遙遠的營地也聽到了聲響。我們所有人都希望約翰・柯爾和他的那一小群被留下的傷員也能聽到,正因他們的犧牲使得這一行動成功,真希望他們知道,我們完成了遠道而來的任務」。[92] 雖然因為柯爾和其他傷員的損失而心情沉重,弗格森依然在內心為爆破而歡呼。「我這一生最想做的就是炸橋!」而且還不止如此,哈曼(Harman)中尉帶領半支衝鋒部隊進入峽谷。當夜,當縱隊的其餘人員準備宿營時,他們聽到另一聲巨響,知道峽谷的爆破任務也完成了。

橋分成了三段。一段被炸離橋墩,另一段長約 100 呎,一頭斷在峽谷底,扭曲得像個螺旋狀開瓶器,一些橋墩也被炸翻。次日中午暫停時,弗格森用無線電向溫蓋特匯報了這裡的情況。

卡弗特縱隊在南坎也取得了類似的勝利。三月六日,卡弗特三十歲生日那天,縱隊來到鐵路線,炸毀兩座鐵路橋樑,其中一座長 300 呎。並且又在鐵路沿線進行不下七十處的破壞。為了保證衝鋒隊能不受干擾地完成任務,卡弗特在南北都部署了埋伏部隊。從文多趕來的兩卡車日本兵中了埋伏,但他們頑強還擊。卡弗特的埋伏部隊很小,只攜有一支反坦克來福槍,

---

91　Fergusson, *Beyond the Chindwin*, pp. 96-97., *Trumpet in the Hall*, p. 148.
92　Fergusson, *Beyond the Chindwin*, p. 99.

一挺布倫輕機槍和一些地雷。在下午三點半聽到鐵路上的爆炸聲，日軍派來援兵，不過最終敗退到南坎以北的叢林中。更讓卡弗特高興的是，他沒有損失一兵一卒，部隊很快轉移到伊洛瓦底江。

弗格森聽說在提堅（Tigyaing）有一個江輪站，於是謹慎的派了一小支隊伍沿河而下，那裡應該可以渡河。不過事實上，溫蓋特並不確定他們是否該渡河。當爆破發生時，溫蓋特正在南坎以北的一座小山上俯瞰鐵路線。他依然不能確定南部組的命運和第四縱隊是否正在回欽敦江的路上。他給弗格森打電報：

> 因為自從橫渡伊洛瓦底江，已經十天沒有收到第一組消息，可能遇險。第四縱隊也無消息。你自行決定是否繼續行軍或是在甘高山區安全紮營，以阻止鐵路重建。[93]

弗格森聽說提堅（Tigyaing）的渡口可行，他估計日軍會在那裡等他。如今他的任務已經完成，日軍會認為他理應回頭去欽敦江對岸，他向溫蓋特要求幾個小時的時間思考。他之前派出過一支前哨偵查隊，本以為失聯，卻在那時出現，於是他決定順應天意。他電告溫蓋特，決定渡過伊江，並嘗試炸掉通往八莫路上的瑞麗江橋。提堅到處是船，當地警長是一名友好的克倫人（他要求英軍將他鎖在辦公室，以向日本人證明自己沒有跟弗格森私通）。於是弗格森決定讓部隊高調行軍通過此處。他們三人一排，扛著步槍，槍管在左肩，槍托在左手，猶

93　同上，p. 101.

如閱兵的姿勢。一名在陽台上觀看的老人居然不停高呼「上帝保佑國王！上帝保佑國王！」弗格森相當顧慮，警告老人他們只是前來突襲的小分隊，不是班師回朝的大部隊，並警告老人應該要謹慎，別讓人告發了。（老人在戰爭中倖存；近二十年之後，弗格森在曼德勒與老人重逢。）[94]

縱隊以船運送迫擊炮、機槍、無線電設備，還有花最長時間馴服的騾子。一直忙到黃昏，還有兩船物件未運，而船夫已經不見，這明確表明日軍已到附近。步槍的火光很快照亮了夜色，迫擊炮彈落在了沙灘，這一切使渡江過程更顯匆忙，最後渡江的軍人多達30名，重得將船舷壓得很低。弗格森本人斷後：他推著船直下到齊腰深的水中，最後他被拉著背包和褲子拽上了船。

> 每次我想挪一挪以便坐好，船都會讓人擔心地搖晃起來；所有人都向我發出噓聲，要我千萬別動。於是我始終保持以手和膝著地，臀部伸出，背向敵人的姿勢。這成了我最愛吹噓的部分：我是唯一一名趴著四肢渡過伊洛瓦底江的英國軍官。[95]

卡弗特向伊洛瓦底江進發，需要穿過長滿了高達12呎象草的地帶，行軍極為緩慢，簡直讓人痛苦。卡弗特發現其實他早該想到解決這難題的辦法，那就是使用縱隊的大象。他把大象帶到前面，讓一名下士和馴象人一起坐上象背。卡弗特喊出方

94　Fergusson, *Trumpet in the Hall*, p. 350.
95　同上, p. 151.

向，下士於是拍拍馴象人該方向的肩，整個部隊隨之移動。卡弗特跟在後面讀羅盤，當大象忽然停下時，他不自覺撞進象的後腿。大象的停止是出於私事，卡弗特於是發現自己全身濕透，是被象尿溼了。他的部下發現這糗事，不可避免地捧腹歡鬧，這可不是每一個戰士都有機會看到自己的指揮官出醜的模樣。在忍受了很多個小時難受又惡臭的行軍之後，卡弗特在梅札河（Meza River）裡徹底洗了衣服，但臭味依然難以散去。[96]

卡弗特原來也打算去提堅，但他的巡邏隊打探到日軍已警覺他的破壞行動，所以占領了那個地方，駐紮西面約8哩的道馬（Tawma）村。卡弗特於是決定冒險，穿過陶馬和提堅之間地帶，偷偷過河。部隊渡江時，日軍企圖截住卡弗特，但被斷後的分隊所阻。部隊決定丟下彈藥和醫療設施，因為這些可以靠空投補充。他們帶著武器和無線通信設備渡河，共有7人喪生，6人受傷。和弗格森相比，這些傷員還算幸運，他們留在緬甸村民中。卡弗特同時還給村民留了一張給日軍的紙條，提醒對方，根據武士道精神，對於傷兵的處置應該不分敵我，而這正是後來實際發生的情況。[97]

日本人當然不會安於充當被動圍觀的角色。溫蓋特縱隊穿越和活動的區域正是日軍一支最兇猛部隊的駐防地。這部隊就是由牟田口廉也中將率領，曾經攻占新加坡的日軍第十八師團。士兵大多來自九州的長崎、福岡地區，他們以吃苦耐勞又好戰出名，師團更以日本皇室家徽「菊花」為代號，而以此自豪。

木庭（Koba Hiroshi）大佐統領的步兵第五十五聯隊

96　Calvert, *Fighting Mad*, pp. 134-135.
97　同上, p. 137.

負責防衛西普山脈西側,大致是荷馬林(Homalin)到茂叻(Mawlaik)之間的地帶。北部由第一大隊負責,南部由第三大隊負責,其防區最南端由甘勃盧(Kanbalu)北邊開始,與第三十三師團的防區銜接。聯隊總部和第一大隊的一半人馬駐紮在伊洛瓦底江畔的傑沙,第二大隊在八莫。從傑沙到欽敦江一帶被稱為「傑沙區」,這裡正是欽迪在渡伊洛瓦底江前作戰的範圍。

日軍最早得到關於欽迪的消息,來自第五十五聯隊第一大隊大隊長長野重身(Nagano Shingemi)少佐。二月十七日中午,即溫蓋特從頓赫渡江後第三天,長野電告聯隊總部:「據當地報告,有敵三、四千名,從龐濱(Paungbyin)地區向東行軍」。[98] 這條消息實在出乎意外,木庭將信將疑。接著,更多類似的消息接踵而至,有再次來自長野部的,也來自其他當地的報告。於是,木庭下令第一和第三大隊找到敵人並摧毀之,同時也向師團總部匯報。

接下來一個報告描述敵人在接近西普山脈時,把部隊分成三股;再後來的一個報告裡提到出現 5 支縱隊。把所有這些不同的報告彙總後,日軍得到的印象是,這敵軍竭力避免與日軍正面接觸。他們夜間行動,在日軍防線的縫隙間溜過。這支強大的部隊正漸漸深入日本占領區,可是讓木庭手下深感懊惱的是,他們依然無法把握敵人的意圖。有跡象顯示,敵人正向平梨鋪移動。於是在二月二十五日左右,木庭決定把自己的聯隊總部從傑沙搬到平梨鋪,並集結第三大隊跟隨他行動。

在眉苗的第十八師團總部裡,牟田口廉也於二月十七日晚

98　《因帕爾作戰》,頁 57。

收到木庭早些時候發出的一些報告,卻無法從相互矛盾的各種信息中得出有效結論。為親自了解情況,牟田口廉也在二月底來到傑沙,並和師團參謀長橫山明(Yokoyama)一起去了平梨鋪。

此時,情況逐漸明朗。據在平梨鋪西北第三大隊抓到的俘虜供稱,英軍正從第一大隊的防區向平博進發。恰巧,第三大隊與第一大隊間的無線通信在此時中斷,於是木庭決定讓第三大隊改道去傑沙以西大約6哩處,位於鐵路線上的因多。第三大隊很不走運,當時恰好沒有卡車,結果,跟要追蹤的英軍一樣,這支部隊不得不步行前進。木庭親自帶領第一大隊一半人馬去了因多。到這個時候,牟田口廉也顯然還認為這支敵軍不足懼,他回到眉苗總部,留下木庭全權應對。

接著,防區南方的第三十三師團傳來情報,說第二一五聯隊第二大隊執行警戒和宣輔任務時,遇上一股兵力不詳的敵人部隊,這其實是溫蓋特的南方組。當時是二月底,他們正從在平梨鋪東南方向65哩處的甘勃盧(Kanbalu)由西往東移。在此次遭遇戰中,日軍第二大隊指揮官那須一郎(Nasu Ichiro)少佐陣亡。第三十三師團形容敵人為「一支廓爾喀戰鬥單位」,在遭遇戰後往伊洛瓦底江方向去了。

將這份報告跟其他報告合起來看,仰光的第十五軍總部開始分析,到底是一支什麼樣的部隊在緬北行動呢?看起來,它分成兩個部分:在北面的主力穿過第五十五聯隊第一大隊的防區去了平梨鋪,較小的南方支隊沿著第十八師團和第三十三師團防區交界往東移動。但十五軍仍然不清楚對方的軍力、方向和目的。

五月五日或六日的晚上,在因多西南,第五十五聯隊第三

大隊與從平梨鋪去因多的英軍遭遇，俘虜了對方大約 100 人。英軍之後分散成更小股，於南坎和博將間穿過鐵路線，往伊洛瓦底江移動。木庭聞知後，帶領第五十五聯隊第一大隊的兩個中隊，從因多匆忙趕到江邊。他相信自己重創了一支正從提堅渡江的英軍後衛部隊，但對方的主力成功渡江，消失在河對岸。

木庭根據從俘虜得到的情報，認為對手是英軍第七十七旅，由溫蓋特准將指揮，他本人親自統帥北方部隊。顯然，溫蓋特在因育瓦（Inywa）附近渡過伊洛瓦底江。但木庭無法確定過江後溫蓋特目的何在，目標又是什麼。

第十五軍設定敵人這支部隊接受陸上補給，卻無法找出路徑。他們似乎趁夜色穿過日軍戰線，白天則從空中接受物資補給。於是，整件事情忽然比當初看的嚴重多了，這一切顯示出一個相當有野心的冒險計畫。仰光第十五軍總部的飯田祥二郎中將於是決定，第十八和第三十三師團應聯手殲敵。有報告指出，對方過伊江之後繼續東進，飯田於是讓手下另一個師團也投入，那就是松山祐三（Matsuyama Yuzo）中將指揮的第五十六師團。第五十六師團可從東阻擋，而第十八和第三十三師團則分別從西和南夾擊，三個師團要形成「圍殲」之勢。[99]

駐防八莫的第五十五聯隊第二大隊負責肅清八莫西南，第五十六聯隊兩個大隊（駐皎脈 Kyaukme 的第二大隊、駐眉苗的第三大隊）則負責同時在瑞麗江兩岸追蹤。與此同步，松山帶領位於南坎的第一四六聯隊第三大隊南下，沿瑞麗江等待對手入甕。

日軍的這些部署開始取得效果，溫蓋特的隊伍只好分成更

99　《因帕爾作戰》，頁 60。

小股,也不再可能進行有系統的行動。到了三月底,所有小分隊能做的只能是向西逃。此時,英日雙方都極度疲勞。另外,溫蓋特依賴空投補給的優勢開始起到反作用。日軍相信,空投只能對人數較多的大部隊起作用,所以部隊越是分散,越不容易得到空投物資;有越來越多的傷員需要留下,部隊的士氣會受到影響;食物越來越少,戰鬥力也會持續下降。

在日軍的正史中記載了日方的這些觀點;但日方當時無法知情的是溫蓋特對回程計畫做出即興修改,不斷尋找他認為最合適的辦法。弗格森的第五縱隊渡過伊洛瓦底江一週後,溫蓋特帶著另外兩支縱隊在因瓦渡江。弗格森提到,一個月之後當他們重逢,各縱隊成功匯合之際,都意識到之前曾落入日軍包圍圈:瑞麗和伊洛瓦底兩江,從三面包圍此地。這個類三角形的底邊是一條機動車道,如果日軍在此處投入足夠兵力,就會將他們徹底封死。日軍已在第七十七旅所在的江邊收繳民用船隻。令弗格森不解的是,儘管地圖當時已顯示了這可能是陷阱,為何溫蓋特還是等了一週之久,才步第五縱隊之後,東渡過伊江向東行?實際上,有一個原因是,溫蓋特深為第一縱隊的消息振奮,此隊跟同屬南方組的姐妹縱隊不同,第一縱隊在傑汀(Kyaukthin)成功破壞鐵路線,並直接往東,按原定計畫到達伊洛瓦底江邊上的太公(Tagaung)。

溫蓋特指示卡弗特和弗格森兩個縱隊,合力破壞著名的谷特(Gokteik)鐵路高架橋。這座巨型建築位於谷特峽谷,橫跨南渡江(Nam Tu),承載從曼德勒往東北到臘戍的鐵路。這裡曾是卡弗特的傷心地。一九四二年,他和叢林作戰學校的悍將曾有好幾次炸毀它的機會,可每一次都遭上級拒絕。有一次,他們甚至在谷特待了一個星期,等著上面下令,但最終還是被

迫撤離。後來，當他遇到那時指揮撤離緬甸的亞歷山大將軍時，亞歷山大問他：「你炸了那座高架橋了嗎？」「沒有啊！」卡弗特覺得莫名其妙。亞歷山大解釋說，出於「政治」原因，他不能明確下達炸橋命令，但具體是什麼意思他也沒細說。只是他跟卡弗特一樣迫切希望把谷特橋炸掉，所以才派卡弗特去那裡，就是因為他早就聽說卡弗特面對難得的作戰機會，往往不惜違背上級命令。可亞歷山大很失望，那次卡弗特居然乖乖聽命。[100]

現在一九四三年，炸橋機會再現。谷特橋（Gokteik Bridge）可算是魏菲爾給溫蓋特部署的最終目標。[101]當時他還握有2,200人和1,000頭運輸牲口。空投系統和信號系統都運作正常，計畫中所該破壞鐵路線的任務也已完成。到那時為止，長布作戰進展成功。現在，則進到溫蓋特在報告中所說的第二階段，即更具成效的時候了。事後檢討起來，這其實是摧毀欽迪部隊的一系列災難的開始：他們正在進入一個極為不適合欽迪作戰的地區，這裡機動車道遍布，日軍增援可以輕易到達，氣候乾燥炎熱，樹林中幾乎沒水。卡弗特向南去了密山（Myitson），弗格森隨後跟上。根據來自第五縱隊的情報，弗格森知道密山有幾百名日軍駐守，他如是回報給旅部的航空部隊，並很快引來皇家空軍對密山進行轟炸。與此同時，溫蓋特決定取消讓弗格森幫助卡弗特一起炸谷特橋的命令。弗格森折返，反成為主

100　Caivert, *Fighting Mad*, p. 85.
101　圖洛克也持相同看法，見前書頁66。但歐文認為這是「一個相當大膽的舉動，卻並不符合命令……我告訴史肯斯，必須確保溫蓋特大致遵守原定計畫，即假裝南進，實際從北、西後撤，回歸第四軍」，1943年3月26日歐文給魏菲爾的信。歐文文件（Irwin Papers.）

力先頭部隊。三月二十五日，弗格森的隊伍在合汀溪（Hehtin Chaung）與大部隊匯合，在那裡他發現，溫蓋特已經決定返回印度。

卡弗特對此並不知情。他的部隊已趨近密山，但他很清楚以自己的實力，遠不足以奪下這樣規模的一個市鎮。南密河（Nam Mit）在密山流入瑞麗江，為了渡過這條支流，他的部隊必須向更西南移動。此時，他得知日軍正沿南密河在密山和那布（Nabu）間頻繁巡邏，卡弗特馬上嗅到了布設埋伏的機會。也許他本該放棄這個機會，但在他看來，既然遲早要渡南密河，不如順手給日軍巡邏隊一個打擊。他們布下一系列三個伏擊，一環連著一環。幾小時後，一支日本中隊踏進埋伏圈。據卡弗特說，那是他所經歷的最一面倒的一場戰鬥。大約 100 名日軍被擊斃，英方只損失了一名廓爾喀士官。[102] 接著，部隊來到附近的山裡，讓疲憊的士兵休整之後，再向谷特（Gokteik）出發。當時，這個縱隊裝備充足，剛在三月十九日接收了 10 噸空投物資。在滇緬公路以北大約 100 哩處，進行整個行動中規模最大的一次空投。如若炸了谷特橋，這條著名的生命線將中斷相當長一段時間。然而，卡弗特即將在此處再次受挫。在印度的英軍第四軍跟溫蓋特取得了聯繫，溫蓋特建議下一步往東，進入克欽族山區，往臘戌走。當地居民態度友善，還能經由八莫和因道吉（Indawgyi）往北橫越。這不失為一個好主意，但這也意味著空投作業將很難進行。溫蓋特和在谷特的卡弗特都明白，他們即將進入一個無法進行有效空投的地區。

---

102 Calvert, *Fighting Mad*, p. 139。但也有說「3 人陣亡，2 人失蹤」，見（*Reconquest of Burma* I, p. 122）

在經過仔細權衡後,溫蓋特決定不能讓部隊冒險走出空投範圍,於是下令撤回印度。在南方的卡弗特那時已遠離大部隊,他必須自己想辦法往回走。溫蓋特那時在卡弗特以北 20 哩,一個叫保(Baw)的村莊附近。這裡距離瑞麗江以西幾哩,在伊江渡口太公(Tagaung)的正東面。溫蓋特手下有兩個縱隊,極為缺乏食物,溫蓋特於是發出空投的要求。這個決定不算明智,因為保村有日軍駐紮;但情況急迫,不容多慮。縱隊士兵必須封鎖出村的所有道路以阻攔保村日軍。此時出現了一個雖然可以理解,卻破壞了整個計畫的人為失誤。一名軍官帶領屬下到保村的另一頭阻截一條主要通道,他得到的命令是,在任何情況下都不准穿越村莊的任何部分,必須在叢林中活動,因為保密是主要關鍵。但是對又飢又累的士兵而言,這個任務實在太艱巨,因此軍官決定冒險,抄近路穿過村莊的郊區。他在路上遇上了一名日本哨兵,隨即擊斃對方。但槍聲驚動了村裡的其他日軍,使得他們馬上到防禦工事就位。另外一組人馬也沒能成功切斷從瑞麗江畔的馬賓(Mabein)到東邊通往保村的道路。[103] 當戰鬥開始後,溫蓋特來到陣地上,很快地意識到空投肯定無法按原計畫在開闊的田野中進行了,他們必須在叢林中燃起火堆給空投飛機指明位置。北方組指揮官「山姆」庫克('Sam' Cooke)中校試圖肅清村中的敵人。這是個困難的任務,戰鬥持續了好幾個小時,雙方傷亡都很大。第八縱隊(史考特)成功進入村莊,把日軍從一些屋中趕出來,但日軍很快在通往馬賓的路上部署了散兵坑。幸而及時得到來自旅部的消息,告

---

[103] 圖諾克書中之:傑弗里・洛基之記錄,'Jeffery Lockett's Account' in Tulloch, op.cit., p. 85. 譯註:傑弗里・洛基中尉在 1943 年第一次長布作戰擔任第三縱隊排長。

第二章　棋逢對手

知空投已成功，史考特部隊可以撤離，否則，他們將面臨更艱難的戰鬥。

士兵們已經放鬆了對於陷阱應該有的警戒心，足見他們已經飢餓到了何等程度！第八縱隊入村時，這座約有 15 棟房屋的村莊看上去像是被遺棄了。有一名士兵透過一個小屋的門，看到裡面有一隻大火腿，一名士官警告他不要靠近，因為這很可能是個陷阱。但火腿實在太誘人了，使這名士兵離開隊伍率先跑向小屋。一名下士跟在後面追他，試圖阻止他。當那名士兵靠近火腿時，裡面發出一陣機槍狂掃，瞬間將兩人擊斃。機槍就架在屋裡，這是村中最大的一棟房屋，也是村長的住所。於是第八縱隊用迫擊炮和機槍向該處猛烈掃射，直到藏在屋內的殘餘日軍全部被殲。[104]

傑弗里・洛基（Jeffrey Lockett）提到，空投遭干擾，迫使部隊放棄一些物資，造成千名士兵挨餓。不管這說法是否有所誇大，溫蓋特對失職者作了懲罰。那名冒然進入保村並擊斃日軍哨兵的軍官被降職調離，發配到弗格森的隊裡成為二等兵。[105] 當時確實有一些極為嚴厲的懲罰，士兵們都認為溫蓋特從印度總指揮官那裡得到特權，可以不加充分解釋就執行懲罰，他手下一些縱隊指揮官也如法泡製。有一次，有人發現哨兵在打瞌睡，這當然會對整個縱隊的安全構成威脅。洛基的記錄中

104　Halley, op.cit., p. 96.
105　傑弗里・洛基談到此人後來恢復原職；弗格森的說法是，他由於沒有及時就位而受到了懲罰。（*Beyond the Chindwin*, p. 142）。實際上，兩人似乎都只看到了整件事的一部分。第八縱隊第十七排的排長下令戰士原地待命，一直等到第一道曙光的出現。在向村莊進發途中，一名附屬的緬甸步槍隊士兵開槍打死日軍哨兵，引來敵人的迫擊炮還擊。（來自湯尼・奧布里 Tony Aubrey 上士的描述，Halley, *With Wingate in Burma*, pp. 89-91）。

說：他給失職者三個選擇：槍斃、鞭打，或者離開縱隊自己想辦法回80哩之外的欽敦江。洛基覺得這再正常不過，後來在一九四四年特遣行動中，他就曾令手下士兵自行鞭打。[106]

溫蓋特決定在因瓦重渡伊江，他相信日軍肯定不會料到他會兩次使用同一渡口。雖然遭到弗格森的反對，但他們還是把大多數運輸牲口留在伊江東岸，並放棄了重達6噸的裝備。三月二十八日，弗格森打頭陣，進入興達（Hintha）村。他的任務是拖延日軍追兵，並設下埋伏。接著，出現了一個戰鬥機會，並被弗格森詳盡記錄下來。那時，弗格森他們看到前面有火光反映，於是走上前去：

> 圍著火堆，很對稱，一邊一人，共坐了4個人。他們看上去如此平和而無辜，我直覺他們是緬甸人，於是我用有限的緬語問他們，「這個村子叫什麼？」
>
> 坐在較遠一邊的人抬眼看我，坐在這一邊的則張眼四望，當時我離他們只有3碼遠。他們是日本人！我忍住一陣古怪的想要對他們說抱歉叨擾了的衝動，拉下手榴彈將因汗水而粘黏的插銷扔出，精準地投入火堆。剎那間，我看到他們臉上極度恐懼的表情，卻沒企圖移動。我飛速跑開，那是一個四秒手榴彈，幾

---

[106] Tulloch, op.cit., p. 85. 艾基中尉提到「『鞭刑』並不總是很嚴厲的，其實更像是杖刑」。來自第五縱隊（弗格森）的1943年3月30日的戰鬥日記說，「本部如今有9名軍官，其他有109名。其中3名軍官和其他2名受傷。所有人都經受不同程度的虛弱和飢餓。我向所有人喊話，告訴他們，一、只有絕對嚴格遵守紀律，我們才能逃出；任何人盜竊同袍或是村民，或發牢騷，一律槍斃；二、任何丟失步槍或其他裝備的人都將逐出部隊，除非能給我提供滿意的解釋；三、只有絕對的信任和遵從才有機會；四、不允許扯後腿的人存在」。

乎立刻就爆炸了。[107]

被弗格森如此乾淨俐落幹掉的4人，是木庭（Koba）所派三道防線攔截欽迪的部分日軍。木庭的計畫是將部隊部署在南北向的三條戰線上：伊洛瓦底江一線、曼西（Mansi）－平博（Pinbon）－茫育（Manyu）－當茂（Taungmaw）－平梨鋪一線（即穆河谷沿線）、以及欽敦江一線。因瓦以南大約4、50哩處，以及瑞古（Shwegu）地區，有日軍巡邏隊逐漸逼近，摧毀了大約百名溫蓋特的人馬。木庭相信，這三條防線將迫使溫蓋特進一步打散隊伍，零星穿越日軍防線上的縫隙處。弗格森對這種分散軍力的做法有所保留，認為既然他們已經再次成功把縱隊集結成完整的部隊，難道突破敵人防線的機會不是更大？他們遇上的日軍不太可能調集比他們多的人手。

第七縱隊（吉可 Gilkes）在因瓦渡伊江的遭遇令溫蓋特更堅定了分散部隊的決心。他們徵集了大約二十條船，在抵達江對岸時，遭到敵人火力。日軍炮火一如既往的準確，還擊沉了一艘，狙擊手也參與進來。縱隊副官大衛・哈斯汀（David Hastings，知名律師帕崔克・哈斯汀 Patrick Hastings 之子）從岸上走向叢林，當第一陣槍聲響起時，哈斯汀立時倒地。日軍顯然完全控制了江對岸的登陸處，溫蓋特當初的估計出了錯，整支部隊已不可能完整渡河。

縱隊指揮官舉行了一次溫蓋特在報告中形容為「簡短又哀傷的會議」。[108] 成功渡河的隊伍只能靠自己回到印度；還未渡

107　Fergusson, *Beyond the Chindwin*, p. 151.
108　p. 34; in Prasad, op.cit., p. 127.

河的則向東走，尋找一個安全的集合點。溫蓋特在平梨鋪以東偏東南 10 哩處安排了一次大規模空投，為即將各自出發的縱隊提供足夠的裝備，包括更多的地圖、羅盤、補給品和靴子。在後撤時，溫蓋特沒能聯繫上弗格森。不過三月二十九日，弗格森的副手約翰‧弗雷澤（John Fraser）抵達旅部，向溫蓋特匯報了興達的情況。溫蓋特要他告訴弗格森去空投場。弗格森花了比他預想更多的時間找到旅部，當他到達時，所有人都走了，只在草地上留下過夜的痕跡。溫蓋特優秀的掩護技巧這下讓弗格森手足無措。因長期訓練而磨鍊出完善的森林求生和紮營技巧，徹底掩蓋野營部隊的前進方向，弗格森完全看不出部隊去了哪裡。所以弗格森沒有得到空投物資，只得決定自行立刻出發回印度。在興達的戰鬥中，駝載無線電設備的騾馬被擊中，掉進了山溝。騾子和設備都不可能再找回來，所以弗格森也沒法自己要求空投。木庭下令其步兵在村裡警戒防守，這意味著進村找補給也不可能。弗格森於是決定北上，離開因瓦渡口往東，渡過瑞麗江，進入克欽山區，預期在那找到安全處所。

瑞麗江實在是個難題，弗格森找不到渡船。當他在河邊用望遠鏡瞭望時，看到對岸村裡的日軍也通過望遠鏡瞪著他。不過最難的還是瑞麗江本身，它成了他失敗的主因。

除了「噩夢」，沒有別的詞可以形容它：江水咆哮，夜色黑暗，偶爾有流沙吞陷，這些已經夠糟糕了，再加上如惡魔般的漩渦。江心最深處依我的估計有 4 呎 6 吋以上。我本人身高超過 6 呎 1 吋，河水淹到我的胸口之上。水流速度一定有四到五節，在你身下繞著你的腳打漩，同時也猛擊你的胸口……一旦站立不穩，失去固定的垂直位置，你知道自己肯定就永遠消失在

水中了。[109]

　　河寬 70 到 80 碼，小個子士兵會發覺渡河尤其困難。縱隊以排為單位，準備渡河，能找來有限的幾條船根本不夠用。4 或 5 名士兵站立不穩，馬上被江水沖去下游，再也沒有出現。就算手拉手也沒什麼作用，你根本無法拉住旁邊的人。一匹馬試圖跟著一起渡江，士兵們雖然想把它拉回岸上，卻沒能成功。同樣，馬很快放棄了掙扎，被水沖走了。

　　當正在渡江的士兵抵達岸邊時，這其實還不是江對岸，而是江心的一個沙洲，前面還有一半的路，沙洲邊的陡峭懸崖下水流湍急。早上四點，當他們正要開始第二段渡河時，發現一條船翻了，隨船兩名船夫也沒了。這下，在沙洲停頓的人們連一條能用的船也沒了。士兵已經在那裡等很久，又冷又餓，時時又因漩渦，驚叫和求助聲，使他們心慌且氣餒。弗格森非常明白他們最大的弱點是缺乏食物，「士氣依賴食物甚於其他任何東西」。[110] 他的副手弗雷澤在水中失足而消失，雖然他本人被及時發現並拉了回來，但其他人為此深受影響。

　　此時，弗格森必須做出決定，而這個決定將讓他背上一輩子的包袱。此時離日出只有一小時多一點，一旦日出，日軍將非常容易攻擊渡河地點。在河的東岸，可以看到日軍卡車的燈光在遠處的汽車道上閃爍。[111] 如果他留在此地不動，就意味著置已經過河的士兵於死地。無論如何，傷員已經過了江，同受影響的還有一些身材矮小卻已成功渡河的廓爾喀兵。在瑞麗江

109　Fergusson, *Trumpet in the Hall*, p. 158.
110　Fergusson, *Beyond the Chindwin*, p. 173.
111　信息來自於艾基中尉。

右岸有 9 名軍官和 65 名士兵。其餘的 46 名士兵，有些已經淹死，大多還留在沙洲上。

> 我決定離開（瑞麗江），有生之年我的良心都將受此折磨；但我堅持這個決定，並相信這是個正確的決定。持不同意見的人，也可能是對的。我手下有一些軍官自願留下，但我不准……。
> ……在我的心中，這個決定應該由我來下，讓任何一名初級軍官來做，是非常殘忍的。[112]

弗格森的痛苦還不止於此。兩天後，當剩下的部隊在一個克欽族村裡收集食物時，受到日軍攻擊。當時他手下的 70 多名士兵完全無法應戰，只好撤離。弗格森的好友，澳大利亞人鄧肯·孟席斯（Duncan Menzies）於次日入村偵察，不幸為日軍所擒。日軍把他綁在樹上，用刺刀捅他的身體。再過一日，孟席斯被惠勒（Wheeler）中校帶領的緬甸步槍指揮部發現。孟席斯將自己的手錶交給惠勒，希望惠勒能帶給他的父母，並給他注射致命的嗎啡。惠勒一一照辦，但就在下一刻，惠勒自己也被日軍狙擊手射殺。

第五縱隊餘部繼續前進，全體人員都因為飢餓而瘋狂。弗格森的腦海裡浮現出的，是當自己還是學生時，在法國中部城市圖爾（Tours）吃到的咖啡奶油甜點。這真讓他備受折磨，因為部隊當時特別缺糖。在渡伊江十五日後，他們於四月二十四日到達欽敦江，並在二天後到了因帕爾。弗格森手下的緬甸步

112　Fergusson, *Beyond the Chindwin*, p. 173.

第二章　棋逢對手

槍營士兵早已回歸各自村莊，有一個人在因帕爾死於腦瘧疾。縱隊的其他人裡，有的繞道中國而歸，有的再次經過赫茲堡回來。當初他帶入緬甸的 318 名縱隊成員中，只有 95 名倖存，損失高達三分之二。部隊此刻蒙受的嚴重損失，遠遠超過當初穿過木庭大佐兩個大隊鬆散的防線所造成的傷亡。在回印度的路上，他們碰到一些怪異恐怖的事，也遭遇殘忍的考驗。一個最好的例子來自洛基，他如此描述入緬時自己帶領的突擊隊損失一人的遭遇：

> 行軍時，每隔一個小時我們都會停下。這次我們停了大約十分鐘，我派二等兵布朗（Brown）去部隊主力前 100 碼的地方，到小山的另一邊充當哨兵。當繼續啟程幾分鐘之後，我們意識到布朗不見了。我先是派士官長布萊恩去找他，接著我自己也去了，讓其他人等著。我們找了一個多小時，喊得聲嘶力竭，但找不到他。那個地區沒有日軍出沒，我至今也不知道到底發生了什麼事，他就這麼消失了。

第八縱隊的湯尼・奧布里（Tony Aubrey）中士回憶返程時傷員和那些無法繼續行軍者的悲劇：

> 那天晚上，一個足部嚴重受傷的士兵決定不再走了。他躺了下來。他的同伴雖然同樣精疲力竭，還是想揹上他。但他不讓他們那麼做，他只希望留在原地，希望我們能留給他盡可能多的手榴彈。於是我們把手榴彈給了他，就走了。這是我們唯一能做的事情。

同一個晚上,另一名士兵一腳踩空,掉進路邊溝裡。他跌得不深,但著地不好,摔倒了,所以傷了腳腱。當時我們隊裡沒有醫官,醫官已經跟著懷特海中尉走了。我們用醫療包裡的繃帶,盡可能給他包紮好傷口,然後他繼續行軍。很快,他掉到了隊伍的尾部,有時在我們後面10碼處,有時100碼,有時完全看不到。一開始我們還擔心他,互相詢問:「那個傢伙怎麼樣了?」但過了一陣子就忘了。他不過成了路邊風景中的一小點。

這聽起來一定像是展示人類無情相待的殘忍例子。但說真的,完全不是這樣。我們只不過是太累了,無力關心。

卡弗特的人馬也零零星星地回來了,主力部隊在熟悉的東黑與奧當之間渡過欽敦江。一路上,卡弗特甚至還想多破壞幾處鐵路線。如果不是溫蓋特發電訊警告他說:目前的當務之急是盡可能多帶倖存者出緬,否則卡弗特無疑還會造成更大傷亡。「我們可以獲得新的裝備和無線電通訊設備,但造就一個士兵,需要花上25年時間。他們已經完成了任務,得到的經驗是無價之寶。」[113] 卡弗特的部隊在四月十四日來到欽敦江,是最早出緬的縱隊。印度軍隊正史認為,這一成功主要歸功於「卡弗特的聰明和訓練」。[114]

木庭認為溫蓋特本人已落入陷阱,他在欽敦江岸龐濱

---

113 Rolo, *Wingate's Raiders*, p. 113.
114 Prasad, *Reconquest of Burma*, I, p. 130.

（Paungbyin）以北有一個日軍巡邏隊。四月末的一個晚上，大約有 10 個人開始游泳渡江。日軍巡邏隊發現後向他們開火，但是夜色太暗，沒有命中目標。[115] 毫無疑問，這一地區的日本巡邏部隊正在等待「入緬英軍指揮官」的出現。實際上是，有一名老僧帶著溫蓋特一行人穿越穆河谷，順著大象小徑前進，穿過河谷的山澗。他們以大米和水牛肉為生，溫蓋特本人用隨身配備的醫療器械中的手術刀刺死了一頭水牛。他的通信官史珀洛（Spurlock）中尉不適應牛肉，史珀洛從此腹瀉嚴重。當他們被困在瑞麗「包圍圈」時，總部人員花了一個星期整頓休息，以馬肉和騾肉為食，為即將要來的突圍積蓄力量。溫蓋特違反自己的一切規矩，等了四十八小時，希望史珀洛能恢復體力繼續前進。但最終，他們還是不得不把史珀洛留在一個村莊，並給他留下一些食物，一張地圖和一個羅盤。[116]

無論如何，當這行人逼近欽敦江時，老僧四處查看，找到一個村民。村民告訴他們，他自己的村莊就在附近，那裡已經有日軍在搜尋他們。溫蓋特決定盡快渡河，不做太多停留。他捉住了一隻小烏龜，老僧為烏龜乞命。老僧的翻譯解釋說：「烏龜在緬語裡叫 "leik"，英國人叫 "Inglei"。老人家希望你能把烏龜放生，這會給你帶來好運。」烏龜於是被放回水中，游走了。但一開始，這並沒有如願為溫蓋特他們帶來好運，他們找不到嚮導。凌晨三點半，溫蓋特決定退回森林的掩體裡。他把手下分成兩組，會游泳的和不會游泳的。出發時，總部共有 220 名官兵，但在這個最後時刻，跟溫蓋特成功到欽敦江邊的小隊只

115　《因帕爾作戰》，頁 62。
116　W. G. Burchett, *Wingate's Phantom Raiders*, pp. 154-156.

剩下 43 人。包括會游泳的緬語翻譯昂廷（Aung Thin），突擊隊的約翰·傑弗里少校，和其他三名成員。其他人被告知隨著安德森（Anderson）少校在此岸等候，直到其他人游到對岸給他們找來渡船。

於是，他們又踏上去河岸的道路。疲憊的部隊穿過象草地帶，跟隨羅盤的指引，在三小時內走了 300 碼；芒草利如刀刃，令人流血不已。溫蓋特在整個行動中始終穿著的燈芯絨褲子，如今已破成碎片。好不容易當他的頭肩從最後一片芒草叢中掙扎出來，小心的準備渡河時，他的腿已血流不止。[117]

當時是正午。在通常情況下，他們做夢也不會在光天化日下來到河岸，尤其確知日軍正在這一帶巡邏。但安德森需要在當晚得到渡船，所以溫蓋特和傑弗里決定馬上入水渡江。在確認日本巡邏隊沒有藏在芒草叢後（當時的說法是，日軍在下游半哩處），溫蓋特把竹竿放在背包上幫助漂浮，把靴子和左輪手槍綁在 S 腰帶上，跟其他人一起衝向河灘。

熱衷游泳的溫蓋特發現自己在僅僅游了 100 碼之後，體力就開始下降。傑弗里很快就開始掙扎。士官魏肖（Willshaw）全靠救生衣存活，此人實在是非常幸運，居然一路帶著這個罕見的裝備，對照當下情況，這簡直是不可思議的遠見。溫蓋特翻過身，漂浮在水面上，他聽到傑弗里在喊：「還有多遠？我快不行了！」溫蓋特大聲回答：「繼續游，就快到了。」很快，他們的腳觸到了土地。傑弗里一頭栽倒在炎熱的沙地上，自言自語，呻吟不已：「天哪，我以為我永遠也做不到了」。不過，他們還算是幸運。對岸有一名緬甸漁夫告訴他們，上游 4 哩處

117　同上 , p. 157.

有一個英軍哨所,漁夫還把他們帶進村子給了些食物。有一名嚮導帶著一些人去廓爾喀哨所,軍官和溫蓋特則回去找安德森。

入夜後,安德森來到河邊,謹慎地用一根點亮的火柴窩在呈杯狀的手心裡發出信號,沒有回音。他每隔一段時間發一次信號,一直堅持過午夜。還是沒有動靜。他開始想像,溫蓋特和他的那組人一定是淹死了,或是被日軍擊中了。4 名不太擅長游泳的士兵自願去探路,在夜色中過河。半小時後,有一個人回來了,告知安德森他旁邊的那個人被水流沖走淹死了;至於另外兩個人,他也不知道發生了什麼事。安德森又開始每小時發信號。最後,一切希望滅絕了,安德森穿回芒草叢回到森林裡。[118]

看來,如今唯一的機會就是從附近的村裡找出一些船。跟旅部一起行動的有一名印度官方觀察員,是一名經驗豐富的軍官,曾因在利比亞英勇作戰而受到嘉獎,他是莫提拉・加圖(Motilal Katju)上尉,尼赫魯(Pandit Jawaharlal Nehru)的外甥。他直接從中東戰場加入縱隊,不像其他人那樣受過叢林訓練,卻毫無怨言的圓滿完成所有的任務。加圖自願帶著一名緬甸中士,去最近的一個村子偵查。根據他們已有的情報,這個行為實在很危險。安德森警告他說,村裡很可能有日本人。但加圖心意已決,他預感到自己在赴死。加圖讓那名緬甸中士留在村外,自己單獨入村。幾分鐘後,士官聽到村里傳來一陣槍聲,他又等了十分鐘,加圖依然沒有出現。於是他火速回去報告安德森。[119]

118　溫蓋特回來等安德森的信號,但是因為有日軍,安德森被迫在原定地點 1 哩之外發信號。但信號太弱,溫蓋特無法從 1 哩之外看到。Rolo, *Wingate's Raiders*, p. 144.
119　Prasad, *Reconquest of Burma*, I, p. 133.

安德森決定當日黃昏之後再試試發信號。這次，他確信自己看見對岸出現閃爍回應，同時有船開始從對岸駛來。這邊的人雖然精疲力竭，卻馬上登船，把船推離危險的此岸。日軍早定位好，一直靜等著他們採取行動，迫擊炮對準船隻和前一夜的露營地開火，機關槍掀翻河邊的沙地，也在船的周圍掃射。日軍當時大約在半哩地之外，正往這裡趕，卻遭到對岸廓爾喀兵團的還擊和阻擋。安德森這些人十分幸運，當船成功到達對岸時，居然沒有一個人被擊中。「大難不死，必有後福！」溫蓋特對登岸的安德森說。當天是四月二十九日，剛好是安德森的生日。

　　在整個作戰期間，日軍始終不能確定溫蓋特的真正目的是什麼。他們掌握溫蓋特部隊的軍力，這一點他們不久就推算出來了；但這支部隊到底有什麼目的呢？日軍的第一直覺是，欽迪只是一些搗亂分子，出來騷擾和破壞日本占領區。但是當溫蓋特渡過伊洛瓦底江後，他們認為也許有某種企圖與蔣介石合作的計畫正在醞釀。再後來，溫蓋特改道向西返回印度時，他們認為這是為給緬北、緬中的英軍發動新的攻勢做準備及偵察地形，並確定日軍位置。留在緬甸鄉村的緬甸步槍軍隊的士兵，理所當然被認為是英國人刻意部署的一張巨大諜報網的一部分。一份早期的日本報告說，有超過一半的欽迪人員被俘，這當然與事實相去甚遠。然而日本人對一些被俘英軍的年齡深感震驚，有些人三十歲以上，還有人年過四十。有的戰俘說：「溫蓋特是個瘋子，我們受夠了叢林行軍，我們對戰爭感到厭倦」；還有人說，「我們的長官太不應該，他們行軍時還在馬背上放著摺疊行軍床」。日軍認為這些俘虜士氣低落，跟俘虜交談過的日方情報人員明顯感到，這些士兵的消沉和英軍軍官所表現

出來的戰鬥精神有著奇怪的反差。[120]

早在溫蓋特回印之前，印度總司令部已經意識到，從公關宣傳角度來說，他將是個炙手可熱的人物。四月三日，公關主任提了一個關於如何處理此事的「極機密」便條，由魏菲爾交給歐文：

> 關於「長布作戰」的公開宣傳，當公之於世的時刻到來時，為了小心掌握宣傳，迴避審查，所有信息最好全由總部發表。因此，如果總司令閣下命令東部軍團司令，要求「長布作戰」的指揮官在從緬撤回後，勿接觸媒體；並即飛赴德里，將大有裨益。到德里後，在一個受到適當安排的新聞發布會上，再由指揮官做出最有利的宣傳。

但是在德里集結的戰地記者所面對的，並不是一個對全球宣傳一竅不通的新手。欽迪作戰的新聞在五月二十一日對外界公布，有人問溫蓋特，此次行動是否依計畫進行？溫蓋特自然答道：「在戰爭中，沒有什麼能按計畫進行，尤其是在這一類的戰鬥中。某次行動也許可以計畫得完美無缺，但戰鬥一旦打響，就會有變數。你能做的，就是在制定計畫時考慮到這些變化存在。」這些當然都是老調重彈；然後，溫蓋特補充道：「我對這次結果很滿意，這次長征完全成功。」[121]

120　藤尾正行，〈緬甸的龍虎〉，《密錄大東亞戰史‧緬甸篇》，(Fujio Masayuki, 'Biruma no ryuko'（Rivals in Burma）, *Hiroku Dai Toa Senshi,* Biruma-hen, p. 141)。

121　Rolo, op.cit., p. 148.

這個說法可說是強顏歡笑。這次欽迪作戰的代價相當高，二月十四日渡過欽敦江的 3,000 名官兵中，2,182 人在六月的第一個星期之前回到印度。他們幾乎損失了所有的騾子，除個人配備之外的大多數裝備，也都丟失或蓄意破壞了。在將近 1,000 名失蹤者中，大約 450 名在戰鬥中喪生；第二緬甸步槍兵營的 120 名成員被允許脫下軍裝，就地留在緬甸家鄉；剩下的 430 名，大多成了日軍的俘虜。[122]

僥倖生還的士兵至少行軍 750 哩，大多數人走了 1,000 哩。許多人已經瘦到皮包骨，胃部凹陷，肋骨清晰可見，又深受腳氣病和瘧疾折磨。有些人在此後相當長的時間內，不適合再從事激烈的軍事行動；另一些人則明白，一旦他們的身體狀況恢復，他們獲得的經驗，將在日後的戰鬥中大有用處。

「本次行動的戰略價值為零」，這是印度正史的寫法。[123] 總之，這些人的艱苦努力使曼德勒至密支那之間的鐵路線中斷四星期，迫使日軍使用一條繞道八莫、距離更遠的補給線。他們獲取了非常有用的地形、地物的情報。他們擊斃了相當數量的日軍，並指引皇家空軍戰鬥機飛到日軍集結處轟炸。他們減輕了日軍對密支那北方克欽志願軍敵後突擊隊的壓力，並讓日方懷疑除了渡過欽敦江的突擊隊之外，是否還有其他部隊。不過，顯然由於沒有其他大部隊隨後跟進，這次特遣行動就好像一個「不帶車箱的火車頭」。[124]

但以上這些戰事評論沒有說到重點。以當時英國在緬甸戰

122　Connell, Wavell, *Supreme Commander*, p. 262., Prasad, *Reconquest of Burma*, I, p. 135.
123　Prasad, op.cit., p. 136.
124　Burchett, op.cit., p. 180.

區的表現，觀察家們只需一眼就足以倍感沮喪。而媒體嗅到了欽迪作戰的大不同，並予大肆宣揚，這士氣與在阿拉干曾發生的完全不同。即使弗格森的總結自我貶抑，也難掩欽迪行動所產生的衝擊：

> 我們完成了什麼？可以看得到的成就實在不多。那些我們完成的任務，在歸來之後，很快被宣傳的炫光大大扭曲。我們炸掉了幾段鐵軌，但那很快可以修復；我們收集了一些有用的情報；因一些小規模作戰，或者還有一些大規模行動，我們把日軍注意力吸引過來；我們殺死了敵國 8,000 萬人中的幾百人；但我們證實了單靠空投補給可以維持部隊。[125]

最後一句話最重要。皇家空軍羅伯特・湯普森（Robert Thompson）中隊長（後升爵士）率領的軍官，跟著各縱隊行動，共嘗一切苦難。他們跟信號小組合作，使英軍可以遠離道路，擴大活動範圍，而成為一種有效可行的新作戰方式。報紙把溫蓋特推介給全球讀者，他所經歷的極端艱苦，足讓所有人震驚；而傳媒上那個憔悴而又滿臉鬍渣的男人的照片，更加深了這個效果。照溫蓋特自己的話來說，他「所經歷的極端艱苦的考驗，在我們歷來的戰史中，極少有能相提並論的前例」。[126] 但這一切畢竟只是表象。真正重要的事實是，溫蓋特從此之後，永遠改變了叢林作戰的性質。

---

125 Fergusson, *Beyond the Chindwin*, p. 240.
126 *Report*, p. 37, in *Reconquest of Burma*, I, p. 135.

溫蓋特在報告裡指出，這支部隊沒有揀選人員，而只是盡量用一切當時所能夠得到的人力。傷腦筋的是，廓爾喀兵團缺乏會說廓爾喀語的軍官，且廓爾喀人的學習能力較遲緩。第二緬甸步槍營是一流的，依靠當地食物如蛇和蛙，維持了良好的健康水平。但皇家利物浦步兵團總體而言年齡高，不太能吃苦，受教育程度及調適能力都不足，這些毛病在軍官們的訓練表現中尤其明顯。溫蓋特寫道，一般的英國軍人「基本上太容易把小毛病過分當真」。總體而言，「現有的步兵素質太差」。因為溫蓋特覺得那是一些通常情況下不會參加對日作戰的單位，這就是他想要從其他部隊，例如從炮兵和皇家裝甲兵要人的理由。不過，除去這些籠統的看法，溫蓋特事後還是形容英國步兵是最適宜欽迪作戰的人員。[127]

　　溫蓋特很留心把取得的成就分享給每一個士兵。損失最慘重的是皇家利物浦步兵第十三營，幾乎損失了三分之一。入緬的721人中，只有384人生還，71人被俘（包括史珀洛中尉）。溫蓋特別強調這些軍人是「一般的人」。奇怪的是，他的這項聲明寫於當年二月，部隊還未入緬時，是給《每日快訊》記者亞拉瑞克・雅各布（Alaric Jacob）的，雅各布卻留到後來發稿。

> 　　如果此次作戰成功，將拯救上千條生命；如果失敗，我們當中的大多數人將永遠埋沒無名。
> 　　如果我們成功，我們將向世界展示一種全新的作

---

[127] 溫蓋特〈關於長程滲透部隊的報告〉，1943年8月3日，PRO, WO 231/13。對於炮兵和裝甲兵的評價，體現了溫蓋特因本人所處的局部戰役而在觀念上受到限制。他的觀點是，因為緬甸多「森林、山丘和沼澤」，那裡的戰爭只能是「步兵加空軍」。對緬北來說，這無疑是正確的；但日後在緬甸中部平原的戰事發展表明他的觀點有誤，在那裡，坦克才是王道。

戰方式，在日軍最擅長的戰法上，比他們更勝一籌，並使日本狼狽逃離緬甸的那一天早日到來。大多數的欽迪官兵已不再年輕，他們是二十八至三十五歲間的已婚男子，之前的任務是海岸防衛和維護國內治安，從沒想到自己有一天會成為閃電戰的成員，擔負起本次戰爭中所遭遇最艱巨的任務。

如果這些從利物浦或曼徹斯特出身的普通已婚男子，加以訓練也能從事特殊叢林作戰，則任何英國人都能證明我們是世界一流的部隊。這一點，我是堅信不移的。[128]

這正是英國大眾渴望聽到的話語，尤其是來自長時間以來總是帶來壞消息的戰場。那個曾經擔心因為損失了三分之一的手下，會面對軍事法庭制裁的人，忽然成了舉國矚目的英雄。對宣傳極富洞察力，卻為阿拉干戰役一再拖延而擔心的首相邱吉爾本人，也深為這個消息歡欣鼓舞，甚至又擴大宣揚。為了改變英國在遠東越來越糟糕的運氣，帝國需要年輕又富有想像力的指揮官，而這個人近在眼前！邱吉爾發布了一道命令：

毫無疑問，在印度戰線上效率低落、無精打采、混亂不堪；這個人、他的部隊和他的成就，如此引人注目。無疑的，階級、年齡不能阻撓戰場上有貢獻的人獲得發展以及晉升的機會。[129]

128　Buchett, op.cit., p. 179.
129　M. Howard, *Grand Strategy*, IV. p. 548.

在那些認為只有史林姆才是緬甸戰場上「無所畏懼與不犯錯的勇士」[130] 的人看來，邱吉爾的判斷（事實上也確實）像是褻瀆。不過這麼說實在忽略了時間的順序，當邱吉爾寫下這些文字時，史林姆還不廣為人知，尤其是對英國政界高層。如今他已在東非指揮過一支旅，曾以極大的勇氣帶領過緬甸軍撤退，不久前，又被迫帶領另一個軍再次撤退。那些了解他的人明白，在他身上還有很大的潛力沒發揮，但在表面上，因有一個客觀的時間差，當時史林姆的作戰記錄並不輝煌。而溫蓋特，儘管不近人情而又古怪，卻成功完成了交給他的每一項任務。邱吉爾當時正要提拔另一位年輕而且背景極深的海軍軍官擔任遠東戰區的最高指揮官，在溫蓋特身上，邱吉爾看到了相似的能力，還有執行力；以及更重要的，相似的好運。

130　編按：原文為法文 *chevalier sans peur et sans reproche*.

第三章 木村侵印

日軍計畫進攻印度；方鎮之戰

> 第 一 回　醞釀侵印
> 第 二 回　牟田口執意開戰
> 第 三 回　蘇巴斯・錢德拉・鮑斯（S. C. Bose）
> 第 四 回　方鎮設置
> 第 五 回　英軍對策

日落落日：最長之戰在緬甸 1941-1945（上）

摘　要

　　日軍以最善戰的「菊兵團」（即第十八師團）據守緬北，對付準備自印度反攻緬甸的盟軍。其師團長牟田口廉也在一九四二年七到十月期間反對繼續西進、攻打印度的「二十一號作戰」，但經過半年，於一九四三年三月十八日晉升為十五軍軍長，下轄第十五、第十八、第三十三及第五十六師團（後來又有第三十一師團增援）之後，志得意滿。又因獲知溫蓋特的特遣隊實施新型立體戰法：翻過阿拉干山，深入緬甸日軍的後方，因而產生進攻印度阿薩姆的新想法。在他多方遊說與策動之後，取得帝國參謀本部之同意，就積極籌劃進軍印度。

　　而此時，英軍也與華、美等盟軍已整軍經武，決定從印度反攻緬甸。

　　日相東條英機也認為日軍在東南亞作戰，應該擴大到印度；要成功獲取印度，必須要有印度人民支持。他因此仿效緬甸透過南機關結合翁山等三十志士之法，也透過光機關，結合 S. C. 鮑斯領導的印度國民軍，在德國支持之下，聯合新加坡、緬甸的日軍，對英、華、美盟軍作戰。

　　為對付日軍，英軍除也組織情報機關（參閱本書第十一章）之外，更創設臨時性的戰鬥與物資調節的行政中心，稱之「方鎮（box）」。方鎮之戰也稱新茲維牙戰役。這場戰役發生在一九四四年二月五日至二十三日，日軍進攻位於印度阿薩姆新茲維牙的印度陸軍第七師總部，這是梅舍維將軍的臨時指揮部。在此之前英國沒有贏過日軍，這方鎮一戰是英日大戰於緬甸戰役的轉捩點。而溫蓋特首次遠征奏效，並使戰爭由平面戰轉為立體戰；日軍又因飛機不足無法保護日軍，逐漸轉為劣勢。

第三章　木村侵印

第一回　醞釀侵印

有個人，對溫蓋特第一次深入緬甸的長征行動，產生深刻的印象，甚至超越邱吉爾，他就是北緬甸日軍第十八師團的師團長牟田口廉也（Mutaguchi Renya）中將。牟田口一向看不起英軍，因為他的師團在新加坡和英軍交過手，而且將他們擊敗。可是這一次在北緬，英軍卻一舉突破，進入他的後院；而英軍進兵的途徑，正是他早已認定為不可能的路線。一九四二年夏天，日軍完成占領緬甸時，南方軍總司令寺內（Terauchi）壽一大將的參謀林章（Hayashi Akira）大佐，認為日軍不宜就此停頓，應該繼續追入印度的阿薩姆（Assam），攻下第馬浦（Dimpur）及廷蘇基亞（Tinsukia）。[1] 經過與東京參謀本部商討後，擬定了「二十一號作戰」計畫；在這個計畫中，以兩個師團，經由緬甸最北的胡康河谷（Hukawng Valley）進入印度；另兩個師團則拿下曼尼普爾邦（Manipur State）的首府因帕爾（Imphal）；第三支兵力則以一個師團沿孟加拉灣海岸進軍，拿下吉大港（Chittagong）。

如果日軍進行「二十一號作戰」，沒有甚麼能擋得住他們。但是寺內壽一大將麾下，有一名活力充沛且深具影響力的參謀藤原岩市（Fujiwara Iwaichi）少佐，卻認為這一作戰絕對危險，再怎麼說也不適合。他曾經親手成立了一支反英武力「印度國民軍」（Indian National Army），從與幾千名馬來亞及新加坡的俘虜，以及在東南亞與印度人的接觸，他判斷甘地及尼赫魯

1　參考 *The Japanese Accout of their operations in Burma*. ed. HQ XII Army, 1945, p. 3.

會反對日軍入侵印度。在他看來,給「印度國民軍」訓練與裝備才是成功進入印度的第一步。東京參謀本部不理會這些反對意見,在一九四二年七月二十二日,下令研擬「第二十一號作戰」計畫。[2] 倘若計畫成功,便可切斷自加爾各答、經北阿薩姆雷多(Ledo)到中國西南昆明,那條用來供應蔣中正的航空路線。但如果要執行這一作戰,就必須以當時占領緬甸的師團作後盾。

一再獲勝的第十五軍司令官飯田祥二郎中將(Iida Shojiro)覺得「第二十一號作戰」計畫有理。一九四二年九月,他造訪撣邦(Shan State)的東枝(Taunggyi),與麾下各師團長商談這一作戰的可能性。駐防撣邦的第十八師團師團長牟田口廉也中將立即表示反對。他告訴飯田,北緬甸的地形險峻,為一片無窮無盡的叢林與山嶺,大部隊無法越過山脈進入阿薩姆,在那一帶也無法得到支援。想要第十八師團經胡康河谷前進廷蘇基亞(Tinsukia),以切斷空援蔣中正的路線根本行不通。

接著,飯田司令官到卡老(Kalaw)造訪攻占了仰光的第三十三師團師團長櫻井省三(Sakurai Shozo)中將。計畫中,這個師團的任務是與第十八師團聯手進入因帕爾,再攻至第馬浦(Dimapur);在第十八師團攻占廷蘇基亞後,一起切斷英印軍的退路。如此,這兩個師團便可固守北阿薩姆邦。但櫻井師團長也反對這個計畫。飯田司令贊同這兩位師團長的見地,便要求南方軍重加考慮。高層聽進了他的陳述。一九四二年十月

---

[2] 本書作者與藤原中佐的對話,1946 年於新加坡,1978、1980 年於東京。

第三章　木村侵印

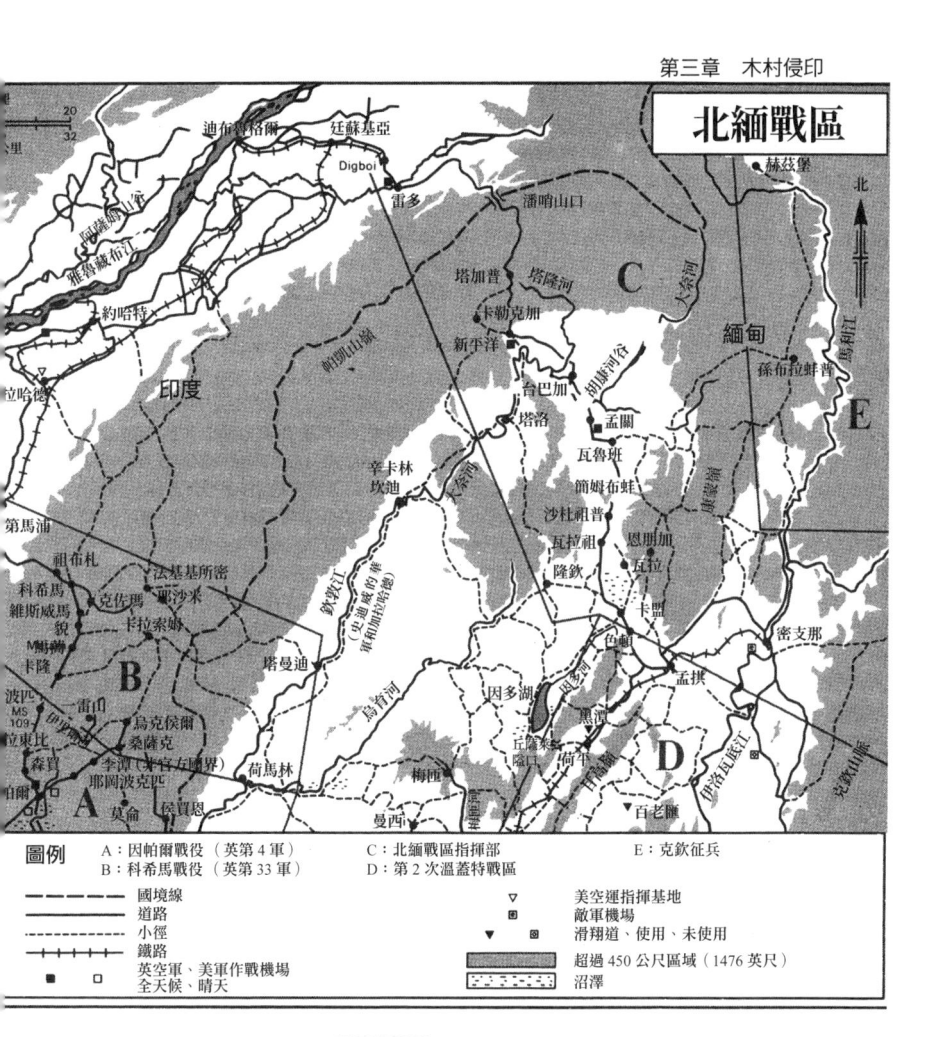

圖 3-1　北緬與戰區

二十五日,[3] 他接到通知,停止「二十一號作戰」的準備工作。

到了一九四二年年底,英軍向阿恰布(Akyab)的進攻,

3　1978 年 9 月藤原岩市少佐告訴本書作者此日期,但兜島裏(Kojima Noboru)認為日期是 1942 年 11 月 23 日。

顯示了警訊：即使那是英軍一場敗仗，但顯示出英軍仍然足以發動攻擊作戰。一九四三年二月十九日下午，這個想法獲得證實：日軍第三十三師團一個大隊在行軍中突遇一支強勁英軍，雙方發生激戰，日軍傷亡甚重，大隊長陣亡。這是溫蓋特准將「長布作戰」（Operation Longcloth）與日軍的第一次交手。來自緬甸人的情報得悉，從二月十六日這支部隊已經進入此區。

起先，牟田口廉也師團長還不了解溫蓋特的企圖：他的突襲與重慶有關嗎？他在設立偵搜網嗎？還是這一仗只是偵察作戰，要查看日軍的戰術與下一次攻擊的準備情況？但有一項他沒有考慮：這是對爾後更大戰役作準備嗎？他忽視藤原岩市（Fuchiwara）的解釋，也就是說，溫蓋特的冒險顯示出英軍中的一股新力量。藤原岩市曾騎大象，走遍英軍深入進擊的小徑，也訊問英軍俘虜；這些俘虜所知不多，但是溫蓋特的大名卻一再出現。

打從一九四三年四月到五月初，藤原岩市循著溫蓋特行軍路線巡查了40天，從卡裡瓦（Kaliwa）到荷馬林（Homalin），沿著欽敦江，一共抓獲了360名俘虜。

可是牟田口廉也師團長的困惑，並不影響這項情報帶給他的強烈印象，這與他以前的推測完全相反，一支大部隊竟能越過印度與緬甸分界的山脈。倘若英軍辦得到，曾在新加坡與緬甸痛擊英軍的他，也一定做得到。他進攻印度的狂熱，便從溫蓋特第一次深入緬境突擊日軍時發動；但還有其他因素。當初飯田來訪試探攻印的可能性時，他反對這個構想，以為這只是第十五軍司令官，或者充其量是當時南方軍總司令寺內壽一的想法。等到了新加坡，知道這主意為更高層的帝國參謀本部所提出。他開始覺得，這樣的反對，不但會在參謀本部及南方軍

的心中播下懷疑第十五軍作戰意志的種子，而且計畫可能是出自天皇本身的想法。因此，他心中開始盤算皇室和戰略模式，一心想獲得天皇御弟竹田宮恆德親王（Prince Takeda）支持他的計畫，想要在一九四四年四月二十九日天長節（裕仁天皇生日）以前，達成攻占因帕爾。

他的野心不止如此。一九三七年在北平（現稱北京）附近發生蘆溝橋事變，身為聯隊長，深信自己引爆了中日戰爭，終至引起珍珠港和太平洋戰爭。升為第十八師團師團長，他參與征服英屬馬來亞，也是促成新加坡投降的日軍主力，那是他的第二次勝利。而第三次，更居各次勝利之冠的，將可望把印度從大英帝國奪下。隨後必不可免的，便是傷及大英帝國手中從事戰爭的能力。一個削弱了的英國，不是從這次戰爭中抽身，便是只能默默接受僵持；美國就會被迫陷入孤立，不得不簽約議和。他，牟田口廉也，有能力達成這一切。

一九四三年三月十八日，牟田口廉也晉升為第十五軍司令官。四月十五日，他將司令部設立在撣邦眉苗（Maymyo）的幽雅山區：一處紅磚別墅，有奢豪的園林，遠離平原的炎熱與灰塵，是遺世獨立的天然美景。這時候，溫蓋特的部隊剛完成第一次遠征突擊，正加速向欽敦江撤退，日軍正在逼近他們。可是第十五軍的責任，遠較作這種圍攻更廣更大：他們必須掩護薩爾溫江（Salwen）前線，對付獲得美援的雲南華軍，再佈下包圍圈，環繞緬甸，通過密支那、卡邁及西普山（Zibyu Mountains），穿越緬甸中部的葛禮瓦（Kalewa）與甘高（Gangaw）。這條戰線長逾一千公里，由三個師團—第十八、第五十六、及第三十三師團把守，而且很快便有第三十一及第十五師團的增援（一九四三年六月十七日，南方軍下令第十五

師團納入第十五軍的戰鬥序列,但是師團因奉南方軍命令在泰國擔任了幾個月的築路工作,而耽擱行程)。

第十五軍牟田口司令官知道他正面對盟軍三個可能即來自雲南、胡康河谷及阿拉干,也就是從東北、西北、及西方的攻擊。日軍獲得情報,盟軍正準備進行大規模作戰,要進行一次反攻;一兩個空降師正在印度境內接受訓練,那是另一項令人擔憂的情況。牟田口自作戰以來,在空軍軍力方面,他一直擁有優勢,而現在卻對他不利,空軍優勢已回到盟軍手裡。

所以現在要先發制人:在盟軍進攻緬甸以前,先建立一道防線。日軍沿西普山據守的防線,應該再向西推進到欽敦江。另一方面,在旱季時,欽敦江對一支下定決心的軍隊並不是甚麼大障礙。因此把防線移動那麼遠去對抗盟軍攻勢,並不會造成盟軍重大打擊,不過只是一時的阻礙罷了。最好的計畫便是攻入因帕爾平原,以摧毀盟軍作為進攻跳板的基地,並奪取補給。

這計畫在牟田口心中增強,將不再只是改積極來取代他之前作師團長時的消極態度;不僅僅只建立防線,而要更宏偉。他要立即興兵,攻入阿薩姆,他在日記中清清楚楚地透露:

> 我啟動了蘆溝橋事變,擴大成為中國事件,然後又加以擴大,直到變成大東亞戰爭。倘若憑我自己努力進入印度,會對大東亞戰爭造成決定性的影響。我是造成這一次偉大戰爭爆發的遠因,如此定會在國人眼中證明我的正確。[4]

---

4 《因帕爾作戰》,頁 90-91。

第三章　木村侵印

　　攻入印度成功會有什麼作用？倘使牟田口廉也的第十五軍進兵夠遠，他會摧毀英軍在因帕爾的基地，也會為當時與日方合作的孟加拉領導人鮑斯（Subhas Chandra Bose）提供動員平台，喚起孟加拉人對抗英國。自甘地的「印度不合作」運動才僅僅一年，便已經使得英國的統治動搖不安。從孟加拉燃起的反叛火焰，會散開蔓延，作為英國在東亞抗日基地的印度，就會變得不穩定，甚至會贏得獨立。這種打擊會使大不列顛退出戰爭；如果發生這種情況，孤立的美國便會被迫求和，德國和日本也許會在波斯會合⋯⋯。

　　一九四三年，印度英軍總司令即後來的印度總督魏菲爾（Wavell），早就預知日本人會往這方面動腦筋；但對日本人能喚起印度反叛的可能性，卻不當一回事。很久以後，史林姆中將回顧那段時期，則不是那麼確定：「他們想法很正確，在阿薩姆邦的勝利產生的迴響會遠遠超出遙遠叢林之外地帶產生的效果。的確，或許誠如他們對自己部隊的大吹大擂，可能改寫世界大戰的歷史。」[5]

　　深以為然的牟田口，在改變想法以後，開始向所有的人鼓吹進攻印度。最先針對新就任的緬甸方面軍司令官河邊正三（Kawabe Masakazu）中將。河邊在一九四三年六月一日與他面談過。河邊原任駐南京的中國派遣軍總參謀長；三月二十二日，離任赴新職途經東京，謁見總理大臣兼陸軍大臣東條英機大將，也和緬甸臨時政府領導人巴茂博士（Dr. Ba Maw）談過。東條首相告訴河邊說，「我們對於緬甸所採取的諸多措施，就是對印度政策的頭一步。我想強調：我們的主要目標是在那，

5　Slim, *Defeat into Victory*, p. 285.

印度。」[6]

　　有了這種想法，河邊正三發現牟田口廉也的見地，與自己不謀而合。同時，他對牟田口認識很深。一九三七年在北平七七事變，那場引發全面大戰的關鍵時刻，他是旅團長，牟田口的頂頭上司。不過最重要的是攻擊武力，他決定重點擺在因帕爾，阿拉干只是附帶的。在阿拉干作戰，可以吸引英軍的預備隊，但除此之外，沒有甚麼其他作用。他也認為有把握應付在北方戰線由雷多（Ledo）沿史迪威公路來的、由美軍指揮的中國軍隊，或者從雲南越過國境來的中國軍隊。決戰會在中央戰線展開。

　　史林姆（Slim）也這麼想，他也曉得在備戰期間，試圖擊破日軍的攻勢沒有意義，因為他得越過難渡的原野天險，把自己的後方聯絡線延長超過100哩以上。最好的計畫是保持實力，集結麾下邊遠各師，然後在緬甸周邊各要點與日軍接戰，最後將大軍集中在因帕爾平原。如果日軍追到了那裡—他肯定日軍一定會這麼做—他就會讓日軍陷入一個狀況，就是補給線會延伸到難以承受的程度。這種態勢明明白白，就是犧牲空間，可以想見麾下各師團長沒有人會無異議接受。不過，這是「以退為進」（reculer pour mieux sauter）。[7]「我要在我軍進入緬甸之前進行一次決戰。」他後來寫道：「我和河邊正三一樣急切要做一次決戰。」[8] 對英日兩軍來說，因帕爾正是殺戮的戰場。

　　英軍比日軍遲了半年才開始重新整頓亞洲戰場。日軍十分

6　《因帕爾作戰》，頁 91-92。
7　譯註：法文俗語「以退為進」。
8　Slim, *Defeat into Victory*, p. 286.

第三章　木村侵印

正確料到盟軍打算在緬甸採取攻勢，不過卻不知攻擊來自何方，以及攻擊的規模。盟軍也有同樣的困惑，史迪威將軍想要攻下足夠的緬北地域，使他足以從阿薩姆經由公路（史迪威公路）挺進中國，不需太關心英軍需要恢復所失去的領土。而不論在印度或在倫敦的司令部，都深信越過中緬甸向仰光推進，並沒有多大用處；看上去從海上攻占阿恰布與仰光更為切實。英相邱吉爾的視角，都放在新加坡與香港上，而且更有意派遣一支軍力，完全繞過緬甸進入蘇門答臘的北端。

一九四三年九月，英軍成立「東南亞總司令部」（South-East Asia Command），以執行從海上的進攻。這一點說明了何以邱吉爾認為蒙巴頓勳爵（Louis Mountbatten）是能勝任這一戰區的最高統帥。他擔任聯合作戰部（Combined Operations）總長時的名聲已顯示出邱吉爾會期待他採取那種作戰方式。日軍方面也斷定，這項任命意味著他們一定得留神自己占領區的海岸線。

蒙巴頓有來自皇室關係背景的權威，顯得神氣十足。然而，帝國參謀總長日記中挖苦地記載，他從沒有指揮過超出驅逐艦以上的任何船艦。[9] 即使如此，布魯克（Brooke）也承認他具有無窮的活力與衝勁；並補充說，由於這樣的性格，需要一位審慎挑選的參謀長，要具備穩定的影響力。亨利·伯納爾中將爵士（Henry Pownall）便是這樣的參謀長，這也正是他從伯納爾的資歷當中看出的。一九四三年，伯納爾中將曾在為期不久的「美英荷澳聯盟」（ABDA）[10] 總司令部魏菲爾將軍麾下

9　Bryant, *The Turn of the Tide*, 1958, p. 568.
10　譯註：American-British-Dutch-Australian（ABDA）Command.

出任參謀長,隨後調任錫蘭的軍團司令;他十分不願意一生事業止於亞洲,也不願出任參謀長而非一支作戰部隊司令。但他對印度司令部素有認識,覺得自己對驍勇善戰的總司令奧金雷(Auchinleck)上將與幹勁十足的最高統帥蒙巴頓之間有平衡作用;奧金雷有時極固執,而蒙巴頓部隊的訓練與給養全靠他。伯納爾很讚佩蒙巴頓的雄才,但對溫蓋特就沒有那麼大方了:

> 溫蓋特的觀點超級狹隘,除了他自己抉擇的途徑外,見不到其他好的方案……他個性不穩定至為明顯……除非能將他掌握,並且蒙巴頓將軍能習知他的特性而任用他,否則我們就會有麻煩。在總司令部這裡,大家都討厭看到他……。[11]

因此,溫蓋特將軍的形象繼續困擾朋友和敵人;本身的各級長官與袍澤視他為夢魘,敵軍則認為他既引起焦躁,也激發靈感。在緬甸戰爭過程中,雖然與他所計畫的不同,到末了英軍還是得到勝利;相反的,在一位日軍將領心中,想到進兵印度的可能性竟也來自他的啟發。

第二回　牟田口執意開戰

日軍對進攻因帕爾所做的戰法,作過許多研究。其中最重要就是一九四三年六月二十四到二十六日之間,在仰光緬

11　*Chief of Staff: The Diaries of Lieutenant-General Pownall,* ed. Brian Bond, 1974, II, pp.111-112.

甸方面軍司令部進行的一項研究，後來命名為「ウ號作戰」（Operation U Go）。[12]

牟田口在會議開始前，便作了一些探察。軍參謀中要員之一藤原岩市少佐（Fujiwara Iwachi），帶了 14 名中野學校（Nakano School）的畢業生。這所東京的學校訓練優秀學生，在亞洲從事間諜、破壞以及政治顛覆工作，另外還有一位年輕的同仁泉屋（Izumiya）中佐，一起在伊洛瓦底江及欽敦江間的區域，尤其是西普山脈（Zibyu Mountains），進行兵要調查。這河谷南北延伸 100 多哩，寬約 30 哩。藤原參謀的交通工具有卡車、大象、及馬匹（在眉苗司令部時，他是牟田口司令官的隨騎副官）。泉屋中佐待在荷馬林一處村莊進行宣傳時，藤原則移往欽敦江，偵測各處渡江點。他察見到木筏渡江是可行的，還到江中游泳以檢查水深；並估計這帶田野，有足夠的食材可供一個大隊。又大為驚奇眼見一群群的猴子唧唧喳喳，在深密的樹林中由小徑爬出。這一帶的老百姓不是那加族（Nagas）而是撣族（Shan），似乎對日本人很友善；他們在一處廟裡過夜時，還送來了食物。溫蓋特麾下一些官兵還在這地區遊走，藤原將他們逮捕，交給某日軍單位；據他回憶，他們大多數都是廓爾喀人。五月中旬回到眉苗向軍司令部報告：如果道路修復，便可達欽敦江，在乾季時可以渡過欽敦江。撣族人很合作，在荷馬林這一帶地區有充足的給養，可以使五、六個大隊的兵力自給自足。至於另一方面，在雨季會是什麼情況？或者在欽敦江以西的環境如何？他卻提不出任何資訊。[13]

牟田口很熱衷藤原的報告。一九四三年五月十七日，當南

12　U 是日文母音第三個相當於英文 C，所以亦可說是 C 號行動。
13　根據與藤原岩市（Fujiwara）中將談話錄。

方軍副總參謀長稻田正純（Inada）少將來眉苗第十五軍司令部，牟田口便向稻田報告細節，談到大舉進攻印度。「副總參謀長還記得在一九三九年到滿州國視察嗎？」他問稻田：「當時我是第四軍參謀長，我告訴過您，兩年以前我擔任聯隊長時，在蘆溝橋開了第一槍，深覺責任重大；我要求您派我到一處可以為國捐軀的地方。現在我的感覺和當時一樣，讓我去孟加拉！讓我死在那裡！」

「毫無疑問，這樣子會滿足你。」稻田冷冷答道：「不過日本也許在這過程中就瓦解了。」[14] 稻田顯然認為，進兵阿薩姆的想法荒唐。再怎麼說，整個作戰必須由牟田口的軍參謀和緬甸方面軍的參謀詳細研究。因此，雙方的參謀都抵達仰光，還有第十五軍的各師團（第五十五、第五十六師團、第三航空軍、及第五飛行師團）參謀。駐新加坡的南方軍司令部，則由稻田代表，以及代表東京參謀本部的兩名中佐：近藤正巳（Kondo Gonpachi）及天皇御弟恆德親王竹田宮（Takeda）。[15] 與會的陣容，使人印象深刻。

兵棋推演一開始就有難題。大家都就坐以後，牟田口的參謀長久野村桃代（Kunomura）少將，便將一疊文件交給主席—緬甸方面軍參謀長中永太郎（Naka）中將。藤原也在座，瞟了一下這批文件的總標題，大吃一驚。標題為「第十五軍形勢判斷」，這是從眉苗前往仰光途中，在平滿納（Pyinmana）過夜時，由牟田口指示下擬成。文件強烈鼓吹牟田口自己抱持的觀點，結論為「第十五軍願攻擊及殲滅阿拉干山地區敵軍，及立

14　Takagi Toshiro, Kōomei, 高木俊朗，《孝明天皇》，頁 71。
15　編按：竹田 1909 出生，35 歲時奉派至緬甸視察並參加當地參謀會議。

第三章　木村侵印

即進兵阿薩姆。」[16] 藤原瞥了一下中永參謀長，懷疑他能否接受牟田口先下手為強，意圖影響兵棋推演的整個目的。藤原以為，這不是好主意，這份文件應該在推演之後才呈出；因為這次會談之目的，在試探對緬甸方面軍所提意見之反應，便是將緬甸的防線，推向欽敦江以西的山區內。如果久野村桃代參謀長在牟田口廉也指示下，為了要進兵阿薩姆而極力主張越過山區，並非只是建立一道新防線，便冒了產生不良後果的危險。不過，當然他是牟田口的應聲蟲，這也是為什麼他被任命為軍參謀長的原因。他的前任小畑信良（Obata）少將，由於反對牟田口的見解，被討厭而遭解職。

終於，久野村在仰光遇到了對手：中永太郎參謀長的首席參謀片倉衷（Katakura Tadashi）大佐，甫自中國來到仰光，以幹練夙享盛名。他伸出一隻手，望了文件一眼，把它們往桌上一摔，厲聲問道：「這是什麼？我們用不著接受這樣的胡說八道！」片倉衷響亮的聲音，是他的招牌，房間的每一個人都僵住了。這並不是一種未經審思的即興反應，片倉早已懷疑，類似的事情正在進行策畫。後來他回想道：「我聽說，兵棋推演開始的前一天，牟田口已經擬訂一項計畫，向印度東北發動一次攻勢，他已對竹田宮恆德親王表達過，並且要想把它呈給緬甸方面軍。[17] 我也注意到，司令官河邊正三不接受；我到參謀本部近藤正巳（Kondō）那裡，請他一定要竹田宮恆德親王也

---

16 英國讀者可能會誤會字面意思，緬人稱阿拉干山脈為 Arakan Yomas，日本人常錯指阿拉干山脈為印緬界山。其實阿拉干山脈在緬甸中部靠近印度的前沿。
17 河邊知道親王已近，但不贊成此事，他在1943年7月29日日記中寫道：「聽說牟田口廉也要求親見王子殿下，因為他要親自說明對此作戰計畫的看法。我喜愛他的熱誠，幾乎是宗教的狂熱。」戰史叢書，《因帕爾戰役，卷I》頁61。

不接受。就在兵棋推演要開始時,我大罵久野村道:『正當我們就要調查一條西部防線問題時,參謀本部與緬甸方面軍的將校在場,你們第十五軍事先全無通知,也未與緬甸方面軍商討(第十五軍的頂頭上司),就已經打算將自己的計畫向這些將校提出,完完全全違背了指揮體系,請你們立刻撤回。』整個會場湧過一陣寒冷的尷尬;不過中永中將為這事打了圓場。」[18]

　　片倉的發作,並不純粹是火氣大,因久野村想先發制人取代會議的決定,違背了指揮體系的原則。片倉發覺司令官河邊正三同情牟田口,他很難遵從,但是河邊業已告訴參謀長中永,不要用這種強烈的方式苛責牟田口推銷己見。「我了解牟田口廉也」,河邊告訴中永,「只要上級司令部並沒有亂套,換句話說,只要最後的裁決權在我,就稍微尊重一下他凡事積極的作法。」

　　結果,兵棋推演在中永參謀長督導下,就以牟田口的計畫為基礎來進行。資深參謀木下秀明大佐(Kinoahita Hideaki)並不是久野村桃代的朋友,卻依然忠於第十五軍,率直聲明這次作戰的目標是因帕爾。由第三十三師團從南、第十五師團自東進擊,而第三十一師團全部從北進攻,拿下科希馬(Kohima),以切斷敵軍退卻及增援的路線。預料戰鬥很艱困,但仍決定進行。理由顯而易見,已知英軍為重返緬甸正進行各項準備,即令日軍的計畫僅止於將防線移到欽敦江西岸,結果都會是英日兩軍一次決定性的會戰。在這種情況下,日軍倒不如打從一開始,便瞄準敵軍在因帕爾的基地。不論南方軍的副總參謀長稻田少將,或者參謀本部的進藤中佐,對這次作戰的

18　片倉衷,《因帕爾作戰密史》,頁67;和兜島襄,《英靈之谷》,頁29-30。

第三章　木村侵印

說明，都沒有不滿，但對第十五軍作戰的方式表示疑惑。

中永說，以緬甸方面軍的觀點，若使用三個師團從三個不同的方向進攻，還把他們一分為二，太過分散。派第十五與第三十一師團，經由山區突擊，更是冒險。方面軍建議，第三十三及第十五這兩個師團應從南方接近因帕爾；第三十一師團只以4個大隊向科希馬前進，師團主力作為預備隊。

稻田說，要多考慮補給問題。官兵帶著自己的食糧和彈藥去攻擊，以後則靠取自敵人的儲存站，那就像「還沒抓到浣熊就想先算皮價」一樣。他絕不接受從因帕爾「長驅直入阿薩姆」的想法。竹田宮恆德親王回東京時，則有更多的存疑，並且不願隱瞞。他對這次會議中，牟田口廉也想拉攏他，顯然非常不快。據片倉所了解，牟田口私下去覲見恆德親王，要求他支持，以得到東京參謀本部的授權。恆德親王回答道，光從補給的觀點，要發動一次大規模的行動，他看是沒有希望。當稻田回到東京，便向參謀本部第一部第二課（作戰課）課長真田（Masada）大佐說明：「軍隊要占領前線，但對後方的狀況無法控制。以準備工作情況來看，我想因帕爾作戰，的確沒準備好。」真田大佐聆聽這番話，卻得出一個迥異的結論：因為有政治壓力，日本在太平洋頓挫後，要在西面戰線尋求一次勝利。東條英機首相在瓜達康納爾島及中途島吃了敗仗後，依然耿耿於懷。「假使我們在徹底調查之後，並準備充分」，真田作了結論：「我們當然能進兵遠達因帕爾」。[19]

在新加坡的南方軍總部，稻田接受了政治性暗示，哪怕他對這一戰略具有疑惑，還是支持河邊正三對即將發生之行動的

19　Kojima, *Eirei no tani*, 兜島裏，《英靈之谷》，頁31。

解釋:「即使我軍未能達成因帕爾作戰的最大目標,至少能在印度的一隅之地,讓 S. C. 鮑斯升起解放印度的大旗。光是這一項,就有足夠的政治效果,將會為東條英機的領導作戰錦上添花。」

　　所有各級司令部,對因帕爾作戰是什麼,會達成什麼目的,如何才能達成,都有自己的理解,但卻沒有一個人和牟田口廉也的構想完全一致。牟田口是執行這次作戰的軍司令官,他後來的獨斷獨行,部分原因是他的上級長官沒有其他的想法。緬甸方面軍參謀長中永太郎表達出不安時,司令官河邊正三告訴他:「緬甸方面軍的任務,便是向下級指揮官指示他們要達到的目標;如何達成,就交給他們辦了。而且牟田口是我十分信賴的指揮官。我們要把這次作戰目標說得清清楚楚,就是攻占因帕爾地區。至於之後會發生的事,就掌握在我手中了。但絕不會有瘋狂衝入阿薩姆之事。」[20]

　　這些也許在河邊心中十分清楚,但生性沉默寡言的他,從來沒有向牟田口把這點說明白。而緬甸方面軍司令部中,不論參謀長中永或其他參謀,並不真正曉得河邊司令官內心想法。而且正如後來所見,在這次戰爭的緊要關頭,不論河邊或牟田口,都沒有把他們內心最重要的想法坦誠溝通;而就因為他倆的沉默,麾下官兵要持續死亡了。

　　同樣地,南方軍副總參謀長稻田,發現他自己對加諸牟田口身上的限制有所遲疑而持保留的態度;但卻缺乏箝制他的方法。東京方面和新加坡遠在天邊,而且專心注意在其他更沒有勝算的戰場上;牟田口廉也從不動搖,一心要進兵阿薩姆邦。

20　前書,頁 61-62。

第三章　木村侵印

　　一九四三年八月十二日，牟田口在眉苗軍司令部，舉行他自己的「無部隊戰術演習」，主持官為軍參謀長久野村桃代（Kunomura）。緬甸方面軍派來參謀長中永太郎中將，他曾在仰光主持過沙盤推演。奇怪的是，他似乎沒有上級該有的力量去阻止久野村，當久野村桃代顯然在牟田口廉也命令下，推翻仰光方面軍明確的決定：不侵入阿薩姆，認為這只是一場防禦作戰，以摧毀英軍基地，然後據守科希馬－因帕爾－欽山（Chin Hill）一線。相反的，在眉苗的沙盤推演，作成一項決定：攻占科希馬並不只使用第三十一師團的一個聯隊，而是傾全師團之力。很明顯的，牟田口這樣用兵的理由，便是在科希馬地區，要有充分的實力，一旦攻下此鎮，便可向第馬浦迅速進兵，再從那裡突進阿薩姆。由反對入侵印度，改成決定進攻因帕爾，中永是這項決策的主要推手。此時，他是一位愉快、謙虛但優柔寡斷的角色，但不具備參謀長應有的才智。結果因為他沒有堅持牟田口的計畫「越權」（ultra vires），使數以萬計日軍有了致命的後果。

　　一九四三年九月十二日，舉行另一次會議。這一次是南方軍各高階參謀長會議，在新加坡南方軍總司令寺內大將官邸（前英國總督官邸）舉行。中永太郎帶了第十五軍參謀長久野村及藤原少佐兩位不夠資格與會的參謀參加。但是中永太郎參謀長表示，在他請求下，確有特許他們與會。在討論的中場休息時間，中永和南方軍總參謀長稻田中將說話。稻田追問快速完成因帕爾作戰的後續行動，他告訴稻田說：「我已把久野村和藤原帶來了，你要不要見他們。藤原對因帕爾的地形的了解，比任何人都高明。」稻田既困惑又生氣，困惑的是三個月以前，在仰光會議時，中永太郎是阻擋牟田口廉也主張的關鍵人物；

現在卻明顯地改變立場。氣的是他的猜疑漸漸得到證實，河邊和中永，現在都竭盡全力要排除片倉衷—此人曾在仰光公開譴責第十五軍在會議開始前試圖左右聽證以求有利意見，眾所周知他不贊成因帕爾作戰，至少他不同意牟田口想要的作戰計畫。

久野村和稻田原是軍校老友，在日本陸軍軍官學校，稻田比久野村高兩期。久野村知道他可以了無拘束說話，但卻被稻田的敵意亂了分寸。另外還有事情加深了稻田的懷疑：緬甸方面軍應該代表南方軍制止牟田口廉也的行動，卻已轉向同意牟田口的觀點。河邊司令官給了他一個短信，說：「片倉衷對任何不同意他的人，極其無禮。」又寫道：「在緬甸方面軍司令部內，造成一種不快的凝重氛圍，無助於充分運用司令部內的資源與作戰計畫。」[21] 他要把片倉衷調走。

起先，稻田正純對緬甸方面軍的這項請求，沒有認為不尋常。畢竟，指揮一個軍的基本，便是人事關係處理得順當。相互對立經常發生，要把這些問題解決，是稻田所關心的事，片倉衷僅是其中一項。但中永太郎與久野村聯袂來訪，事實非常明顯：對他們兩位來說，片倉衷便是因帕爾作戰的一個障礙。稻田正純開始發覺，一項陰謀正在醞釀。要除去片倉衷，這不是緬甸方面軍司令部內的人事傾軋，只因為他是牟田口的攔路虎。久野村是牟田口的人，河邊和中永太郎是附和野心勃勃牟田口的人；即使理論上，這兩位一位是緬甸方面軍司令官，另一位則是更高級指揮部參謀長，該由他們向牟田口下命令。

久野村認為可以靠老朋友關係推動牟田口的計畫，「稻田學長，幫我一個忙，批准了這個計畫吧！」不過這個計畫還是

21　高木，《抗命》，頁60。

仰光兵棋推演的那個計畫，當初它獲得通過，有附帶條件：須加以調整及修正。然而，計畫文風不動。「我不能批准，除非你加以修正。」稻田答道：「中永太郎批准了嗎？」

「如果他不批准，現在他就不會和我在這裡了。」久野村回答道。稻田無法理解，不論河邊或者中永太郎，都已經被牟田口的意志力和能言善道的辯護爭取過去了，這表明緬甸的高層統帥部缺乏了共識和骨氣；或者已從更高的層次傳下來一些暗示——從東條英機首相傳下來的嗎？而仰光趨炎附勢的人，一心一意要巴結他，當然有了拍馬屁的趨向。無論是什麼原因，稻田都不贊成這個計畫。「如果你們不修改，我不能批准，就這麼回事。片倉衷如果聽到了這件事，一定會暴跳如雷。我們這麼辦吧，我裝作半點事情都沒聽到。」「稻田，別這麼固執吧！」久野村桃代請求道。「我一定要這樣，」稻田回答，「假若你們進入印度失敗了，就整體而言，不只是對緬甸方面軍和牟田口廉也，對日本可能也是一項無法挽救的錯誤。現在，除了緬甸以外，我們在其他地區並不占優勢。想一想這是什麼意思。」處於這種困境下，久野村決定打藤原這張牌。

「如果你不推動『ウ號作戰』」，藤原進了辦公室，堅持說：「整個第十五軍就生鏽了。」[22]

「要拯救第十五軍應該有更好的理由。倘若你們不要生鏽，與其進攻因帕爾？為什麼不攻中國的西南？為什麼不攻雲南？」

「雲南？」藤原聽得莫名奇妙。

「當然呀，為什麼不進攻中國，抓幾個花姑娘？」稻田夙

22　他用日文 *Kusaru*，「腐敗」、「生鏽」的意思。

以說話輕佻聞名,藤原不知道如何接招,「聽來不錯」,藤原反問:「不過,因帕爾不比雲南好些嗎?」

這可是稻田一直在找的好機會,他知道藤原一向熱心於野心勃勃堂堂皇皇的計畫。他開始討論,由緬甸撤退進入雲南的可能性,並與中國境內的日本遠征軍會師,以阻止英美將中國持續留在大戰內。那時即使英軍真的收復緬甸,就會發現他們與蔣中正之間,仍有強大的日軍。他提供藤原對今後五年中,戰爭會如何發展的看法,「我們一定得想持久戰這個詞,也許我們遲早得從東南亞撤退進入中國,倒不如第一步就是雲南。長遠來說,那是比因帕爾更好的一步。」

藤原沒料到這次會見,竟採取這種方式,便縮小話題,只反反覆覆鼓吹牟田口進兵印度的計畫。稻田便提另一項要點,「牟田口要求進兵,不過我同他底下的師團長都談過,卻沒有半個要這麼做。三個師團長根本都不同意軍司令官的想法,你們會有一場什麼樣的作戰?」

這是真的,第三十三師團的師團長柳田元三(Yanagida)中將,是一個深具涵養、精通韜略的將領,對牟田口批評嚴厲,深信進攻因帕爾這一戰不應該。他看得更遠:「以牟田口這種蠢材,成為我們的總司令,我們會有什麼好事發生?」[23]

第十五師團師團長山內正文(Yamauchi)中將,雖智力過人,多才多藝,並不真正適合指揮意想天開的作戰。唯有第三十一師團師團長佐藤幸德(Satō)中將,曾經在張鼓峰(Changkufeng)與蘇軍交過手,和牟田口一樣強悍。但是因

---

23 在半公開談話中,牟田口廉也回嗆:「你能對這個沒膽的雜種如何?」日文發音: *"Anna wake no wakaran wa dōmo naran ne?"* 參:高木,《抗命》,頁65。

為一九三〇年代陸軍派系之爭深入他們的心中，這兩位將領始終互看不順眼。這三位成為牟田口廉也麾下三個師團的師團長，首先就顯示出陸軍省人事局以及局長陸軍次官富永恭次（Tominaga）中將的愚蠢。至少可以這麼說，牟田口廉也和他麾下三員中將師團長彼此不合，稻田向久野村下了結論：「無論怎麼看，都有不利之處。不過倘若你們要進兵印度，就得更改那份計畫！」[24]

很明顯，不但片倉衷，連稻田都會繼續反對因帕爾作戰，看來牟田口只好撤回計畫，或者等待未來的一次新機會。接著，命運插手了。

一九四三年，日本政府及帝國大本營決定了「大東亞政略指導大綱」，目的在使亞洲各國與日本結合一起，形成一個防禦圈，對抗重返亞洲的盟國大軍。這個圈上有一環，便是「大泰國」。一九四三年七月四日，首相東條英機訪問泰國，會見攝政首相鑾披汶・頌堪（Pibun Songkram）元帥，保證會歸還泰國「失去」的幾個省。在一九四〇年，法國與泰國發生爭執，日本介入調停，結果使高棉的一大部分交給泰國。而這一次，他更要把馬來的吉打（Kedah）、吉蘭丹（Kelantan）、玻璃市（Perlis）、丁加奴（Trengganu）四個省，以及緬甸相當大的一片土地奉上。最先令人很不解，日本為什麼要得罪可能來自緬甸、馬來亞、和法屬中南半島三個國家的親善，只為確保第四國的親善。可是，緬甸是一處戰場，還沒有獲得獨立；馬來亞在日本軍事占領下，可能依然如故下去；而法屬中南半島，即使名義上仍然由維琪政府治理，實際在日本陸軍緊緊掌握中。

---

[24] 高木，《抗命》，頁66。

認真來說，泰國是東南亞半島的「核心」國，要建立一個據點以抵抗盟軍的反攻，任何計畫它都是中心。所以東條英機以這些提議，討好披汶（Pibun）首相；並且訓令南方軍進行劃分泰緬新國界。重新劃界後，碰巧所劃的國境線，並不符合東條英機對披汶首相的承諾；東條火大，要找一頭代罪羔羊。稻田正純並不負這個責，可是身為南方軍總參謀長，曾在外交文件上簽名用印，東條英機要懲罰他。

至少，這在當時是表面情況；後來，情況清楚了，稻田正純是被設計的。東京陸軍人事局局長富永（Tominaga）中將，發現稻田在南方軍很棘手，個性又倔強，故向東條英機建議將他革職，泰國糾紛只不過是一種能達到目的之手段而已。一九四三年十月十一日，稻田正純調至第十九軍司令部；他的繼任人為陸軍參謀本部第一部部長綾部橘樹（Ayabe）中將。

稻田和綾部交接時，警告綾部，別的不說，只要牟田口廉也提議經由因帕爾進兵印度的瘋狂計畫，就要堅持立場。官方交接儀式過後，在飲酒時，綾部告訴稻田，自己在最尷尬的時刻接到調動的命令，那時他正在南太平洋的拉包爾（Rapul）視察，行程才到一半。他動身以前，毫無調動的跡象，對自己所受到的輕慢對待很生氣。稻田同意，這是極端獨斷專行。在這件事中，見到了東條英機與富永恭次兩人聯手，除掉他們不能相處的將校，顯示出日本最高層指揮結構的病根。

姑且不論稻田和綾部酒醉中對東條的痛罵，事實上，他們沒錯；然而以當時而言，結果便是稻田出局，南方軍司令部內，再也沒有人能箝制住牟田口廉也了。不管綾部在飲酒中，對稻田說了些什麼，一旦他置身新加坡南方軍司令部氛圍內，便發現部內參謀並非真正反對進攻因帕爾的特別計畫，而總司令官

第三章　木村侵印

寺內壽一大將只說：「好吧，開始幹，可得快一點。」他發現自己沒法子擋住這個浪頭。在仰光的緬甸方面軍司令部裡，連片倉衷大佐也停止反對這次作戰，即使沒有人知道為什麼。

所以，一九四三年十二月二十三日，在仰光緬甸方面軍司令部舉行最後的兵棋推演，綾部橘樹和中永太郎都在場，兩個人都沒有一聲抗議，昨天的反對者已經變成了今天的倡導者。寺內壽一大將批准後，派綾部赴東京，敦促大本營下達授權令。六個月以前，綾部中將為東京特使，傳達大本營決心，停止這一作戰的計畫作為。而今，他又成了赴東京的特使，要求批准這一作戰計畫。

綾部橘樹在參謀本部備受煎熬了三天三夜，呈出第十五軍作戰準備及全軍士氣報告，表達南方軍的信念，這一作戰定會完成；也就是說，日軍會在緬甸雨季之前，建立起一條既新且好的防線。一九四三年十二月三十一日，參謀本部批准這次作戰計畫，但最終要有首相東條英機的核可。

參謀本部軍事科科長西浦進（Nishiura Susumu）大佐，連忙趕赴首相官邸。[25] 東條英機剛剛入浴，但呈報給他的為「緊急要件」，便要西浦進到更衣室，隔著玻璃板說話。當西浦入室，說他來到官邸，是為了請求批准因帕爾作戰，東條英機叫道：「等一下！」就從熱氣騰騰的浴缸中，發出連珠炮的問題：補給系統做好了嗎？牟田口廉也的作戰構想中，有沒有缺憾？由於現在的空軍居劣勢，有沒有計畫任何措施，抵抗敵方地空合作？在突破攻入因帕爾平原以後，有沒有可能需要兵力支援？把我軍防線向印度領土內推進，結果會導致緬甸的全面防務發

25　伊藤正德，《帝國陸軍的末期》，第三卷，頁113。

生差錯嗎？一旦盟軍自海上在緬甸南部進行攻擊，有沒有計畫作任何對抗措施？

東條英機赤裸裸地蹲坐著洗澡，沒有筆記，向西浦進大佐提出這些問題。西浦大為驚訝，東條大將怎麼能立即回想起六月以前曾經提過的所有這些問題。「向作戰部確認所有這些問題，」東條在浴缸水往外湧瀉的噪音中大叫道：「再回來向我報告。」西浦進便打電話到參謀本部，把東條的問題告訴各參謀後，便回到浴室叫道：「您不需要操心，所有的問題都加以處理了。」東條大將出來，在文後用印，向西浦進下達最後的口諭為：「告訴綾部橘樹，不要做不可能的事。」這次會面才告結束。[26]

所以到最後，每一個人都轉而同意牟田口廉也的想法，或者至少決定還是保持沉默為佳。自從英將溫蓋特的深入突擊使牟田口廉也改變想法後，他對自己計畫有了堅定不移的信心：穿越欽敦江和阿拉干山脈是可能的。這種想法毫未更改。一九四四年元月七日，東京參謀本部以第一七七六號令核准：「為防衛緬甸計，南方軍總司令應占領及固守印度東北部因帕爾地區之戰略地帶，並在適宜時機殲滅敵軍。」在命令文中，所有「為防衛緬甸計」和「因帕爾地區」這些文字都暗示了有所限制；牟田口卻視若無睹把這道命令當成是放行的綠燈，現在他可以揮軍進攻印了。

26　伊藤正德，《帝國陸軍的末期》，頁 113。

第三回 蘇巴斯・錢德拉・鮑斯（S. C. Bose）

　　牟田口廉也認為印度站在他這一邊，遙想當年成吉思汗也這麼以為。會議時每個參謀都對補給問題十分介意。可是，牟田口廉也卻記得，成吉思汗征服亞洲及大部分歐洲時，解決了這個問題，便是帶了有蹄的肉畜同行。他也要採同樣的辦法，於是下令徵黃牛、水牛、和山羊，準備帶他們穿越山脈，而在欽敦江各處渡河點集中收容牲畜，第十五師團的渡口為頓赫（Tonhun），第三十三師團則在荷馬林（Homalin）。

　　印度站在他這一邊的人士，對牟田口廉也來說，就是蘇巴斯・錢德拉・鮑斯（Subhas Chandra Bose）。一九四三年六月二十七日，在仰光緬甸方面軍司令部進行兵棋推演的最後一天，鮑斯從東京抵達新加坡，召開印度獨立聯盟大會。七月四日大會在大東亞劇院（Dai Toa Theatre）舉行，聯盟主席為瑞希・貝哈里・鮑斯（Rash Behari Bose）（與 S. C. 鮑斯沒有親戚關係）。四十多年以前，他企圖暗殺英國駐印度總督哈丁格（Lord Hardinge）爵士，未成後，亡命日本。大會中，他提名蘇巴斯・錢德拉・鮑斯為他的繼承人。

　　S. C. 鮑斯，英國劍橋大學畢業，拒入政界成為「天生的」印度公務員。他逐漸脫離國大黨和甘地的非暴力派，具有堅定的信念，相信唯有使用軍事武力，印度才能脫離英國獲得自由。一九三〇年代，鮑斯訪問歐洲，獲得德國希特勒及義大利墨索里尼的接待，他甚至和一位澳洲姑娘結婚，不過秘而不宣；因他已向信徒發誓，不到印度自由，他絕不結婚。他是孟加拉人，

曾任加爾各答市長和國會議長，以及方與國大黨分離的「全印前進同盟」（Forward Bloc）領袖，在孟加拉有雄厚的政治地盤。一九四〇年七月二日，英國以煽動名義將他逮捕，但他卻遁逃，並出走印度。

他的逃離像極了約翰‧布肯（John Buchan）小說筆下的情節。法院訂一九四一年元月二十六日開庭，可是一星期之前，他化裝成穆斯林，離開加爾各答。在加爾各答以西 200 哩處，搭了一列火車到了白夏瓦（Peshawar），在那裡裝成帕坦人（Pathans）。由於他不懂普什圖語（Pushtu），乾脆裝成啞巴，然後離開，搭車去阿富汗的喀布爾；途中所搭的車壞了，便由兩名帕坦嚮導陪同，徒步到喀布爾。喀布爾夙以英國間諜的巢穴而著名，他曾經找日本與蘇聯大使館幫助，都沒有成功。鮑斯說服了義大利大使魯吉‧夸瑞尼（Luigi Quarini），給他一本義大利護照，便以「西格諾‧瑪素塔（Signore Mazzotta）」為名，進入蘇聯境內。經過布卡拉（Bokala）和薩瑪爾罕（Samarhan），搭上火車到莫斯科。一九四一年六月，希特勒進攻蘇聯以前，《德蘇互不侵犯條約》還有幾個月效期，所以鮑斯能在三月二十八日，從莫斯科坐火車到柏林。柏林是一處當然的終點站，鮑斯並非民主人士，毫不以為恥地自認有極端專制的性格。一九三九年他宣稱：「如果那個制度須以社會主義為基礎來完成經濟改革，你就不可能有民主制度。因此，我們的國家必須具有獨裁性質的政治體系……民主制度解決不了印度要自由的問題。」[27]

希特勒內心暗自同意大英帝國的立場，對所謂無條件支持

27　Joyce Lebra, *Jungle Alliance*, p. 106.

鮑斯十分冷淡；而墨索里尼的外交部長齊亞諾（Ciano）不表示意見。鮑斯不得不回柏林，透過廣播做抗英的宣傳；同時，又將德軍在北非作戰所俘的英軍中，挑出印度籍官兵，編成一支3,000人的「印度兵團」（Indian Legion）來自我滿足。德軍如果在史達林格勒勝利，這一兵團便可隨同德軍，自史達林格勒經過中亞，從西北方長驅直入印度。不過對鮑斯來說，很不幸，史達林格勒並沒有被攻下來，勝利成了泡影；他於是轉向日本。

日本駐柏林大使為大島浩（Oshima Hiroshi）將軍是狂熱的親納粹分子，而他的陸軍武官山本敏（Yanamoto Bin）大佐接到東京的指示：可以接觸鮑斯；不過，不提實質的承諾。經過德、日兩國外交部無數次的討論後，在一九四三年初，准許鮑斯離開德國。鮑斯浪跡一生的第二幕開始了，但冒險刺激並不亞於第一幕。

二月中，鮑斯帶了他的印度秘書哈山（Hassan），乘坐德軍潛水艇離開。四月二十六日，日軍自馬來亞檳榔嶼駛出一艘潛水艇，在馬達加斯加島東南方的印度洋，與德軍潛水艇會合。鮑斯上了日艦，在蘇門答臘海岸外的沙邦島（Sabang Island）上岸。五月十六日，他到了東京；六月十日，總理大臣東條英機接見了他。

東條英機首次與東南亞反英運動印度人士的接觸並不愉快。一九四二年二月十五日，新加坡英軍投降，日軍吸收馬來的印度戰俘，在新加坡成立了第一支「印度國民軍」。軍長為莫漢・辛（Mohan Singh）上尉，與瑞希・貝哈里・鮑斯（R. B. Bose）領導的民間的「印度獨立聯盟」合作。可是這運動的軍民團體內部，以及與日本之間，爆發出爭執和辯論。日方支持瑞希・貝哈里・鮑斯，最後將莫漢・辛逮捕。他（莫漢）立即

報復,解散「印度國民軍」。

可是以 S. C. 鮑斯來看,有「印度國民軍」和一個民間組織是非常重要的。他打算運用它,與日軍作軍事聯盟,在印度掌權。他在大東亞劇院(Dai Tōt Theatre)的演說多多少少採取納粹方式,使群眾掀起狂熱。他列舉各種計畫,要使英國統治告終,喝采聲使劇院都震動起來。他宣布成立「印度自由臨時政府」,對大不列顛宣戰。聽眾興奮得淚流滿面,響應捐獻,誓對建國大業永遠忠誠。第二天在新加坡市政府大廈前的閱兵台上,鮑斯向以分列式經過的「印度國民軍」舉手敬禮。事有湊巧,東條英機這天在新加坡,也參加這次閱兵。為了表示尊敬,鮑斯站在閱兵台上東條英機身後一步處,見到東條英機注視這一萬官兵的印軍部隊,露出滿意的表情。「總理閣下」,鮑斯輕輕報告:「我樂於將這支部隊擴充為三倍!五倍!」抱歉的是,東條英機的英語還沒那麼高明,並不了解鮑斯說的是什麼。所以他保持沉默,只向敬禮的部隊回禮。直到後來,有人將鮑斯所說的向他報告,他驚訝得兩眼大睜。

然而,這些話使東條英機有了主意,在剛離開東京赴新加坡以前,他接過牟田口廉也的私人電報,強烈主張需要進攻阿薩姆,而且必須在緬甸增加日軍師團數量。東條英機想:或許,應該把這次攻擊因帕爾作戰計畫告訴鮑斯。

鮑斯一聽到有事要進行,欣喜若狂。三個月前在東京時,曾遇到河邊正三中將,正在赴緬甸出任方面軍司令官。河邊業已得到東條英機暗示:在東南亞,日軍戰場可合理擴張到印度。鮑斯便去探望獄中的莫漢·辛,莫漢問他如何能確信日軍會在阿薩姆勝利?「我的名字就有足夠的分量,」鮑斯答道:「一旦我在孟加拉亮相,人民都會揭竿而起,魏菲爾整個大軍就會

歸順我。」[28]

　　一九四三年十一月，東條英機在東京舉行「大東亞會議」，與日本合作的東亞各國政要中，鮑斯是最突出的政治人物，即使他是唯一沒有統治領土的人（東條英機承諾把印度的安達曼群島〔Andaman〕和尼古巴群島〔Nicobar Islands〕給他，但純粹是假姿態。兩個群島都是在孟加拉灣內的刑犯流放地，而且日本海軍打算繼續使用）。是因為他的威望，而不是有領土的統治，使他有自信反對寺內大將使用「印度國民軍」的看法。寺內眼中的「印度國民軍」，僅僅只是無組織的游擊隊、破壞隊、情報隊，配屬在緬甸境內各日軍師團；鮑斯卻要求應該把「印度國民軍」集中作為一支自主大軍，在日軍最高司令部之下，與日軍聯合作戰。日方參謀本部參謀總長杉山元（Sugiyma）中將，深以鮑斯的看法為然。「倘若日軍一旦進入印度，」他以為「整個印度都會歸順。」[29] 一九四四年元月四日，鮑斯抵達仰光時，得到河邊正三違背心願，在不得已妥協下的承諾。他保證印度國民軍的主力沙布哈斯旅（Subhas Brigade）將在因帕爾戰役中運用，不會被分成小於大隊的兵力，會作為盟邦的軍隊來對待，但不受日軍軍法管轄，而且會是攻進印度的先鋒部隊。

28　Lebra, op. cit., p. 124. Mohan Singh avers he listened to this with some skepticism (Singh, *Soldier's Contribution to Indian Independence*, 1975, pp. 266）。莫漢對此保持懷疑。
29　額田坦，《人事局長的回憶錄》，日本芙蓉書房，頁139。

第四回　方鎮設置

對河邊正三司令來說，阿拉干只是次要的目標，但是突襲英軍在此的陣地，一定會分散英軍對因帕爾戰線的注意力。運氣好的話，會吸引現在駐防孟都至布帝洞（Maungdaw-Buthidaung）地區的幾個英軍師，使其遠離因帕爾的中央作戰地帶。一九四三年初，英軍在阿拉干被日軍痛擊；但到了年底，為了拿下阿恰布（Akyab）和那裡的機場這個重要的目的，又再度開始向南漸進。

日軍第二十八軍[30]原為保衛阿拉干抵擋英軍自海上的侵犯，但並不打算據守不動，等待英軍來襲。英軍南侵可以阻止得了，這裡的戰線也守得住，但不只一位日將不滿意僅止於此，而立意由吉大港進軍孟加拉。故用日文字母為代號將因帕爾作戰命名為「ウ號作戰」（U-Go），阿拉干作戰則稱為「ハ號作戰」（Ha-Go）（請參閱圖3－2）。

目的不只是殲滅英軍第十五軍，而且要將英軍的預備隊引進阿拉干，讓因帕爾前線呈現真空狀態，好讓牟田口廉也發動攻勢。預定發起攻擊時間為一九四四年二月四日。「ウ號作戰」原先計畫為一九四四年三月初開始，大約在「ハ號作戰」開始後三星期，使這兩次作戰的關係，比後來實際發生得更緊密；但「ウ號作戰」卻推遲了，因為三個師團之一的第十五師團遲未抵達，結果一直到三月九日才開始。

第二十八軍軍長櫻井省三中將，有權定出進攻阿拉干的

---

[30] 譯註：1944年1月7日新成立。

限度，他把注意力集中在主力部隊第五十五師團，以及英軍兵力上。第五十五師團步兵旅團團長櫻井德太郎（Sakurai Tokutaro）少將與軍長同姓，他要率領師主力在二月三日通過在布帝洞村東北的英軍戰線，四日清晨前，攻打東市集（Tuang Bazar）加以占領；然後再從後面攻擊印度第七師，加以包圍殲滅。再越過馬由山脈，在孟都地區，消滅印度第五師。櫻井德太郎本人也打算襲擊印度第七師司令部，生擒師長。

這些追加的目標，充分表現了他的性格。櫻井德太郎有個親切的小名「德太」。他的個性兇悍，帶著顯赫名聲調到第五十五師團。他也和新的師團長花谷正（Tadashi Hanaya）中將一樣，是一位中國專家，師團中流傳他過去英勇與莽撞的故事。他在中國派遣軍參謀部擔任情報少佐時，在北平與宋哲元將軍談判〈蘆溝橋事變停火協定〉，[31] 談判在北平廣安門城牆上進行。「德太」一眼瞄到第二十九軍要關閉城門，準備向車載進城的日軍開火射擊，為了阻止他們，他逕自從高高的城牆上跳下去。

他一向以身先士卒聞名，夜戰尤其在行。他的行為放蕩不羈，不同於一般日本陸軍所培養的人。他在中國，選用無惡不作的日本浪人蒐集情報，人稱「支那五郎（Shinagoro）」。這些人並不比幫派惡霸好一些，他們的暴力惡行對日本陸軍的公共關係造成了很大的傷害，「德太」遭到申斥。

一九四三年八月時，他已是少將，出任第五十五師團步兵旅團長。他到阿恰布履新，棚橋大佐派了一名年輕軍官去迎接。上原（Uehara）中佐見到這位將軍，頸上掛了一串長長的珍珠

31　譯註：宋哲元指揮國民革命軍第二十九軍，櫻井德太郎為該軍顧問。

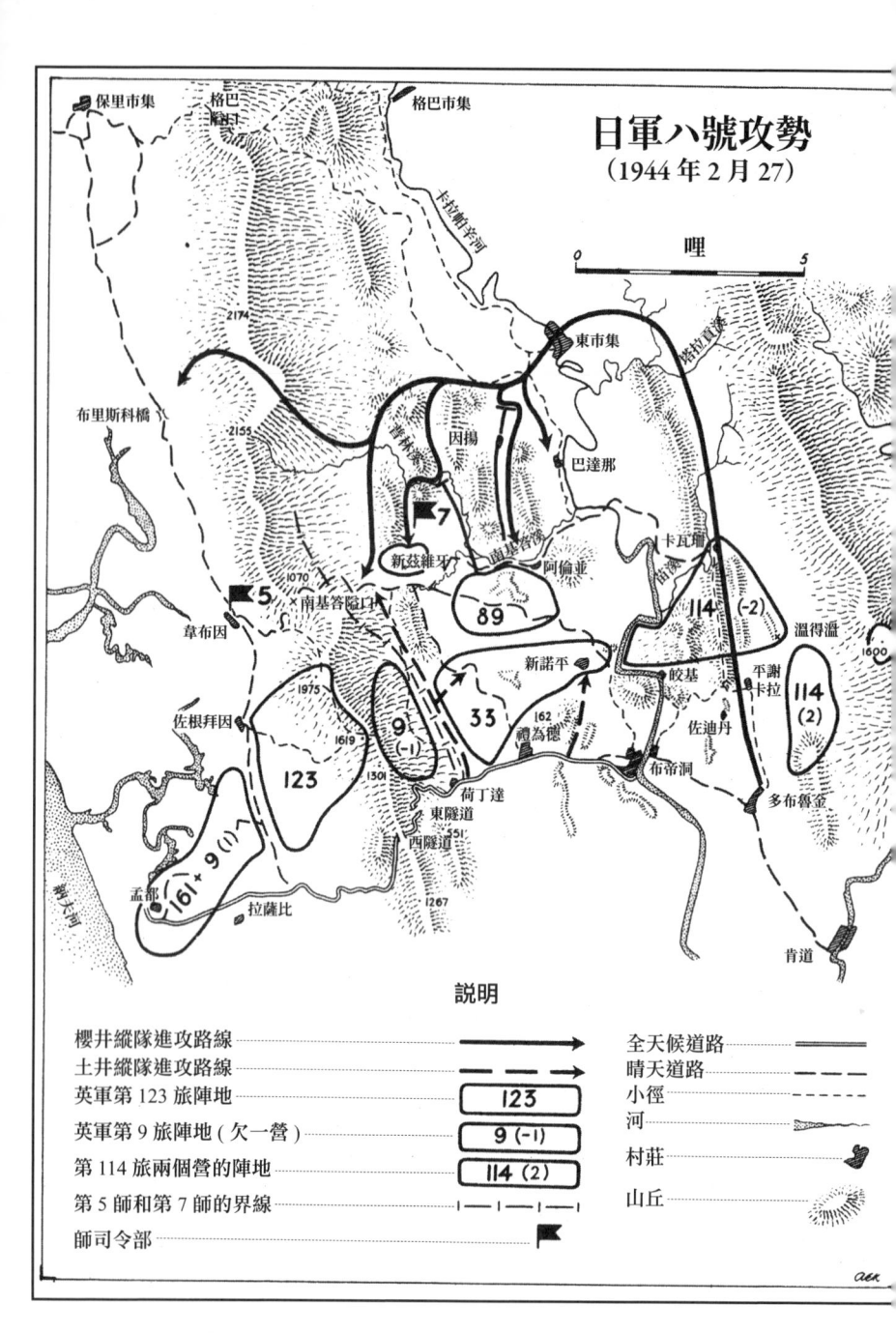

圖 3-2　日軍「八號作戰」（Ha-Go）攻略圖

項鍊,吃了一驚。「別那麼大驚小怪」,「德太」斥責他:「它們是我的菩薩。」那天晚上在各聯隊軍官歡迎餐會上,「德太」堅持要為他們跳中國的民俗舞蹈,上原中佐更加驚訝。「德太」兜圈圈時,一身脫得精光,口噴煙圈。他把點燃的香菸插在鼻孔裡、和嘴角邊。跳舞完了時,這些菸立刻遞給最近的軍官們抽。「德太」的脫衣舞秀,立刻傳遍整個緬甸方面軍,成為傳奇。

他對英軍克里迪森(Christison)中將要在雨季一過,就南進阿拉干乙事並不放在眼裡。「消滅馬由半島敵軍,易如反掌。」「德太」說道:「給我一個營,我秀給你看。我立馬就到吉大港。」

在緬甸戰役早期,第五十五師團長谷閑健(Koga Takeshi)中將率領師團,攻無不克,從泰緬邊境打到緬印邊境。而在一九四三年十一月,就要被惡名昭彰、生性殘忍的花谷正中將取代。花谷正是中國通,確信他一手創建了日本的傀儡政權滿洲國。當時他在中國東北擔任特別情報課少佐課長。花谷正曾因當著部隊面前,對相當資深的軍官甩耳光而出名;時常叫部下去自殺,如果他們有點遲疑,他就把自己的配刀給他們。

把花谷正和櫻井德太郎組合一起,是緬甸方面軍首席參謀片倉衷大佐的設計。他也有中國經歷,覺得第五十五師團有這兩員悍將成為一組,緬甸方面軍對抗來自孟加拉灣攻擊的防務,便可十拿九穩了。海攻似乎是盟軍最可能的侵入方式,尤其是盟軍新的總司令蒙巴頓爵士,不但是海軍上將,從前在歐洲擔任聯合作戰司令,也是突擊與登陸作戰的行家。

可是英軍方面的首度進兵根本不來自海上。第十五軍軍長克里迪森(Christison)中將的計畫,目標便是拿下阿恰布。這是在阿拉干每位將領自然會有的抱負,因為有了阿恰布機場,

可立即擴大盟軍飛機的作戰半徑,以掩護孟加拉的機場所涵蓋不到的緬甸部分地區。這是奪回仰光的重要一步;而在要從日軍手中收復新加坡的最終願望中,阿恰布則只是軍隊集結整備的一個點而已。所以克里迪森把第二十六師調下來休整,而派印度第五師及第七師,令其攻占布帝洞與孟都之間這條公路,以保障從海岸到內地阿拉干的交通順暢。一九四四年元月九日,英軍攻抵孟都;兩天後,花谷正中將開始「ハ號作戰（Operation Ha-Go）或 Z 號作戰」。

花谷正的第五十五師團要消滅在卡拉帕辛河（Kalapanzin）右岸,也就是馬由河的上游以及布帝洞以北的英印軍。他不僅想把阿拉干的英軍肅清,還有另外一個目標:要支援即將展開向印度進兵。

一九四四年元月七日,東京大本營終於批准「ウ號作戰」,准許第十五軍軍長牟田口越過緬甸國界,進兵印度的曼尼普爾邦,拿下首府因帕爾－那裡是盟軍準備反攻緬甸的根據地。花谷正的第五十五師團負責吸引阿拉干的英軍預備隊,將他們牽制住,並在會戰中殲滅,或盡一切可能阻止他們增援因帕爾平原上的第四軍。櫻井德太郎接到的任務,是在阿拉干運用日軍老戰法攻擊英印軍:先加以包圍,切斷補給線,個別擊破,在夜間作突襲以驚駭他們。他還受令只帶自己的部隊,最遠到保里市集（Bali Bazar,在緬甸境內）。可是他和部下卻沒有打算要停在當地;不管他接到的命令中有沒有提到,他打算越過國境,拿下盟軍基地吉大港。

英軍想要重新奪回仰光,不論採用任何作戰計畫,都很需要新的空軍前進基地,因為運輸機平均飛航半徑為 250 哩,只能飛抵緬甸中部。而在阿拉干海岸的阿恰布機場,可為曼尼普

爾的英第四軍戰線提供最好的跳板。為了攻下阿恰布，英軍策畫一次兩棲作戰，代號「牛蛙作戰」；但由於缺乏登陸艇，「牛蛙」無疾而終。一九四四年一月，又取消一次企圖心較小的「獵豬作戰」，此計畫自海上進攻馬由半島，接著進攻阿恰布。當然，以強攻拿下阿恰布依然可能；換句話說，就是第十五軍沒有海上支援，改由陸路進攻。一九四四年元月六日蒙巴頓的參謀長在日記所記載，這件事並沒有告知參謀們，「因為只要告訴他們有這次行動，他們就會迅速拿走我們所急需的物資。」[32]

事實上，克里迪森中將自一九四三年十一月一日，便開始命令麾下第十五軍向前推進，目標為保持穿過阿拉干北部的交通線通暢。從孟都到布帝洞有條長達 16 哩的碎石公路，可是因為日軍已經占領了這條公路，英軍被迫使用納夫河（Naf River）和南基答村（Ngakyedauk）間一條吉普車道。十一月二十九日，印度第七師經由這條車道進軍，占領了馬由山脈東面的陣地，與印度第五師一起突擊孟都到布帝洞公路的日軍。這條公路通過馬由山下一連串的隧道，日軍將這些隧道改建成堡壘，附近還有其他的堅強陣地，包括孟都東面 3 哩處的拉占比（Lazabil）在內。

按照原先的「獵豬」計畫，英軍第二師要在一九四四年二月在馬由半島登陸，將日軍第五十五師團圍在自己及第十五軍之間。「獵豬作戰」取消後，克里迪森軍長便獨自繼續進行。一九四四年元月九日之前，印度第五師團已經拿下孟都。拉占比還在日軍據守中，但克里迪森決定向南進兵到馬由山脈山脊。到了元月底，除了拉占比外，已占據這個地區的大部

32　Bond, ed., op. cit., p. 130.

分。克里迪森便為自己這個軍，在新茲維牙村（Sinzweya）附近南基達克隘口公路一處空地上，設立補給與行政的方鎮（Administration Box）。那裡囤積了大量物資，以支援下階段攻勢。一旦他能利用孟都到布帝洞這條碎石公路，便打算進兵阿恰布，拿下機場。

接著，日軍開始攻擊。由棚橋聯隊先發，這部隊曾在一九四三年初，當英軍企圖攻占棟拜（Donbaik）時，擊潰英軍，生擒了英軍第六旅旅長卡文迪西（Cavendish）准將。二月六日

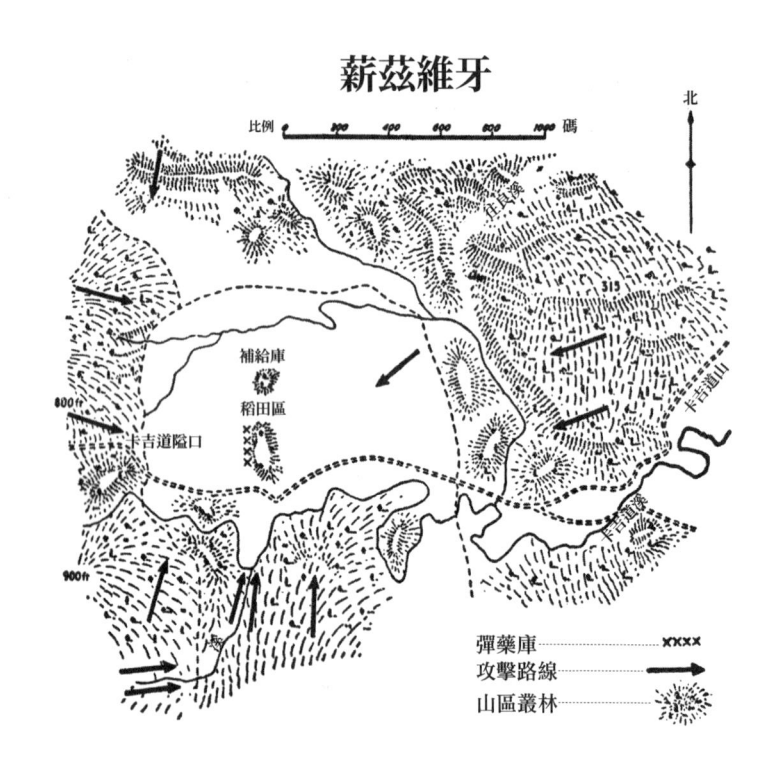

圖 3-3　新茲維牙方鎮圖

接近黎明時,大霧迷漫,日軍在一片黑暗中進兵。領先的部隊為松木平(Matsukihira)少佐的第二大隊,緊隨在後的為聯隊部、山炮連和運輸隊。他們進入一處矮山削平的空地,棚橋聯隊長計算行軍的距離,判斷已軍一定進入了英軍的主陣地。

一份報告傳來,松木平的大隊已經與英軍遭遇,棚橋大佐便召來通信中隊無線電班班長村瀨(Murase)少尉道:「第二大隊的前鋒奪得了英軍一台無線電報機,去把它搬回來。」村瀨便下山,走了100碼左右到了山底,有4、5個英兵躺在地上,全都死了。他在一個石頭掩體裡找到那台無線電報機,機體龐大,不是手提式。他搬不動,便把機上的時鐘取下來,要手下將機體破壞。正當他要起身回聯隊時,他朝山谷望去,大霧暫時散了一些,他大吃一驚:只見一排又一排的帳棚,好大一片營區,比帳棚更多的還有許多戰車。這時白霧又沉下來,將一切都遮蔽了。

棚橋聯隊長聽到這些,立即派出一名傳令,要將松木平第二大隊調回來,卻到處找不到這大隊的蹤跡。在這緊要關頭,第二大隊是棚橋手下唯一可用的戰鬥部隊。第一大隊已移向西邊新茲維牙村,去截斷英軍的退路;第三大隊(杉山少佐)還在後方遠處。棚橋關心聯隊旗,如果聯隊部遭受攻擊,聯隊旗就會有危險,而現在看來,它毫無掩護地面對英軍了。他只剩下200名左右的官兵:護旗中隊60人,通信電話隊80人,無線電報班50人,其他一、二十人為聯隊部護衛。通信兵中隊長為綠川(Midorigawa)大尉,自從兩年前入緬作戰以來,他都在第五十五師團,以勇敢和富於作戰經驗聞名。綠川第一個念頭便是想到通信器材的安全,便將它埋在河岸土內。

護旗中隊便向山上移動,穿過叢林然後停下來,他們

並不曉得,自己已置身印軍第七師司令部附近。第七師師長梅舍維(Frank Messervy)少將為了方便,已經在隆格央(Launggyaung)設立總部,就在第十五軍行政區—在後來戰史上—稱為「方鎮」(Admin Box)北面兩哩處。[33] 直到狀況很明顯,日軍進兵了,已經在他的麾下一個旅中溜過,正向南轉彎,以老方式對他們進行包圍,梅舍維才驚覺,自己有多麼暴露。他一向主張,如果日軍還用老戰術,從側翼圍過來,最好便是停在原地,然後對打。現在他的師部並沒有步兵,但如果文書士和通信兵能夠堅持到底,就能證明他以往說的是對的。他便調了一部分的工兵和通信兵,以及師部經常有的傳令兵與文書士集合一起。

棚橋大佐的聯隊部只有這批雜兵,本身並沒有戰鬥部隊保護,最後終被擊潰。輕機槍的子彈從山頂向下面的日軍密集掃射,不一會,見到了兩輛戰車。護旗中隊僅只配備輕武器,沒法抵擋戰車。上原中尉跑回來找棚橋聯隊長,他隱藏在靠近河岸的叢林中,和一些聯隊部人員保護聯隊旗,「通信中隊在幹什麼?」棚橋氣憤問道:「要他們到山上去,快!」

上原中尉馬上跑回通信中隊,他們卻都率直拒絕,「我們不出來!」「你們一定要出來,情況危急了!」上原吼叫,耳邊是山邊劇烈的射擊聲,回答他的卻是:「絕對不行!如果我們總機壞了,你們就打不成仗了,難道棚橋半點都不曉得通信的重要嗎?」「好吧!」上原說道:「你們要眼睜睜看到本部

---

33 譯註:英軍稱作 Admin Box。梅舍維在南基達臨口東方建立一個主要的行政和補給點,長一哩,寬 1,200 呎的矩形區域,故稱作「方鎮(box)」。由森林密布的高山圍繞。中央是長 200 碼,高 100 呎長滿小樹叢的矮丘,稱作行政山丘(Administration Hill),周圍布滿彈藥,另有加油站、補給站、小教堂藏在區內。還有第七師運輸站、制服站、汽車修理站、兵工廠、教堂、公園等。

中隊死光嗎？」卻得到強硬的回應：「把這話告訴棚橋吧！」

這時聯隊參謀官新田（Arata）大尉來到，「綠川，你究竟在搞什麼？這是聯隊長的命令，你們要進攻，立刻！」綠川咕咕噥噥抱怨，但還是服從地出來，他把手下通信兵分成兩批向山頂衝鋒。先前在霧中見到英軍陣地的村瀨少尉，剛衝上山坡就倒了下去，後面的兵將他扶了起來，但他覺得右腳的大拇趾斷了，傳令兵進行包紮時，他縮了一下。一抬頭只見英軍一輛坦克駛來，在他前面20碼處停了不動，英軍從車上爬下來。小兵輕輕問：「我們開槍嗎？」村瀨說道：「你別傻了！快離開這個鬼地方。」然後他匍匐著爬出英軍的視線，他聽到綠川在山頂的叱叫呼嚷聲，這批通信兵占領了山頂。村瀨心想：「我得救了。」

村瀨並不是唯一鬆了口氣的人。橋棚大佐聽到上原中尉已經攻下了山頭，便帶了聯隊旗上山去。走到山頂時，只見到護旗中隊官兵，有一半陣亡了，躺在山坡上。他的部下朝一處帳棚群射擊，衝了進去，後來才發現，這竟是印度第七師師長梅舍維的司令部。所以這一戰產生了奇怪的狀況，日方的聯隊通信兵，一共才200人，只有輕武器，卻作為步兵使用，攻進英方的師司令部。棚橋聯隊中的一名士兵，撿到了一頂將軍帽，那是梅舍維師長逃走時掉下來的。他就試戴一下，結果很合適，讓他很開心，就繼續戴下去了。

這一仗正是櫻井德太郎少將夢寐以求的結果。在策畫時，他每一次去仰光緬甸方面軍司令部，便問方面軍參謀不破（Fuwa）中佐，有沒有印軍第七師師部位置的最近消息。他立意要生擒該師師長，這一次幾乎成功。無論如何，他虜獲了第七師一些烈酒，當他見到棚橋大佐的聯隊旗，在後來命名為「軍

旗崗」（Flag Hill）山上升起時，他高興地舉起酒杯。誠如日本一位史家所指出，那是他一生勝利的頂點。

不過刀鋒很快就磨鈍了。英國戰史說，印度第七師師部從龍格央撤退以前，所有密碼本與重要文件已焚毀。事實上，日軍偶然發現到很多重要文件，有些是日文。有一本證實是櫻井德太郎自己的作戰指示書副本，還有「ハ號作戰」的作戰命令，毫無疑問是取自一具日軍軍官屍體。因此，對這次作戰的整個計畫，以及所有部隊的番號與部隊長姓名、作戰構想、直擊東市集後轉向攻擊第七師，英軍早已知悉。甚至櫻井德太郎原想進兵更遠，超出第二十八軍慎重畫定的作戰界線（東市集由東到西的一條線），打算攻下吉大港。英軍對日軍的部署及計畫瞭如指掌，毫無疑問，是日軍在新茲維牙村吃了敗仗的原因之一。

在山下遠方，日軍聽到哨音，以為是英軍反擊的信號，其實並不是。英軍正在撤退，部分原因由於大雨傾盆，第二十五龍騎兵（25 Dragoons）的戰車，不可能在山坡上運轉。但是，日軍現在能一覽無遺新茲維牙盆地，真正激戰即將開始。即使在這狹小的地區，造成猛烈的肉搏戰，並不是決定勝敗的因素。「方鎮」一戰，英軍之所以得勝，靠的是坦克、飛機以及大量物資兩方面優勢。

不過，後來將英軍這一戰的勝利，僅僅歸因於物資占了上風，並不公平。英軍以情報和技巧來使用他們的物資優勢；最後他們的勝利，也是士氣和計畫上的勝利。這是遠從十八個月前，阿拉干一戰的挫敗以來一個真正的轉捩點。

日軍知道他們得速戰速決，因為他們只有輕武器，除了幾門山炮外，要同英軍炮兵一較長短的炮一門都沒有。他們沒有

自己的坦克，即使第五十五師團師團長花谷正中將早已知道，他這戰線上英軍有坦克，他們卻沒有可以抵抗的武器。在這次激戰的前幾天，日軍調動了為數驚人的戰鬥機，作為掩護日軍作戰的屏障；但英軍必要時就把這些在空中的日機驅逐。

的確，到二月八日時就變得更加需要。史林姆中將業已保證，要準備好足夠的降落傘以供空投補給品用；由於沒有足夠的絲質降落傘滿足大家需要，只好用黃麻來製傘。黃麻幾近全部在孟加拉出產，黃麻降落傘有很多細孔通氣，不像絲質降落傘般，通氣孔是傘頂的一個大孔。即使黃麻降落傘不供傘兵或易碎裝備用，但對於當前任務卻很合適。誠如史林姆在他的回憶錄中得意地指出，黃麻降落傘的成本，英國納稅人只需付出絲質降落傘的二十分之一。[34]

另外一個問題：日軍飛機在阿拉干上空很活躍。在攻擊活動的頭一天，前線上空飛行的日機達 100 架，後來幾天，也多達 60 架，不僅有零式（Zero）戰鬥機[35]，還有機型更新更靈活的「東條式」（Tojo）[36]；但它們都不足以匹敵英軍三個前鋒中隊的「噴火式」（Spitfire）戰鬥機。他們擊落的日軍戰鬥機與被日機擊落的數目不成比例，日機慘遭驅出天空。在這場交戰的前十三天中，日軍戰鬥機損失 65 架，而「噴火式」戰鬥機才 3 架。不過這並不意味著空投補給任務沒有危險；日軍自地面發射的小口徑防空炮與輕機槍的火力，對付必須作低空飛行才能準確空投的飛機極為有效。到最後，空投只得改為夜間飛行，

34　Slim, op. cit., p. 220.
35　譯註：日文譯本指出是「陸軍一式戰鬥機」，暱稱「隼」，盟軍代號 Oscar。外型跟「零式戰機」很像，盟軍常誤認。
36　譯註：「陸軍二式單座戰機」，暱稱「鍾馗」，盟軍代號「Tojo」。

以降低這種危險。每一項東西都經由空投：口糧、彈藥、燃油、醫材，法蘭克・歐文（Frank Owen）發行的《東南亞總司令部（SEAC）報》、軍襪、眼鏡、牙刷、刮鬍刀等林林總總。唯有一項替換品缺件，就是梅舍維將軍的軍帽（他的頭非比尋常的大）。不過後來，發生一件難以置信的巧合，在進攻「方鎮」的一批日軍中，那名搶到軍帽的日兵，他擅自戴了梅舍維將軍的軍帽，結果被同袍取了個「將軍」的外號；這頂將軍帽後來從這位「將軍」屍體上取下，物歸原主，還給它原來的主人。

在「方鎮」的苦戰，因為空投補給戰術的成功，而轉為有利英軍時，日軍第二十八軍參謀長岩畔豪雄（Hideo Iwakuro）少將，具有創造成語的天分，對於發生的現況，稱為「圓筒陣地作戰」（The cylinder position operation）：進入新茲維牙，就像液體流過圓筒或者漏斗，把作戰的軍火倒下去一樣。[37]

戰地本身就像一大塊平坦草地，大約 1,200 平方碼，是片乾枯的田野，四周圍著低矮的丘陵，中央是一處小山丘，大約有 150 呎高，丘上遍布成叢矮樹，四周堆滿彈藥箱，足供整整一個軍使用。它被稱作——這不是搞創意的時候——「彈藥崗」（Ammunition Hill），東面另有一顯眼的山崗「炮兵崗」（Artillery Hill）。

在這片空地南緣有一條路，從南基達克（Ngayedauk）隘口到南基達克村，到隘口的路是從陣地西端的入口開始。但是這條路非常危險，設有護欄，到處都用一條條的粗麻布繫在枯

---

[37] 編按：本書的日文譯本，將 Box 譯成「圓筒陣地」。參本書《日落落日》圖 3-3；日譯本（上）頁 244；英文原著，頁 180。黃文範先生改譯為「箱型陣地」。惟顧及其為軍事行政與軍用物資集中處，且地形四方，故最後採用中式譯法，仿中國古代軍事單位「鎮」，譯為「方鎮」。

樹上，以防人從斷崖摔下去。路上不斷有赤腳苦力通過，他們抬著建橋用的木頭，或者扛著圓桿懸掛籃子。道路遠處，是低矮的丘陵，一片美麗風景。對攝影家比頓（Cecil Beaton）來說，在日軍突破前幾星期，他通過隘口，近處的樹林襯映在遙遠的山丘，製造出一個非現實的山水畫，就像自己正在欣賞達文西名畫的背景一般。雖然，有過激戰的衝擊，並不會永遠改變新茲維牙。康普頓・麥肯齊（Compton Mackenzie）在三年後（一九四七年）重返當地，寫道：「現在半點跡象都不存在了，除了幾輛坦克殘骸和漸漸填平的細長戰壕，沒有什麼能夠讓人回想在『方鎮』的那場激烈戰鬥。只有牛群牲口安靜地吃草。我們坐在一株大樹下，細細打量田園淳樸的風景……還可以見到那條我們工兵鑿穿南基達克隘口的道路，但它正在迅速崩解破碎，再經過幾次雨季，甚至蹤跡也很難區別出來了。」[38]

一九四四年二月六日，印度第五師第九旅長伊文斯（Geoffrey Evans）准將越過這處隘口時，發現很難通行。像前幾天溫暖乾燥的氣候，隘口狀況良好，可是落了兩三小時雨以後，他乘坐的履帶車打滑，沿著這條窄路滑下去。一直到離新茲維牙村半哩，在一處山坡前慢慢停下來。伊文斯決定用走的結束這段行程。穿過雨水滴滴答答的叢林，用了一支有鐵頭的登山杖，在小徑上撐著自己前進。二月六日上午十一點三十分，才走到第十五軍的「方鎮」。

「方鎮」之內不只是有彈藥，還有一所軍醫院、一間軍官的商店、急救站、軍騾連、燃油及形形色色補給品的堆集站，這是印度第五師及第七師的補給中心。伊文斯（Evans）原先在

38　Compton Mackenzie, *All Over The Place*, p. 143.

因帕爾平原的第四軍任准將參謀,兩天前才抵達阿拉干,出任在馬由山脈西側印度第五師步兵第九旅旅長。印度第七師則駐紮在馬由山脈東側,兩個師之間由南基達克隘口連接。布里格斯(Briggs)中將認識伊文斯。他上次看到伊文斯是一九四二年在北非西部沙漠地區的時候,而今再見到伊文斯,他很高興,也覺得意外。伊文斯出任新職,他的第九旅旅司令部,位於旅的兩個營(旁遮普第十四團第三營和西約克郡團第二營)的後面。當天晚上十一點,炮彈與迫擊炮彈開始落在旅部的四周。山炮團希爾(Humphry Hill)團長告訴伊文斯,這是日軍的騷擾射擊;可是第二天上午,情報陸續傳來,在東市集已見日軍出沒,位於布帝洞北面 12 哩,正在印第七師前線的後方,伊文斯也注意到日機也較尋常更為活躍。他接到命令,派出西約克郡步兵第一營一個連到「方鎮」去。二月六日上午九點三十分,有電話找他,是師長布里格斯(Briggs)中將打來的:「今天清早,日軍攻進隆格央的梅舍維司令部。他和部下是不是脫離了?沒人曉得,至少可說情況不明;但顯然一支龐大敵軍已經繞到了印度第七師的後面。」結果軍團司令克里迪森(Christison)要伊文斯離開他的旅,帶西約克郡團步兵第一營(欠一連)到「方鎮」,擔任該區的指揮官。「讓那一地區進入防禦狀態」,布里格斯告訴他:「要不計代價守住。」

搞不清狀況的伊文斯旅長將全旅交給所羅門(Solomon)准將,趕往新茲維牙。他並不知這個部隊的行政區在何處,雖知克羅瑟(Crowther)少將的第八十九旅在自己左翼,但對印度第七師的詳細部署一無所知。他告訴所羅門,盡可能迅速率領旅部到「方鎮」與他會合;也下令兩天前才橫越南基達克隘口來的第二十五龍騎兵隊的副隊長休‧勒伊(Hugh Leyi)少校

同來會合。伊文斯還加上一句:「你帶一個坦克連來。」在伊文斯一生中,從沒下過比這次更重大的命令。

就在棚橋聯隊偷偷穿過印第七師直撲東市集那天,英軍總司令蒙巴頓上將在錫蘭的坎地(Kandy)「東南亞總司令部」聽取總部參謀長伯納爾(Pownall)中將沮喪地總結緬甸的前景。由美國魏德邁(Albert Wedemeyer)少將所率領的一個代表團,也在那一天出發赴倫敦及華府,呈報蒙巴頓對未來遠東戰局的看法,並要取消一九四三年在魁北克會議中所提及有關收復緬甸及打開到中國的雷多公路之提議。伯納爾(Pownall)中將日記中這樣記載:「如果我們只從北面和西面進兵,無法收復緬甸。」這表示他認為第十四軍團在其後的十八個月中,要達成此項任務,是不可能的。替代方案是,東南亞總司令部認為應該繞開緬甸,轉由蘇門答臘而衝向馬來亞,或者之後進軍巽他海峽,於雷多公路完成前,在南中國海開關一處海港。不是伯納爾對於維持中國戰力的需要考慮很多,而是向南推進,可支援西南太平洋的麥克阿瑟,和在中太平洋的尼米茲將軍。邱吉爾也強烈支持繞過緬甸而以蘇門答臘取代的想法。但是從另一方面說,伯納爾中將知道,這妙計要靠空降滑翔機,而空降機正好短缺;甚至在歐戰結束後,大家會全力轉向太平洋而非東南亞。因此,伯納爾作了無奈的結論:「與其被困在緬甸的混亂戰役中折騰,倒不如解散這個倒楣的東南亞總司令部,離開這裡。高興的話,留下幾個掛名的指揮官,一個善於宣傳的參謀以及很多記者做報導。我們實際的作用會取消,而且緬甸的運作則交回印度執行。」[39]

將近一個星期後,即使伯納爾也能察覺到日軍在阿拉干的攻勢,並不如日軍所預期的有把握;「我們現在已經學到了,

39　Bond, ed., op. cit., p. 139.

留在原地戰鬥，不要被滲透的恐怖所嚇倒。」但他依舊認定對最後的結果並沒有多大幫助：「可是這些事使我們的時程耽擱，在雨季開始之前拿下阿恰布的機會，幾乎降為零。還好，我們也從沒有宣布過，阿恰布是我們的下一個目標；如果宣布了，我們一定因為沒能攻到那裡，沒達成目標，被罵到臭頭！」還好，在進行作戰的官兵，都不曉得他們的高級司令部在三心二意。實際上，士兵正在創造一種新情況，遠遠超出司令部及計畫者想到的；所以到後來，不論邱吉爾及蒙巴頓要或不要，戰士們都要奪取緬甸。

當伯納爾中將正在猶豫英軍要如何在緬甸繼續作戰時，印度第七師師長梅舍維少將，對自己處於緬甸這山丘上的位置，更坐立不安。棚橋大佐的聯隊部官兵，衝進印第七師師部，他們的吼叫聲驚天動地，師部通信室遭到攻擊，梅舍維師長自己的營地也受到威脅。他立刻明白狀況，幾年前也曾有過，在北非沙漠中的司令部，被德軍非洲兵團攻入，他成了俘虜，但逃脫了。似乎歷史又要重演，日軍切斷了他師內的電話線，師部所在的各部門通信中斷，彼此無法通話。日軍輕機槍的火力，將他和師參謀困在一處陡峭山坡上。他終於作了棄守的決定，但沒法將決定告知不在現場的參謀官，以及師部的通信官。在突破日軍火線時，遺失了軍帽，這是我們先前說過的；他涉水過溪，穿過叢林，在下午十二點四十五分時，到了駐紮在新茲維牙村的第二十五龍騎兵隊部，他成了沒有師部的師長。

雖然營內的器材都遭破壞，日軍已經在山頭制高點部署了機關槍，控制了英軍各處據點，印第七師通信營營長哈布遜（Pat Habson）中校，仍決定繼續打。上午十點三十分，師部無線電通信士聽見有人說：「拿個十字鎬把機器破壞。」然後就沉寂

了。皇家炮兵指揮官赫利（Hely）准將，下令撤出陣地，告訴師內的通信兵、文書士和傳令兵，到南基達克隘口東端集合。可是通信營官兵並非毫無損傷到達「方鎮」，他們損失了英籍軍官7人，士兵8人；印度官兵則死亡與失蹤90人。

在伊文斯旅長指揮下，「方鎮」很快就成了部隊的窩了。梅舍維師長以第二十五龍騎兵的無線電，和師內四散的各單位聯繫後，將新師部設在彈藥崗南面。所羅門准將的印第五師第九旅旅部也設在同一地點，西面便是「方鎮」所在地。第八十九旅旅部設在南基達克公路南面，接近方鎮的東出口。

所以「方鎮」防務展開。梅舍維師長在歷險後，喝加了威士忌酒的茶輕鬆一下。剛喝完半個鐘頭，日軍零式戰鬥機便飛到「方鎮」掃射，打死伊文斯旅部附近許多士兵和兩頭軍騾。這些屍體的腐臭氣息，漸漸使得「方鎮」司令部內的生活難以忍受。伊文斯告訴旅內各單位的部隊長：「你們的工作就是死守，不讓日本軍靠近。」伊文斯並不是很容易相處的人，他曾嚴懲過一兩個部下，但他也別無選擇，除非迅速改變其個性和鐵面無情；因為在「方鎮」，開始士氣低落。部隊官兵在大雨中行軍抵達，歷經艱辛，在泥濘的山坡滑上滑下，拖著運輸軍騾一起走。每走到卡車造成的深溝，背負衝鋒槍的士兵，在泥濘中以槍身作支撐，舉步維艱，只有抓住滴水的樹枝，把自身往前拉著走，終於成了非常狼狽與垂頭喪氣的一群。

二月七日晚上，西約克郡步兵第一營以坦克的75公厘炮猛轟做一次逆襲，打垮了「方鎮」東口的日軍。然後日軍在黑暗中從西南方再度進攻，從那個方向來判斷，是屬於步兵第一一二聯隊的一個營。突然步槍與機關槍齊發，只距「方鎮」總部約300碼。然後便是聽到悽慘尖叫聲與哭喊聲，「老天！」

伊文斯聽見有人說道：「他們攻進醫院了。」

防守醫院的為西約克郡步兵團的一個班，和20幾名還可以行動的傷兵。伊文斯知道無力去救援，因為炮彈與迫擊炮彈會四處亂射，他用了作為預備隊的西約克郡步兵團的官兵，並不知道軍醫院的布局，他派了一輛運輸車去，但被日軍用手榴彈打退了。

在被日軍占領的醫院裡，值班的印度軍醫巴蘇（Basu）中尉，由日軍部隊長審問。日軍抓到傷兵作為俘虜，加以綑綁，兩手緊緊反縛在背後，也強迫醫官交出奎寧、嗎啡、防治破傷風這些藥品，把其餘藥品都拋棄。第二天上午，傷兵俘虜都被從診療室拖出去，被一輛卡車上的機關槍掃射，其他病患就用刺刀刺死在床上，另一批20多名傷兵俘虜，日軍告訴他們「來接受治療」：將他們帶到一條乾枯的水道，由一名日軍軍官開槍將他們打死，倖而死裡逃生的只有3人。巴蘇中尉挨了兩槍，卻難以置信的幸運，僅受驚嚇。他倒地上時，伸出一隻手摸到戰友屍體，用血塗抹在臉上、頭上和衣服上，因此日軍以為他已一命嗚呼。他滑進一處散兵壕，沒人注意，才得以倖存。二月九日，西約克郡步兵團最終肅清軍醫院地區時，發現31具傷兵及4具醫官的屍體。

這很恐怖，後來在回顧中，松本平少佐及其官兵的殘忍可以被解釋成：他們急於速戰速決，因為這個大隊的整個作戰時間表很緊湊。棚橋和櫻井德太郎兩支部隊在殲滅印第七師後，要越過馬由山谷去消滅印第五師。印第五師這時與駐紮保里市集（Bawli Bazar）的第十五軍團司令部，被「久保（Kubo）部隊」截斷。這一個大隊屬日軍第三十三師團，該隊已在二月八日自東面掃過，並控制通往印度的南北向公路。兩天後，棚橋部隊與第五十五師團的主力土井（Doi）部隊會師，有效地包圍

了印第七師。而梅舍維師長外圍的兩個營,調進「方鎮」地區,和「方鎮」內的官兵挖掘工事,準備抵抗到底。「方鎮」的四周,並沒有持續守住,而由當地臨時兵和少數幾個步兵連的混成部隊防禦,其中有西約克郡步兵團第二營與廓爾喀步兵第八團第四營,第四營隸屬印第七師第八十九旅(欠兩連)。這幾個步兵連扼守幾個最重要的據點:由「方鎮」西方入口開始,到通過南基達克隘口公路的東方出口。其他零星兵力,如軍官商店的士兵、文書士、運輸兵則編成小單位,駐守四周固定的地點。

有時,日軍一旦決定的計畫,就不會加以變更,導致他們在企圖攻占「方鎮」一個入口時,遭受不必要傷亡。伊文斯旅長命令西約克郡步兵第一營的馬洛尼(Maloney)士官長,擔任一處據點指揮,那裡可以掩護一條由「方鎮」南面山上流下的小溪轉彎處。守了四晚後,馬洛尼和據點的班兵聽到腳步聲沿著溪床上來;而這處溪床有突出的沙洲高地,兩名日軍經由這裡向「方鎮」走來,很快就被解決掉了。第二天晚上,有更大一批日軍照樣,走的是完全相同的途徑。馬洛尼小心提防,告訴班兵不准有任何動作,等候他的口令。每一名士兵都有四枚手榴彈和一支步槍。日軍漸漸進入視線,西約克郡步兵第一營的班兵開始數,「天哪!」一名班兵想道:「一定不只40個!」[40]馬洛尼等著,一直到日軍接近了溪彎,英軍從高地上把手榴彈拋下去。沒炸死的幾名日軍爬上溪岸,押隊的日本軍官以外,步槍火力又把他們幹掉。那名日本軍官縱身跳進一處壕溝,卻當面遇到西約克郡營的士官長。日本軍官想用軍刀將他一刀兩斷,士官長便用步槍槍托擋開。這時,英軍另一名下士跳進壕

40　Geoffrey Evans, *The Desert and the Jungle*, p. 109.

溝內,兩人用刀刺死了這名日軍軍官。從屍體上搜出文件,送到第七師師部。其中有幅地圖,上面有進攻「方鎮」前各組的集合點,有一地點就是溪流轉彎處,儘管那是絕地,已有幾十人喪生,日軍還是繼續走原路。結果,在那裡點到日兵的屍體有 110 具。

　　跟這場傷亡較少的遭遇戰比,其他步兵戰鬥相對的都很兇猛、艱苦和殘忍。一名日軍醫官注意到步兵第一一二聯隊官兵的受傷種類,見到主要都是槍傷和刀傷,顯示肉搏戰的凶狠。日軍對這種負傷的後果,一如對其他很多別的事一樣很能忍受。日軍一名強悍健壯的曹長被英軍俘獲,他在被圍時,左肩上挨了一發子彈,英軍醫官來檢查傷勢時,只見傷口已經有蛆在爬,而這曹長根本不介意。

　　但是真正扭轉這場戰鬥的主因,不是步兵交戰,在「方鎮」的大量炮兵與坦克才是主角。坦克在白天散開,到了晚上則藏在山丘間,就像是活動的碉堡對付滲透的日軍。杉山(Sugiyama)大隊從三一五高地對「方鎮」南端進行一次夜間攻擊時,最終被英軍坦克擊退。就杉山少佐看來,唯一的解決辦法,便是派出敢死隊。他果然這麼辦,3 名軍曹各帶 3、4 名士兵,猛撲第二十五騎兵隊的據點,但徒勞無功,他們還沒接近目標,就被清掉。

　　像這樣的攻擊方式,進行了很多次。二月十四日和十六日兩天,棚橋聯隊發動兩次夜襲,這也是櫻井喜歡的戰術,使用松木平(Matsukihira)少佐、松尾(Matsuo)少佐、和杉山少佐的三個大隊,晚上十點二十分,三個大隊官兵大吼大叫衝進「方鎮」,喊叫震天和槍炮射擊聲震動大地一整夜,可是在誓死不退堅決抵抗的英軍前,棚橋無法取得決定性的勝利。日軍

遭鐵刺網擋住，照明彈使得夜空明亮，坦克群以大量機槍掃射，直到日軍傷亡過重而被迫後退。英軍早就知道會有這次攻擊：二月十四日下午兩點，櫻井德太郎以無線電下令總攻，已遭英軍截聽。

日軍成功攻占「C連崗」（C Company Hill），那是防守通往「方鎮」的西入口。他們將西約克郡團的一個連從山丘上趕走，發現可以俯瞰新設置的軍醫院。伊文斯將軍聽到這個消息，便餘悸猶存—他並沒有忘記二月七日的那些事。還有，在「C連崗」上的日軍，距「方鎮」總部才300碼而已。

「方鎮」中的人員、車輛、與軍品十分擁擠，日軍射擊不怕找不到目標。因此，軍醫院內擠滿了傷兵，兩個髒兮兮沒刮鬍鬚的醫官，身上的橡皮圍裙沾著血還不停地工作，誠如一名步兵軍官形容：「就像一對宰馬的屠夫。」[41] 軍品堆集所也遭到轟擊，日軍航空第五師的75架零式戰鬥機，兩次炸中「彈藥崗」，堆集所起火，不間斷的重炮轟炸，造成整夜熊熊大火。

伊文斯知道，他一定要把「C連崗」搶回來。西約克郡團A連，在連長歐哈拉（O'Hara）少校率領下攻上山坡，第二十五龍騎兵隊的10輛坦克載著75公厘戰車炮，向高地不斷射擊。戰車炮的榴彈，把山上樹林轟成碎片，直到歐哈拉少校的A連，攻到高地山頂附近，向天空發出一枚「威利（Very）」信號彈。戰車射擊士立刻改裝榴彈為破甲彈，這可以使步兵緊跟在彈幕後面前進，不必怕炮彈爆炸會傷到他們而不是日軍。在彈著點後面15碼，歐哈拉少校再打出另一發威利信號彈，告訴戰車停止射擊。這時西約克郡團官兵裝上刺刀衝進去，這高

41　同上，p. 113.

地又回到英軍之手。

不過,也不是沒損失,西約克郡團步一營的 A 和 B 連,作為伊文斯將軍機動預備隊,兵力減半,兩連各剩 100 人。但棚橋大佐聯隊也有損失。櫻井德太郎少將日記提到棚橋部隊二月十一日兵力為 2,190 人,十天後的二十一日,減成 400 人。最多的死傷,便是那次夜襲的結果。

無怪乎棚橋在二月二十二日切斷與麾下各部隊長的無線電通信。「英軍正切入通過叢林,」櫻井德太郎當天的日記中道出「似乎他們在不及 50 碼開外,我希望,也祈求棚橋今夜的攻擊成功。」可是棚橋並沒有攻擊。櫻井德太郎堅信,如無必死決心,就不能擊敗敵人。這沒有用,棚橋已把手下逼到極限,自己也到了臨界點。他下令在二月十九日攻擊,也給了聯隊山炮中隊長大原(Ohara)少佐一份火力計畫,大原中隊長回答道:「我們沒法子發動這種方式的攻擊。」但他還不知發生什麼事,棚橋就對他咆哮:「你在說我不知道炮兵什麼能做,什麼不能做嗎?」握緊拳頭揮向山炮中隊長頭上,打得大原頭破血流。

把這次攻擊推遲兩天,定為二月二十二日,並不是棚橋的第一個或者最後一個絕望的舉動。他已將預定在十九日的攻擊改到了二十日。二十日到了,他提議為二十二日。全聯隊兵員只剩 400 人了,各中隊所能集合的不過 40 或 50 人。山炮中隊沒有炮彈,官兵沒有東西吃,只有鋼盔中從當地徵收的穀子。二月二十二日下午兩點,他切斷了與櫻井少將的無線電通信,也不理會花谷正師團長暴怒下達的攻擊命令。當夜沒動作。兩天後,他不等櫻井的准許,開始將官兵轉向南方,回到他們的出發線,解除對新茲維牙村的包圍。他開了無線電,告訴櫻井他要怎麼做:「我很抱歉,但決心這麼幹,別無其他方法,已

經決定今晚撤退。」櫻井阻止不了他。兩天後，花谷中將與櫻井少將商討下，准許新茲維牙作戰第一階段結束。

撤退命令終於到達久保正男（Kubo Masao）的部隊，狀況最糟。這部隊一直在印第五師與在保里市集的第十五軍之間作戰，襲擊英軍前哨，切斷英軍援兵通路。要撤退，久保須穿越英軍陣地40哩。他回想當通過英軍營地時，英軍出奇沉默，注視筋疲力竭的日軍步兵，在月光下，一行行穿過叢林空隙向南行。久保本人負傷，由士兵用擔架抬回去。

櫻井在二月二十六日的日記記下失敗的原因。這次作戰開始很順，他的官兵進擊很快，讓英軍措手不及。他們包圍了印度第七師，但卻未能殲滅。不良的通信與情報，又無法維持補給線暢通。雖然他是夜襲的信徒，但得承認，夜色如此黑暗的時候，要夜襲幾乎不可能。手下官兵對近戰使用手榴彈的訓練也須加強，對待傷患要作更有效的治療。

不過，據後來日本戰史家所見，最重要的因素是戰場幾何形態（geometry of battlefield）的改變。日軍在新茲維牙的平面包圍，沒有配上有效的火力支援，遭遇到英軍採取立體戰術對抗。這種多方面的防禦之所以可行，是由於空投作戰物資，使原本的軟弱凝成堅強。唯有更強的火力才能反制，而日軍卻缺乏。[42] 櫻井德太郎麾下有4門山炮和4門中型榴彈炮，此外便沒有了。英軍的立體戰術也可以運用強大的戰鬥機火網，與騷擾性防空火力對抗。基本上，二月八日那天，英軍第一批空投補給品的飛機，遭受到極為猛烈的攻擊而飛回去。直到這種飛行換人負責，由它們的指揮官美軍俄爾德（Old）准將，親自

42　戰史叢書（OCH），《阿拉干作戰》，頁245-246。

飛一架運輸機,空投才成功。這表示如果日軍能出動川流不息的戰鬥機,英軍立體戰術也許行不通。

再說,在擁擠的方鎮內,倘若日軍以強大的炮火轟炸燃油及彈藥堆集所,便可造成混亂及毀損。假若日軍有反坦克武器,便能對抗第二十五龍騎兵隊的戰車群。其實是,他們保持傳統的閃電攻擊及包圍很成功,迄至那時為止,還沒失手過,也一直消磨死守補給線英軍的士氣。

為什麼英軍將帥伊文斯、史林姆、和蒙巴頓,都把「方鎮」一戰當做他們對日作戰的一個轉捩點。巴克(A. J. Barker)上校在他所著《前進德里》一書中,寫得頗為輕蔑:「在德里⋯⋯有很多慶祝⋯⋯可是這一戰並不那麼偉大,而德里卻大驚小怪得暗示這一仗非同小可。以整整五個師和一支龐大的空軍兵力,打退了只有它們三分之一兵力的進犯。」[43] 這種說法十足真實,一如蒙巴頓在他的「報告」第四十四頁所示,雖然敵人在那裡留下了 5,000 具屍體,但阿拉干戰地範圍有限。即便如此,他繼續說:其重大意義一定要從它對士氣所生的效應來判斷。這是緬甸戰役的一個轉捩點;因為,以史林姆的話來說:

> 因為這是第一次,英軍遇到了、守住了、和決定性地擊敗了日軍一次大攻擊;隨之而來便是將敵人逐出他們已經準備了幾個月,決心要以一切代價固守可能是最堅強的天然陣地。英軍和印軍的弟兄,已經證明了他們自己,沒有例外地,全都是對抗日軍的上上英豪⋯⋯這是第一次勝利,一次無可爭執的勝利;他

43　Barker, *March on Delhi*, p. 92.

們的影響，並不只參與作戰，而且對整個第十四軍有無限的影響。[44]

第五回　英軍對策

日軍進攻因帕爾計畫的重點，並不難預料。英第四軍軍長史肯斯（Geoffrey Scoons）中將，相當準確地判定日軍會有的企圖：走緬甸滴頂（Tiddim）一線，進攻因帕爾平原西南角的托邦（Torbung）；而對東南角的德穆（Tamu）及普勒爾（Palel）進行攻擊，以切斷從第馬浦到因帕爾英軍補給公路。最可能的切點是科希馬。

英軍有自己的盤算。若日軍要圍攻因帕爾，正合史林姆與史肯斯的意。到那時，英軍就撤退外圍的部隊，向內靠攏，縮成一個盒子，讓日軍一直前進到其後方補給線的終端，造成補給困難，那時日軍的補給問題會一天比一天惡化。如果英第四軍遭切斷，還可從阿薩姆遠方基地空投補給。日軍沒了制空權，因此空投補給完全不可能。雖然欽敦江遠至北面的塔曼迪（Tamanthi）還可通航，補給品可以靠水道，也可靠仰光的鐵路運到；但是日軍一旦進入欽敦江及因帕爾之間山地，便會發覺補給成了最最嚴重的問題。無論如何，他們的一些部隊，結果是第十五師團和第三十一師團，不得不越過崎嶇鄉野，在極其險峻的叢林泥土山坡爬上爬下，長達150多哩。其餘的也是最後的部隊，第三十三師團會從南方沿著崎嶇山丘接近，因此

44　Slim, op. cit., pp. 246-247.

可以帶來重炮與坦克。卡巴盆地雖然地形險峻，他們仍會使用戰車。

英軍掌握了日軍的兵力及方向這些幾乎完全正確的情報，但卻把時間搞錯，這項錯誤幾乎可證明使得印第十七師在劫難逃。印第十七師師部在因帕爾到滴頂公路 102 哩處，剛好跨越國界，進入緬甸。英軍預料日軍興兵之日為一九四四年三月十五日，這的確是日軍第十五師團和第三十一師團，在德穆以北幾個渡口渡過欽敦江的日子；可是日軍的第三十三師團，在卡列姆（Kalemu）南面，早於三月八日起從白堡（Fort White）地區開始進兵，該地是日軍一九四三年十一月從印度第十七師奪來的。

英第四軍被分散，第二十三師自從一九四二年六月以還，持續作戰沒休息，並且大部分時間都為瘧疾所困。他們從德穆撤退到因帕爾平原休息，而由第二十師接防德穆地區。[45] 印度傘兵第五十旅駐紮因帕爾東北，掩護從欽敦江經桑薩克（Sangshak）及烏克侯爾（Ukerhrul）到達平原的路線。由於史林姆預測可能只有一個日軍聯隊會攻擊科希馬，該地由從 C 區的二〇二兵站調來的部隊「防守」。

從第四軍一個師通過後到另一個師，並不容易。印第十七師與第二十師間，沒有橫向的交通。舉例來說，從這一師到另一師，意味著進出一個平原，可能路程達 250 哩。史肯斯（Scoones）中將知道，要打一場大仗，旗下兵力太過分散就有被日軍各個擊破的危險。那麼，仗一開打，就必須把部隊集中。

45　1942 年 11 月，Savory 中將指揮的第 23 師，應有 1.7 萬的兵力但缺少 5,000 人。（cf Evans and Brett-James, *Imphal*, p. 33.）

第三章 木村侵印

最好的時機是,當看到不只一個大隊日軍要渡欽敦江的情況發生時,第二十師便奉令從德穆向普勒爾公路進兵,以進行遲滯作戰,然後絕對要停在申南(Shenam)。[46]

現在的印第二十師在冬天幾個月中,經過多方努力和嚴密巡邏,已經完全控制德穆及卡巴河谷地區。師長格雷西(Douglas Gracey)少將很有信心能抵抗日軍任何襲擊,但軍長史肯斯中將指示他,為了要在因帕爾平原上將兵力集中,也許必須放棄他們官兵奮戰幾個月才得來的陣地,使他深感痛心。史肯斯軍長曾經勸格雷西,有必要在他那個師的地區中興建公路;可是到了一九四四年二月七日,完全變了調,通知他在阿拉干一戰,有跡象顯示日軍可能已滲透第二十師的陣地,希望他的防務非常穩固。最後不祥的補充:他得「做好一旦情況緊急,要做毀去公文的準備。」[47]

一星期以後,一封極機密函件送到,告訴格雷西師長,日軍已經從側翼包圍了印第十七師。因此重申前令,印第十七師必須撤往因帕爾平原。後來當格雷西親自接到命令,要離開他長期準備的陣地撤往因帕爾時,他仍然躊躇不前,不知道史肯斯軍長對即將到來的一戰,是否給了他應有的資訊。

46　Lewin, *Slim*, p. 169.
47　格雷西文件,頁 40-50, Liddell Hart, Archive.

日落落日：最長之戰在緬甸 1941-1945（上）

第四章
劍裂矢盡

因帕爾和科希馬：
一九四四年三月至七月

- 第 一 回　因帕爾景色
- 第 二 回　黑貓鬥白虎
- 第 三 回　申普路拉鋸戰（一）
- 第 四 回　攻下桑薩克
- 第 五 回　申普路拉鋸戰（二）
- 第 六 回　一戰科希馬
- 第 七 回　黑貓再鬥白虎
- 第 八 回　南士貢之戰
- 第 九 回　東京來的視察員
- 第 十 回　河邊親赴前線視察
- 第十一回　再戰科希馬
- 第十二回　黑貓三鬥白虎
- 第十三回　三戰科希馬
- 第十四回　公路打通
- 第十五回　山內的天鵝曲
- 第十六回　上原兵長的毒氣
- 第十七回　島達夫中尉歷險記
- 第十八回　申普路拉鋸戰（三）
- 第十九回　四戰科希馬
- 第二十回　「ウ號作戰」結束

日落落日：最長之戰在緬甸 1941-1945（上）

摘　要

　　本章是本書分量最重、字數最多的部分。細述一九四四年三至七月的因帕爾與科希馬戰役並不是「一場」單獨的戰役，而是一連串血腥拉鋸的爭戰，持續了五個月；作戰範圍從緬甸欽敦江西岸，越過印度科希馬公路，深入阿薩姆的首都因帕爾。這次作戰是由東京大本營總理大臣批准，在阿拉干的日軍首先發動攻擊。牟田口廉也中將過於樂觀，認為短短三週可解決。沒有囤備足夠糧食，他意圖仿效成吉思汗西征，要就地取材，想從英軍虜獲食物及武器。但歷史沒有重演，日軍計畫完全失敗。在日軍大敗的故事裡，有兩組廝殺極富特色：一組是「黑貓」對「白虎」的三大回合纏鬥；另一組則為在科希馬地區四大階段的廝殺。作者旁徵博引，呈現大英國協以及大日本帝國調兵遣將的運作，及日軍之所以慘敗的具體原因。

　　新科技滑翔機作戰的典範，就用在這個戰場，黑貓英軍並憑以大敗白虎日軍。

　　白虎雖不好惹，但遭遇美軍「加拉哈」突襲隊，加上大英國協軍，因而大敗。因一名日裔美軍既混入敵營，又能竊聽第十八師團的調度通話，故能從「白城」到「黑潭」，一路擊敗日軍。緬甸方面軍司令官河邊正三中將，承認失敗。這一戰，是日本陸軍戰史中的最大敗仗。

　　在這一系列大戰中，牟田口廉也一方面將三位抗命的師團長撤職，顯示日軍上級長官與帶兵將官的認知差異。二方面在狀況極端險惡，即盟軍空中及陸上資源遠勝於己的客觀環境裡，他仍令日兵誓死效命疆場，導致屬下不服。

第四章 劍裂矢盡

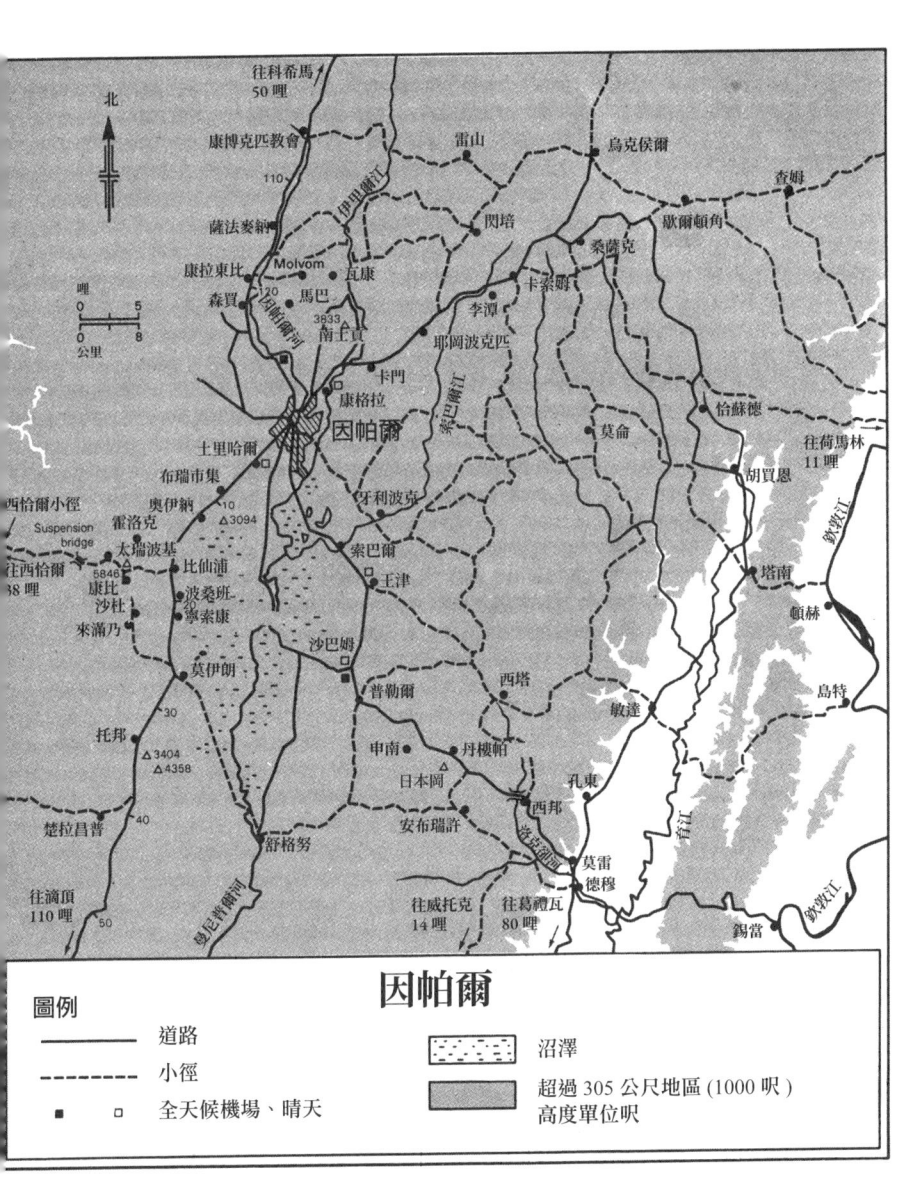

圖 4-1 因帕爾

因帕爾戰役並不是單獨一次作戰，而是很複雜的一連串戰役，持續長達五個月；作戰範圍從欽敦江西岸，越過科希馬的公路，深入阿薩姆境內，這次作戰是經過多次討論後，在一九四四年元月七日，才由東京陸軍參謀本部批准。一如我們所見，在阿拉干（Arakan）的日軍首先發動攻擊，櫻井省三中將的第二十八軍，[1] 力求阻止英軍第十五軍派出預備隊，增援在因帕爾的中央戰線，這項企圖失敗了。

　　牟田口廉也中將的第十五軍，在三月的第一個星期便展開攻勢，麾下的第三十三師團（師團長柳田元三中將 Yanagida）自南方攻擊印度第十七師（師長考恩少將 Cowan），沿著滴頂（Tiddim）到比仙浦（Bishenpur）的公路朝因帕爾前進。一星期後，第三十三師團的步兵旅團山本（Yamamoto）支隊，來到卡巴山谷（Kabaw Valley），攻擊印度第二十師（師長格雷西少將 Gracey），企圖越過山陵到普勒爾（Palel），打出一條血路進入因帕爾平原。卻被申南鞍部（Shonam Saddle）一群山脈擋住了。筋疲力盡的第十五師團（師團長山內正文中將 Yamauchi）行軍越過因帕爾東北的山嶺，在康拉東比（Kanglatongbi）北方，切斷到科希馬主要公路。他們待在公路的兩側，直到六月初撤退為止。在更北邊的第三十一師團（師團長佐藤幸德中將 Sato）從欽敦江行軍到科希馬，奪取了這個小城鎮，除了幾處小山丘，包圍了從第馬浦（Dimapur）鐵道終點站來的英軍第四軍援兵，完成了孤立因帕爾。佐藤幸德師團長在戰爭期間打過幾次激烈痛苦的戰鬥；但是到了六月，終於在科希馬被解職。在仰光的緬甸方面軍司令官河邊正三中將，

1　譯註：1944 年 1 月 7 日新成軍。

在七月承認失敗,使這次作戰正式結束。

　　牟田口廉也的作戰計畫為短暫的三星期,麾下官兵的給養,先依賴有牲口的肉,然後期望虜獲英軍的口糧及武器。可是牲口死亡了,在因帕爾的軍需堆集所依舊在英軍手中,空中缺乏空軍掩護,陸地則砲火不如英軍,牟田口廉也軍長下面三個師團的殘餘兵將,憔悴、飢餓、疾病交加,只能帶著鮑斯的印度國民軍爬回緬甸。英軍史林姆(Slim)將軍打敗了日軍第十五軍,意味著中緬甸已對他敞開,英軍統帥部畏畏縮縮了兩年,要從陸上重行收復緬甸的戰役,這時變得可能了。這一戰,是日本陸軍在整個戰史中所承受的最大敗仗。

第一回　因帕爾景色

　　因帕爾是印度最東邊的曼尼普爾邦(Manipur State)的首府,這個邦位於印度及緬甸邊境,距加爾各答400哩,離緬甸國境700哩。老實說,它只是一個村落群,周圍環繞著香蕉與竹林。曼尼普爾居民為印度族,一九四四年由一位摩訶羅闍(Maharajah)大君統治。人口中十分之一為回教徒,邦內的山地居民為遊牧的庫基斯人(Kukis),而那加人則住在山頂上半要塞化的村落裡。一些山地居民由於十九世紀美國的浸信教會傳教士的努力,而改信基督教。一八九一年,曼尼普爾人反抗英國統治,但被鎮壓後,這一邦平安無事。毫無疑問,部分是因為孤立所導致,因帕爾在一個盆地(因帕爾平原)之中,與外在的世界隔絕。這處平原長30哩、寬20哩,高於海平面2,600呎,四面八方都是叢林覆蓋的山嶽,北面和東面的拉加山(Laga

Hills），高達 5,000 呎；南面的欽山（Chin Hills）更高達 6,000 呎，有幾處山峰甚至到了 9,000 呎。

在山陵與城鎮間有一個洛克塔克湖（Logtak Lake），這是一處低窪的沼澤，怒放的花兒形成湖籬和湖岸。這兒有由九重葛、金魚草，和羽扇豆所圍繞的軍隊平房。湖邊有十來處歐洲人的社區，戰前他們生活中多的是高爾夫球、網球，和獵野鴨。在那條淺棕色的曼尼普爾（Manipur）河邊，有古老的磚牆城堡和一處廢棄的王宮，與建在鎮外白得燦眼的新王宮，和包金箔圓頂的寺廟形成對比。

行政上，曼尼普爾是土著王國，是最接近緬甸的英屬印度軍事基地。在阿薩姆的卡查（Ca-Char）西面，從因帕爾到阿薩姆的英軍總部所在地西恰爾（Silchar），有一條蜿蜒山路可以通達，要翻山涉河過隧道，長達 130 哩。到了五月，進入雨季，河流、沼澤、乾透的殘梗稻田，都變了樣。傾盆大雨使道路成了爛泥，溪澗成了漩渦，稻田變成小湖泊，陽光穿過灰紫的暴風雨雲層，從水面、從廟頂和陡峭山坡的深綠樹林形成反光，構成耀眼的風景。

因帕爾的遺世獨立，隱藏了它的美麗和恐怖，[2] 除了光禿禿的西面丘陵外，環繞著這處平原的，都是滿布翠綠樹林的山陵和深深的峽谷，因為有各式各樣高矮不同的樹木，構成了絢麗的風景。例如鎮外那株巨大的菩提樹，把道路分在兩旁，桃樹高達 20 呎，及成叢的橡樹、麻栗樹、野八蕉，和輕柔的竹子。更有各種不同的花：紫鳶尾花、白茉莉花、褐紅色和金色的非

---

[2] 不是每個人都有同樣的想法，對沙漠兵團的史學家而言，這裡氣候炎熱，多瘴氣有一些馬車道的平原。（O. G. White，*Straight on for Tokyo*. p. 155.）

洲金盞草、紫丁香藤蔓的垂花、斜坡上的棕草、爬上櫻草和紫菀花。一排又一排的梯田，就像多把扇子在山邊展開。這些丘陵和平原本身，棲息了大量鳥類，從普通的鵲鴿、野鴨到迷人的金鶯。洛克塔克湖和沙洲上，多的是可以打獵的鳥：鷸鳥、野鴨和雁。野獸也很多，鹿、狐蝠、大象，偶爾有覓食的老虎或豹；也有各種各類的蛇、孟加拉毒蛇、印度毒蛇都有。昆蟲的生命力更是旺盛，螞蝗、虎斑蚊，還有最低微，卻對人類來說更致命的一種昆蟲，即能傳染痢疾的阿米巴變形蟲。在平原上的東面，便是通往德穆（Tamu）的公路，經過美麗的鄉野，穿過申南鞍部，有一座斑疹傷寒崗（Typhus Hill）見證了這一帶風光的欺人美景。英軍德文郡步兵團（Devon Regiment）官兵 100 人，發現這一處風景宜人的營地。在這裡綠竹砍過還會再生長，可是山丘的老鼠卻帶有叢林斑疹傷寒細菌的蟎；100人中有 70 人遭到感染，15 人死亡。

因帕爾是狩獵者的天堂，也是世上最不可能選作大型戰役的地點。然而，日軍、英軍與廓爾喀軍，卻在一九四四年來到此地，彼此廝殺，成千上萬人喪生。日軍為進攻印度的美夢所驅使，而其他人卻必須要阻止他們。

第二回　黑貓鬥白虎[3]
滴頂（Tiddim）、頓贊（Tongzang）、托邦（Torbung）

日軍第三十三師團計畫殲滅印第十七師，差一點成功。這個計畫採用日軍傳統的包圍戰方式，以前用此對付英軍時總是成功。可是一九四四年二月在阿拉干一戰，英軍改變在馬來亞和緬甸早期作戰的方法，以前老是一受到包圍就撤退，且被迫力戰已通過設置在他們後方的封鎖。如今改成就留在原地作戰，因為他們不再需要依賴公路，所有糧食和彈藥都從空中投降下來。而牟田口廉也中將的計畫，則是一九四三年在日軍能學到這教訓之前所擬定的。

印第十七師駐守在因帕爾以南110哩的頓贊與更往南40哩的滴頂之間。就在頓贊以北，路標109處，有一處大堆集所，儲備的軍用品是為英軍進攻緬甸所準備的。

印第十七師原本不打算停在滴頂戰鬥。第四軍軍長史肯斯中將的戰略中，並沒有想用這支部隊沿因帕爾至緬甸的路上作戰。他計畫當日軍來襲時，全師就要撤退到因帕爾平原，可縮短補給線。用坦克及大炮環繞「堡壘」（因帕爾市區），構成

3　「黑貓」是印軍印十七師的師徽，日軍認得出它，有時候提到這個師為「黑貓師團」。「白虎」則是日軍第三十三師團的自稱，在師團許多軍旗上，就有老虎的圖形。指的是1868年（明治元年）的動亂中，會津若松（Aizu）戰士的一團。白虎是中國風水師在羅盤四方安放的四神獸之一，還有朱雀、青龍及玄武。當時「白虎師團」是一群武士之子，都才十七歲的青年，他們被皇軍擊敗，退進若松堡內，一直到他們認為全堡已失守時，全團20人都選擇自殺。二戰期間，若松為第三十三師團軍區的一個防區。

第四章 劍裂矢盡

堅不可摧的核心,來對抗日軍。那時日軍的補給線就會延伸到極限,攻擊會徒勞無功。不過這個計畫要依靠良好的情報,且對情報作迅速反應,隨後行動又要敏捷。在一九四四年三月的第一個星期中,這些狀況都沒有出現。結果,情報內容是片段的,對情報的反應很遲緩,又推遲了行動,晚得足以使印第十七師陷入險境。

柳田元三(Yanagida Genzo)中將的日軍第三十三師團,派出三支先鋒隊進擊印第十七師,一支中央縱隊,從一九四三年十一月就已經攻占的白堡(Fort White)出發,沿著往滴頂的公路直上。左路縱隊從公路西面的山丘攀登,而在路標100哩處進入公路。右縱隊則從耶瑟久(Yazagyo)出發,沿小徑前進,經過徘杜(Phaitu),到達頓贊東邊,然後向北轉進,要攻占路標109哩處的英軍堆集所。第三十三師團定「Y日」(一九四四年三月七或八日)出兵,比第十五軍主力部隊出發的「X日」早一星期。日軍攻擊時間的差異,誤導了英軍史林姆及史肯斯,他們原已計算出日軍部隊會在三月十五日左右出動。無論如何,史肯斯認為自己的想法是合理謹慎的,史林姆也相信他,讓他決定何時把麾下幾個師往後撤退到因帕爾。史肯斯認為唯有當他確信一個主要攻勢已經開始,才決定發出信號。何時呢?就是當日軍有一個大隊以上的兵力,已經渡過欽敦江,而且向西前進時。

印度第十七師師長「潘趣」考萬("Punch" Cowan)[4]少將的部隊,依然遵照命令行軍前往吉靈廟(Kalemyo),作為重

---

4 譯註:考萬被人開玩笑,認為他長的很像英國傳統木偶劇"Punch and Judy"中的主角 Mr. Punch,故有此一綽號。

行進入中緬甸的初步行動,但他也知道如果日軍對他開火的話,他便向後退。因此他將麾下兩個旅重新集結。[5]

第六十三旅(旅長伯頓 Burton)在甘迺迪峰(Kennedy Peak)與滴頂之間,作為機動預備隊;第四十八旅(旅長卡麥隆 Cameron)兵力只有兩個營和炮兵掩護頓贊及路標 126 哩處橫跨曼尼普爾河的那座橋樑,此橋是考萬從滴頂撤到因帕爾路上的重要連結。印第十七師師部在滴頂。

事實上,很快就出現警訊。廓爾喀步兵第十團第一營(第六十三旅)的斥候,在三月八日見到在滴頂南方 12 哩,很接近木亞朋(Mualpem)處,有日軍渡過曼尼普爾河的行動。他們估計有 2,000 人,[6] 有火炮及軍驟。事實上,那是日軍笹原政彥(Sasahara Masahiko)大佐步兵第二一五聯隊的主力,他們從木亞朋向北前進,經過克普特爾(Kaptel)(當地人將日軍行動向英軍報告),然後前往路標 100 哩處的新格爾村(Singgel),企圖在那裡切斷印第十七師向北移動的路徑。

這時,做為第四軍的眼睛有:一批英國軍官與當地情報員組成的「V 部隊」,以及在日軍戰線後方,或者在兩軍之間活動的其他部隊。他們在曼尼普爾河西邊地區做偵查。倘若有日軍大部隊在公路西邊的丘陵行動,應該會被察覺。但是在廓爾喀斥候的報告之後,沒有持續消息來源證實此事;而且只有兩名廓爾喀兵見到日軍渡河。對這一報告,也就沒有處置。

後來,在廓爾喀斥候報告之後三天,「V 部隊」發出一則電報。聲稱有兩個縱隊的日軍,約有 1,500 多人,在穆納姆

5　Kirby, *War Against Japan*, III , p. 193.
6　Kirby, op. cit., III, p.,193; 但根據印度軍史所記載,只有 50 人。參:*Reconquest of Burma*,第一冊,頁 187。

第四章　劍裂矢盡

（Mualnamu）附近被發現，日軍正向北進。穆納姆就在廓爾喀斥候見到他們的渡河點以北約20哩。「V部隊」的報告在三月十一日發出，第四軍軍長史肯斯中將第二天才接到此報告。立刻又傳來消息，一支強大的日軍兵力，已經接近滴頂（Tiddim）公路路標108哩處。這些報告確實指出是同一支日軍，目標明顯指向路標109哩附近的堆集所，以及越過曼尼普爾河的那座橋樑。

史肯斯中將得到情報後大為驚慌，下令軍部的皇家捷特第九營（9 Jats）的機關槍連去防守那座橋。可是「頓贊部隊」（Tonforce）（考萬師長屬下兩個防守頓贊的營）已經在那裡。皇家捷特第九營便轉而擔任堆集所的防衛，那裡原來只由少數行政單位的部隊把守。那一天是三月十三日，笹原政彥大佐的部隊，在印第十七師生命線西方的高地上出現。史肯斯知道情況危急，便決定派第二十三師的第三十七旅到滴頂公路，幫助考萬的部隊回防。這一下，抽光了「要塞」的兵力，因帕爾境內只剩一個旅。

三月十三日，史肯斯終於下令要考萬撤退，[7]可是為時已晚，日軍業已在好幾個地點越過公路。可是，難以理解的是，考萬不急。他於第二天下午一點才下令撤退，並告訴全師下午五點出發。這是一次龐大的行動，從距離20哩的一個地區，考萬召集官兵1.6萬人，2,500輛車和3,500頭軍騾向北方移動，滴頂已裝設了詭雷，但印第十七師沒受到阻礙，抵達頓贊，這裡卻是一片極其不同的景象。

7　Kirby 在 The *War Against Japan*, III., p. 194., （1961）書中說到，是在13日早上。但在 Evans 和 Brett-James, 在 *Imphal*, p. 114., （1962）書中則說是晚上剛過八點半。在 *Reconquest of Burma*, I, pp. 190., （1958）書中指出是3月13日的二十點四十分。

三月十三日,考萬告訴第六十三旅去掩護頓贊,當時該地正遭受日軍作間喬宜大佐第二一四聯隊的攻擊。頓贊的英軍無法阻止日軍通過這個村落。日軍通過村子穿過叢林向北邊推進,封鎖了公路路標 132 哩處的迪吞姆(Tuitum),位於考萬和曼尼普爾橋之間。

屬於第三十三師團,由作間喬宜指揮的第二一四聯隊,企圖占領印第十七師的陣地。他派出一支兵力,由師團工兵八木(Hagi)大佐指揮,直撲通往因帕爾的主要幹道。聯隊的第二大隊(大隊長小川忠藏 Ogowa Sadao 少佐)攻擊頓贊的南面;第一大隊(大隊長齋藤滿 Saido Mitsuru 大尉)則攻擊頓贊北面的迪吞姆。步兵第二一五聯隊長笹原政彥大佐,指揮柳田元三師團的左縱隊,潛行進入曼尼普爾河右岸山地,直撲頓贊北面,在因帕爾的路標 100 哩處的新格爾村。柳田中將希望在這幾處可以切斷印第十七師退回平原的路。

三月十四日,柳田得到報告,日軍已經包圍印第十七師。喜出望外,他原來對進攻的擔憂,現在得到暫時的緩解。第二天便將司令部向前移往卡姆尚村(Khamzang)。第十五軍總部配屬給柳田師團司令部的參謀藤原(Fujuwara)少佐,確定諸多事項進行順遂,便回到眉苗軍司令部,報告初期攻勢的重大成功。但之後,事情開始變得很糟。

第二一四聯隊第一大隊,由齋藤領兵,負責占領迪吞姆鞍部以切斷公路。部隊在三月十四日清晨抵達,行進途中,大隊的炮掉下懸崖損失了。士兵發現,表土下面便是岩床,無法有效構築工事。到天亮時,他們遭受曼尼普爾河岸與頓贊方面英軍大炮和迫擊炮的射擊,死傷慘重。三月十五日中午,他們擊退了英印軍大約 300 人的攻擊,日落時緊守陣地,不過也只是

勉強守住。齋藤知道明天就無法守得住，便決定進行夜襲。

他的大隊官兵沿著山頂前進，遭到側翼的機關槍猛烈射擊，屍體滾下山谷，全大隊陷入混亂狀態，齋藤和他的傳令兵分散了。他們向南面的聯隊本部前進，其他死裡逃生的官兵，在三月十八日與十九日到達隆塔克（Luntak）；然而到三月二十六日為止，齋藤還是無法掌握所有失散的官兵。結果印第十七師經由迪吞姆撤回。

三月十六日，考萬給第六十三旅（旅長柏頓准將）的命令乾脆俐落：「忘掉那些該死的日軍，保持警覺。」換句話說，要確保印第十七師向北撤回因帕爾的公路暢通。柏頓要求一次空中攻擊，師的炮兵集中火力向日軍轟擊，大炮使用瞄準器再開火。廓爾喀步兵第三團第一營隨之往山頂陣地衝鋒，發現已將日軍大隊消滅了一半。笹原政彥的第三大隊（大隊長末木久Sueki Hisa少佐），受到印第十七師第四十八旅的攻擊，旅長卡麥隆（Cameron）有仇要報。兩年前在錫當橋一戰，他還是廓爾喀步兵營長。橋炸毀時，他不得不把二十年前入伍那天就認識的廓爾喀同袍留在橋的另一邊，一夜之間就急白了頭髮。這次，他並不想再被日軍第三十三師團痛擊，於是對著末木久的大隊進行猛攻。這場戰鬥中，末木久損失了三名中隊長，且大隊有一半的官兵非死即傷。

日軍為了扭轉劣勢，派出戰車第十四聯隊的6輛輕型戰車，在三月二十二日漆黑的夜色中率先挺進。突然間，日軍步兵聽到爆炸聲，6輛戰車都被地雷炸毀了，攻勢停了下來。第二天，在新格爾村北方，入江增彥（Irie）中佐被一架英國戰鬥機炮彈

炸死，[8] 他的死對大隊來說是沉重的打擊。在轟炸後，他們僅存的些許戰鬥意志瞬間化為烏有，官兵都到森林密布的山丘找尋掩蔽。笹原政彥聯隊長倚重入江增彥；其下大隊長中，他最信任的便是入江。入江死後兩天，三月二十五日，笹原大佐接到自三二九九高地末木久（Sueki）少佐發的信號：「本大隊正在焚毀密碼書，銷毀無線電機，決心戰至最後一人。」笹原眼見他整個聯隊面對殲滅，便派作戰參謀片山亨（Katayama Toru）中尉前往第一大隊及第三大隊，下達「玉碎」命令。但他們本打算放棄對公路的控制，在面對這樣慘重的損失下，去封鎖印第十七師是毫無意義。笹原大佐不該下達這項命令，而沒有先詢問師團長。反而發給師團長一封電報，報告發生的情況，並斷然聲稱，一如末木久少佐的所為，他決心戰至最後一人。

但是這份電報收到時發生錯誤，造成誤解，這個錯誤對此戰產生重大的影響。笹原大佐寄出電報後，集合聯隊部官兵，告訴他們自己的作法「最後的時刻來了，一旦敵人發動攻擊，我們要應戰，本人一馬當先，我知道各位會英勇作戰到最後。」他在一個餐盒蓋內倒了一些清酒，淺飲一口，把這杯餞別酒傳給官兵。他們各飲一口時，山坡上，一種像山茱萸的粉紅花到處盛開，上田（Ueda）中尉，一位年輕軍官，想了一下，在山上的花團中死去會是什麼樣？卻不覺沮喪。

柳田元三師團長接到這個電報，但信息內容沒有提到決心奮戰到底，只說笹原大佐正焚毀密碼書，燒掉聯隊隊旗。很明顯的，柳田師團長誤認為他的部隊正遭受全殲中，便把師團通信官找來，告訴他發一封「機密」電報給第十五軍，向牟田口

---

8 戰史叢書（OCH），《因帕爾作戰》，上卷，頁184，說是被重炮炮彈攻擊。

圖 4-2　日軍因帕爾攻略圖

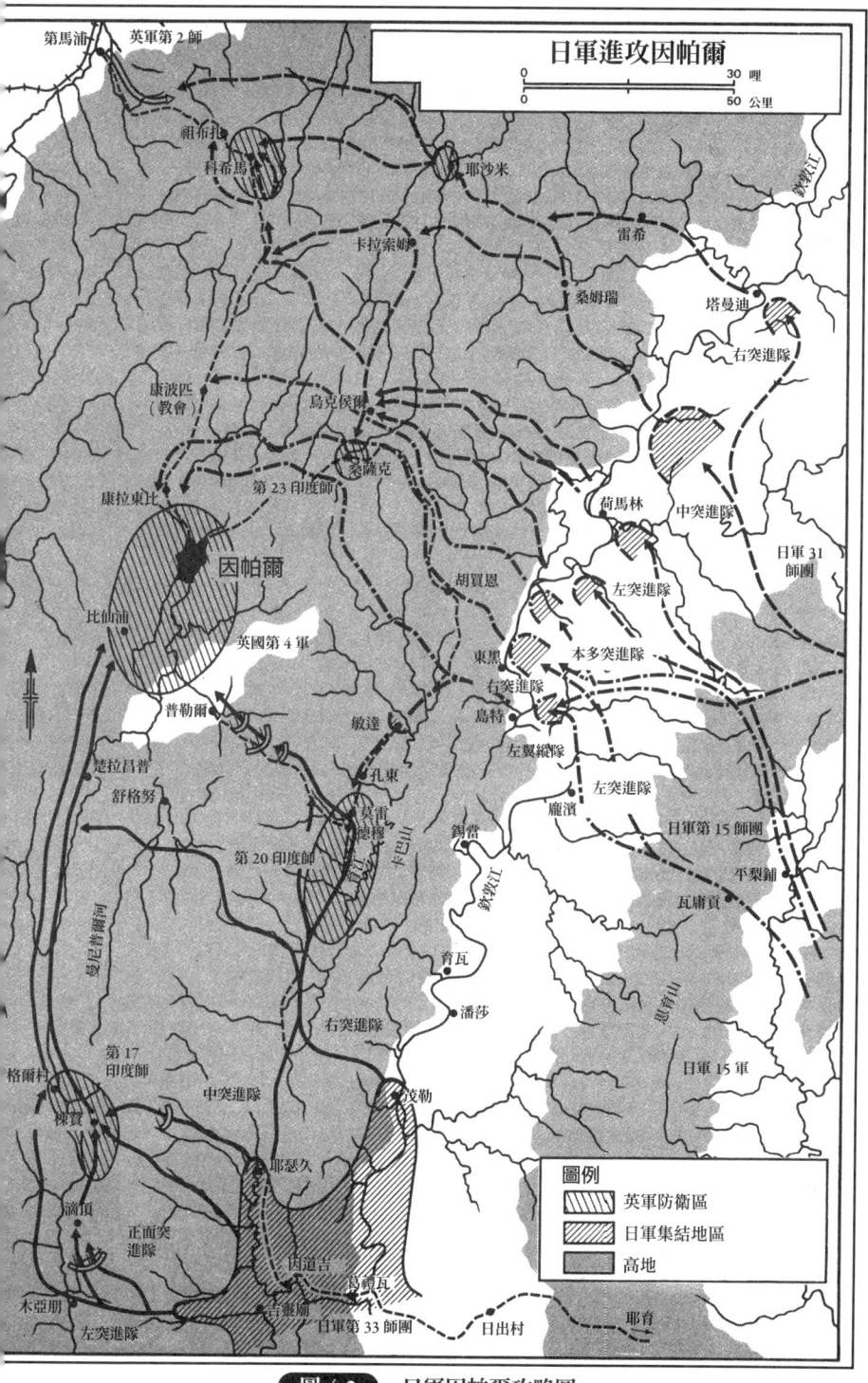

廉也軍長報告:「要在三星期內拿下因帕爾,是不可能的。由於雨季即將來臨以及補給問題,我們將遭遇悲慘情況;英軍空降部隊在緬甸中部降落,已使緬甸防務危急。」牟田口軍長火冒三丈,用盡所有罵人的詞彙,回電給柳田元三師團長要他繼續前進。另外令藤原少佐回到第三十三師團,並督促柳田師團長要遵從命令。

柳田也許看來不穩,副官杉本(Sugimoto)中尉對他的決心,已有了猜疑。師團向卡姆尚村前進中,途經孔雀堡(Fort Peacock),那是第三十三師團幾天前拿下的,激戰過後的痕跡到處可見,守軍的屍體依然躺在酷暑下,腐爛得很快,蛆蟲在屍體的眼珠上爬進爬出。「將軍閣下!看,長蛆了!」杉本大叫一聲。他在中國時為小隊長,對屍體並不陌生;可是柳田卻是頭一次上戰場,他輕瞟一眼,轉頭走過去。稍晚,師團傷亡的人員經過司令部,慘不忍睹滿身是血的身體沾滿泥土。柳田中將把自己關在帳棚裡,杉本認為他承受不了師團官兵的悲慘情況。柳田已和師團參謀長田中大佐爭論起來,杉本聽見柳田在他的帳棚內大聲宣稱:「我是師團長,指揮全師是我的職責!」田中參謀長回嘴說:「我是參謀長,全師的參謀是我的責任,所以由我來執行作戰!」田中是一個強悍角色,非常贊成牟田口軍長,他對柳田師團長接到笹原聯隊長電報的反應氣得抓狂。

事實上,這樣的反應是很魯莽。事態雖然惡化,但末木大隊並沒有遭到殲滅。師團參謀三浦(Miura)當時在頓贊地區,他的卡車上有一部無線電接收機,收聽到笹原發出的信號,從其中,他得到的印象是末木和笹原只是敘述他們決心打下去。可是三浦進入頓贊,情況十分混亂,他進入村莊中央,爬上一

處50呎的高樓,用望遠鏡掃視郊外。頓贊村本來就在高地上,所以視野良好。他見不到西北方的新格爾村,因為被山丘擋住,但朝東方望去,便看到了三二九九高地,至少見到那處高地的西坡,那裡正冒著白煙,還有山炮的反光,末木依然在那邊據守。

在滴頂公路上,這場複雜血戰的詳盡情況,史林姆本人的印象最能概括:「我們的部隊與日軍,像那不勒斯冰淇淋一樣,一層夾一層。」從北數到南,最北是英軍第三十三師的兩個旅、第三十七旅(從科希馬—第馬浦公路地區調來)和第四十九旅(從烏克侯爾地區調來),進逼公路想解救印第十七師。領先的一個旅,在三月十五日,已在因帕爾南邊路標82哩處。其次便是從100哩到109哩(十七師的補給品堆集所)間一片地區,被日軍滲入加以封鎖。然後是堆集所一小支英軍,等印第十七師通過頓贊村,日軍再度進入頓贊村。然後是向北移動的印第十七師,最後面是從滴頂來窮追不捨的日軍。

位於路標109哩處的補給品堆集所是個問題。三月十八日那天,數以千計的非戰鬥部隊離開了那裡,但是留守的部隊無力對抗笹原聯隊的大隊,因而堆集所失守。日軍攻占後,極其開心地報告,他們虜獲了充足的糧食、彈藥和車輛,足夠供給一個師團兩個月份。山頂上的英軍觀測到,日軍坐著虜獲的吉普車,繞著堆集所奔馳。但是曼尼普爾河上的橋守住了,印度第十七師在三月十七日安然通過。這時,英軍第四十八旅進入,為了清除印第十七師撤退到平原的路上的障礙,從頓贊的北方撤出考恩村(Sakawng)到達路標109哩處上的陣地,卡麥隆的部隊在皇家空軍戰鬥機的協助下,在三月二十一日及二十二日攻擊日軍。這些攻擊沒有遇到日機反制,後來在戰場上,

日機只作了一次短暫的亮相（據日軍一名觀測員很嘔的報導「五分鐘」），就再也沒有飛來干預了。英軍的堆集所在三月二十五日又從日軍手中奪回，很多軍品裝備失而復得。

有很多跡象顯示日軍離開很倉促，如沒整理的床、四散的琴酒瓶。更可怕的景象是，發現2具被俘的印軍屍體，赤身裸體被日兵吊起來，用刺刀來作劈刺練習。雖然印第十七師此時對日軍的暴行，並非不習慣，但一名參謀說道：「這是我在整個大戰中，所見最最恐怖的景象。」

在這次激戰中，很明顯地展示了盟軍的空中優勢，從因帕爾來的公路遭到封鎖時，考萬的部隊都由空投補給，而日機僅僅飛越一次。三月二十五日，第五飛行師團被要求與在頓贊附近戰場的日軍合作。要求在中午提出，到了下午，日軍10架戰鬥機及3架輕型轟炸機在上空出現，轟炸曼尼普爾河一處渡河點。日軍十分高興能見到他們想念已久的紅圓點機徽，機群飛來時，快樂得跳上跳下。抓住這個機會，日軍的山炮與重炮同時開始射擊，山炮轟擊頓贊以北的英軍陣地，重炮則射擊英軍隱藏在公路附近的一個裝甲部隊和曼尼普爾河對岸的炮兵陣地。可是，日軍重炮每一門僅有20發炮彈。日機飛走後，英軍炮兵就開始還擊。[9]

三月二十六日，英軍第六十三旅在師隊最後面，渡過曼尼普爾河大橋，日軍聽到一巨大爆炸聲，只見黑煙衝上天空，印第十七師都過了河，便把橋樑炸毀。

三浦回到師團部報告時，發現參謀長田中大佐，由於師團長柳田中將發給第十五軍部那封電報，非常沮喪。田中說：「柳

---

[9] 三沢山炮第一大隊在3月24日晚間，接到各炮300發的補給。

第四章　劍裂矢盡

田師團長的電報建議停止這次作戰，這該死的蠢才。你（柳田）怎麼能展開了一次這樣的作戰，然後又告訴大家，向後轉？牟田口軍長會火冒三丈，當然他會責怪我。」三浦說：「我最好去報告。」「別聽柳田的抱怨！」這是田中參謀長的臨別贈言。[10] 三浦感到疑惑，便到師團部通信室去檢查那份電報，一如他的懷疑，他聽到的內容只發出一半，很可能因為無線電機越過高山峻嶺，回到師團部信號不良所致。總而言之，他見到柳田師團長面色蒼白而悲哀。他嘗試把電報的事說明白。可是已經太遲了，師團長深信「戰至最後一人」是事實，而非決心要戰至最後一人，[11] 幾天以前深具信心的心態已經消失，在如今只是疑慮，以及恐懼手下官兵的損失。也許他已抓住機會，向牟田口軍長道盡了他的真意：這一戰可能會敗。

頓贊之役以後，柳田師團長和情報參謀岡本嚴（Okamodo Iwao）少佐談話，告訴他自己對以後戰況的看法，不知岡本的想法為何。岡本知道柳田急於放緩攻勢，因而感到苦惱。他一走出師團長帳棚，田中參謀長便叫他：「你和師團長談些甚麼？不要聽他牢騷。」田中說得很大聲，目的就是要傳到師團長帳棚裡去，岡本參謀察覺到師團部內不愉快的氛圍，便要求調到前線單位去。

第二天晚上，仰光緬甸方面軍司令部中，河邊中將鬱悶地透過窗戶注視夜空，氣象科已經報告今年雨季可能提早來臨。

10　高木，《因帕爾》，頁70。
11　電報沒有留下副本。三浦回憶說：「聯隊繼續努力完成他們的任務，決心戰到最後一人，燒掉密碼簿及隊旗。」命令用詞日文顯示相反的意思。因為最後漏掉了「戰至最後一人」這是笹原繼續作戰的宣示。另外的說法是，電報被分成兩段，後面那封來的太遲。這是很可能發生的，因為日軍通常不一次發完整電報。

三天前，仰光就下過一次猛烈大雷雨。他轉頭對著參謀長中永（Naka）中將說道：「告訴牟田口，不要讓前線他那幾個師團發呆！」牟田口廉也並不需要催促，他派出藤原少佐要柳田行動，而且要快。「立刻向因帕爾進軍是不可能的。」柳田中將反駁道：「很清楚，敵人正準備對付我們。沒有充足的彈藥、食糧供應和適當的搜索，就發動進攻，那是發瘋。」「師團長閣下，」藤原少佐說道：「軍長的想法不同，第十五師團業已從北方迫近因帕爾，第三十一師團正接近科希馬，您是攻擊的主力師團，如果您不領先進兵，就會使第十五及第三十一兩個師團陷入危險。」

事實上，柳田元三的小心翼翼，在當時非常恰當。笹原大佐的第三大隊（末木久），經過英軍卡麥隆准將的第四十八旅凶猛轟擊後，兵力只剩三分之一；而這狀態正是整個二一五聯隊的情況。藤原少佐到駐在木爾開（Mualkai）的笹原聯隊部，發現在新格爾村四周日軍的折損為軍官20人，士兵250多人，而負傷的官兵是這個數目的三倍；藤原判斷，笹原聯隊的戰力為兩星期前的一半。可是他的工作，就是要說動柳田一定要拚下去。

藤原去見田中參謀長。田中說道：「對所發生的事，本人必須要向軍部賠不是，不過我無能為力。」田中告訴他該師團現在計畫內容：向公路作雙翼夾擊，笹原大佐的聯隊在左，作間大佐的聯隊在右，直到他們進抵托邦（Torbung）。那裡的公路離開山地進入因帕爾平原，就在那裡，他們預測會有一次逆襲，打算以所謂「統制前進」（controlled advance，*tosei zenshin*）[12]的速度推進。藤原少佐聽到這個詞彙，哼了一聲。

12　譯註：「統制前進」是謹慎前進，逐次躍進。

第十五軍的計畫,要求的是一次「快斬」,而不是進兵時每一點都加以檢查確定。藤原知道,柳田師團長不管田中參謀長如何想,他的決定反映了其他參謀所擔心害怕的。該師與印第十七師作戰,官兵都已筋疲力盡。作間喬宜大佐表明對口糧非常堅持,他為聯隊官兵要求吃飯,堅持馬上回到發蘭(Falam)去取米。有人告訴他,可以用在滴頂與沙庫馬(Sakuma)虜獲的麵粉,和罐頭食品湊合湊合就行。他嚐了一口,說道:「做麵條的麵粉,是嗎?」一口拒絕,堅持他聯隊的官兵應該有米飯吃,他絕不退讓。[13] 情報參謀岡本和作戰參謀堀場(Horiba)談話,堀場告訴他,英軍在頓贊,並不因日軍突襲而被擊破。他們留下了補給品,但沒有留下屍體,也沒有留下彈藥,他們也許改向,停在其他地點。而日軍官兵筋疲力竭,在雨中,活著的人就躺在屍體旁,有些人接近自殺邊緣。片山透(Katayama Tooru)大尉有次去看笹原聯隊,聽到一名日兵把步槍抵在胸口,以腳趾頭扣下扳機自殺,不過卻沒有死成。他被抬上一具鮮血浸透的擔架時,向片山說道:「我很抱歉,長官。」片山氣憤地大吼:「你這什麼意思,道歉?」可是眼中充滿淚水。他可見到圍觀的其他人表情,那不幸的擔架事件,並不是唯一想要選擇出局的。

　　日本一些戰史家認為,柳田元三在這個關鍵時刻犯了大錯,無論他對這次作戰的可行性看法如何,作戰一旦展開,便應竭盡全力使作戰成功。他似乎更在乎觀察戰局的發展,而非行使身為上級長官應有的領導。虜獲英軍的補給站,也應作更有效的利用,只交由一名大隊長來處理,這責任也太大了。雖然像

---

[13] 兜島裏,《英靈之谷》,1970,頁156-157。

末木久的大隊陷在窘困中,它又是盟軍四個營的共同目標;但是要記得由於地形的關係,印第十七師的炮兵要攻擊末木久大隊是非常困難,也沒有坦克來攻他,要他守住陣地對抗英軍一星期,有這麼困難嗎?研究因帕爾戰史學者之一的兜島襄,說得很乾脆:「授予該聯隊的責任是切斷敵軍退路,即使這意謂著將會遭受全殲,難道他們就不應該拚命達成使命嗎?」[14]

這些歷史學者的發言,當然成為戰後牟田口為自己辯護的藉口,他回想曾經稱柳田師團長為「失敗主義者」。「該師團終於開始向北進軍,但害怕敵軍的反擊,所以進軍審慎小心。結果使第十五軍的最初計畫,以迅雷之勢攻入因帕爾,變成幻影。如果我是第三十三師團長,即使犯了錯誤,敞開公路,使印第十七師得以退卻。我仍會切入敵軍中,一舉攻到比仙浦(Bishenpur)。如果當時該師團能展現戰鬥精神和膽識,我相信他能追上敵軍,在戰場上主動攻擊。」[15]

要了解牟田口的激憤很容易,可是他並不在第三十三師團總部。一如三浦所回憶:「師團部在山谷裡的公路邊,負傷的官兵沿著公路向後退,無窮無盡地從師團部前經過,而在附近有條溪流。負傷的兵員在師團部停下來喝水,這些人以及身上的浸血繃帶的景象使師團部充滿悲哀,柳田目睹傷兵情狀特別傷感。此外還有件事,因師團部是在山谷中,與前方各縱隊無線電報聯繫時容易斷線。還有入江增彥的死,讓柳田沮喪,也使笹原悲傷。」[16]

終於,筋疲力盡的各縱隊開始移動。笹原縱隊三月二十九

14　兜島襄,《英靈之谷》,1970,頁159。
15　《陸軍戰史集,因帕爾作戰》I,頁187。
16　同前書,頁188。

日，作間縱隊則在隔天。他仍然在等他的大米。第二一三聯隊第二大隊沙子田（Isagoda）少佐，接到的任務是從三月二十四日起，封鎖路標72哩處的公路。可是這個大隊從新格爾村出兵，便遭到英軍第四十八旅的攻擊。最終在四月二日，被迫開放公路。沙子田大隊納入笹原政彥縱隊，在四月六日到四月八日，這兩支縱隊已到達在托邦以南路標38哩處的公路。他們到了因帕爾平原的大門口，卻付出極高的代價，作間大隊官兵已損失了一半。印第十七師雖然火力猛烈，但也同樣承受了重大損失。可是，在四月四日之前，總算進入避風港內了。英軍補給品由飛機空投，傷患飛機後送，依然士氣高昂。「黑貓」們正舔著傷口，準備好要拚第二回合。

事後孔明，說來容易。但整個戰線上的英軍反應遲緩，卻很清楚。英第十一集團軍司令吉法中將，認為似乎沒有急迫需要集結預備隊參戰。史林姆從阿拉干調他的部隊也太慢，或許是因為要確保自己的舊部（第十五軍），在阿拉干防區來一次完全的勝利，因為他之前就策畫要使用數量的優勢壓制日軍。第四軍的史肯斯中將，命令印第十七師從滴頂出發進入因帕爾平原，但命令下得太慢；而且考萬接到命令後，要全師官兵出發，也慢了。

在日軍方面，從因帕爾南邊發動的首次突擊顯示的缺失，敗壞了整個戰役：各指揮階層間根深蒂固的齟齬、組織不全，以及不當的補給系統、過分藐視對手、航空武力無法與盟軍競爭、對俘虜習以為常的殘酷（到末了報應回到日軍本身）、相信「大和魂」會克服物資劣勢。這林林總總在交戰初期全都出現了。

日落落日：最長之戰在緬甸 1941-1945（上）

第三回 申普路拉鋸戰（一）

日本的師團有一種階級統治體系，與對手英軍不同。在中將師團長下，有一個步兵旅團，指揮官為少將，通常由他來指揮從師主力分遣出去的大隊或者縱隊。以第三十三師團來說，它的步兵旅團，由山本募（Yamamoto Tsunoru）少將指揮。依照日軍的習慣，一支部隊如果不用代號命名時，便以部隊長的姓稱呼。的確，部隊可由部隊長姓名，或代號兩種方式來識別。因此第三十三師團最右面的縱隊，稱為山本支隊。與英軍格雷西少將的印度第二十師正面對峙的，就是這支部隊。就火力觀點來說，它在整個第十五軍中是裝備最好的。以步兵第二一三聯隊第三大隊為基礎，及從第二一五聯隊來的第五與第七兩個中隊，還有重炮與中口徑炮、工兵第三十三聯隊以及 30 輛輕坦克，車上共有口徑 7 公厘機關槍 84 挺，和口徑 10 公分加農炮 8 門。打從作戰開始，就將第十五師團的兩個大隊（五十一聯隊第二大隊，與六十聯隊的第三大隊）也配屬給山本支隊。這樣集中火力有很好的理由。山本支隊所要占領的，是從欽敦江進入因帕爾最短的汽車道。它是通過德穆及普勒爾的公路，而座落普勒爾的飛機場，更是因帕爾防務體系中一處重點。

在地圖上，看來好像是山內正文的第十五師團直接對準了因帕爾平原：從東黑（Tonhe）附近的欽敦江渡河口，到康博克匹（Kangpokpi）（日軍稱做「教會 Mission」，因為有個小教堂），再到因帕爾—科希馬公路上的康拉東比（Kanglatongbi），直線距離為 16 哩。可是第十五師團走的路徑，卻是崎嶇難走的鄉間小徑，與格雷西的師為了進攻緬甸而拓寬德穆到普勒爾的

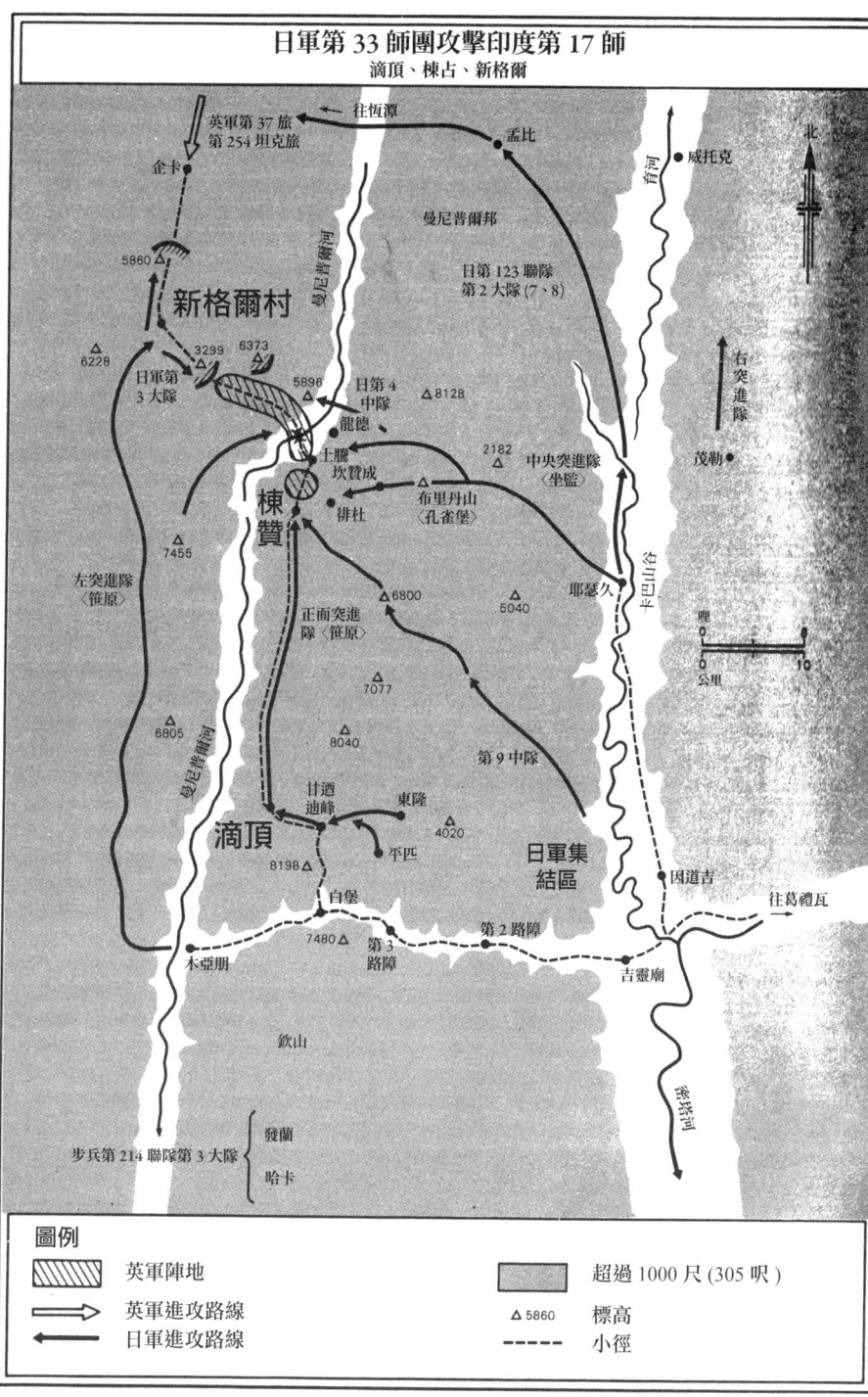

圖 4-3 日第三十三師團進攻印第十七師

公路，不能相提並論。分段來說，山本支隊與因帕爾距離很近：從欽敦江到德穆20哩；從德穆到坦努帕（Tangnoupal）14哩；從坦努帕到申南為4哩，再多5哩就到因帕爾平原邊的普勒爾了，因帕爾市也只在25哩開外。另外一條路，則是自普勒爾向南走，沿著舒加那（Shuganu）山側，經孟比（Mombi），在丁辛（Htinzin）附近與從胡買恩到葛禮瓦之南北向道路會合。

一九四三年年底，史肯斯的策略便是將第二十師推進到欽敦江西岸村落，修築公路，囤積補給品，準備攻進中緬甸。一處大的軍品堆集所設在莫雷（Moreh），那裡有一條從普勒爾來的公路，從山地下降進入卡巴山谷。從一九四三年雨季結束，格雷西將軍的三個旅（第四十二、八十及一〇〇旅）開始在卡巴山上上下下，以及在欽敦江加強密集的巡邏活動。

斥候做得很好，格雷西認為他們在遭遇柳田第三十三師團的刺探時，表現出色。第三十三師團正從耶瑟久向北到卡巴山谷，圖謀那兒的英軍儲備可為他們進攻所用。[17] 所以，格雷西反對明知日軍會突襲，英方卻採取向因帕爾逃跑撤退的策略。他用毫不客氣的語氣告訴史肯斯中將：「為什麼要修建公路和存放補給品，難道只是留下給敵人使用？」

當然，到末了，格雷西還是不得不遵從史肯斯的計畫，但在後面留下了斥候網，由邊防軍第十二團第九營擔任德穆到欽敦江間的巡邏。三月十五日，這個團的沃頓（Walton）中尉，向格雷西發出警訊，日軍正大舉渡過欽敦江。他在東黑（Tonhe）南面欽敦江東岸一處叫邁茶（Myaingtha）的地點，大約下午六點三十分。天色漸暗，他聽到下面有敲打的嘈雜聲，

17　譯註：日軍除了攜帶的牲口，主要補給想靠從英軍堆集奪來。

小船正推到一起，還見到火把光來來去去。他躺在那裡直到天亮，已是三月十六日了，避開日軍的斥候，然後發現自己置身一處有利的地點，那是一塊面積有 20 平方碼，高 20 呎的紅色岩石制高點。

> （他回團的報告）大約在 18 時 30 分，見到許多人向北到岸邊，收集小船。這些船，每船間隔大約 20 碼沿著河岸隱藏，被抬入河中。小船大約 8 呎長、4 呎寬，船頭尖尖的，看上去有架子可以裝船外馬達。天黑之後，有 6 艘小船併在一起，用竹子綑綁，然後把甲板放在上面。長長短短甲板鋪在一起，一頭固定在岸邊，另一頭則讓它隨著江水漂動跨過江面，直到撞到另一側江岸為止。這段江面距離大約 300 碼。幾乎馬上就有一批人，帶著彈藥箱，越過這條橋，接著便是牛、馬群、小馬，和更多的牛。小馬載著看上去很像分解開的山炮，牲口後面跟著大約 100 多人，帶著白色和綠色的箱子，每個人至少來回兩趟……據我所知，這趟運輸大約從凌晨兩點，持續到幾乎天亮。天一亮，一艘摩托艇把這條橋的另一邊拖向上游，回到東岸。在那裡將小船分開，卸下甲板。大約有一半的小船被拖到邁茶以北的沙岸盡頭，分散在江邊。天全亮時，所有的噪音與大多數的動作都止息了。[18]

原來日軍使用可攜式的浮舟橋，白天小心隱藏，以防皇家

18　格雷西文件 Gracey Papers, Liddell-Hart Achieves.

戰鬥機攻擊。沃頓中尉所見到的是日軍第十五師團部隊要渡江，增援在更南方的山本支隊。此時，山本支隊的主力正從耶瑟久向卡巴山谷進兵。三月十四日清晨，日軍的中口徑炮開始轟擊英第九野戰炮兵團的大炮，山本支隊的戰車和步兵突擊由廓爾喀部隊及邊防團把守的威托克（Witok）。守軍聽見日軍戰車很快就撤退，然後在三月十五日清晨，又向北進，紮營在距離廓爾喀部隊周邊才70碼之處。就在這天，卡賓槍團（Carabiniers，團長培帝特 Pettit）的6輛「李式」坦克趕來增援。五天後，救出一些慘遭埋伏而受傷不能動的印軍。培帝特部隊也同樣遭到日軍九五式坦克伏襲，一輛「李式」坦克遭擊中起火。培帝特團衝過日軍埋伏進入一處空地，回過頭來，以坦克炮轟擊埋伏陣地的日軍。日軍步兵竄進叢林，可是他們的戰車卻開不出去。在這種狀況下，他們應該尋求掩蔽物，可是戰車駕駛兵顯然是驚慌失措，想從卡賓槍團的「李式」坦克中突圍出去，結果5輛戰車遭擊中，一輛被英軍虜獲。這是整個戰役中，唯一一次雙方戰車數量大致相等的坦克戰。

可是日軍並沒有退卻。三月十九日，他們在威托克進攻格雷西在莫雷的基地。印度第二十師的計畫，並不是立刻退回因帕爾平原；反而沿著德穆到普勒爾的公路，經過坦努帕，在高5,000呎的申南（Shenam）鞍部擋住日軍。由於這條公路從申南上升，舉目所見都是峽谷、山溝，和峰嶺的壯麗景色。一片綠油油的因帕爾平原便在下面展開，遙遠的地平線盡頭是灰藍色的山嶺。鞍部是一連串複雜的山丘，延伸在申南與坦努帕之間，這些山嶺的外號在軍事史—英軍、印軍及日軍的戰史留名。英軍命名大部分取自地中海一帶，日軍則以幸運攻占的軍官命名。這一帶山丘從西到東為：直布羅陀山（並不依外形而取

名)、馬爾他山、史克蘭吉山、東克里特山、西克里特山和塞浦路斯山。日軍命名的山與英軍相同的是賴馬托爾山(本地地名),有時則以高度為名,如五一八五高地,然後便是矢島丘、屋島丘、伊藤丘、川道丘和一軒家丘。在公路的另一邊有一座山,英軍稱為日本崗,這是對日軍進攻那處山頭凶猛作戰的讚譽。日軍自己則稱那裡為前島丘(Maejima),前島是首次拿下該山頭的中隊長。

一九四四年三月二十五日,格雷西收到一則第四軍參謀本部貝利(K. Bayley)准將自因帕爾發來的短訊。他告訴格雷西,日軍的主力攻擊已過了十天之久,以指揮部的研判,日軍會沿著李潭(Litan)公路,經過桑薩克(Sangshak)前進。日軍如果經過格雷西的守備區,是否會減少對因帕爾的威脅,他不確定。但無論如何,短訊的意思是第四軍要第二十師馳援,而且要快。

格雷西少將回電說,如果從他這個師調出任何部隊,就意味著將立刻撤退到坦努帕至申南的陣地,這樣會毀掉在莫雷(Moreh)建立的補給站。接著,第二天,又寫了一封極機密及私人的信給史肯斯中將,信內流露出他的氣憤:

> 我所奉的命令為防守申南—莫雷公路及其方鎮,雖然我一直受到諸多不同單位的協助——一個戰車連和一些工兵單位——但是請記得,我在山區失去了邊防部隊步兵第十四團第一營,而現在帶了一個「不中用」的馬特拉斯第四團(4 Madras)的一個營。雖然這個營填補了空缺,卻根本沒有作戰能力。而我現在也期望能保持公路暢通;不但要保持公路暢通,還須

防守其中的三處方鎮，我實在無法多抽調一兵一卒回去……。

本師迄今奮勇作戰，所有部隊都已充分了解若必須撤往目前的陣地，是在軍團司令官確切的保證下，在他們的後面，有一支可快速增援的預備隊，可以處理後面的狀況。我們士氣如虹，各處作戰均予敵人迎頭痛擊，全師官兵準備在此死守，這裡是他們的凡爾登（Verdun）。

倘若現在受命協助因帕爾平原，他們會覺得有人在洩他們的氣，這對士氣將是最具毀滅性的打擊。[19]

但格雷西知道，他還是不得不服從，便提出一些替代方案：停止保持公路暢通，只防衛各陣地，棄守莫雷（「一個我痛心承認的失敗」），或者做更遠的後撤，以五個營守住坦努帕和申南。

在莫雷建立的基地，是為供應進兵緬甸兩個師之用，隱藏在申南到莫雷公路左邊的叢林，長2哩半、寬1哩半，畜養了200頭牛，和大量的機油、石油和彈藥。可是從三月十七日起，日軍山本支隊向卡巴山谷接近，第十五師團的吉岡（Yoshioka）大隊自北方接近，有些儲藏所已向後移。三月三十一日，英軍第三十二旅接到命令，在第二天從莫雷後撤，旅長麥肯齊（Mackenzie）准將也和格雷西一樣，寧可停留原地一戰，可是得到的答覆卻是「不准」。麥肯齊想不到辦法，把在地的一切東西都裝上詭雷，這時才想到這一個旅依然還有200頭牛在

19　Gracey Papers, Liddell Hart Archives.

手中,他不能讓牛群落入日軍,如果把牛群從牛棚中放走,牠們也許往東去,預告日軍這項事實:英軍正自從莫雷後撤。因此他要北諾普頓團(Northamptons)派出一名軍屠夫,用刀宰牛(槍殺會驚動日軍)。「血流遍地,蒼蠅飛舞……」麥肯齊想著:「這一來,可以讓日軍對莫雷感到很不舒服。」[20]

終於他下令:「點火!」五分鐘內,濃密的黑煙在樹林間開始升起。日軍開始炮擊,可是第三十二旅悄悄出了陣地,上了往申南的公路,沒有損失一兵一卒,只是破壞了近100萬鎊價值的補給品。

到四月底之前,英軍第三十二旅回到普勒爾擔任預備隊,第八十旅和第一百旅則在申南鞍部山地,據守一連串混凝土的工事陣地。從此處,可以俯瞰5哩開外從坦努帕到普勒爾間蜿蜒的公路。在以後兩個月激戰的過程,大致為:「日軍力求突破山間的防禦網,打出一條通路,攻下了一些山,丟掉一些山。英軍和印軍部隊收復一些山,也失去一些山。後來日軍想打破這個死結,繞過山丘的英軍防禦網,沿著小徑向北方山丘前進,經由叢林小道到普勒爾。四月底,日軍帶著印度國民軍的一個單位,對普勒爾機場進行一次突擊式的攻擊,卻沒有成功。六月份,日軍再來一次,成功地摧毀了地上許多戰機,炸毀一些補給倉庫,可是卻無法奪占機場,最終還是撤退。

20　Evans and Brett-James, op. at., p. 178.

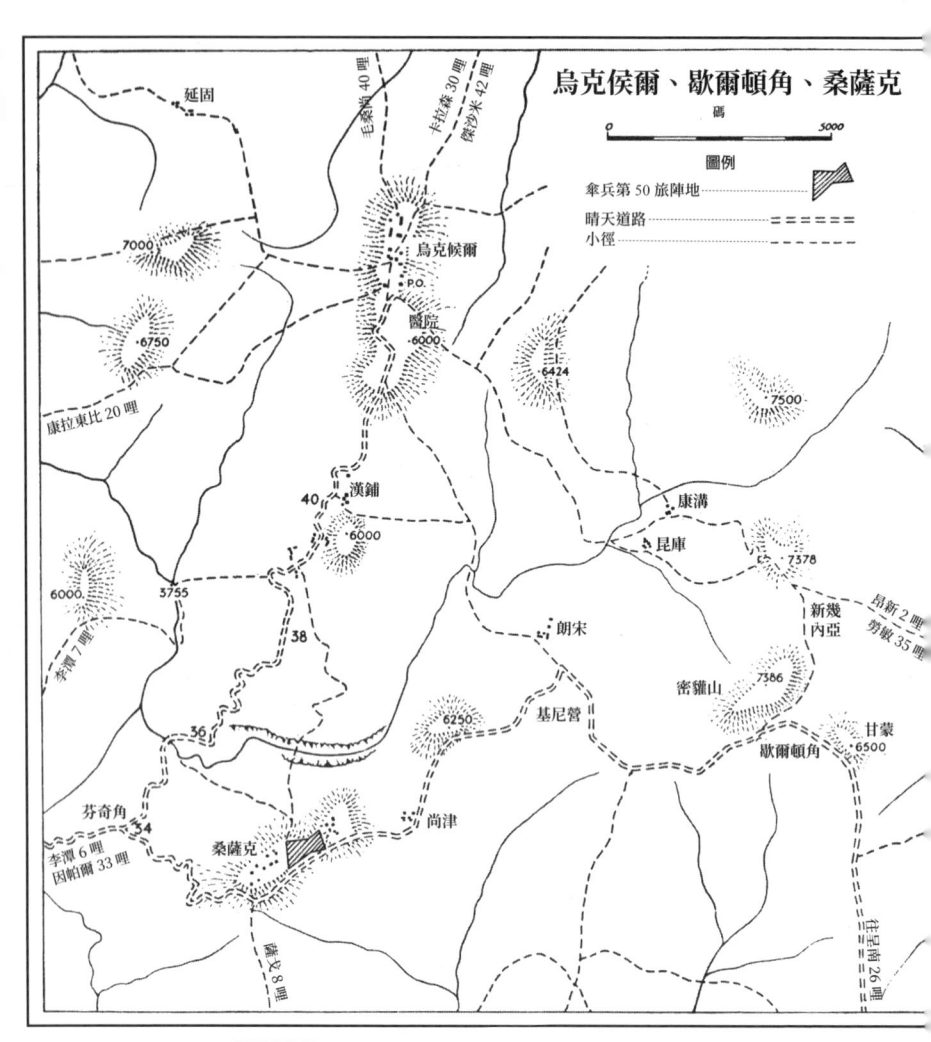

日落落日：最長之戰在緬甸 1941-1945（上）

圖 4-4　烏克侯爾－歇爾敦角－桑薩克三角位置圖

第四回 攻下桑薩克

在因帕爾戰役中的北方前線，最重要的激戰發生在科希馬（Kohima）小鎮。但科希馬戰役，猛烈血腥的開幕戰，發生在桑薩克村。無論參戰的英軍或日軍，起初根本沒料到會在那裡打，即使英軍第四軍已經判斷出，日軍只會派一個聯隊進攻科希馬，因而部署一個掩護部隊在該鎮西邊。在桑薩克的英第二十三師第四十九旅，監視從欽敦江到烏克侯爾的動靜。由於烏克侯爾位於日軍的必經之路，日軍必須拿下它來。烏克侯爾在桑薩克村北8哩，桑薩克在因帕爾平原經過李潭到胡買恩及欽敦江的公路上。

可是印第十七師的處境危急，迫使史肯斯調動第四十九旅南下滴頂公路，救援在頓贊被日軍夾擊下剛逃脫的考萬和部下。史肯斯將幾星期以前，從印度西北部到達科希馬地區的印傘兵第五十旅的3,000人調來替代第四十九旅。傘兵不再擔任空降作戰角色，而必須下來與他們並肩作戰。

傘兵第五十旅旅長為霍普・湯姆森（M. Hope Thomson）准將，當時年方三十二，比溫蓋特年輕十歲，也缺乏溫蓋特的作戰經驗。傘兵旅轄兩個空降營，傘兵一五二營（廓爾喀族）和傘兵一五三營（印軍）；此外還有一個中型機槍連、炮兵、工兵和一個野戰救護班。湯姆森接到調動命令為三月十五日，日軍渡過欽敦江的前五天，可是他缺車輛。當他的部下才剛就位就傳來消息，日軍已在東面的山地現身。

三月十四日，第五十旅的第一五二營（營長霍浦金斯 P. Hopkinson 中校），在主力之前抵達桑薩克，然後第四十九旅

就離開了，留下馬哈拉塔（Maharatta）輕步兵第五團第四營（營長特里 Trim 中校），以及尼泊爾軍的兩個連。湯姆森旅長將馬哈拉塔營調到桑薩克村北面的基尼營（Kidney Camp）作預備隊，由第一五二營接收他們的陣地。他派兩個連前往，一個連到七三七八高地，掩護烏克侯爾（Ukhrul）附近，另一個連則到桑薩克村東面約 6 哩公路的分岔點歇爾敦角（Sheldon's Corner），機關槍連則在烏克侯爾。

三月十八日下午，有那加族人從東邊 10 多哩的普欣村（Pushing）來桑薩克村。日軍已占領了他們的村子，正向西進。第二天早上，一名偵查隊軍官計算大約 200 名日軍正向桑薩克前進，但在歇爾敦角的特里營長和霍普金斯則判斷，日軍兵力為一個大隊，多達 900 人。

三月二十日早晨，日軍攻擊在七三七八高地的 C 連，連內唯一生還的英國軍官，把連內士兵─只剩下 20 人─撤到歇爾敦角。

第四十九旅副旅長亞伯特（Abbott）上校從桑薩克走到歇爾敦角，與霍普金斯營長商談。這段距離長達 9 哩，在溽暑炎熱中又走回旅部。他說服了湯姆森旅長，告訴他把旅內兵力分成小股去防守各丘陵的邊緣是自找麻煩。湯姆森接受副旅長的建議，開始將各連調進集中。[21] 到了三月二十一日，部隊大半到了歇爾敦角，不過，中午前後，霍普‧湯姆森來了電報，要他們退到腎臟營。剛好，霍普金斯已經要求空投糧食、飲水和彈藥，而這一道命令並沒有取消，天色漸暗時，這些補給品從天空拋投下來，而部隊在這個時候正準備出發，可是他們不能讓這些空投補給品被日軍撿走，不得不將所有的新彈藥全部炸掉。

21　Evans and Brett-James, op.cit..

他們因酷暑行軍，又扛著沉重裝備，抵達桑薩克時各個筋疲力盡。下午四點三十分，知道日軍正從烏克侯爾向南進兵，撲向他們，並且截斷了經由李潭（Litan）退回因帕爾的公路。霍普・湯姆森便決定在桑薩克固守，在這裡他可以對付從東面接近的日軍，這裡看來是一處好陣地，在一座草長花覆的丘陵末端，有個空的村子。北端一座美國人傳教的教堂，可以俯瞰山下。

　　湯姆森這時一反常態，以往他將麾下兵力分散各地，這時則徹底集中，進入一處長800碼、寬400碼的地區。他集結了三個步兵營、二個尼泊爾連、一個迫擊炮連、一個山炮連和野戰救護班，共有官兵1,850人。不只是人，也有駄載山炮的騾子。當然，這是集中戰力，但也有弱點；更糟的是，開始挖掘戰壕的士兵馬上就發覺了，這裡的岩盤僅僅只有3呎覆土。一旦日軍以火炮及迫擊炮開始攻擊，不會錯過這目標。湯姆森自己選擇的地區，四周竟缺水，在以後的日子裡，他對這種情況感到痛苦、悔恨。

　　戰鬥發生在擁擠的場地，日軍一發炮彈，打中了距旅部戰壕僅僅10碼的一門迫擊炮，炸得血肉橫飛。另一次攻擊，日軍衝進了炮兵陣地，結果兩名炮兵連長戰死。這一仗快結束時，在旅部附近的戰壕中，躺了300名左右的傷兵，重傷的人只有注射嗎啡，因為這處戰地太敞開不能進行手術。飲水漸少，而空投的降落傘落在敵軍內，守軍只能喝大雨過後留在水坑中的髒水。他們的口渴，勝過對被血跡與泥沙所汙染雨水的厭惡；睡覺根本不可能，有些官兵在火炮轟擊中筋疲力盡倒下。

　　霍普・湯姆森旅長在三月二十二日見到一支隊伍從烏克侯爾那條路上行進，自然而然以為是本旅的第一五三營從桑薩克

撤退回來；事實上卻是日軍第三十一師團步兵第五十八聯隊第十一大隊，指揮官為長家（Nagaya）大尉。名義上是長家，實際上這支隊伍的指揮官是宮崎繁三郎（Miyazaki Shigesaburo）少將，是以第五十八聯隊為主的第三十一師團（佐藤幸德師團長）的步兵團長，與長家大尉同行。長家為什麼突然從烏克侯爾改走小徑，而不是向前直趨科希馬？宮崎便是原因。

桑薩克根本不在宮崎作戰的範圍內，而是被劃給第十五師團的任務。該師團的左縱隊步兵第六十聯隊（大佐 Matsumura 松村）要在康博克匹（Kangpokpi）、康拉東比（Kanglatongbi）兩處，切斷因帕爾到科希馬的道路，桑薩克恰在途中，必須拿下。在他進軍路線南方只有10哩處，出現一支兵力可觀的英軍，宮崎覺得不安。儘管他知道第十五師團會應付，但他們似乎進軍緩慢。三月二十二日，他接收到軍長牟田口給第十五師團司令的電報：「貴師團前進遲緩，甚憾，希望不要躊躇，要勇敢進兵。」聽起來似乎他們需被催促。

相反的，宮崎自己的部隊則士氣高昂，而且第二大隊一股作氣，打垮了烏克侯爾的英軍。他從情報官濱哲郎（Hama Tetsuro）中尉那裡，得知桑薩克的英軍兵力為一個旅，他自認能夠擒住他們。他派出一支中隊，從桑薩克後面繞過，封鎖因帕爾公路，阻止援兵，等到他們的聯隊與山炮趕上他時，便決定攻擊。

長家大尉（Nagaya）要求宮崎少將，不要等待山炮到來。他向宮崎懇求：「進行夜間攻擊！」宮崎准如所請。長家既勇敢又活力充沛，覺得在戰術上越早攻克桑薩克越好。

三月二十三日凌晨一點三十分，長家大尉的第八中隊中隊長中（Naka）中尉，後有第五與第六中隊緊隨，奔向英軍傘兵第五十旅的陣地。可是，人的速度無法對抗火炮支援，這是一

第四章 劍裂矢盡

次可怕的失算。英軍霍普・湯姆森准將那個旅，有山炮和 3 吋口徑迫擊炮，總計 46 門。日軍攻擊基於一項簡單的信念：「戰力靠士兵」，英軍密集的炮火，使得中中尉後退，但忽又縱身向前，揮舞軍刀，大叫：「衝啊！」他一手拿劍，劈了 4 個印度兵，正當他要揮刀斬落第五個時，他的身體被機槍子彈和炮彈碎片炸成重傷，「別讓中隊長倒下！」小隊長大叫。第八中隊士兵把手榴彈擲向英軍陣地，同時持著輕機槍掃射。英軍特里中校還記得，當他聽到日本兵互相鼓舞的大叫時，心中充滿了恐懼。那種尖叫聽上去不像是人聲。不過，恐懼並沒有止住傘兵第五十旅反擊日軍的火力，在硝煙與子彈的呼嘯聲中，長家大尉第八中隊的官兵，一個接著一個倒下去。長家命令第五和第六中隊加強攻擊，可是英軍火力將他們擊退。中中尉的死，使得長家心緒錯亂，便告訴副官龜山（Kameyama）中尉接替指揮，並說：「我一定要找到他的屍體。」一邊說，血一邊從他下巴中彈的傷口流出來。可是黎明帶來了英軍飛機到桑薩克上空，龜山知道已不可能再度攻擊了。

白天的情況不同，運輸機在上空轟隆隆飛過，數以百計的彩色降落傘落入日軍手裡。他們知道傘色的含義：藍色為口糧，白色為飲水，紅色則是彈藥。日軍得手這些他們稱為「邱吉爾口糧」，都好開心。這時，廓爾喀兵進行攻擊，支援他們的，不僅是霍普・湯姆森准將的炮兵，還有為運輸機護航的戰鬥機。日軍擊退這次攻擊，卻付出了代價。第五中隊長齋藤中尉負了重傷，第六中隊渡邊中隊長在搜索英軍陣地時，被一發迫擊炮碎片炸斷了頭。

三月二十四日，第六中隊成功衝進山區的西南角，第二大隊長家大隊長與他們一起穿越周邊陣地。正當他們衝進敵人戰

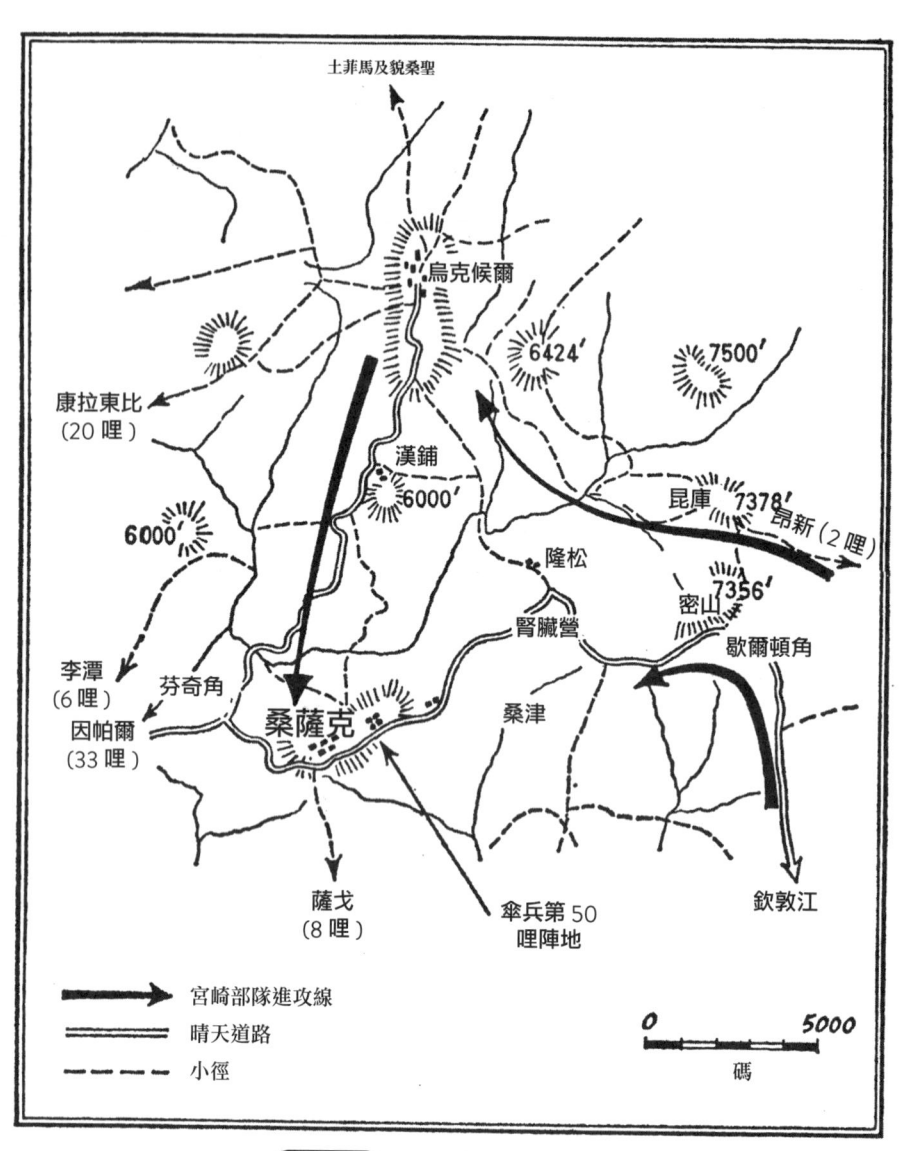

日落落日：最長之戰在緬甸 1941-1945（上）

圖 4-5　1944 年 3 月桑薩克戰役

線時，兩枚手榴彈落在他和副官附近，龜山中尉狠狠踢走一枚，飛了出去，自己撲向地面；長家大尉撿起另一枚手榴彈，向前面拋了出去，大吼：「衝啊！衝啊！」他們守住了占領區，可是，當英軍炮火彈幕落下，就無法再前進了。

宮崎的第三大隊抵達戰場，由島之江（Shimanoe）少佐指揮，和第五十八聯隊聯隊長福永（Fukunaga）大佐同行。宮崎在桑薩克北方的高處，注視這場激戰，下令島之江立即攻擊。可是這支大隊官兵，卻在英軍陣地前就停頓下來。

所以戰爭持續著，最重的打擊是長家的第二大隊。在逆襲後的攻擊中，大隊官兵死傷400多人。長家清點大隊內所剩無幾的中隊時，兩眼血紅，自責的苦楚，以及疲憊的摧殘，他知道自己這支大隊，幾乎已不能成為戰鬥部隊了。有好幾次，他到了發瘋的邊緣。

霍普・湯姆森回憶，他受到人屍與騾屍腐爛臭氣所困擾。山坡上遍布著狼藉的腐屍，不論敵軍、友軍，都無差別的在炎陽下一起腐爛。三月二十四日的空投補給，拋下來的是口糧和彈藥，卻不是飲水，而水卻是最急需的補給品。三月二十三日，英軍已經限制官兵一天一瓶飲水，到了二十四日，更需要限為每兩天一瓶水，在印軍與廓爾喀士兵間，為了找水打起架來。守軍缺乏睡眠，神經緊張到了極點，可是卻得不到休息。到了三月二十五日晚上，日軍又從新方向對他們開始炮轟。

炮火來自桑薩克的東面，不是宮崎部隊，而是配屬第十五師團第六十聯隊的野戰炮兵第二十一聯隊，東條（Tōjō）中尉所轄的兩門老山炮。換句話說，奉命該先占領桑薩克的日軍，已經抵達戰場。

事實上，三月二十三日上午，第六十聯隊到達桑薩克村東

面一處，聽到了步槍與炮聲，以為一定是第三十一師團在進行攻擊，聯隊長松村大佐，便告訴第三大隊長福島少佐，去支援這次攻擊。

不過福島（Fukushima）少佐是一位凡事求全的人，他不像長家大尉那樣像隻鬥牛一樣衝動。他告訴手下的中隊長，先研究一下他們攻擊的方法：「先搜索，直到你對自己的地形確定了。你們是進行戰鬥的人員，所以一定要弄清楚。」由於桑薩克村東面是濃密不見光的森林，他們慢了下來，而且夜間只靠羅盤行軍，意味著他們會迷路。三月二十五日早晨，他們到達一處，在這裡可以見到山上的桑薩克村，也望見東條兩門山炮的彈著點，對準霍普‧湯姆森傘兵旅的一處又一處的工事，精確地加以轟毀。福島下令，要在三月二十六日剛剛拂曉以前進行攻擊。他計算了一下，他和桑薩克只有一道山谷的距離，全大隊很高興地進入叢林上路，這才發覺山谷出乎意料的濃密，而且在樹木下，一片漆黑，甚至看不見指北針上的數字。整夜他們披荊斬棘通過叢林，到他們出林，天已破曉。他們距英軍傘兵第五十旅的陣地，僅僅只有200碼。

桑薩克村那些疲乏但很警覺的英國守軍發現日軍，立刻以猛烈的火力把日軍困住。聯隊長下令福島少佐把攻擊推遲二十四小時。同時，福島也決定，他的攻擊應與第五十八聯隊福永（Fukunaga）聯隊長的計畫協調。假如他要在三月二十七日拂曉攻擊，就不能讓自己的部下，受到桑薩克山另一側福永聯隊的射擊，他叫淺井（Asai）中尉去連絡第三十一師團。「你要與福永聯隊長當面報告，不是他的部下，懂嗎？要務必做到。」淺井中尉帶了五名士兵，前往桑薩克北面的高地。

那裡沒有福永聯隊長的身影，因此淺井決定聯繫最高指揮

官宮崎繁三郎少將。他吞吞吐吐的報告福島的攻擊計畫，但宮崎少將在野戰電話中破口大罵：「你們是怎麼回事，難道不知『武士情』意思嗎？」令他震驚。

宮崎正在為年輕軍官的逝去傷心，第十一中隊的每一名小隊長，都在三月二十六日黎明的那場猛烈戰鬥中戰死；而此時，第十五師團的人，卻精明地決定，要推遲他們的攻擊。中隊長西田園（Nishida Susuma）中尉也已負傷，[22] 而突擊隊150人，現在剩下20人。

宮崎並不是氣憤淺井要在戰場缺席。情況比較複雜一點，第五十八聯隊聯隊長福永大佐，就在那時策畫一次最後的總攻擊，攻克桑薩克村，他要手持聯隊旗，率領現在僅有一半兵力的第二及第三大隊。宮崎少將要讓他們享有這次突擊的全部光榮。因為在他眼裡，他們是這一戰當然的先鋒，他沒時間等候戰場上遲到的人：「福永大佐要手持戰旗進入桑薩克！你們不知『武士情』的意思嗎？」他重複用上這句剛才說過的成語，這是一句眾所皆知的武士用語：「武士の情け」（bushi no nasake；武士的情），「那薩克（情け）」意思為同情、憐憫、可憐和袍澤情誼，是一名武士對別的武士置身困境時的一種感受和本能的直覺。宮崎告訴淺井中尉，他不會讓第五十八聯隊為了本身榮譽作最後光榮一戰，而受到其他單位的妨礙。「去吧！告訴松村（Matsumura）大佐，倘若我們今晚攻占桑薩克，我會讓他得到他要的戰利品：彈藥、口糧，不過如果我們在凌晨六點還沒有拿下，他便可認定第五十八聯隊已被殲滅，可以

22　西田園中尉在平成七年擔任全緬甸戰友團體，聯絡會議會長。步兵第五十八聯隊戰友會名譽主席。

做他任何歡喜的事。『武士の情け！』」宮崎少將說完「布希諾那薩克（武士の情け）！」便把電話掛斷了。

當天晚上，戰地下起了雪。步兵第五十八聯隊是來自日本北部新潟的部隊，對雪習以為常，在印度下雪他們覺得好神奇。士兵感覺雪從他們鋼盔上流下來，他們仰望天空，湧上一股濃濃鄉愁。其中一個說道：「雪從越後（Echigo）來與我們相會呢。」他們在等待命令攻擊時，嘴巴張得大開，吞下那些飄落的雪花。

宮崎少將凶狠的斥責，使淺井中尉很沮喪，但心中相當鎮靜，與第五十八聯隊部的軍官確定攻擊的細節，在凌晨四點鐘回到自己的大隊部。

松村大佐聯隊長和福島少佐大隊長兩人，都認為宮崎少將的態度古怪，但他們決定按照大隊的攻擊計畫實施，在凌晨四點三十分出動。可是他們發現桑薩克村空空如也，只除了留下屍體和奄奄一息的人。（原來英軍）霍普·湯姆森准將接到第二十三師的命令，要在前一天的下午六點撤出。最後決定是在晚間十點三十分才離開，由特里中校的馬哈拉地第五團第四營擔任後衛。湯姆森准將因為作戰疲勞，瀕於崩潰的狀態中，他帶了旅部一支小特遣隊離開，抵達因帕爾，立刻被診斷為精神分裂，住進了醫院。

射擊停止了，桑薩克村一片寂靜，日軍派出一名軍官斥候，去看看為什麼一切都突然靜悄悄。他們回報，村內已無敵人。

長家大尉衝上山頭，以發瘋的眼睛，到處找尋第八中隊官兵及中（Naka）中尉與馬場（Baba）中尉的遺體。山上的景象恐怖，燒焦的教堂廢墟俯視著枯草與所剩無幾的樹木。拋棄的武器到處都是，還有四處散布的炮彈碎片。白色的英軍屍體與

第四章 劍裂矢盡

棕色或黑色的印軍屍體躺在一起,暴露在太陽下,或一堆一堆在散兵坑裡。屍體有的腹部鼓起,或是沒有腦袋,躺在腐爛鼓脹的軍騾之間。

長家大尉和中隊官兵走過所有這些屍體,把屍身翻過來,找自己認得的同袍。他到處都看不到中中尉的蹤跡,便詢問俘虜的印軍。他們跟他說,有一名日軍軍官,因為勇敢,被一名英軍營長命令下葬,他們把地點指給長家看。他便叫士兵開始挖掘。果然沒錯,中中尉躺在裡面,他的軍刀沒被搶走,與他埋在一起。

宮崎少將上了山,向日軍的屍體鞠躬,雙手合十:「謝謝你們。」他喃喃自語:「你們幹得好。」他向中中尉屍體敬禮,然後迅速轉向殘存的日軍。將英軍傘兵第五十旅留下來的罐頭食品、香菸與威士忌酒加以分配,戰場加以清理。還有其他戰利品,從桑薩克和一直到欽敦江各處軍品堆集所,日軍得到了有30輛以上載重車、40輛吉普車、50具無線電發報機和5輛大卡車。五十八聯隊損失500人,但是藉著虜獲的武器、燃料,他們的作戰能力增加了。對宮崎和他的部屬,至少在當時是如此認為。三月二十八日,他又下令開始前進科希馬,可是得失的計算並不這麼簡單;在傷亡官兵中,有一半是第五十八聯隊第二及第三大隊的人員,包括中隊長與小隊長。這一次損失對科希馬一戰具有影響,更重要的是,耽擱抵達科希馬的時間。桑薩克一戰,英軍傘兵第五十旅被打得七零八落,但是卻使宮崎少將延誤了一星期。而時間很緊迫,這一週對英軍來說是無價之寶。它使得一支七拼八湊的駐軍,進入科希馬。也給了史肯斯中將時間,以空運印軍第五師,從阿拉干進入因帕爾平原。即使宮崎並不知道這一點,這段時間讓史肯斯拿到了日軍攻占科希馬,

以及往南進入因帕爾公路的計畫。

在攻擊的第一波，一批年輕步兵軍官，勇敢衝過英軍第五十傘兵旅周邊陣地，其中一名攜帶內含註記之地圖及計畫的檔案夾。當霍普・湯姆森旅長的旅部拿到之後，交給一名略懂日文的緬甸人，足以使他知道這些文件的極大重要性。旅長決定，值得冒險派一名軍官將這些文件後送到史肯斯中將那裡去。因此將地圖加以複印，一份給情報組的情報官，另一份給旅部情報官。天黑後，兩名軍官冒著途中被俘的危險，從桑薩克將文件送到軍司令部。文件中顯示，史林姆與史肯斯兩名將領，原先對牟田口的科希馬計畫都猜錯了。日軍派第十五師團越過山地，在「教會」與康拉東比兩處切斷因帕爾公路，這點是預料到了；但卻不是原先猜想的一個聯隊，而是整個第三十一師團，圖謀的是科希馬。在這一戰的初期，這是一份無價的情報。[23]

第五回 申普路拉鋸戰（二）

第十五師團增援山本部隊的兵力，是從與欽迪（Chindits）

23　對於宮崎少將決心先攻桑薩克是否正確，在日人中，至今仍有不同意見。此外他獨斷專行，拒絕第十五師團第六十聯隊的援助，也是一項爭議。毫無疑問，第六十聯隊的進兵好整以暇，而第五十八聯隊承擔了這一戰的主力；不過東條中尉的火炮予以協助，加上第十五師團的步兵，才達成了對英軍陣地的包圍。日本官方戰史發覺，必須在對桑薩克的敘述中，加上作者的一項附註，對指控宮崎少將蠻橫的占用第十五師團一事，加以洗雪。宮崎在科希馬的成就，後來升任阿拉干以及伊洛瓦底江的第五十四師團長，顯示出他不但是一員勇敢而且是不自私的將領，對於他截收牟田口軍長給第十五師團長山內中將，申斥他在科希馬至因帕爾公路上進兵耽擱的電報，認為這項動作很合理。當時英軍就近在南方10哩，宮崎當然要先消滅這項威脅（不能讓第十五師團離開），他成功了，可是，冒了耽誤進兵科希馬的險。為這個冒險，他付出了代價。

第四章　劍裂矢盡

對抗作戰中抽調而來。武村（Takemura）少佐的這個大隊，在茂盧（Mawlu）停止了與卡弗特（Calvert）的對抗，順著伊洛瓦底江遠達耶育（Yeu），然後渡江到葛禮瓦（Kalewa）。他帶著官兵400人，但運輸的馱畜和一些重武器還在路上。在印度西朋（Sibong）[24]會見軍副官，一起坐車到查姆爾（Chamol）軍司令部。他從車窗中，可以見到很多山頭的炮火，也聽到鄉野間的聲音根本不像有戰爭，猴群奇怪的嘰嘰喳喳聲，偶爾還有山丘深處的虎嘯。在他腦中，也縈繞著往西朋路上，路過的印度國民軍部隊的影像；當他們走在印度土地上，充滿狂野的熱情，把步槍高高舉起，大喊：「印度萬歲！向德里前進！」這些部隊是基乃（Lt. Col. M. Z. Kinai）的印度國民軍第一師游擊第二團，也配屬給山本部隊，很快就會加入武村少佐的戰鬥。

「我們在前線的主力，已經到了最慘的狀況。」當武村報到時，這是山本給他的歡迎詞。「第二一三聯隊的伊藤（Ito），

在另一方面是，遭人指出，對桑薩克的報導，大多數基於步兵第五十八聯隊的紀錄，以及這個光榮聯隊成員的回憶錄，這些已經阻礙了其他說法的流傳。日本的軍史學者伊藤桂一，在他的《士兵觀點的陸軍史》（東京，1969年）一書中，有一節，標題為「桑薩克的神秘」（頁303-6）。在這一節中，他寫出關於第十五師團第六十聯隊：「1944年3月22日晚上，宮崎少將的部隊抵達桑薩克，而松村的部隊在23日上午抵達，晚了一天，松村大為吃驚，宮崎在一條錯路上，從北面攻擊桑薩克，但立即部署聯隊火炮及野戰炮加以支援。同時，他也使內堀大隊從南面攻擊，結果印軍傘兵第五十旅，受到來自北面（宮崎）、東面（松村）和南面（內堀）的攻擊，因此，已被日軍包圍，被迫在3月26日撤退，內堀大隊俘獲了敵軍約100人左右。因此，第十五師團聲稱，該師團在桑薩克大敗英軍一役，的確擔任了重要角色，同時也爽快承認步兵第五十八聯隊壓倒性的地位。」但在另一方面，它提出下列疑問：
一、為什麼宮崎少將由於在桑薩克五天的戰役中，從烏克侯爾向南反轉，改向科希馬行進，有了生死攸關的耽誤？
二、戰後，為什麼宮崎指責松村判斷錯誤？
三、為什麼第十五師團的貢獻竟然被忽略了？
自第十五師團退伍的人都知道，如果單由他們自己（原本打算如此）進攻桑薩克，至少需要五天，會造成大量傷亡。宮崎應先攻擊，對他們是有利的，但最終他們沒有如願占領桑薩克。

24　譯註：西朋在印度曼尼普爾邦。

不注意我所說的話，我只告訴他，攻克敵軍陣地；他去了，舉起軍旗，結果每一個人都死了。」山本對武村大隊到來非常高興，打算立即重用：「你要參加明天拂曉的攻擊。」山本告訴他：「你們由光井（Mitsu）中佐指揮，他是重炮兵第三聯隊聯隊長。」武村下一步便是去光井聯隊部，光井便把射擊計畫給他看，以及他所知道的英軍陣地，給了一個目標。武村可看出光井中佐不論他可能是多麼專精的炮兵，卻對在戰場上如何指揮一個步兵單位毫無所知，只是隨意的下命令；而自己卻在2、3哩之外的安全區，敵人炮兵射程之外。「你的大隊明天早上參加攻擊四五六二高地（通稱伊藤山）。」這就是他的命令了。「我的官兵現在還在從西朋到坦努帕行軍中，」武村抗議道：「他們還沒有在我的指揮下。我想天亮後偵察那一地區，有時間就準備這次攻擊。」「絕對不行，」光井責備他：「立即攻擊！」武村離開聯隊部，心如刀割，在叢林中等候他的大隊到達。天氣變冷，霧似乎穿透了皮膚。然後天空變成了魚肚色。霧消散後，普勒爾的英軍陣地，幾乎就在咫尺之內。

　　除非他知道英軍陣地是甚麼情形，否則不可能有立即的攻擊；他不理光井中佐，先要自己搞清楚。他帶了一隊斥候出發，沿著公路下面前進。不久後，他聽見引擎聲與履帶聲，一種有節奏的咆哮，似乎在爬動，攀上了坦努帕公路，那是上田信行（Ueda Nobuo）大佐第十四坦克聯隊的戰車。武村和斥候隊數了數有12輛，沿著公路散開，這時似乎有些不對勁，領先的戰車向右轉，在幽暗中，一連串光點對著它奔過去。就在這一刹那，傳來英軍陣地戰防炮的射擊聲，金屬爆裂的噪音，在山谷中迴旋，碎片颼颼地在斥候隊上空飛過，戰車停止前進。

　　顯然這就是武村這個大隊要參與攻擊的一部分，而發生的情

況既簡單又悲慘。原有的地形險峻，使日軍這 12 輛戰車無法駛出公路。它們往上衝向英軍陣地時，大炮及戰防炮便對著這支縱隊射擊。領先的那輛九七中型戰車，一下子便遭摧毀，戰車中隊長重傷，在他後面的戰車都停住了；第二輛戰車沒有時間還擊敵人的射擊點，反而成為被火力集中射擊的目標，戰車聯隊長企圖將他的戰車群救出來。英軍對日軍這支戰車縱隊上上下下轟擊了二十分鐘。日軍這次攻擊放棄了，戰車後撤，聯隊長上田大佐不想讓他的戰車在公路上動彈不得，被敵人戰機逮到。

第二天早上，上田大佐奉命到支隊司令部。山本募支隊長大怒：「你這孬種！」他責備上田：「昨天你為什麼撤退？」對上田來說，這是一次前所未有的指責，他的氣上心頭來，但壓制了脾氣，說道：「在戰鬥中運用戰車的方式是當戰鬥一結束，便回到原出發點，這就是原則。」山本支隊長一點也不感興趣：「如果你們害怕敵機，你們裝了戰車炮是為了什麼？用你們的炮把它打下來！」上田反駁道：「我們轉動炮塔時，他們就撲上我們，把我們打得破碎。」他手下 3 名大尉中隊長都在聽訓，知道上田聯隊長說得對。事實很明白，他們落在一個對戰車部署一無所知的白痴手裡，在狹窄的隘路裡，戰車一點用處都沒有。可是山本無動於衷，當著集合的軍官面前，繼續挖苦上田。上田便建議說，或許支隊司令應該到前線親自看看？上田錯估情勢，從此，他的免職便已篤定，但卻已被逼得不在乎，他告訴麾下軍官：「如果這種情形再發生，我會當著山本面前切腹。」

山本對待麾下步兵隊長們的粗暴也沒少，在「前島崗」（Maejima Hill）和「伊藤崗」（Itõ Hill）之戰，便看得出來。這兩座山丘的激戰，是由英軍第二十師師長格雷西少將退到莫

雷後,所做的決定。他要掩護的範圍實在太大,前線長達25哩,他的方案便是防守有防禦工事的陣地,保持公路暢通,而不是據守整個地區。也就是說,要作密集的巡邏,下定決心以緊緊守住申南的一連串山丘。在坦努帕到申南的戰鬥,以前島崗(日本崗)的奮戰為特色,便是出自格雷西少將的計畫。這座山頭在接近公路的南方,是日軍山本支隊的目標之一。支隊司令部設在康杭(Khonghang),山本司令將關於格雷西這個師前線的現有情報拼湊起來;四月八日,下令對坦努帕(Tengnoupal)陣地進行攻擊,使用的兵力為第二一三聯隊第三大隊,加上聯隊火炮與山炮,並以光井部隊的野戰重炮作支援。

野戰重炮造成部署上最大問題,為了要使重炮不被英軍發覺,光井利用格雷西修路隊留下來的工人草寮,在晚上把重炮一門又一門拖進去,藏在草寮裡。它的陣地直到這一戰終了,都沒被英軍發覺,半門炮都沒損失。

這次突擊由伊藤少佐指揮,派出第十一中隊,由前島洋一(Maejima Yōichi)中尉率領,攻占坦努帕西南方的山頭,以掩護大隊的左翼。前島中隊攻下來了,卻遭受英軍一個營的逆襲,還有戰機的轟炸。四月二日,廓爾喀步兵第十團第四營,奉令收復這個山頭,有火炮及迫擊炮協助,但沒有飛機掩護。日軍據守住一個直徑30碼的山頂,廓爾喀士兵在爬山的前段時,得到樹木和樹叢的掩護,可是他們接近山頂時,都是陡坡毫無掩護。他們上刺刀衝鋒,卻碰到前島的士兵們如下雨般的手榴彈攻擊。廓爾喀兵遭打退了,夜色降臨後,他們再度舉兵攻擊,卻奪不下這處山頭。[25]

四月十一日,旅長格里夫(Sam Greeves)派德文郡

25　Evans and Brett-James, op., p. 233.

（Devonshire）第一團（哈維斯 Havest 中校）上場，這一次保證不只有炮兵密集轟炸協助，而且有皇家空軍的「颶風式」轟炸機掩護，最後把整個山頭轟成了犁過的田野。伊藤少佐在附近的高地，眼見前島中尉的中隊遭到消滅，氣憤卻無可奈何，想支援卻了無力量。英軍德文郡團的 C 連和 D 連的官兵，望見飛機掠過並轟炸前島中尉的士兵在過去十天挖的入山的曲折工事。十點半時，已被轟炸過的日軍出來了，又遭到狂風暴雨的機關槍射擊和手榴彈攻擊。英軍又呼叫炮兵，轟擊日軍的機槍陣地，D 連終於攻克了山頂。

前島整個中隊遭到全殲，但德文郡團也付出了代價：87 人死傷，3 個連長全都負傷，2 名軍官戰死。德文郡團把 A 連留下來把守山頭，其他部隊回到原來位於西北方的琶蒂拉嶺（Patiala Ridge）的陣地。他們比日軍稍微超前。日軍非常想要這個山頭，山本支隊長於是下令另一次攻擊。面對英軍炮擊及機關槍如雨下進攻，兩次攻擊都失敗了，不過第三次攻擊卻突破了 A 連的周邊陣地。還好有機關槍手，對著周邊陣地掃射，救了他們。第二天早上計算，日軍屍體高達 60 多具。

步兵作戰的狀況，無論是在科希馬，或在第一次世界大戰的索默河（Somme River），都一樣駭人。敵人與友軍間的距離時常近到只有 6 碼那麼短，仔細觀察，根本不可能在陣地裝上鐵刺網，或者挖工事。屍體躺在陽光下腐爛，直到腐肉的臭氣變得難以忍受。[26] 在有些地方，緊張使得人每二十分鐘就要小解一次。覆蓋山側的樹木，現在零零落落只剩樹幹，炮彈爆炸已經把山坡變成了荒蕪的沙漠；而且，一如在桑薩克的情形一樣，沒有供水點。也就是說，在雨季開始前，水得由官兵自

26　Major T. G. Picard, 3/3 Gurkhas, in Evans and Brett-James, op., cit., p. 291.

己用帆布製的水袋拖水。可是，一旦雨季開始，狀況改變，造成了更進一步的恐怖。部隊幾乎都浸在水中，而且在 4,000 呎的高度，幾個星期都在雲霧中，能見度小到 100 碼。太陽不見了，在永無止境的傾盆大雨中，塹壕坍塌，防禦工事都成了與腳踝同高的爛泥。

　　邊防軍（FFR）第十二團第九營，來接德文郡團 A 連的防務。這個營在日軍首次渡過欽敦江時，擔任了斥候網。可是「日本崗」卻是一個難對付的據點。上田大佐帶了他的戰車群，一再炮轟山頂。幾天內，邊防第九營的旁遮普部隊，被趕下山坡。四月十六日，伊藤少佐的部隊猛撲攻上這座山，以報前島和他那中隊的仇。因此，日軍再度據守這個山頭，對坦努帕到申南的整個公路，有了最佳俯瞰平台。格雷西少將決定停止行動，他受不了只為了一座山頭，再度損失兵力，日軍業已開始攻別的山了，他讓山本支隊控制「日本崗」，直到七月底。

　　伊藤少佐攻占「日本崗」五夜之後，他的中隊占領了「一軒家山」（東克里特島山），在那裡設立中隊指揮部，接著加強攻擊「川道山」（西克里特島山），但卻失敗沒拿下來。在這次攻擊中，伊藤受到重大損失，可是山本還是堅持他再試，「把一個中隊給你的副官矢津（Yazu）大尉，去攻克『川道山』，」他告訴伊藤少佐：「然後帶你整個單位攻上『伊藤山（瘦骨山）』。」「我已奉命進行兩次攻擊了，」伊藤少佐抗議說：「可是昨晚失敗了，我們現在仍然在收集死傷士兵，我想等一下搜索敵人陣地，直到我們能作一次恰當的攻擊。」「什麼話？」山本支隊長對他怒吼：「你這孬種！你沒聽見我的命令嗎？這是天皇的命令！」[27]

27　軍隊統帥最終的權限應來自天皇。

可是伊藤少佐受夠了,也就不在乎了,他回說:「天皇不可能下達這麼蠢的命令!」山本中將和伊藤少佐間的關係,照日本人斯文的說法「很緊張」。不過,也像上田一樣,伊藤太逾矩了,軍法對他很嚴厲,支隊長立刻將他免職。[28]

伊藤中隊的攻擊,對英軍造成衝擊,四月二十二日,德文郡團團長哈維斯上校,打電話給旅司令部,報告對「克里特島山」的攻擊。他認為,除非立刻進行逆襲,否則這處山頭就會陷落。旅長格里夫准將聽到這個報告,有一些猶豫,因為,即使他一向認定哈維斯是一位好部隊長,但遇勝則過喜,敗則過憂。[29] 格里夫便到廓爾喀步兵第一團第三營營部,和營長溫菲德(Wingfield)中校討論逆襲是否可行,接著又到德文郡第一團團部。他抵達時,重炮與迫擊炮齊發,戰事打得正激烈。哈維斯看上去很沮喪,說日軍正四面八方朝「克里特島山」前來。他在東克里特島山的前方觀測所已被攻進,陣地快要抵擋不住敵人的火炮及戰車炮射擊。他的部隊死傷慘重,唯有來一次大規模,或許以旅級的兵力進行逆襲,才能拯救。

格里夫不同意,告訴哈維斯,即令他無法守住東克里特島山的前沿,也務必不可放棄山頂。哈維斯最關心的是 C 連——他以為該連已遭完全截斷,而且缺水,只可以在晚上,利用作戰斥候到陣地前那條溪流找到水。格里夫認為該連不但沒被切斷,也沒有遭受攻擊,如果克里特島山遭日軍攻占,那時 C 連可在黑夜掩護下撤退。這時,溫菲德上校抵達,他們再度談到逆襲的構想,這一點,格里夫最終加以否決:「我告訴哈維斯上校,」後來他提到,「就我所知,他部隊的傷亡,並不嚴重,而現在

28　浜地敏夫,《因帕爾最前線》,1980,頁 120。
29　Gracey Papers, 182, Greeves to Gracey, 12 April 1944.

是膽子的問題，他的人一定要勇敢守住。」[30]

這是苦藥，尤其因為才幾天以前，格里夫利用德文郡團，在「日本崗（Japan Hill）」為他火中取栗，他們在那一仗付出很重的代價。可是哈維斯上校後來同意，他誤解戰況應該歸咎於幾個連長的錯誤情報。他聽格里夫准將之建議，將自東克里特島山撤離的連長，以直接違抗他的命令而加以逮捕，另一名連長則遭解職。哈維斯告訴格里夫，他想念麾下已在最近幾仗中身經百戰的老軍官們。與其這麼說，不如說是他的作戰方式，靠的都是排連長。格里夫同意：戰鬥的百分之五十靠排連長，另外一半靠叢林戰訓練及叢林的防禦。格里夫准將將這一切報告格雷西少將，並補充說，日軍本身也一定非常疲憊，傷亡慘重。格里夫的猜測沒錯，德文郡團付出了高代價，日軍伊藤部隊也是如此，到這一仗打完時，他的部隊只剩 80 人。

沿著去普勒爾的公路各處山頭交織著叮叮咚咚交火聲，吉山（Yoshioka）和武村（Kiani）各自領著自己的大隊，穿過山丘進攻機場。四月底第一次癱瘓普勒爾機場的嘗試，失敗了，也連累到基乃上校[31]的印度國民軍。

基乃在藤原岩市少佐的壓力下，去山本支隊訪問，也接受了日軍對因帕爾即將攻陷的樂觀看法。他被告知，如果他的國民軍要同享攻下印度這一省省會的勝利，速度最重要。因此，他的國民軍把重裝備留在葛禮瓦，連他們的手榴彈和機關槍在內，他們出發赴戰，只帶了軍毯、步槍和 50 發子彈。

---

30 同上。
31 譯註：穆罕默德・基乃原來是英印軍的軍官，後來加入印度國民軍，擔任總參謀長。他曾是旁遮普旅第十四團第一營軍官。在緬甸前線跟著他的旅參與鮑斯領導的反英國統治的獨立運動。

對機場的攻擊只派一支 300 人的打擊部隊，由普里達・辛格（Pritam Singh）少校指揮，只帶一天的口糧，行軍 40 多哩。在四月二十八日，抵達普勒爾郊外，預定午夜進行攻擊，所以他們藏身在茂密的樹叢中，直到深夜。

印度國民軍到了機場周邊，辛格發現守軍防衛嚴密，在四周高地上，設置了堅固的哨所。薩杜・辛格（Sadhu Singh）上尉奉命進攻一處哨所，士兵上刺刀，在黑夜掩護下向前衝鋒。本身也是印度人的守軍遭到奇襲，舉起雙手向印度國民軍大喊：「同胞，別殺我們！」守機場的印軍哨所指揮，問一名印度國民軍軍官拉爾・辛格（Lal Singh）中尉要甚麼。拉爾・辛格手持一支那加人的長矛，喝斥道：「我要那躲在角落裡兩個英國軍官的血！」舉起長矛硬衝過去；但是哨所中的印軍，反對要殺他們的英國軍官，對他開槍，打得他一身是洞。原本以為哨所印軍就會投降的普里達・辛格少校，只好帶了他的人在混亂中退出。

另一批印度國民軍運氣比較好，滲透進入機場內的哨所防線，發現集合區並沒有守軍把守，他們進行破壞後撤退。[32] 英軍遂嚴厲報復，天亮後，炮兵對甘地橋（Gandhi Bridge）陣地轟擊，印度國民軍只帶一天的口糧，證明有勇無謀，大炮猛擊下，一天內，甘地橋就有 250 人喪生。

---

[32] 根據尚・那瓦・茲汗（Shan Nawaz Khan）的記載（*INA and its Netaji*, pp. 114-115），他們破壞了停在地面的皇家空軍飛機。可是史林姆的記錄，沒造成損害（*Defeat into Victory*, p. 327.），很可能和後來 1944 年 6 月一次更成功的進攻搞混。Hugh Toye 說進攻是 5 月 2 日，不在機場周圍，而是廓爾喀排陣地。（*The Springing Tiger*, pp. 226-227.）

第六回　一戰科希馬

　　史肯斯中將把在因帕爾平原內所轄的部隊重新調整後，隔天（四月五日）日軍逼近北方80哩的科希馬。當天下午五點，以前是欽迪的上校修・理查斯（Hugh Richards）現在擔任科希馬小警備隊的指揮官，聽一名那加族人報告：在科希馬南方的毛桑尚（Mao Songsang），出現日軍一個大隊，此刻正沿著從因帕爾來的公路，向科希馬前進。那是日軍宮崎少將的步兵第五十八聯隊。由於在桑薩克打了勝仗而神采奕奕，他騎在一匹桑薩克奪來的馬上面，肩上帶著他的小小寵物猴「奇比（Chibi）」，那是毛桑尚村頭目送的禮物。當地的有力人士，歡迎宮崎，為了他的部下送他5頭豬、10隻雞和100顆雞蛋。[33]

　　理查斯上校不知甚麼部隊來攻，但在因帕爾作戰計畫中，認為日軍當然會企圖切斷科希馬村與其他地區的聯絡。科希馬村整齊的平房，和成排精緻的紅瓦屋子，座落在海拔5,000呎的山上。從因帕爾來的公路，到了這裡突然轉向西面46哩開外的第馬浦。公路到第馬浦為止，和從雷多開到加爾各答的鐵路會合。這處村落在一片叢山峻嶺之中，有些馬可通行的小徑。它的重要性在於它是一條交通路線的終點。隘口的西方，聳立一座陡峭的斷層岩，接近10,000呎高；北面與東面的山脈幾近8,000呎。事實上，這通道是介於阿薩姆與曼尼普爾以及與緬甸之間最佳的路線。科希馬的叢山陡峭而林蔭密布。這座城本身的臺地上，為了耕種而清除了林木。山嶺上的樹木既高大又

---

[33]　戰史叢書，《英靈之谷》，頁173。

濃密（直到炮兵射擊毀了它們），在寒冷的夜晚，樹木的下面，形成一片漆黑；白天可就是炎熱與流汗之地。[34]

科希馬平時是行政官的辦公地點，當時的副行政官是查理‧波塞（Charles Paw-sey），深受當地部落那加族人的愛戴，也全心關注族人的福利。他的平房有網球場，居於公路幹道成直角的轉彎處；東北方便是那加族村落主體，就在一處稱為寶藏山的那邊。平房以南，綿延著一連串小山，山上是零售店和賣家儲存用品的棚子。這些山丘見證了康普頓‧麥肯齊（Compton Mackenzie）後來所形容的「打了史上最激烈的戰爭」。[35]

史林姆和史肯斯對科希馬判斷錯了。想當然爾，因為科希馬和東面8哩開外的欽敦江之間，地形險峻，布滿無盡的高山叢林，易守難攻。雖然判斷日軍鐵定想要攻下科希馬，可是他們只需派一個團去，不用多，日軍卻派了一個師團。

一九四四年三月二十二日，警備隊隊長理查斯上校到了科希馬，卻發現這地方一團亂。他原以為他的警備部隊有阿薩姆第一團，但卻只有一些後勤的特遣隊，還有阿薩姆來福槍團幾個排（屬那加山地第三營），還有未經訓練的皇家尼泊爾軍團歇爾團（Shere）。等西約克郡團調到時，理查斯很高興，因為這是第五師增援第馬浦及科希馬地區兵力的一部分，可是他們幾乎立刻又被派到別處。接著，皇家西肯特郡團的第四營抵達，也再被調回第馬浦。對科希馬警備部隊來說是幸運的，第四營又從比較舒服的第馬浦，再調回科希馬；這是日軍圍困科希馬之前，最後一支入城的英軍部隊。理查斯上校知道，他應該構

34　Kirby, *War agaubst Japan*, III, p. 300., A. Campbell, *The Siege*, p. 57.
35　Mackenzie, *All Orer The Place,* p. 77.

築工事，可是卻沒法子從第馬浦拿到鐵刺網。因為有一項行政規定，在那加山禁止使用鐵刺網，第馬浦的軍需官嚴格遵守絲毫不苟。[36] 在科希馬的前方，從山地到欽敦江，阿薩姆團據守耶沙米和卡拉索姆（Kharasom）的前哨，奉命要守到最後一兵一卒。

皇家西肯特郡第四團，在團長約翰·拉弗第（John Laverty）中校率領下，從阿拉干空運來緬，戰鬥開始時，他們已到第馬浦。在第馬浦與科希馬以西整個地區的指揮官，為二〇二地區指揮官藍欽（Ranking）少將。換句話說，他是一個行政區首長，並不是一支戰鬥部隊的主將，手下也沒有指揮作戰參謀。一九四三年，第馬浦和科希馬都是後方梯隊的駐在地。這是個另類的派職，為了應付緊急狀況；因為在因帕爾第四軍的史肯斯中將，無法控制這麼遠的後方發生的事。而緬甸軍軍長史林姆已組織了一支新的軍來作戰。例如由史托福（Montagu Stopford）中將指揮的第三十三軍，命令下轄的印度第七師（師長梅舍維 Messervy 少將），隨著印度第五師從阿拉干趕過來，加上第二師（師長格羅弗 John Grover 少將）這支正規師，然後史林姆將這些師分散在整個印度的叢林營地中。第二師麾下有一些英國陸軍最優秀的步兵團：卡麥隆團、皇家英格蘭團、皇家威爾奇火槍團、諾福克團、多塞特團、柏克夏團、德蘭輕步兵團，還有曼徹斯特第二團機關槍營、三個野戰炮兵團和一個戰車防禦炮團。這個師是一支龐大的兵力，以歐洲標準配備，行軍以汽車運輸、訓練精良、裝備良好。不過，最初的任務為聯合作戰，而不是叢林戰。在一九四三年那次戰役，第二師所

36　Swinson, 'Kohima', *Purnell's History of the Second World War*, p. 1693.

有四個營在阿拉干參戰；可是以整個師而言，自從敦克爾克大撤退以來，還不曾參與作戰。

指揮官藍欽已下令第一六一旅旅長沃倫（Warren）准將前往科希馬，可是到史托福中將接手指揮後，告訴藍欽，第馬浦的防守才是第一優先。[37] 事後看這一點也許奇怪，當時卻非如此。本質上，科希馬是一處路障，第馬浦是火車站，是補給品與彈藥的大倉庫。那處堆集場長達11哩，寬至少有1哩，如果失守，會使盟軍在緬甸境內的任何攻勢化為烏有。[38] 可是，沃倫准將認知到，由於他的旅離開，會有日軍進入科希馬的危機。他聽到要他離開那裡，一如波西（Pawsey）和理查斯（Richards）般憤慨。波西自然的想法是，英軍要把他的那加族人留下，交給進攻的日軍處置，理查斯則認為這一戰什麼都還沒有開始前，他的警備部隊就遭放棄而損失了。藍欽少將向他們解釋，據皇家空軍的一份報告，顯示日軍正繞過科希馬，而直趨第馬浦。波西則不屑地道出：「倘若日軍在那裡，那時我們的那加族人早就告訴我們了！」[39] 因為史林姆一直強調要守住第馬浦，所以藍欽堅持原案。沃倫別無他法，只有撤退所屬，即使他知道，一旦科希馬山被日軍占領，重新奪回就必須來一次大戰。在耶沙米（Jessami）與卡拉索姆（Kharasom）兩處陣地，很快就失守。理查斯上校取消了「戰至最後一人」的命令，因為那種命令似乎毫無道理，浪費生命。這道取消令，

37　Swinson, op. cit., but Slim, *Defeat into Victory*, pp. 309-310., implies he himself gave the order.
38　一九四七年，麥肯齊訪第馬浦，很開心附近那座以20塊巨石砌成的古堡廢墟還在，古堡就像一株沒有張開的大蘑菇，無怪乎英軍稱那裡為「老二圍」了。（All Over the Place, p. 69.）
39　Swinson, op. cit., p. 1964.

圖 4-6　科希馬戰區

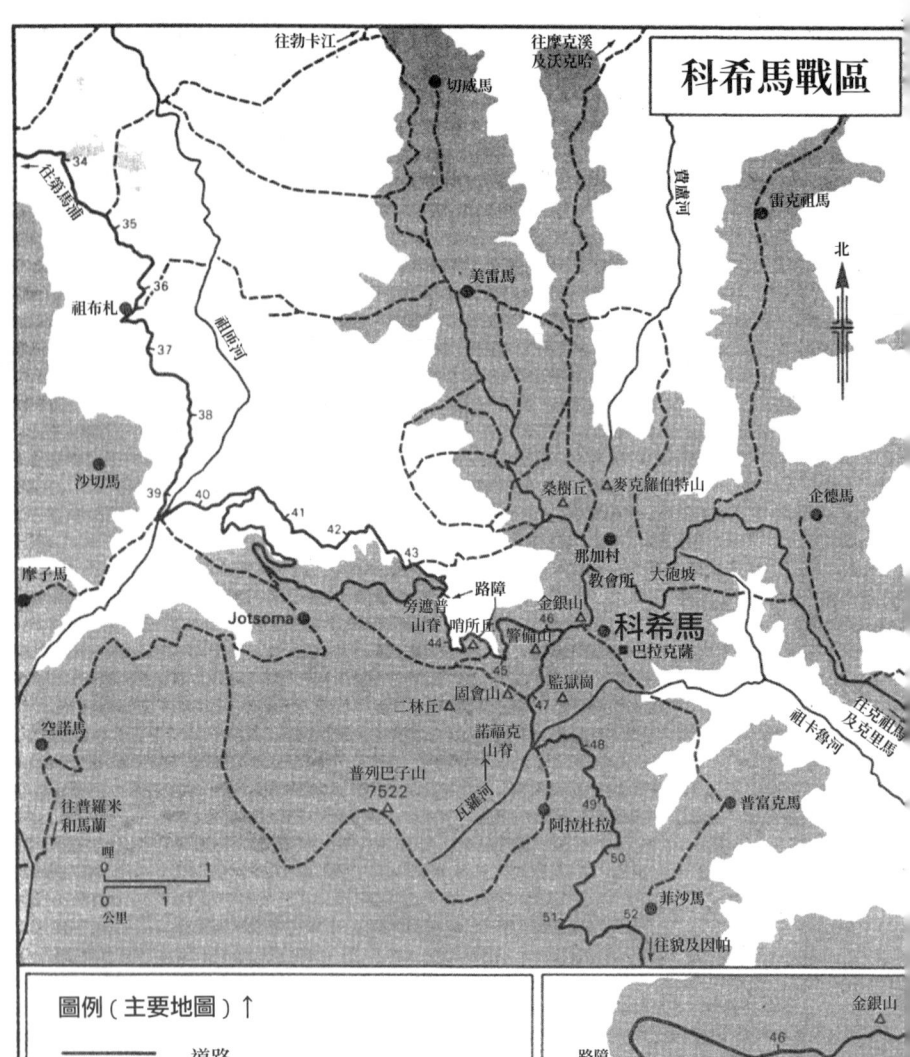

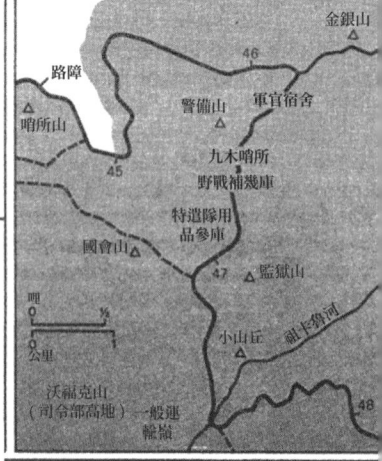

傳到耶沙米的守軍阿薩姆團第一營。在那裡殘存的守軍,得以於三月三十一日到四月一日的晚上撤退。可是這消息卻從未傳到卡拉索姆,駐守的部隊長楊格(Young)上尉,知道戰況多麼了無希望,卻把手下所有弟兄調回科希馬,自己孤身作戰直到戰死。

四月三日晚上,日軍第三十一師團的前衛(步兵第五十八聯隊第三大隊的第十一中隊)到達了那加村的外緣。十一中隊領先的小隊,小隊長為小林直二(Kobayashi Naoji)中尉,他是日軍第一個進入科希馬的人。他們行軍160哩,經過崎嶇鄉野,越過無窮無盡的山嶺,到達海拔8,000呎以上的高度。在二十天中,他們帶了牲口(食物)和槍炮,分別以人力越過高山,以任何標準來說,都是史詩般的征途。小林直二回憶說:「我那支小隊接近進入科希馬村的公路上的叉路了⋯⋯」。

> 天色漸亮,中隊指揮部傳來休息的命令。弟兄們經過晝夜不停的行軍,都已筋疲力盡,咚一聲坐下便睡著了。身為小隊長,我不能睡,因為對科希馬的布局並不確定,我負有責任。我向前眺望,在三叉路口不知道是往左走還是往右走。天色亮了,我可以看見很多人影在對面山的上坡移動,看上去像是軍人,更仔細一瞧,那是敵軍沒錯。可是他們似乎完全不知道日軍來了。我喚醒小隊弟兄們,告訴他們絕對要保持寂靜,同時向中隊長報告,中隊長立刻要幾個小隊長都到他的位置集合,他指派動作俐落的弟兄⋯⋯所以我們是第一批進入科希馬,發射了第一炮。即使這一戰最後以失敗結束,我依然要宣稱是第三大隊最早進

入科希馬,在那裡打了最恐怖的多次激戰。也是第一個看到敵人的人,我深以為榮。

一如小林小隊長,其餘的日兵都很緊張,但卻有信心。西田(Kohima)中尉也在第三大隊第十一中隊,業已對往科希馬的地形,執行了一次秘密偵察。他將手下弟兄集合在欽敦江岸邊,準備午夜渡江。他要對他們講話。他們一共110多人,做過裝備檢查後,他慢慢在行列中走走停停,聲音低沉卻有力,打破了寂靜:「現在讓我們向祖國道別」,他的軍刀刷地出鞘,在月色下閃光,「上刺刀!舉槍……敬禮!」日軍手拍步槍,刺刀群像湧起的白浪;西田發覺自己的血脈熱血沸騰,淚水在眼眶中顫動,他的弟兄們誓死為遙遠的祖國效忠。[40]

師團長佐藤幸德中將,也作了訣別;但他不是用壯烈的方式,而是對未來並不樂觀。當進軍命令下來,攻擊日訂在三月十五日時,他集合師部軍官。自從計畫階段,他就生活在茂干(Maungaing)以西的叢林深處,距離師部有8哩遠,佐藤卻每天都走路去師部維持身體強健。他祝福手下勝利,與他們喝一杯香檳酒,但加了幾句:

各位,趁此機會,我要向大家說清楚。除非奇蹟,你們每個人都可能在這一戰中喪生,並不只是敵人子彈的問題,而是在這些山中要塞裡,一定要有餓死的準備。

40　OCH,《緬甸戰線》,頁 209-211。

圖 4-7　科希馬山脊

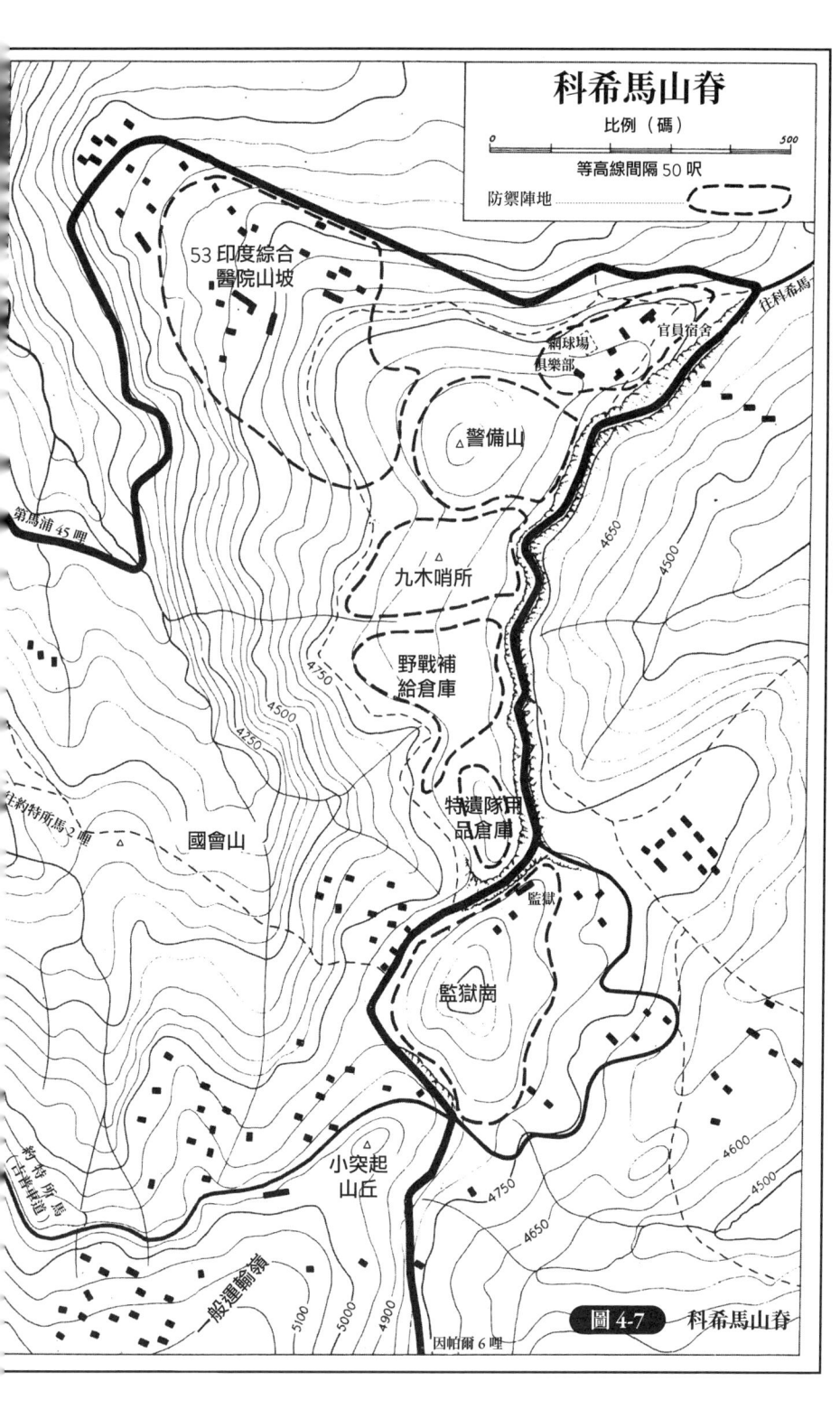

這並不是愉快的訣別，但當時佐藤幸德中將沒有使用日本人的隱喻習慣。[41] 如果他有，科希馬一戰或許進行得不同。

　英軍官方史家指出，科希馬不像因帕爾，並不是英軍將帥審慎選定的戰場。[42] 在這地區，不可能每處都有守備隊防守。主要陣地就是科希馬山嶺本身，因為第馬浦到因帕爾的公路成一個圓圈繞著它，誰支配了山嶺，也就控制了公路。四月四日上午，理查斯上校的部隊在嶺上準備防務；同一天晚上，日軍佐藤師團長的第五十八聯隊第一大隊，從往因帕爾公路更南面的毛阿（Mao）來到，對防務南端的「一般用途運輸嶺」（General Purpose Transport Ridge）進行了一次不成功的攻擊。第二天又進兵，搶到了一處立足點。四月四日，也是從毛阿出發而來的第三大隊，繞道進入科希馬嶺東北方的那加族村，然後奉命向奇斯威馬（Cheswema）前進。日軍接到一項報告，說另外一個日軍單位已經攻占了「警備崗」，意思為：科希馬已拿下，也許可能將前進更遠一點；但這份報告錯誤。第五十八聯隊第三大隊，奉命在四月六日，回到那加族村。同時，第一三八聯隊第一大隊也進來了。

　四月五日英軍第五師第一六一旅到達科希馬，前衛是皇家西肯特郡第四團（團長拉弗第 Laverty 中校），團內有一些工兵和一個山炮連。當天下午，日軍開始突擊時，全團已就定位。日軍從南面一路沿著科希馬的各處陣地前進：在公路東面的監獄崗（Prison Hill）、特遣隊用品倉庫（Detail Issue Store）、野戰補給庫（Field Supply Depot）、九木哨所（Kuki

---

41　即用語委婉。
42　Kirby, *War Against Japan*, III, p. 299.

Piquet)、守備隊崗（Garrison Hill）和長官官邸，都在公路的西面。日軍與拉弗第中校的團一樣，也有一個山炮連。雙方頭一次交手，守備隊僅有的一門重 25 磅的火炮，四月五日早上，作戰開始才幾分鐘，這門炮就被打垮。

這時，日軍圍攻開始。這一仗持續打了兩個星期，這期間日軍一寸寸攻上科希馬嶺，從一個猛烈爭鬥的陣地，到下一個陣地，有時遭英軍打退，但總是回頭再攻。他們已經環繞科希馬圍成圈，以阻止英軍第一六一旅的其餘部隊進入科希馬陣地。因此旅長沃倫決定，自己在西面約 2 哩處的約特所馬（Jotsoma）高地建立陣地，旅的炮兵能在那裡射擊以支援守備部隊，沒有這項火力支援，他們就完了，因為他們的兩門山炮和那門 25 磅炮一樣，遭到被摧毀的下場，日軍在從他們可開炮處俯瞰所有地方。

皇家西肯特郡團進入科希馬時，兵力不到 500 人；在前進往那加族村途中，想占領寶藏山（Treasure Hill），以及撤退在「一般用途運輸嶺」（General Purpose Transport Hill）上孤立的官兵。在這兩處陣地的作戰極為混亂，團內一些官兵向第馬浦退去，根本沒有進入科希馬。理查斯上校的守備隊，一次就送傷兵及非戰鬥兵員 200 人，加上阿薩姆團的人，該團已經及時從耶沙米（Jessami）撤退，及旅長沃倫准將從約特所馬（Jotsoma）派出拉傑普特團（Rajputs）第七團第五營，總計約 2,500 人左右，其中有 1,000 人為非戰鬥人員。[43] 他們所面對的敵人，不是史林姆和史肯斯所預計的日軍一個聯隊（3,000 人），而幾乎是第三十一師團兩個聯隊的全部兵力，超出 6,000

43　各方數字不同。Campbell, *The Siege*, p. 53., 說有 1500 名非戰鬥人員。Prasad, *Reconquest of Burma*, I. p. 276., 指出是 3,500 名守備隊。

人以上。而守備的兵力，一如之前在桑薩克村一樣，關在一處各邊 1,100 碼、7,00 碼、900 碼的三角形地區內，雖有充足的食糧與彈藥，但缺水。

皇家西肯特郡團的一名軍官，很嘔地發現這處陣地只有一門炮，他形容醫藥安排「極其沒有效率」，而飲水的供應更是悲慘。[44] 從山丘中有一根水管進來，除管線來自西側外，日軍正團團圍住山丘和山嶺，那條水管必會遭切斷。印軍總醫院和野戰補給庫這兩處都有帆布儲水槽，應該埋在地下以防炮火，也應該注滿水，可是這兩項都沒做。

四月六日起，每天傍晚，日軍便以迫擊炮和擲彈筒轟擊守備的英軍。天色漸暗，他們便派出一波又一波的步兵，守軍不可免地放棄陣地，日軍便毫不憐憫地匍匐前進，用上炸彈與刺刀，沿著科希馬嶺進兵。「一般用途運輸嶺」最先陷落，嶺上據守的英軍，士氣沮喪，沿著公路向第馬浦撤退，而沒有進入科希馬去加強陣地的兵力。由於這一山嶺的失陷，使日軍控制了科希馬的飲水供應。日軍再攻「監獄崗」，這次遭打退了。他們試過了正面攻擊，也施展了他們典型的滲透戰術。四月六日到七日那一夜，日軍一個小組滲透進入野戰補給區與特遣隊用品補給區之間的草棚裡。日軍通過時，西肯特郡團的英軍，向草棚射擊，日軍便匿身在野戰補給區的磚灶中。由於這一次，使皇家西肯特郡團的下士哈曼（L/Cpl Harman）完成一項行動，後來身後追贈維多利亞十字勳章。

印度工兵與地雷團的排長萊特（Wright）中尉，進入野戰補給庫區的草棚，建議用長桿炸藥，把野戰補給庫區中無窗戶

44　Campbell, op. cit., p. 55.

的麵包坊牆壁炸倒。日軍正躲在磚灶內，受到厚鐵蓋的掩護。萊特排長將一片片的棉火藥，綑在彈藥箱上面，把一堆棉火藥固定在一根竹竿的末端。在步兵火力的掩護下，工兵排打算向麵包坊的牆壁衝過去，再引爆炸藥，牆一炸倒，步兵便衝進去。

但這只是理論，事實上皇家西肯特郡團的第四連，都被麵包坊中的機關槍與手榴彈的火力炸翻。他們側翼的兩挺機關槍，掃遍這一地區，逼得進攻的部隊都就地臥倒。哈曼下士決定自己下手。他年方十九，結結實實一個大塊頭小伙子，最近才升為准下士，是倫第島（Lundy Island）島主的兒子。他是一位天生的戰士，業已在戰火下證實了他的勇氣。這一次，他在布倫機槍火力的掩護下，走出他的散兵坑，輕輕把兩枚手榴彈扔進麵包坊裡，一躍到了牆壁的掩蔽處，朝一名日軍機槍兵開槍，然後把那挺機關槍橫扛在肩頭上回來。他的勇氣鼓勵了他那一班兵，從地面起來。工兵衝到作坊牆壁，引爆炸藥，步兵便衝進這所毀壞的屋裡。

這次主要攻擊，有一幢房屋沒倒，哈曼進去，數了一下共10口灶，一個灶中突然發出一子彈，險些打中他。他拖了一箱手榴彈回來，繞著這些灶走去，一個接一個，嘴裡數到三，就掀起灶蓋，把一枚四秒引爆的手榴彈丟進去。他帶了兩名日本傷兵，一手扶一個回到班上。這一回，整個作坊成了煉獄，被日軍俘獲的印軍俘虜，都從熊熊烈火的草棚逃命，隨後跟著的是日軍本身，他們被第四連的預備隊排一個個打死。這次攻擊過後，西肯特郡團清點了有44具日軍屍體。這一仗是在科希馬山嶺戰鬥的典型，全是肉搏戰，凶狠、無情。打仗的人個個都是汙穢、邋遢、睏倦的漢子，他們的肺極少能免於陣地周邊內外屍體腐爛含毒的臭氣，他們靠空投給養，包括飲水。經常氣

急敗壞地,眼睜睜看著渴望許久的降落傘,落進日軍陣地裡;剩下來的少數火炮也沒辦法使用,因為找不到一處日軍瞄準不到的發炮陣地。一旦被包圍閉合,傷患就不能後送,時常躺著再度負傷。在有限的空間內,狂熱超時工作的醫官,也無能為力。其中,印軍第七十五野戰救護隊的楊格(Young)中校,一個人徒步從第馬浦走來,與守備隊在一起。幸而在陣地東北的公路上,發現了水泉,對傷患及守備隊全體都一樣幸運。他們用水管供水,飲水的窘況已略微舒解,但卻暴露在日軍炮火下,因此只能在暗夜時刻取水。

第四連連長伊斯頓(Donald Easton)少校說道:「我很確定,很多受傷的人,在最近幾天中死去,因為他們放棄了希望。」某史學家記錄這一戰,暗示受傷的軍官企圖自殺:

> 軍官以擔架運進來時,他們的手槍已經被拿走,但軍官們堅持要把武器拿回來。至少,有一些人,已經決定在焦急與害怕的漫長等待中,倘若再度受傷,他們會開槍來了結一切。[45]

四月十五日前,英軍守備隊被日軍進犯,更有日軍使用因空投誤入日軍手中的彈藥來炸科希馬山坡上炮兵陣地,使英軍限縮在更狹窄的地區。四月十六日,日炮擊中了醫療檢查室,兩名醫官被炸死,第三名醫官受傷。第二天,野戰補給庫區壓力增加,而行政長官官邸,原是一處愉快的所在,在這一仗中僅剩下冒煙的廢墟。在官邸與科希馬俱樂部—現在是一堆瓦

45　同上, p. 316.

礫—中間是一處網球場,立刻成了攻防雙方的前線。那裡,在承平時期,是少數歐洲人悠閒揮球之處,而現在,卻是手榴彈刷刷地來回飛越過的場地。

科希馬外圍,英軍第一六一旅陣地在約特所馬(Jotsoma),它的守備部隊,全靠炮兵旅掩護及炮擊日軍在那加族村高地上的火炮。約特所馬本身已與第馬浦切斷。直到英軍第二師抵達第馬浦,軍長史托福才得以立即派出第一六一旅(該旅屬印第五師)往約特所馬解圍。這一個旅與第二師一直有電話通信,可是四月八日,斥候檢查通信斷了,又發現日軍在祖布札(Zubza)附近,距離鐵道起點僅僅36哩,切斷了通第馬浦的公路。這是日軍步兵第一三八聯隊的部隊,奉命阻止英軍增援科希馬的守備隊。四月九日,一支旁遮普部隊的特遣隊,想清除封鎖卻失敗了,這條公路一直到四月十四日以前一直被封鎖。

四月十七日,在野戰補給庫地區的西肯特郡團已筋疲力盡,急需換防。便由阿薩姆來福槍團的兩個排,和阿薩姆團的一個排接手。印軍在宿舍平房區幾次擊退了攻擊,可是黑夜來臨,他們終於被迫棄守。這時,理查斯上校知道在「警備崗」與野戰補給庫中間的「九木哨所」陣地非常危險,十八日凌晨,日軍蜂擁而上,三點不到,已落入他們手中。把守備部隊切成兩段,接著以炮火猛烈轟擊北面不遠的「警備崗」,理查斯已沒有預備隊可以阻止他們。

「科希馬的整體防務即將崩潰,」印度官史這般記載:「似乎一切都完了,英勇的守軍提心吊膽等待,可是日軍卻不知道他們距離勝利多麼近。幾分鐘延伸成幾個小時,黑夜消逝(原文如此),但是那狠毒的送終突擊卻沒有來。第一抹朦朧的曙光,一道希望之光,在激戰後疲困的守備隊中燃起,新的一天

來臨，四月十八日星期四，這一天終於來了救兵。」[46]

英軍的守備部隊有很多次期待救兵，每一次希望都落空而深感苦楚。而今，救兵真的來了，英軍第二師從第馬浦前來，派來旁遮普團的第一營和一個戰車支隊，第一六一旅終於能夠從約特所馬陣地出來。他們首先解救「醫療山」，那裡有 300 名傷患等待後送。還有那些焦慮和苦惱的非戰鬥人員，在日軍圍攻時，他們被迫待在那裡。旁遮普團的一個連，接手西肯特郡團九木哨所對面的陣地；另一個連則是接收行政長官官邸陣地的防守，還有一個連及營部，設定在「夏宮崗」（Summerhouse Hill）上。到第一六一旅接收完成時，科希馬已變得面目全非，大部分房屋都成了斷垣殘壁，還沒倒的牆上，斑斑點點都是炮彈的爆痕和彈孔，樹木的葉子被掃光，殘餘枝幹上，軟趴趴掛著降落傘。這裡是整個緬甸戰役中，最接近第一次世界大戰戰場的情景。「援軍見到小批小批骯骯髒髒鬍鬚滿面的步兵，站在自己掩體的出口，他們以充血的眼睛瞪著接防的部隊走進來。他們已一星期沒洗過澡，耳朵裡，永遠是大炮的轟隆聲和子彈的尖嘯聲。在自己的塹壕打仗生活了幾乎十四天，為了休息，他們軍靴都不脫，便往地上倒下去，準備一聲令下，便可作戰。」[47]

四月二十日，守備部隊交班，科希馬圍城戰結束。可是科希馬另一戰即將開打，日軍那頑強小個宮崎繁三郎和他的步兵第五十八聯隊，依然據有科希馬的大部分地區，以及環繞的山嶺。在因帕爾公路能重新開放以前，這些山就不得不遭重擊，

46　同上 , p. 280.
47　同上 , op. cit., p. 281., and Major Donald Easten, in Brett-James, *Ball of Fire*, p. 320.

一處又一處坑道；一處又一處山嶺。史托福中將，正接到更進一步的增援，印第七師已從阿拉干跟著印第五師來了。它的一個旅，現在正部署在科希馬以北，攻打並切斷佐藤從欽敦江來的通路。英第二師更從第馬浦公路進兵，援救第一六一旅，戰爭中最最令人毛骨悚然的十四天，已經到了終點。可是在日軍被驅逐出去之前，在科希馬以及四周的作戰，又繼續打上兩個多月。日軍將帥間內部的齟齬，如同英軍的猛攻一樣具有殺傷力，最後英軍打通了這條公路。

第七回 黑貓再鬥白虎：進攻比仙浦

日軍第三十三師團柳田元三中將，在托邦（Torbung）殲滅英軍後，便計畫沿著公路由比仙浦進兵因帕爾，因此由作間聯隊穿過公路西側山丘，自加倫吉（Ngaranjial）而下，攻擊位於比仙浦上的公路。同時，他要確定，英軍沒法子沿著來自西恰爾（Silchar）的小路來攻擊他。為確定這點，計畫一次突擊隊的襲擊，由笹原政彥大佐第二一五聯隊第二中隊的小隊長阿倍敏雄（Abe Toshio）少尉，指揮一個志願單位（挺進隊），切斷這條通路。三月二十九日，這小隊有20人，包括了工兵，離開了新格爾村，行動前沒有做任何搜索，深入印度山區約120哩遠。在四月十四日，攻擊艾朗河（Ilang River）上的橋。這

座吊橋橫跨 75 呎深的山谷，長 90 碼，[48] 阿倍的挺進隊與護橋守軍短暫交火之後，將吊橋炸毀，在四月二十六日回到聯隊。「日本兵一名跌入峽谷死亡，」史林姆中將後來寫道：「另兩名隨橋一起被炸。」[49] 但其餘的隊員脫離現場，阿倍少尉回聯隊受到凱旋式的歡迎。笹原聯隊長給了阿倍和隊員五天慰勞假。

接著，日軍展開了對比仙浦西面高地的作戰。柳田兵團開始對路標 27 哩的英軍第四十九旅旅部突擊，但卻失敗。可是柳田元三並不靠正面攻擊，他的部隊業已在公路西面的山丘中，切斷了西恰爾的通路。英軍這時開始變更部署：第四十九旅經過過去幾星期戰鬥後，獲得休息，經比仙浦與因帕爾後撤。其位置由第二十師第三十一旅取代：第二十師集中在比仙浦。這個旅面對的兵力─現在已減少很多─是柳田師團全部：二一三、二一四及二一五共三個聯隊，他們有中口徑炮及野戰炮支援。英軍第四十九旅，從四月十五日到五月的第一個週末期間，力求防止日軍通過該旅在山丘中的據點；可是，到處都有日軍小股突破通過。印軍的斥候在比仙浦西北方的客洛克（Khoirok）和南更（Nanggang）的村落裡發現日軍。在同一時間的四月二十日，寧素康村（Ninthou-khung）有日軍進入。儘管有廓爾喀兩個連、第三龍騎侍衛團兩個連和一次空中猛轟，他們依然寸步不移。英軍受到機關槍反擊，造成 70 人傷亡，一輛「李式」戰車遭擊中起火焚毀。四月二十五日，再度發起攻擊，可是又失敗了，這一次損失了 4 輛戰車，日軍依然占領這個村落。

48　這是日軍的估計。史林姆在 *Defeat into Victory*, p. 329. 一書中說是：「橋長 300 呎，在深 80 呎的峽谷上，在炸橋後，整個路徑不通了。」
49　Slim, op. cit., p. 239.

第四章　劍裂矢盡

作間大佐的第二一四聯隊，從楚拉昌普（Churachandpur）進入山丘，第一大隊的一個中隊攻占了摩里山（Mori Hill）或稱森林山（Forest Hill）的山頭陣地，在西南方大約 1 哩處，便是五八四六高地，由英軍的廓爾喀團及北安普頓團（Northamptons）占領。東面大約 100 碼，是另一座山崗，上面有兩根豎立的無線電天線，稱為無線電崗（Wireless Hill）。日軍也得手，但是從比仙浦集中的炮火攻擊，切斷了他們與聯隊部的聯繫。英軍第三十二旅旅長麥肯齊准將，將旅內所有火炮集中在村內，計有 25 磅炮 8 門、口徑 3.7 吋榴彈炮 4 門、6 磅炮 6 門，還有 3 門防空炮，總共 21 門，對準山丘間的日軍陣地轟擊。[50]

第三十二旅只花幾小時擊退山丘中到自己防線的日軍。他們在四月十六日前才剛剛進入陣地，但迅即構築和加強從第馬浦—加倫吉—森林山的這一線陣地。在這一線的後面還有一條比仙浦外環線（Outer Bishenpur Line）。日軍作了拚死拚活的企圖，要突破這些戰線，直撲因帕爾。即令四月二十四日晚上，一架日軍戰鬥機加入，攻擊「森林山」上的英軍陣地；可是一些日軍單位，對這一戰業已沒勁了。原因是四天前，笹原第二一五聯隊第三大隊（末木大隊），進入無線電崗前面的陣地，準備在四月二十一日進行拂曉攻擊，擔任大隊突擊的先鋒，卻遭到自己山炮的誤擊，很多士兵被打死，這個大隊只得撤退

50　英國官方戰史，對炮兵均勢的看法不同，「支援第三十二旅的炮兵，有 12 門野炮與 4 門山炮」，Kirby, *War Against Japan*, III. p. 311. 在註腳又說：「對付日軍炮兵十分不適當，日軍有一個重野戰炮兵聯隊。結果，英軍的中戰車群大膽使用來支援第三十二旅，企圖肅清這一地區。儘管數量上優於日本戰車，卻開始招致這麼慘重的損失，而導致一些擔憂。」只要通往位於第馬浦兵站的公路，在科希馬遭切斷，這些損失就不能彌補。皇家裝甲兵第一百五十營的戰車官兵後送到印度，還把他們戰車留下，交給騎槍兵，以彌補他們的損失。（同上, p. 311., n. 1）

到後面的山谷中。

北安普敦團也有損失，他們接管了有 100 多名傷兵的五八四六高地的防衛之後，發覺本身被猛烈的機關槍和炮兵的火力攻擊，和比仙浦之聯繫也遭切斷。從比仙浦來的補給隊，只有小心翼翼進入山上的小徑才能通過。到了四月二十七日，日軍堅守住在西恰爾通路，英軍補給隊根本就過不了。他們再度企圖清出一條路徑，以通往北安普敦團的飲水點，卻被可卡坦村（Kokadan）附近高地的日軍炮兵看見，遭日軍擊退。雖然，這次行動得到騎槍兵第三團一個戰車連的支援，但是一輛戰車遭擊毀，第二輛掉進一處乾涸河床。

這種近距離激戰，完全不是宣傳用的那種戰爭方式。可是戰爭的消耗，逐漸削減作間與笹原兩個聯隊的兵力與活力。英軍決定在無線電廣播中喊話，在印度加爾各答有一份《軍人新聞》報，由一名日裔美國人岡滋樹（Oka Shigeki）主編，投落在日軍各處陣地。每當炮擊停止時，由揚聲器呼叫「勇敢的第三十三師團戰士」聽廣播，這時候播放日本流行歌曲，播完了又宣布：「弟兄們，我們要開始炮擊了，回到你們的散兵坑裡。讓當官的留在外面。」

日軍奪取北安普敦郡團派驟伕汲水的那條路，北安團又搶了回來。其中一名神槍手由彼得伯勒（Peterborough）來的凱里（Kelly）中士，後來升團部士官長。他能埋伏瞄準幾小時，直到有目標出現，才扣下扳機。到後來，槍托上有二十三道刻痕，他的步槍有一支被手榴彈炸碎，但凱里用上另一支繼續狙擊，汲水兵用他做盾牌，直到他受傷才停止。日本一位史家懷疑北安普敦郡團，形容凱里的表現，是在「製造英雄」。他說

難以盲目接受所謂「殺手凱里」的本領。[51]他補充說，如果那是真的；那麼第二一五聯隊在加倫吉的死傷，有五分之一來自凱里射擊神技。五月一日，該聯隊兵力為 500 人以下，這些人之中，僅有三分之二還能作戰；在頓贊一戰，該聯隊損失了一半戰力，然後在加倫吉，又損折另外 500 人。

作間的聯隊，狀況稍好，在多次攻擊「森林山」時，死傷289 人。他的生力軍第九中隊，在一門口徑 15 公分榴彈炮及 5 門山炮的火力掩護下，於四月二十四日對「森林山」進行夜間攻擊。他們從西面攻擊，但卻在英軍信號彈的人造日光下，受到十分集中的迫擊炮火及戰車轟擊，使得他們傷亡很重，攻擊失敗。到這一仗結束，他們的兵力，降到了 40 人以下。

英軍的損失也很慘重。在某個時期，印第十七師底下只有一個旅（第三十二旅）在這個地區。其中一個營的各官兵折損了四分之三。他們付出了巨大的代價，才使日軍第三十三師團向因帕爾的猛撲終於停頓了，日軍在 10 哩開外的山丘中，但他們沒有再走遠。

在三、四月大部分時間，兩軍的高級指揮部都被危機情緒所籠罩。印第十七師自滴頂要撤但被圍，而第四軍軍長史肯斯被迫派出第二十三師前往救援，之後他被革職。當日軍第十五師團從中央，第三十一師團從北方加重對科希馬的威脅，英第四軍一下子變得相當脆弱。原先想把第五師從阿拉干調來增援因帕爾，再調第二十六及第三十六兩個師到阿拉干。計畫由公路及鐵路運兵，但這種慢吞吞的運輸方法，可能會輸了這一戰；便決定用空運。深具作戰經驗的第五師，以前從沒有全體空運

51　兜島裏，同前註，頁 217。

過;不過這一次行動沒有遇到嚴重的障礙,包括到多哈沙里(Dohazali)飛機場的 100 哩路程,以及飛過 250 哩有些土地業已在日軍手中。伊文斯准將以一個炮兵團為例子,星期天下午兩點停止作業出動,火炮分解上機,星期二在多哈沙里起飛,星期三到機場落地,將火炮重行組裝,星期四即可作戰。[52] 這是一次快速又精彩安排的個案。

可是這只有在最高級統帥執行下才可能有的結果,第十一集團軍司令吉法中將,在他的指揮下,史林姆的第十四軍團執行這次作戰,吉法認為不用作太多干預,史林姆能指揮這一戰,也有充足的部隊供他調派。說得溫和一點,吉法司令並沒有和東南亞總司令蒙巴頓處好,吉法被指責調動預備隊太慢時,很不高興。據蒙巴頓的總參謀長伯納爾中將說,史林姆也沒有顯出多少危機感,蒙巴頓立即採取行動,要靠自己拿到這次空運部隊所需的飛機。這項行動需要借用飛越駝峯到中國的美軍運輸機,而美軍的運輸機業已用來空運補給品到阿拉干給英軍第十五軍;三月五日後,又要空運官兵、馱騾及槍炮到溫蓋特將軍的降落場。蒙巴頓身陷困境,已經花了十七天之久,[53] 才「通過管道」(也就是透過史迪威中將才到華府的聯合參謀首長會議,因為史迪威控管華軍作戰)借飛機。羅斯福總統本人則告訴蒙巴頓,這種狀況以後不可再發生,因為美軍正專心在中國建造重轟炸機基地,以支持由太平洋方面航空母艦起飛的飛機,轟炸菲律賓及臺灣。在美軍看來,這些空軍基地存在的唯一理由是為整個緬甸作戰,任何事都不能影響他們;即使如此,蒙

---

52 Purnell 的 *History of the Second World War*, p. 1688.
53 *Slim*, p. 174. 但根據李文(Ronald Lewin)說法,這次只有十天。

第四章 劍裂矢盡

巴頓卻仍搶先一步,徵用了這些飛機。

蒙巴頓自己也遇到了麻煩,他到雷多和史迪威商談時,吉普車行駛中,一枝銳利的竹子戳中他一隻眼睛[54],很有可能失去視力。醫生要他兩天不准閱讀,而這幾天正好是這次作戰的初始,日軍正從所有戰線傾巢而出,越過欽敦江。因此,蒙巴頓的活動被迫增加,而非減少。三月十八日,他回到總司令部,途中在第十四軍團召見史林姆,史林姆在談話過程中,瞭解到他的增援將會多麼慢。蒙巴頓人還在雷多的時候,正如總參謀長伯納爾也同樣從集團軍司令吉法那裡發覺:

> 我給吉法一個警告(這是伯納爾在三月十八日的《日記》所載)[55],他在這一問題上過於保持,對整個狀況的樂觀,使人不安。他說史林姆有充足的部隊,可以依他所望加以調動。很顯然他並不打算干預或督促史林姆,他很明白表示,他認為像蒙巴頓總司令的介入是不受歡迎。

當蒙巴頓回來,吉法依然非常自滿,但對其他人來說,情況相當清楚,戰況到了沸點(二十八小時內,果真如此)。第四軍那時發覺,由於沒有預備隊,他們陷入困境。而這正是當時的狀況。因此不管吉法,蒙巴頓堅持趕快調動阿拉干的第五師到因帕爾。此時

---

[54] 史迪威以強悍率直的老美角色,作東道主,接待一位疲憊貴族子弟的老英;他把前線的日軍屍體指給蒙巴頓看:「路易斯到了這裡,但不喜歡屍體的臭味!」不過,史迪威加了一句:「即令他有彎彎的眼睫毛,路易斯和我還是相處得極好的。」*The Stilwell Papers*, p. 263.

[55] Chief of Staff, *The Diaries of Lieutenant-General Sir Henry Pownall*, ed. Brian Bond, II, p. 151.

唯一的方法,便是從阿拉干空運第五師的輕裝備官兵。因此,他不畏艱難得到中緬印戰區索爾登(Sultan)中將及中緬印戰場(China-Burma-India Theater:CBI)的喬治·施特拉特邁(George Stratermeyer)將軍的全力支持,[56]下令30架飛機離開駝峰,並且向華府報告所作的一切應急措施。很幸運地,我們立刻在三十六小時內,得到華府同意支持,令人欽佩。所有這些主意出自蒙巴頓,不論史林姆或者吉法,則從來沒有表示過。[57]

因此,東南亞總司令部配置在北緬甸作戰,有76架英、美飛機,現在從駝峰調來20架。與總部參謀總長伯納爾中將數字有牴觸,是因這20架運輸機為「突擊隊」(C-46),載重量比「達科塔」大;也就是說,20架C-46運輸機的載重,等於30架C-47運輸機。[58]

不過,蒙巴頓總司令感覺還不滿足,即使在華府一定會視他傲慢、專橫,他仍然要求再多70架C-47運輸機。因為空運第五師雖然很壯觀,卻仍然不夠,一旦日軍完成對因帕爾的包圍──就在三月二十九日──第四軍只得完全靠空運補給。那也就

---

56 索爾登(Sultan)中將是史迪威的副手,施特拉特邁中將(Stratemeyer)是東南亞戰區空軍總司令。都是美國人。
57 此與魯文(Lewin)著《史林姆傳》(Slim),頁174,所列提出申請的時間兜不攏。根據Lewin的時間表,史林姆三月十四日在孟加拉的庫米拉(Comilla),請蒙巴頓提出要求,從駝峰航線調遣額外飛機。三月十五日,史林姆在因帕爾,就已經從史肯斯那裡知道,所有第四軍的預備隊都已被指派作戰。Slim致電蒙巴頓總司令,說他在三月十八日至四月二十日間,急需25架到30架達科塔(C-47)運輸機。同一天晚上,蒙巴頓說,他馬上就會有這些飛機。正式的授權,在四月十七日從華府得到確定。
58 Mountbatten, *Report*, p. 55., n. 2

是說，史肯斯中將所要提供他這個軍 15 萬人的口糧，就得減少三分之一，而他就這麼做。此外，要從戰區撤走非戰鬥人員 4.3 萬人，以及在會戰中 1.3 萬名傷患要後送，都要靠飛機。因此，飛機要運來 1,400 萬磅口糧、幾近 100 萬加侖的燃油、1,000 多袋的郵件，以及 4,000 萬枝以上的香菸。[59]

第四軍每天要求 540 噸的各類補給品，一直到鮑德溫（Baldwin）空軍元帥改編他的空軍運輸指揮部，充分發揮效率之前，這些補給品一直都短缺不足。為了安全，鮑德溫需要將皇家空軍的七個中隊中的六個進駐阿薩姆及東孟加拉的飛機場，[60] 在因帕爾平原上，僅有兩處飛機場，一處在普勒爾，另一處則在因帕爾市的郊區。日軍突擊隊會不時地小批小批滲透進入普勒爾機場，摧毀停在地面的飛機。而跑道地面後來因為承受不了 C-46 運輸機的重量，開始破裂，因此到最後，史肯斯被迫只能依賴因帕爾機場的跑道了。[61]

史迪威在北緬局面的穩固，可以預料得到他對英軍第十四軍團前線初期挫敗的反應，一九四四年三月十六日他的日記中寫著：「午餐後，因帕爾傳來壞消息，英國佬完蛋了。」兩天後又寫道：「這會拖累我們，毀掉一九四四年春季戰役的榮光。」四月三日，「日本仍在兩處地點跨越因帕爾公路，現在非常嚴重，史林姆要救兵。」

史林姆要的不是這一種救兵，無論如何也不會是來自史迪威的救兵。的確，他有的救兵是溫蓋特准將訓練精良的特種部

59　Evans, *In Purnell*, op., p. 1773.
60　Evans, *Slim*, p. 162.
61　Mountbatten, op. cit., p. 59.

隊的二十個營,分別從西方及南方調來,從後方卡住牟田口的第十五軍,史林姆也許能好好地更早結束因帕爾之戰。可是溫蓋特的部隊,已承諾協助史迪威,要擾亂通往北緬的各交通線。此事對因帕爾前線的影響——在四十年後,依然爭論不休——只是巧合罷了。伯納爾在日記中記載,頗為傷感:「倘若能勸導(對溫蓋特不能用『命令』!)溫蓋特部隊向西朝欽敦江前進;如果我們也能在前線頂住日軍,我們便能好整以暇,吃掉日軍兩個師團。」[62] 第七師第一一四旅旅長羅柏茲(Roberts)准將,三月中旬,在第十四軍團部見到史林姆,史林姆說他自己受到壓力,要溫蓋特部隊向南,以瓦解牟田口十五軍的交通線,但他表示他不會這麼做。[63] 他後來承認,那是一個錯誤的決定,但是最後,他信守了對史迪威的承諾。說「最後」,是因為四月三日下午在約哈特(Jorhat)和蒙巴頓開會,會議決定,特種部隊的第十四與第一一一兩個旅,應作為第十四軍團殿後。六天以後,蒙巴頓、史林姆與接任溫蓋特的藍欽准將[64] 開會,又改變這決定。四月三日上午在約哈特,史林姆與史迪威談話,讓史迪威大為驚訝的是,史林姆拒絕他的提議:由華軍新三十八師,來保護第馬浦到雷多的補給線。史迪威部隊向密支那的挺進,會因日軍攻占第馬浦而告停,所以這並非是完全不相關的提議。「讓我大為驚訝的是,」史迪威在日記中透露:「他們沒有要求我們的援助;反而,史林姆和總司令卻說:你們繼續

62　*Chief of Staff*, ed. B. Bond, pp. 152-153.
63　Lewin, *Slim*, p. 181.,Slim, *Defeat into Victory,* p. 268.
64　Lewin, *Slim*, p. 184.

第四章 劍裂矢盡

作戰吧。」[65]

在約哈特舉行會議的第二天,也就是四月四日,伊文斯(Geoffrey Evans)准將,他既是知名的緬甸戰役史學家,也是史林姆麾下將領。他認為這一天是因帕爾作戰的轉捩點。在這一天以前,印第十七師已經完成了全師的撤退,讓第四軍軍長史肯斯中將,能恢復他原來的計畫。而第五師已經空運抵達,控制了從烏克俁爾切入的各路線,同時它的一個旅已經到了第馬浦;第二十師已經依照計畫退到申南;第二十三師為軍預備隊,以它的一個旅封鎖了日軍從南而來的進犯。

對日軍而言,生死攸關的日期為四月十九日。據柯比(Kirby)將軍所說,至少與遠至因帕爾的北部戰線有關。日軍第十五師團想突破穿越森買(Sengmai),遭受失敗,奉命採取守勢。[66] 即使司令牟田口不停地催促三個師團長,要他們在四月二十九日天長節(裕仁天皇生日)攻下因帕爾,他原本以為可以切開且通過像牛油般的英軍,此時已成堅硬的石塊。

他麾下三名師團長,也讓他頭痛:第十五師團長山內是病人,他那個師團的一半兵力,到戰場已遲到。第三十一師團師團長佐藤幸,早在一九三〇代陸軍派系傾軋時,就是他政治上

---

65 《史迪威文件》,頁267,蒙巴頓使用飛機,才使這成為可能,幸而他有邱吉爾支持,「貴官為勝利所需的一切事物,都會實現。」這是當晚自倫敦發來的電報,「本人必不接受任何方面的反對,而會全力支持貴官。」(Kirby, *War Against Japan*, III, p. 234.) 在史林姆與史迪威二人的交談中,《史迪威傳》的作者芭芭拉‧塔克曼(Barbara Tuchman),看出雙方的算計。史迪威提議以華軍新三十八師出兵援助,她認為是「試探性的行為有些冒險」還補充一句「……史迪威若沒有堅強的新三十八師,即使不會停止整個戰役,也會慢下來,並使他拿下密支那的希望落空。他是否真心希望英軍接受華軍的援助,不無疑問。他經常嘲諷印度師始終守在印度西北邊界;他的提議,也許是一種激他們出來的方式。假如史林姆接受了他的支援,而在他背後的日軍若來一次突破,無論如何,史迪威都會無可避免的終結他自己的戰役。」(Tuchman, *Sand Against the Wind*, p. 441)

66 *War Against Japan*, III. p. 310.

的宿敵,業已清楚表態,他只做分內事,除此無他。第三十三師團的師團長柳田,十分簡單,孬種一個。三月二十五日,牟田口接到柳田一則電報後,因柳田缺乏膽量發誓要將他交付軍法,便決定繞過他,改由師團參謀長田中信男大佐指揮第三十三師團。

在其他前線,事情起初都順利,然後就停了。四月七日至八日,第十五師團在因帕爾北面的康拉東比(Kanglatongbi),切斷了因帕爾到科希馬的公路,可是四月十二日及十六日在南士貢(Nungshigum),以及在森買以東山區的夜間攻擊,戰力大減。山本支隊經過申南通道向普勒爾的攻擊,被英第二十師阻擋。到四月中旬,牟田口第十五軍的攻勢,已經停止了擴張。

牟田口本人依然遠離戰場,而他的對手,英第四軍軍長史肯斯中將,則在因帕爾的攻勢中心,牟田口的軍司令部則依然遠在眉苗。溫蓋特的特種部隊,危及他與前線日軍之間的陸地交通,也使他身為司令官多多少少心緒紊亂。只靠通信指揮作戰,軍參謀都在前線幾百哩外的揮邦山地參謀本部,這不好指揮。四月二十九日,牟田口終於將軍部遷往吉靈廟(Kalemyo)東北方5哩的因代吉(Indainggyi),這已是他發動攻勢後的第三十六天。

牟田口離開的前一天,駐仰光的緬甸方面軍司令官河邊日記中記載:「第十五軍明天西進,我知道他們的感覺,不想留在眉苗。我已致電牟田口,祝他轉進成功。我說,他應毫不分神注意因帕爾。」事實上,牟田口沒有移防得很快,注意力也從因帕爾分散。途中在瑞保(Shwebo)駐留,開了一家藝妓館,他並不真想離開眉苗的涼爽空氣,與曼尼普爾叢林中的竹屋。他喜愛藝妓,和軍部參謀共享此好,在眉苗的「清明莊」,每

第四章　劍裂矢盡

個參謀都有自己喜歡的藝妓。在軍司令部的生活根本就不壞，他們大約在下午五點下班，晚上則有各種宜人的活動與娛樂。因代吉的情況則遠為艱苦……。

第八回 南士貢之戰

所以，日軍第三十一師團已經在科希馬將因帕爾從印度切開。然而他們據守這個小鎮並不牢固，因為英第二師正趕來要奪回。在南面，日軍三十三師團已經接近因帕爾10哩以內，正在比仙浦的西北試探，尋找滲透第四軍防務的一條路。現在，我們一定要觀察中心發生了什麼。這裡，因帕爾遭受兩個方向的突擊，從東南方來的是一支名為山本（Yamamoto）支隊的極強部隊，在牟田口第十五軍中，所配備的火炮，遠遠超過其他單位。它還有一個戰車聯隊，正從卡巴盆地經過威托克（Witok）及德穆（Tamu）企圖抄捷徑，沿著申南到普勒爾的公路，打出一條路。德穆到普勒爾的距離僅25哩。普勒爾可俯瞰因帕爾平原，距離因帕爾只有25哩。日軍第十五師團第六十聯隊，在欽敦江另一地點渡江，向德穆到普勒爾的公路前進，以支援山本支隊。第十五師團的主力部隊，越過崎嶇的鄉野，向科希馬和因帕爾間的公路前進到佐藤幸德的第三十一師團南面。這條公路已在康博克匹（Kangpokpi）處被切斷。該地日軍名為「教會」（Mission），來自因帕爾北方23哩的一處教會會所。切斷那一天是四月三日，正是日軍在當都（Thaungdut）渡過欽敦江剛好兩個星期。

可是這第十五師團和師團長已陷入困境，其兵力嚴重不足。

師團長山內（Yamauchi）少將，一個敏感柔性的日本人，在華府擔任陸軍武官，海外居住很久，其個性與軍長牟田口的粗魯衝動與行事浮誇形成強烈對比。這兩個將領一開始便未能和衷共濟，山內由於肺結核病重，有一個專用的西式馬桶。他有一名傳令兵，其工作便是一定要確實把它安置在不礙事的地點，隨時跟著師團長。第十五師團曾經駐紮華中，有汽車運輸。可是赴緬甸前線時，沒有貨車能順利通過，就被迫改變為馱畜運輸。這條道路既在槍口下，人力也不足。在經過泰國時，南方軍派遣開拓勞工，花了幾個月建了一條道路，由泰國北部清邁，到緬甸東固（Toungoo）[67]。毫無疑問，這是一條有用的公路。不過，日軍部隊要作更有利的運用，才能及時抵達欽敦江。

日軍在中國使用的火炮，改換成了山炮。這種炮能加以分解，由人力扛越欽敦江西岸的山丘，可是戰防炮的大部分組件下落不明。緬甸方面軍參謀長中永中將，從仰光來討論這次作戰，他告訴所有的人，他們不會遭遇戰車，大家聽了很受用。在作戰開始以前最後一次沙盤推演，仍然當作英軍戰車根本不會出現。（這是一九四三年十二月二十二日至二十六日，在眉苗第十五軍軍部舉行的會議，第三十一師團長佐藤幸德中將與第三十三師團長柳田元三中將都不在場。）

正當第十五師團即將開始移動，渡過欽敦江，中永再度來到前線，垂頭喪氣，承認自己以前錯了。英軍終究會運用戰車！可是在這時要修改師裝備，為時已晚。攻勢開始時，用了兵力不足的六個大隊，而不是尋常的九個大隊，支援的炮兵也

67　譯註：Toungoo 也翻成「同古」，戴安瀾重傷於此，病死在撤退途中。

不夠。[68] 第六十聯隊（聯隊長松村弘 Matsumura 大佐）的步兵炮中隊，有四一式山炮兩門，[69] 每門炮彈 200 發；戰防炮 2 門，每門炮彈 700 發。即便如此，步兵炮中隊的中隊長山中（Yamanaka）大尉，怕中隊士兵沒有力量用人力將這些裝備扛起，來越過明塔米山（Mintami），然後再越過一座山脈。所以他將一門山炮和 100 發炮彈，隱藏在欽敦江江岸的東黑村（Tonhe）內。師團內的第五十一聯隊第二大隊，派往加入在因多（Indaw）的一支混成部隊，以對付英軍溫蓋特准將的第二次深入突擊。師團的步兵第六十七聯隊（欠第三大隊）、野戰炮兵第二十一聯隊，以及師團內的大部分運輸兵力，依然還在泰國。因此，第十五師團開始這一次戰役，使用兵力為六個大隊和 18 門炮。儘管有這些缺點，山內的官兵立刻對英第四軍形成嚴重威脅。[70]

山內的右偵察隊或挺進隊（步兵第六十七聯隊第三大隊的兩個中隊），指揮官為本多（Honda）大尉，於三月二十四日通過烏克侯爾（Ukhrul）；四天以後，在「教會」切斷了因帕爾到科希馬的公路。右突擊隊（或突進隊）為步兵第六十聯隊第二大隊及第三大隊，也從欽敦江迴旋向北，在山區中一分為二，越過伊里爾江（Iril River），到達接近沙發買諾（Sofamanai）的公路。然後越過公路向下移動，再往卡拉古（Karagula）及古勒波比（Kulaopokpi）的公路西邊山丘裡，向因帕爾進兵。師團的左突擊隊（步兵第五十一聯隊），在三

68　高木俊朗，《憤死》，文藝春秋，東京，頁 126-131。
69　山炮的形式指出廠日期，明治四一年出廠。
70　Kirby, *War Against Japan*, III, p. 190.

月二十七日,攻擊因帕爾西北方三五二四高地上的英軍陣地。幾天內,到了馬巴(Mapao 四九五〇高地)。到三月底時,山內部隊已經遮斷主要公路,並跨越山丘,俯瞰英第四軍司令部所在地「基浦(Keep)」。

本多大尉炸掉「教會」附近的兩座鐵橋,遮斷公路。沿著公路,他見到每一小時就有 120 輛到 130 輛載重車及吉普車經過,駛向因帕爾。他在三月二十八日晚上十點到達那裡,見到的車流,給他可怕的印象,顯示英軍可用的物資供應與機械化的力量;他在日記中記下來,在日本,從未見過像這樣的情形。也記了他炸掉兩座橋,切斷電話線,及爆破科希馬到因帕爾的交通。

在第五十一聯隊(尾本)和第六十聯隊(松村),已經到達公路並截斷之後,第十五師團長山內和參謀長岡田兩人,對第五十一和六十這兩個聯隊的角色是否互換,卻起了爭執。原來第五十一聯隊的角色,為挺進因帕爾北面約 12 哩處,穿過森買村的一條東西線。而現在山內師團長卻要它轉向一個更遠東方的三八三三高地(這是日本歷史所提的高地名稱,而英軍及印軍則稱之為「南士貢〔Nangshigum〕山」),至於松村(六十聯隊)則接收森買線。

這種調換似乎沒道理,可是山內卻受本多大尉的報告影響,也就是說,科希馬到因帕爾的公路現在已阻斷了。山內在日記中記下了這件事,但補充記載,英印軍也許仍可沿著西恰爾路徑(Silchar track)逃脫(再怎麼說,這是第三十三師團的作戰地區,不是第十五師團的)。現在,集結小部隊做一次全面攻擊,也許會達成對敵人的包圍,如果他等待集結旗下兵力成為大部隊,包圍就不可能成功。岡田參謀長不同意,所有已經發

生的情況,是由於日軍成功地截斷了公路幹線;可是在桑薩克到因帕爾的公路,第五十一聯隊正遭受英軍攻擊,英軍並不是在逃走。山內師團長反駁說,當然他們在逃,他們已經被包圍,正設法脫身,這是英國人的標準作風。岡田沒法子相信自己的耳朵,這正是在眉苗司令部開會,牟田口所用的那種語調:「英國陸軍比中國軍還弱,如果你包圍了他們,他們就逃走!」山內怎麼會同他一樣的看法?那時牟田口看不起他這個師團,他不是也反斥牟田口軍長是個笨蛋,不適合指揮一個軍嗎?可是山內堅持。難不成岡田就看不到這是一次戰爭的機會嗎?岡田參謀長卻看不出把尾本聯隊轉移到三八三三高地,對戰事究竟有何幫助?現在司令部離因帕爾 25 哩,他認為山內應將尾本調到更接近師部,並增加軍力,沿著從烏克侯爾來的公路向因帕爾推進。[71]

四月一日這一天,發生了一段插曲,山內師團長認為這件事,證實了自己的看法。在耶岡波克匹(Yaingangpokpi)東北的三五二四高地日軍陣地,有英軍 6 輛戰車帶了步兵攻了上來。第十中隊的中隊長中西(Nakanishi)大尉,下令中隊的手榴彈班攻擊他們。一枚手榴彈炸中了一輛戰車的車身中央,這 6 輛戰車便改變方向,朝耶岡波克匹方向離開。中西中隊長喜洋洋,使用手榴彈擲彈筒擊退戰車是可能的了!當師部一名參謀打電話到這個中隊,中西便把發生的事敘述一遍,「或許它們來只是來偵察吧?」今岡參謀(Imaoka)也好奇,但他將消息報告師團長,山內正文中將印象深刻,「顯而易見英軍很差勁,」他告訴今岡參謀:「命令中西大尉向卡門(Kameng)移動。」

71　高木,《憤死》,頁 190-191。

中西大尉對於因自己樂觀而使師團長下達這個新命令，就沒有那麼高興了。「等我們完成對敵人的搜索再行動，」他請求說：「否則我們是自找傷亡。」今岡參謀知道這是師團長的意圖，督促他前進。中西大尉勉強出發進攻卡門。「這個蠢命令出自一名參謀長，」中村修一郎少尉回想道：「直接造成第十中隊全殲。」四月三日下午八點，這個中隊向卡門南面的高地前進。月色朦朧，有一條根本不像是路的途徑。在他們由山坡滑下進入平原之前，是四月四日凌晨四點鐘，走過9哩左右，已經深入敵人的陣地。擔任尖兵的前田少尉，使用指北針和地圖，迅速領先。東方曙色方明時，中西大尉派出傳令兵到每一個小隊，告訴他們靠近山麓小丘，他很怕一到曉色來臨，會在這開闊的地方被逮。

當第十一中隊的里內（Satouchi）小隊，爬上半山腰時，聽到步槍的射擊聲，「接著，便是來自正面的射擊，然後，炮彈開始轟擊。天空明亮，炮擊和槍聲越來越密，等我跑向中西中隊長，前鋒的弟兄似乎被困在敵人戰線裡了，現在我們與敵人很近。中隊長下令立刻攻擊，可是我們的人開始倒下，前鋒指揮官受了重傷，我們無法前進去進攻敵人陣地。這次攻擊失敗了，我們折損了一半兵力。正當在早上五點十分時，我在敵人陣地前方，被兩塊手榴彈碎片炸傷。」

中隊長中西大尉想提高還可以站立的20多名官兵的士氣，但在白晝的天色中，看到他中隊官兵倒下的屍體堆集起來，他的臉變成悲愴的面具。他在敵人陣地上怒目注視，一語不發，步槍的射擊聲和炮彈的叫嘯聲繼續不斷，打破了山旁的寂靜，這時英軍衝了出來，進行反擊，驅逐日軍中隊。

上午十點光景，在這座山丘四周，已見不到英軍。戰車亮

相了,以戰車炮及機關槍射擊,中西陣亡,而由第一小隊小隊長桑山(Kuwayama)中尉,擔任中隊指揮:

> 山坡上沒有樹木可供我們掩蔽,戰車繼續對我們射擊了一小時。夜晚來臨,英軍炮擊停止。可是每當我們這些倖存的人,有人稍微一動,步槍聲就響起來。我們這個中隊出發時有80人,現在剩的不超出10人,每個人都受了傷。夜色已深時,我們逃脫。我們無力掩埋死者,輕傷的人幫助其餘的人,可是兩名傷勢嚴重的人,在越過平原時死去。我們剩下來的8人,花了三天三夜,才回到出發點。同一條小徑,我們走了整整一晚。所以我們就在死亡的邊緣撤退了。[72]

在這次撤退中,上田軍曹補上一個恐怖回憶:英軍4輛戰車炮擊他們後,火焰噴射器直擊一名日軍,將他活活燒死。[73]

卡門(Kameng)是日軍第十五師團首度遭遇英軍戰車的地點。從那時起,戰車讓所有情況都改變了。在這前線包含東北方從因帕爾到李潭的公路,第四軍長史肯斯知道這是日軍最短路徑,認為也許他很快就有危險。因此,印第五師(欠接近在科希馬附近的第一六一旅)開始從阿拉干空運抵達時,立即指示師長布里格斯(Briggs)中將,阻擋日軍前進。同時,第二十三師移防往卡山姆(Kasom)的公路,卡山姆被認定是日軍第十五師團司令部的位置。印第五師的第九旅則向馬巴

72　高木,《憤死》(67聯隊的紀錄),頁199。
73　同上書,頁200。

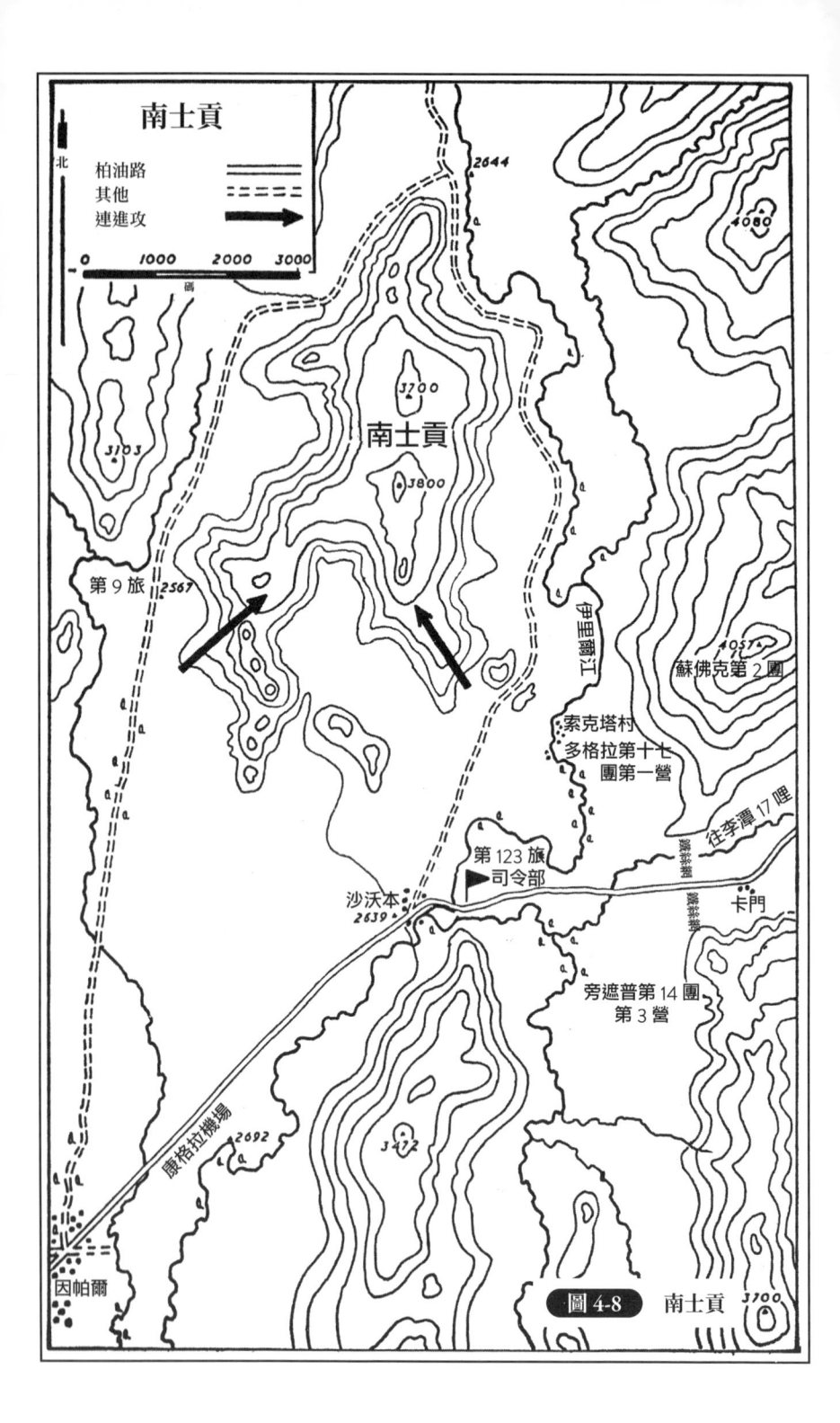

圖 4-8　南士貢

（Mapao）推進，那裡是日軍堅強據點，以掩護第十五師團山內部隊攻擊森買陣地的側翼。布里格斯派第一二三旅旅長伊文斯（Evans）准將，到因帕爾北面23哩處的耶岡波克匹村陣地，那處是公路從山丘及山坡走向平原一處鞍部的出口。伊文斯准將的這個旅，在三月十八日，從阿拉干空運，一在因帕爾落地，立刻被派往科希馬。旅內有多格拉第十七團第一營（1/17 Dogra Regiment）、旁遮普第一團第二營，以及蘇法克第二團（2 Suffolk）。一個星期後，他們又被調加入原來的第九旅（旅長所羅門 Solomon）。這個旅移往伊里爾江河谷，那裡大致與因帕爾—卡門—桑薩克—烏克侯爾這一線公路成直角。

有座山崗可控制因帕爾平原北端，稱為南士貢，提供了一處理想的觀測平台監看所有行動。（請參閱圖4－8：南士貢）第十五師團長山內正文，要他的第五十一聯隊占領，讓他們不安的是，這座山崗接近因帕爾英軍防地的心臟。離在 Keep 要塞內第四軍司令部只有6哩遠，離英軍的燃油及彈藥堆集所，還有在康格拉（Kangla）的飛機場，甚至更近。

日軍的一個突襲小組也沿著主要幹線接近。在英軍第九旅來援以前，即已迫使康拉東比村內物品堆積區的物資撤走。另外，在因帕爾西北山崗內飲水供應過濾廠的操作裝置遭到爆破。（對守軍來說，很幸運的是，還有一個備份廠可以運轉，因此飲水供應不受影響。）史肯斯軍長並不存有甚麼幻想，日軍逼近因帕爾，讓他的司令部 Keep 要塞，受到日軍前所未有的直接威脅。肅清這地區已刻不容緩。

指揮第九旅的索羅門准將，忙於將康拉東比的儲存物資以人力運送，如今只能指派捷特郡（Jats）第九團第三營的兩個排，約60人，去防守南士貢山。這座山崗林木並不茂密，但長滿了高草與矮樹，山頂的樹木更稀少，只露出一片紅土和裸岩。

山頂並不是一座孤峰,而是綿延約4哩長的山脊。很多山丘由山脊相連。最寬的地方,大約為三分之一哩,爬上陡坡要一個小時。四月六日,捷特郡第九團第三營的官兵,在炙熱下汗流浹背爬上山坡,還來不及在面向因帕爾的山坡挖工事,夜色已降臨。隔天的三更半夜,日軍步兵第五十一聯隊第三大隊(大隊長森川少佐),在一場暴風雨中,進攻這座山。三個小時中,捷特郡團的人損失了幾近一半,因此奉令撤退;他們的一名印度士官被認為已死,留在那裡,被日軍扔下山邊。事實上,他雖然手腳都受了傷,卻依然活著,設法回到了營部。但後來還是因傷去世。

捷特郡團團長格狄(Getty)中校,再派一個連去重奪這座山頭,日軍的陣地已被一架颶風式轟炸機由空中攻擊所瓦解。這一回,捷特郡團輕易就拿下了山頭。可是四月八日、九日乃至十日,他們被一再攻擊。最後一次,是七十五公厘炮。十一日,捷特郡團被迫再度退卻。在失敗的反攻中,損失了一名連長和很多士兵。看來,日軍在南士貢似乎待定了。唯有用極大的兵力突擊,才能收拾他們。

四月十二日,師長布里格斯召開會議,策畫一次突襲。出席的有皇家空軍第二二一大隊阿契爾(Archer)上校,他為第十四軍團提供空中支援,伊文斯准將也在;他那個旅在南士貢備受日軍尾本聯隊的威脅。在座還有第四軍軍長的弟弟里勤那‧史肯斯(Reginald Scoones),被人叫「傻子Cully」准將,為戰車二五四旅旅長。捷特郡團很明顯已經筋疲力盡,步兵角色便移交伊文斯旅內的一個營:多格拉(Dogras)團的第一營,

營長拉克里·伍茲（E. J. Lakri Woods）中校。[74] 多格拉團是印度拉傑普特人（Rajputs），[75] 是具有驕傲戰士傳統的後裔，個子較小，所以日本歷史學家（即使到了現在）誤認他們是廓爾喀人。伍茲中校這一營，當時還在公路南面，得由旁遮普第九旅第十四營第三連接防，才能移動。因此，這次攻擊不可能定在四月十三日早晨以前。皇家空軍阿契爾上校答應，以空軍三個中隊支援，兩個中隊是「復仇式」俯衝轟炸機，另一個中隊是「颶風式」轟炸機，一共24架。這處山崗也會遭第五師大量炮兵轟擊，另加一個中炮兵團支援。史肯斯軍長更派卡賓槍騎兵第三團第二營，進攻日軍那個大隊。日軍只有小小炮兵，沒有空中兵力。這就是史林姆中將，使用壓倒性力量的作戰原則，明明白白的範例。

戰車面對一項幾乎不可能的任務：對戰車能否爬上陡坡到達山頂的能力發生疑惑，史肯斯卻相信他們辦得到。卡賓槍騎兵團團長拉爾夫楊格（Ralph Younger）也如此認為。在這一戰中，人與機械都被證實超越我們對他們的期望，可是越接近山頂的爬坡角度，越對各戰車車長造成不幸的後果。伍茲中校計畫在一輛戰車護送之下，多格拉團各連應當在上午十點三十分出動，第一連（連長瓊斯 L.A. Jones 上尉）攻山的西面；第二連（連長修阿爾登 Hugh Alden 上尉）則攻東側。隨同第一連的，為騎槍兵第五連（連長尼爾 Neale 中尉），以及司令部戰車群（山福德 E.A. Sanford 少校）；隨同第二連的有前進觀測官及

74　烏爾都語 Lakri, 任何印度軍官的名字都如此稱呼，是叫 Wood 或 Woods 的暱稱，且兩個名字相連。
75　譯註：Rajputs 拉傑普特意思是王公之子，是印度戰士民族，在印度中、西、北部與巴基斯坦一部分。自稱剎地利。

騎槍兵第四連（連長費哲博 Fitzerbert 中尉）。卡賓槍騎兵團的另外兩個連：第六連（連長魏爾 A. Weir 中尉）及第七連（連長史都華 L.A. Stewart 中尉）則在平原，以他們的槍炮，在部隊上山時，提供頭上方的掩護。

多格拉兵在黑夜中向出發點移動，越過乾涸稻田的堅硬地面，他們和伊里爾江西岸索克塔村（Sokta）的伍茲中校以無線電保持聯絡。伊里爾江沿著南士貢的東側流過。伍茲中校也和在第一二三旅旅部的伊文斯旅長聯絡，旅部設在因帕爾到李潭公路間的沙沃本村（Sawombung）。這座山的整個南面，就像劇院中的舞台，可以使英軍各級指揮官作全景觀測。

四月十三日早上，日軍向下瞭望因帕爾平原，英軍所有這些在山下的活動，一目了然。也看得到因帕爾平原的街道與房屋。日軍注意到英軍戰車群，從伊里爾江河谷中馳來，看見它們停在山麓。戰車的出現，日軍當時並無特別不安，在那一瞬間，日軍沒有一個人相信戰車能真正對著他們駛上山來。日本陸軍的一般智慧便是戰車沒法子爬山。這一次在南士貢—後來在科希馬—證明那是一種付出高昂代價的智慧。

森川（Morikawa）的第三大隊，在最低的鞍部挖掘戰壕，他的機關槍中隊陣地接近山頂。挖戰壕很難，大隊部的官兵耗上好幾個小時，才挖出一條 3 呎深的指揮壕。山本豐（Yamamoto Yutaka）上等兵後來回憶，他們還必須要為部隊的副官以及曹長挖壕溝，因此，到了挖自己的壕溝時，他們已經耗盡力氣，只好在三根樹幹中間堆上泥土湊數。後來，他們把英軍第一次攻擊打退，有時間來挖時，有人說：「我們或許在挖自己的墳，所以當成正式工作來做吧。」山本豐挖的深度能使自己蹲下去。他們從忙碌的大隊電話中，報告攻擊正展開，

可是曳光彈在頭上飛過,沒人答話。

山本豐的思緒在別的地方:或許他不是日本陸軍所要的那種軍人?他記得第一次被徵召入伍,搭火車去中國途中,經過大阪和神戶,從車窗往外望,想起了曾經幫過他的人、女孩、綠意盎然春天的歡愉。他覺得自己是勇敢的極端反面,內心深處反對戰爭,可是那隱藏得很深,作為日本人,此事不容被發現。他後來寫道:「我並不怕死,死只不過是肌肉的毀滅。人有一個永生不朽的靈魂,在靈魂裡,一向都是和平。」天色快亮,山本豐酣酣入夢。[76]

他醒來時,清晨的陽光,耀眼地照射在山邊。這是個多麼美好的一天,他根本不能相信,自己在戰場上。不過,他還可以見到下方山谷中一批又一批軍車在運行著。這時,他忽然聽到飛機聲音,炸彈在他下方爆炸,他把身體緊緊貼住散兵坑底,「像一隻被困住的章魚般死撐著。」(日兵稱散兵坑為「章魚罐」)

最先飛到的,是皇家空軍。俯衝轟炸機炸過後飛向因帕爾。颶風式轟炸機跟著飛來,對著山頂日軍,機關槍火力傾瀉而下。他們的炸彈把樹木和人體都炸飛。這時正是上午十點三十分。二十分鐘後,第五師炮兵開始射擊,88門炮轟向一座山崗。在山本豐上等兵耳裡,那聲音就像100顆地雷爆炸在他的散兵坑的回音。他更貼近地面,發抖著,身上覆滿泥土、沙子、和碎裂的岩石。

在下面山谷的地面,多格拉兵開始移動。「那天早上,當我首先見到那座山崗,」第二連連長修·阿爾登(Hugh

---

[76] 高木,《憤死》,頁219。

Alden）上尉回憶道：

> 我的印象它很高，相當開敞，山上覆蓋著稀疏的兩、三呎高的灌木，幾株削瘦的樹。你可以很容易看見人的移動，開始時山並不陡，可是我們越爬就越陡了。我這個連以一個排當先，由一輛戰車隨同，步兵在戰車兩翼移動，要避開日軍瞄準戰車的火力，以及可能反彈的跳彈。戰車中隊長的那輛戰車，和我的中隊本部一起前進，不過，我們沒有和他們的無線電聯繫，倘若我們要跟他們談話，不是用喊的，便是用配在車後的戰車電話。那天熱得恐怖，我們流的汗以品脫計。一直到這一仗打完，才有多的飲水送上山來，之前，我們只能靠自己的水壺。[77]

在戰車裡更熱，它們以低檔駛上斜坡，大約每小時為1哩。到了上午十一點十五分，它們駛到了山頂西側一處形似「金字塔」的地方。騎槍兵第四連連長費哲博（Fitzherbert）中尉到了「雙峰」山，隨著第五連連長尼爾（Neale）中尉和司令部戰車連山福德（Sandford）少校，沿著薄如刀片的山脊，他們與「北峰」連繫。這一處的山嶺太窄，而戰車一定得前進，只能排成單行，慢得急死人。第五師炮兵的射擊已經停止，空中攻擊也結束了。

「戰車！戰車！」山頂傳來日軍喊叫的聲音，山本豐上等兵從散兵坑中向下看，卻沒看見什麼，然後冒險再往上一點點，

---

[77] Evans and Brett-James, *Imphal*, p. 220.

第四章 劍裂矢盡

便看到下面山坡,兩輛戰車朝他爬上來。大隊長森川少佐大喊:「把輕機槍拿來!準備射擊!把炮拿到前面來!」英軍戰車把樹木推到一邊,到了山本豐下面100碼以內,也可見到印度兵在每一輛戰車後面移動。日軍無法用大炮對付他們,因為那門炮的陣地在南面山坡太下面了。「炮給我!」中隊長向山本豐大叫:「裝破甲彈!」「一發都沒。」山本回答道:「一定是留在後面了。」「有什麼就用什麼。」中隊長開始射擊。山本用步槍瞄準多格拉兵開槍,戰車炮對他的位置射擊,他四周的泥土如雨而下,空氣中滿是硝煙,戰車呻吟聲籠罩了他。這兩輛戰車越來越近,50碼,30碼,一輛向山頂爬。山本把腦袋向土裡鑽,緊抓住步槍。他覺得戰車停下,大約在右邊1呎遠。「我會死的,」他想道:「對於這,我無能為力。」然後他開始溜下山坡,但還是緊緊貼住地面。第二輛戰車爬了上來。日軍工兵帶了「龜地雷」向它跑過去,這是一種爆破地雷,有磁鐵固定在四角,使得它的外貌就像一隻難看的烏龜。兩名工兵向戰車跑過去,把地雷推進在履帶下,卻什麼事都沒有發生。戰車炮塔蓋開了,戰車車長將頭伸出來,以手槍對兩名工兵開槍,然後扔手榴彈。兩、三名日兵對著他瞄準,可是令人毛骨悚然,戰車炮開始轉向他們。

山本望望四周,看見另一名日兵,躺在一段距離外的地方,腸子碎裂。還有幾個人,腦袋都炸掉了;更奇怪的是,這些屍體,讓他想起要扔掉的削過的馬鈴薯皮。他停止尖叫時,注意到另外一名上等兵,和他一樣沒有受傷,兩人開始從死去的同袍身上收集水壺。他們做了一個擔架,把一個受傷的弟兄抬下山。在山谷的溪水邊,他遇見12個日兵,大家決定在水邊等,直到日落。

英軍戰車指揮續向前挺進,可是他們必須從炮塔上觀察,這使得他們很容易被襲。在西面山坡,司令部所屬戰車隊的山福德少校遭擊中(後來去世),楊格離開他的指揮部,沿著因帕爾路下來,告訴費哲博中尉接手指揮。預備隊幾個連中,一個連派到「金字塔」。費哲博告訴尼爾及山福德的戰車隊,用戰車肅清前面的道路。然後杜伊(Duii)上士指揮尼爾這部隊的先鋒車,卻遭槍擊陣亡。侯巴德(Huobuden)下士接替他的位置,卻遭子彈擊穿了腦袋。

費哲博慢了下來,但最後把他三輛戰車,帶到了「北峰」,那裡日軍已經造了掩體的前面。裝甲營軍需官上士布朗斯敦(Branston),在費哲博前面的戰車內遭槍擊中,屍體跌進戰車炮塔內。他車上的射擊手霍普金斯(Hopkins)接手這輛戰車,也立刻被殺。日軍開始圍著戰車蜂擁而上,費哲博自己也戰死。

因為指揮官傷亡,戰車群便停了下來。楊格告訴營士官長克拉多(Craddock)接手各連的指揮,但堅持攻擊繼續進行。在這一點上,這一戰也許不利英軍,多格拉團已經損失了兩名連長,士兵傷亡很重。高層軍官(VCO,印度總督任命的軍官)蘇巴達‧辛格(Subadar Ranbir Singh),經過與克拉多士官長商談後,同意繼續攻擊。克拉多接近日軍掩體,此時,兩排多格拉兵上了刺刀衝進掩體。

日軍聯隊長尾本(Omoto)大佐,聽說英軍戰車正開上南士貢,他拒絕相信這件事。聯隊獸醫官田部(Tabe)中尉,一直以雙筒望遠鏡注視這一戰。看見戰車輾過肉體,把日軍活活埋葬,便將所見告訴大佐。「別傻了!怎麼可能?把望遠鏡給我!」尾本堅決相信,戰車僅僅只能在平坦地作戰。這時他自

己看,又氣又悲的大叫:「我們完了!就是如此!」他放下望遠鏡,淚水從雙眼湧出。

英軍的旅長與上校們,也在注視這一戰,就像他們坐在戲院大廳的頭等座一般。伊文斯,從沙沃本(Sawombung)的旅部來,和史肯斯中將一起觀戰。他們注視英軍步兵消失在高草中,見到戰車群向山上移動,在山坡上慢慢前進,敵軍部隊沿著山脊移動。第五師師長布里格斯中將也來當觀眾,布里格斯和伊文斯及傻子史肯斯,旁邊還有營長伍茲中校一起,在攻擊進行時,一同坐在一排乾涸稻田的田埂上。

有些最嚴酷的片段,在他們的視線以外。多格拉團第一連連長阿爾登(Alden)上尉,去找第二連連長瓊斯(Jones)上尉,到處不見蹤影。阿爾登便往山上走,穿過領先的多格拉兵往前去,這才發現面色如灰血流不止的瓊斯連長,躺在一條溝內。他把瓊斯送回去,自己接手這個攻擊的步兵連,還走開去安排戰車的支援火力。他並不是靠戰車外掛的電話,而是一輛一輛地爬上戰車直接和車長談話,把日軍掩體位置指給他們看,戰車便開始對這些掩體瞄準。阿爾登上尉似乎自找麻煩,可是別無他法,只有坐在戰車頂上指揮射擊。正當戰車發射第二發炮彈時,日軍一顆子彈擊中他的胸部,將他從戰車上轟下來。在南士貢這一戰,英軍在作戰進行時,每一輛戰車與步兵軍官用這種辦法聯絡,非死即傷。[78]

這種情形絕對沒有減損英軍攻擊的勇氣,營士官長克拉多(Craddock)決定要更迫近日軍掩體。命令費哲博的戰車不要擋著他,費哲博的屍體依然趺在炮塔中,可是戰車炮還在對掩

78　Evans and Brett-James, op. cit., p. 223.

體射擊。這輛戰車的駕駛兵史密斯（Smith）一兵，發現自己無法遵照克拉多士官長的命令，因為戰車啟動按鈕卡住了，儘管日軍以所有的火力轟向戰車群，他還是爬下車，用一根拖纜固定坦克，把它拖走。

克拉多的第一次衝鋒失敗。多格拉兵已逼近日軍防守的掩體5碼內，還是遭打退。克拉多這時決定採取一種幾近荒唐的行動：在繞過側翼時，他命令另一輛戰車車長海南（Hannan）上士直接爬上日軍掩體的北峰峰頂；這一次成功，這兩輛戰車粉碎了這些日軍掩體，多格拉步兵上刺刀扔手榴彈，深入要害，將掩體內的日兵殺死。[79]

在東面幾哩開外，日軍在卡山姆（Kasom）的第十五師團司令部內。師團長山內正文少將，已經聽到了轟擊南士貢的炮聲，可是這一戰的結果，最先傳到尾本喜三雄大佐的聯隊部。大約下午三點鐘，聯隊部出現了一個搖搖晃晃的人形，身上的軍服破破爛爛，都是黑黑的煙痕，他接近崩潰的邊緣，田部（Tabe）中尉認出來，他就是聯隊軍醫官中配屬給第三大隊的木平正夫（Kihira Masao）少尉，被派去與聯隊長聯絡。木平少尉站在尾本大佐面前，兩眼空洞、呼吸急促，「木平，鎮定！」尾本大佐喝道。木平站直身體，可是長長一段時間說不出話，只是站著，眼淚垂腮：「大隊被敵人戰車輾過[80]，遭到全滅。」嘴裡開始胡言亂語，人就在尾本聯隊長面前倒下去。尾本臉色

79　為了紀念這一次戰績，每年在南士貢戰週年時，皇家蘇格蘭龍騎護衛團第二營（這個單位由騎槍兵第三營及皇家蘇格蘭龍騎兵第二團合併組成），在那一天舉行分列式閱兵，全部由營士官長及士官指揮，沒有軍官參與。Bryan Perrett, *Tank Tracks to Rangoon*, p. 117, 以及 Evans and Brett-James, op. cit., p. 225.

80　遭坦克車輾壓。實際上他用的字是jūrin（じゅうりん亦即中文的「蹂躪」）。

大怒。他因為不斷的失敗感到痛苦異常,到這時為止,聯隊戰力從一開始便把第二大隊在北緬甸派出去,現在已經削減到幾乎一無所有了。他剩下的,只是要保護聯隊的榮譽。「田部!」他叫道:「我們要向三八三三高地前進,我們要保衛那處高地,直到我們人人戰死!」田部很冷靜,知道尾本因為英軍戰車摧毀他的官兵,打擊太大,失去平衡。他平靜地說,把他們自己拋進同一個大鍋裡,也達不到目的。事實上,他們怎麼都影響不了。只有撤退和想辦法如何改正情況比較好得多。尾本大佐身體就像洩了氣,頹然坐下,以這種姿態停了很久,一動也不動,然後低聲向田部輕語:「這是避免不了的,是嗎?我們輸了。」

和英軍一樣,日軍軍官的損失嚴重:第三大隊的大隊長森川少佐、副官、野戰炮兵中隊長、炮兵分隊長、十二中隊長,以及第三大隊的其他軍官都陣亡。倖存的軍官沒有一個不受傷。當時,尾本殘餘的兵力,想在下午七點進行反攻時,但那時,英軍多格拉團整整一營人都已經在山崗上,日軍很輕易就遭炮擊轟退。第二天早上,多格拉兵點到日軍 100 具屍體。四月六日開始的南士貢這一戰,日軍死傷 250 人,英軍還虜獲了 5 挺機關槍與 4 門 75 公厘炮。[81]

大而有組織的日軍部隊,從來沒有比南士貢這一戰更接近因帕爾。日軍在南士貢的損失,不但挫敗了山內師團長在因帕爾的一次猛烈突擊,此戰也威脅與松村的六十聯隊的聯絡。此聯隊企圖跨過因帕爾到科希馬的道路,打出一條路,通過位於森買的英軍第六十三旅的防線。因為這一因素,使得第十五師

81　Evans and Brett-James, op. cit., p. 224.

團參謀長岡田少將,勉強同意尾本完全自南士貢陣地撤退的要求,當然,這項請求不是以此形式提出。尾本在失敗後,致電師團部:「敵軍重占三八三三高地以南前線,面對戰車難以據守陣地,決心以全力攻擊四〇五七高地。」四〇五七高地在往東一點點距離,越過伊里爾江河谷,由英軍第一二三旅旅長伊文斯准將麾下的蘇法克團（Suffolk）第二營據守。即使這封電報用的是以他的職位進行攻擊的用語,岡田參謀長知道尾本在說,他請求准許自南士貢應付不了的情況中撤退。他只有三一式山炮,無法與英軍戰車作戰。倖存的人除非向一處戰車無法接近的地點前進,否則便會悉遭消滅。可是,岡田會准許敵開像這樣的裂口嗎?那便意味著松村的第六十聯隊會在森買遭切斷。他覺得這件事不能由他獨自決定,便到山內師團長帳棚裡去,把電報給他看,「我覺得我不能回覆這封電報,這太重要了,請師團長親自作成這個決定。」山內由於有病而形銷骨立,彷彿作戰的重壓,在漸漸要他的命。他對這封電報沉思許久,師團的三位聯隊長中,他最信任尾本。假如戰況並非無可挽救,他不會作出這種要求的。

「根據成瀨（Naruse）參謀長的報告,」山內師團長在當天的日記中這樣記載,「松村一向過分小心,他的進兵已慢下來,他是個一流的聯隊長,但缺乏經驗,因此無計可施。另一方面,尾本則是一個年紀大歷練多的聯隊長,即使起先我的確不知道他是不是過於謹慎,後來他以莫大的勇氣推進,並且似乎進兵快速,超過右支隊。」[82] 到末了,山內師團長准許尾本聯隊長從三八三三高地撤退。

82　高木,《憤死》,頁 229-230。

第四章　劍裂矢盡

　　尾本帶著所剩無幾的倖存官兵，離開南士貢地區，而派第一大隊在四〇五七高地，抵抗英軍蘇法克團。他們進行得並不比第三大隊要好，他們不但損失了 100 人上下，糧食與彈藥都缺乏，而且痢疾蔓延。很快的，只有大約 50 個人能站得起來了。山內麾下官兵，往後還有幾個星期的苦戰，在因帕爾東北的山丘地，對抗英軍第五師、第二十師，及第二十三師；但是，兵力減少，精神恢復也差。首先，他師團中的三個聯隊，出發時便兵力不足額，英第四軍的堅強反攻，更毫不慈悲地將他們兵力削減（英軍自己也付出重大代價）。而第十五軍軍長牟田口的「成吉思汗配給」，也未能實現，因為大多數牛隻隨著各師團出發，根本沒有抵達前線。可是第十五師團幾近全滅的主要原因，是由於它無力對抗英軍戰車部隊。在戰車壓倒一切的殺戮面前，逼得日軍絕望之餘，在幾個星期後使用毒氣。一如高木俊郎指出，一九四四年夏天，因為中永太郎中將的錯誤，造成數千日軍死亡的直接原因，他們腐化的屍體，狼藉散布在欽敦江西面的山林中。[83]

第九回　東京來的視察員

　　英國正史所認定因帕爾之戰的轉捩點日期為一九四四年四月十九日。在那一天，日軍的攻勢停了下來，南科希馬的守備英軍已被救出，印第十七師安全撤退進入因帕爾平原，來自東方及東南方的日軍遭到遏止。也正是這一天，仰光的日軍緬甸

83　同上，頁 230。

方面軍司令部的參謀後勝（Ushiro Masaru）少佐，決定該赴前線看看。他和同僚北澤（Kitagawa）同行，北澤曾奉派到茂蘆（Mawlu），協助獨立混成第二十四旅團，對抗英將溫蓋特空降部隊。他們分手時，北澤轉身向後勝說道：「這一次我不知道我們哪一個還會活著回來，反正，我們盡力吧，決不後悔。」後勝再也見不到他了。[84]

後勝少佐向西行，在耶育（Yeu）的那座橋已遭英國皇家空軍炸毀，但有一隻小艇被派在那裡等他。破曉時分，他到了朱比山（Jupi）。兩個月以前，他隨同參謀長中永太郎，對牟田口麾下三個師團作了戰前視察，曾經走過這條路。他注意到一件事與以前不同，這一次敵機更活躍了，他們向公路俯衝，就像鷹隼撲向獵物，再以機槍掃射。後勝少佐從車上座位開槍，然後躲入叢林，同他一起避難的日兵說道：「這裡是真正的靖國神社大道，[85] 長官，您最好小心點。」

一下子就變成爍石流金般的炎熱，後勝到處也見不到水，他想嚼片餅乾，可是喉嚨乾燥，嚥不下去。他回到車內，繼續往前，只見路上兩側擠滿日本兵。過了半夜，他到了葛禮瓦東面欽敦江的渡河點。這條河有600碼寬，小艇在手電筒閃爍的光照明下，接駁載運軍火渡河。公路很快就很難通行了，沿路都是無窮無盡一行行從前線運來的傷兵。第二天黎明，後勝到了因代吉第十五軍作戰指揮部，有些參謀已隨各師團離開，還有一些參謀仍在眉苗的軍部，他從久野村桃代參謀長那裡，了解事情真相。英軍正從阿拉干空運部隊以增強兵力，他們判斷

84　後勝，《緬甸戰記》，1953，頁96。
85　東京靖國神社前的長路，靖國神社是敬拜陣亡將士骨灰的地方。譯註：其實靖國神社沒有供奉骨灰或靈位，只有名冊。

第四章　劍裂矢盡

是相當於三個師及大批戰車的兵力。英軍使用80架到100架運輸機，每天至少得到100噸的給養；卻仍然有充足的飛機，飛到日軍第三十一師團後方，空投部隊與補給。相形之下，日軍第十五軍一天只有10到15噸的補給，少得可憐。好像只有一個（第三十三）師團有機會突破進兵因帕爾。後勝參謀便決定去該師團查訪。他仔細檢查所有文書，閱讀所有第十五軍與三個師團間往來的電訊，這三個師團的困境，並不為緬甸方面軍所知，他愈看下去就愈明白了。

接著四月二十八日，仰光發來一則電報，「參謀次長將在四月三十日抵仰光視察方面軍，四月三十日將第十五軍攻占因帕爾計畫細節帶回仰光。」後勝少佐若去看第三十三師團再回來要花四天時間，所以勉強放棄了這想法，接待東京大本營的參謀次長顯然優先。次長秦彥三郎（Hata Hikosaburo）中將正在巡視南方地區，也就是包括西南太平洋與美軍的作戰，回東京時，向首相東條英機報告。認為相較於在太平洋的損失，以及對菲律賓，再及於日本本土四島的威脅，看來緬甸並不是主要的問題。不過，緬甸很重要，是因為它似可提供一次勝利的機會，而東條首相亟需來自前線的「一些」好消息。南方軍總司令官寺內壽一元帥，已經把他的司令部遷往馬尼拉，使它更接近太平洋的戰鬥。秦彥次長便在那裡與寺內商討，顯然，他不能在緬甸待很久，他更不可能會親赴戰場，所以他只能靠參謀的報告。後勝少佐便去第十五軍作戰指揮部兜一圈道別。「勝利似乎僅僅一步之遙，」牟田口告訴他：「不過，我們只是沒有得到這樣的軍力。說來抱歉，但這確是事實。無論如何，照顧你自己。」他在幾張名片上草草寫了字，一張給司令官河邊，一張給軍參謀長中永。後勝少佐瞟到了給中永名片上的句子：

「想到遙遠的東京,我羞愧萬分。」

所以,這就是要為整個因帕爾作戰負完全責任的人,對勝利可能性的真正想法。後勝少佐開著吉普車,馳向吉靈廟機場,大雨抽刷車側和帆布車棚。正在行駛時,路上水積成河,吉普車開始打滑,有一陣子他失去了控制。半夜以前他到了機場,五月二日回到了仰光,見到一架大飛機正自起飛,他突然覺得這一定是參謀次長飛回東京。

果然不錯,他回到緬甸方面軍司令部時,秦彥已經走了,留下了幾名參謀,包括大本營作戰課高級參謀杉田（Matsuda）,向後勝問及此行經過。沒有想到他的意見,也許決定第十五軍的命運,甚至緬甸方面軍本身。他敘述了牟田口的戰力、補給體系的效率（或者無效率）、雨季的影響。事實上,這次作戰,無論勝敗,最遲必須在五月前結束。緬甸方面軍司令部的參謀,聽到了這一切,隨著時間越來越焦躁不安,他們所有的樂觀似乎煙消雲散。杉田參謀打量了這種氛圍,便拍了電報給東京的大本營。

但後勝的報告有旁的影響,南方軍派幾位參謀飛到緬甸,然後向方面軍報告——他們執意這麼做——說因帕爾作戰依然可能成功。這項消息傳到了東京,那時東條英機首相正在會見自緬甸歸來的秦彥次長。這位參謀次長此行接到許多宣傳,他抵達南方軍總部時,就有人告訴他,因帕爾作戰有百分之九十的勝利希望。不過他苦著臉指出,到現在為止,南方軍總部沒有派半個參謀到緬甸看看此事進行得如何,直到五月一日,兩名參謀才派去緬甸。[86]

86　戰史叢書（OCH）,《因帕爾作戰》,下卷,頁68。「杉田大佐的回顧」。

第四章 劍裂矢盡

秦彥（Hata）五月一日飛抵仰光，隔天便拜訪方面軍司令部。河邊中將和參謀長中永及高級參謀青木估計，勝利的可能性為百分之八十到百分之八十五，但是秦彥依然提議終止這次作戰。「我們只有一條路，那便是堅持到底。」河邊答道：「再給我一點時間吧。」[87]

秦彥很困惑，接近前線的司令部，似乎對結果沒有比較不樂觀（即使南方軍總參謀長飯村穰 Iimura 少將，贊成他取消作戰的觀點）。理論上，他應該造訪第十五軍，但他沒這個打算，因為他必須在五月五日回到南方軍，與各軍團司令開會。他去新加坡，但將他的參謀杉田（Sugita）大佐安排好留在後面，聽取後勝少佐的報告。聽過後勝關於第十五軍不得不說的話以後，杉田大佐便飛往眉苗，那裡是新成立的第三十三軍司令部所在，該軍在那裡正與在北緬的溫蓋特部隊，及由美軍訓練的華軍作戰（可讓牟田口專心於因帕爾作戰）。這個新成立的第三十三軍的參謀長片倉衷（Katamura）少將（自緬甸方面軍調來，明升暗降），對牟田口與麾下三個師團長的衝突，完全知道，便毫不遲疑對杉田大佐闡明這一點，還補充說，他覺得因帕爾作戰能否成功相當值得懷疑。杉田認為他的態度奇怪，因為他曉得片倉在緬甸方面軍參謀擔任大佐時，是負責這一作戰計畫進行的人員之一。五月十一日，杉田隨同秦彥回到東京，大本營作戰課課長服部卓四郎（Hattori）大佐要他次日見面。「緬甸方面軍的兩位參謀，寄來一些前線戰況的報告，內容顯示有人在視察中，對這次作戰的結局是悲觀，而這是最不適當的。那意思是說，從這一個角度，秦彥向東條英機大將所作報

87　河邊的日記，同前，頁 69。

告，也許有些事要考慮？」杉田答道：「並沒有特別的需要去更改這份報告的內容。」而且，他補充道：「毫無疑義，他斷定因帕爾會敗。」

秦彥的報告，當面呈給東條英機，在場的還有為數眾多參謀本部所有各部門課長以及各飛行團部的代表。秦彥作了結論：「本人並不斷然確認因帕爾作戰，會以失敗結束，但這份報告證明了會極為困難。」他以婉轉的說法緩衝他預見的衝擊。東條不能忘記他在場的聽眾：「這一戰一定要打到底，你所有的這些軟弱話是什麼意思？」秦彥三郎一聲不吭，會議室中一片寂靜，氣氛緊張，「你達到的結論竟基於一個乳臭未乾、毫無經驗的參謀的一份報告！」（東條英機大將顯然經由杉田參謀，知道秦彥次長報告的來源為後勝少佐）東條保證繼續行動，指派38架飛機，空運補給品到緬甸，可是現有的資源僅僅有24噸。停止這一作戰的機會，就此失去，而採取的決定為鼓勵第十五軍繼續進兵。大本營一名特派員（伊藤少將）赴緬甸，轉達一份電文：「如今因帕爾作戰不僅只是緬甸，而是世界性的問題。緬甸方面軍需做出一切的犧牲，務必攻占因帕爾。」

後勝少佐頻頻鼓吹停止這一作戰，甚至在那一戰以後也是如此，可是沒有一個人聽他的。另外一位參謀，陪同緬甸方面軍司令官河邊正三中將，在六月初開始作視察行程，帶著些挖苦，告訴後勝，第十五軍「希望確定不得再有參謀到前線去，倘若他們會報告說因帕爾作戰會敗。」

第四章　劍裂矢盡

第十回　河邊親赴前線視察

　　就在此時，佐藤幸德中將的第三十一師團，正與英第三十三軍苦戰企圖收回科希馬，仰光緬甸方面軍司令卻已妥協，要接受失去科希馬了；河邊還著急其他的地方。五月十一日起，華軍已經在薩爾溫江開始反攻；在胡康前線，第十八師團面對史迪威部隊的壓力正在增加。一個星期後，密支那機場被攻占，看上去整個北緬甸的情況也許崩潰。而河邊司令官無法派遣兵力守住這處缺口，除非牟田口廉也可以迅速攻下因帕爾。而且他還怕英國海軍企圖越過孟加拉灣，在阿恰布東南面登陸。五月二十一日，他發布一項命令，宣稱因帕爾之決戰的時刻已至，即使必須從科希馬戰場抽調部隊，也務必攻占因帕爾。河邊正三決定要見牟田口本人。五月二十五日，帶了兩名參謀出發，經過曼德勒、瑞保和葛禮瓦到因代吉。

　　此行並不吉祥，五月三十一日，他們離開葛禮瓦，就遇到了柳田中將，他剛被牟田口解除第三十三師團長一職，這兩位交換酸苦的問候後，河邊便匆忙上路。他抵達第十五軍軍部時，牟田口外出去檢視第三十三師團後，才會回來。因此河邊便利用這一機會，看看在普勒爾前線的情況，藤原少佐做他的嚮導。六月二日，他見到了山本募少將，他可以看得出，山本本人的攻擊意志並沒有減少，但承認官兵的士氣已受到打擊，山本保證只要他有了援軍，這種困境便可打破。河邊正三一行在歸途遇見了薄井（Usui）少佐，他去烏克侯爾（第三十一師團）建議有關第十五軍的新計畫：第三十一師團要部署在第十五師團的左側，進攻因帕爾，這一點與河邊司令官的想法一致，但卻

沒有事實根據，我們馬上就會明白。

六月五日，河邊與牟田口見了面，「牟田口的健康良好，」河邊司令在日記中這麼記載：「但他兩眼滿是淚水。他向我問候，說道：『我們正在十字路口，但並不害怕。』當時我並沒有提到戰況。上午我休息，直至下午四點，木下（Kinoshita）大佐給我一份戰況報告。」[88]（這不是河邊的怠惰，而是他患了阿米巴痢疾，身體很虛弱，沒有力氣爭執。）[89] 報告之後，談策略。

除非將第三十一師團自科希馬前線調來，否則無法攻克因帕爾；但是木下大佐相信，因帕爾終將會被攻下來。當然，他當時已知道，佐藤的第三十一師團，已開始撤退。第十五軍的計畫便是要在烏克侯爾止住他，使他從那裡轉向因帕爾前進。因此，牟田口廉也打算隱瞞佐藤撤退的事實。

六月六日，兩位將軍有了一次正式的會議，牟田口軍長報告，已經撤去山內正文第十五師團長之職，理由為指揮職責對他太重，且他的病情惡化。河邊接受他這一決定，認為無可避免，但內心卻意識到，牟田口表現出的人事處理手段很差。

牟田口然後請求增援，河邊正三答應盡最大努力，雙方談話結束。但河邊覺得牟田口還有些別的話要說，卻詞窮。他知道牟田口心裡想什麼，卻不打算證實這一點。在日本人的生活中，有一種有趣的現象，稱為「腹藝」（hara gei）[90]，這是形容日本人做非口頭溝通的一種本事，在過程中，只以一瞥的眼

88　《河邊日記》，防衛廳書庫檔案，東京。
89　與藤原的談話，戰史叢書《因帕爾作戰》，下卷，頁111。
90　譯註：「腹藝」在中文稱為「腹語」，即話語不說出口，只放在肚中，但雙方可以意會。

光，面部肌肉的僵硬，一次抽動，便能把自己的想法主旨傳達給有同等良好訓練的主演者，而不用實質語言的介入。牟田口廉也想傳達給河邊正三的「腹藝」，據他戰後日子裡的回憶：

> 我猜想河邊正三司令官此行的真正目的，便是試探我對是否要繼續因帕爾作戰的看法。「儘可能快放棄這次作戰的時候到了。」這句話已到了我的咽喉，但我講不出口，我要他從我的表情上領悟它。

六月六日晚上，河邊召集牟田口和軍參謀一起，說道：「我帶著對各位的信心回仰光去，內心很安定。」六月九日，他到達眉苗，將這次前線視察情況，向南方軍及東京大本營報告，對因帕爾發生的情況，予以實際的讚揚，也清晰道出，當前的困難將隨著雨季來臨而增加。但他卻沒有要當局准許取消這次作戰。

他回到仰光，發現上級司令部來的電報一大堆，希望這次作戰成功，鼓勵他要忍耐，這些卻不是他需要的。他業已相信，勝利了無希望，取消這次作戰的時間業已來臨，可是這些電報讓他毫無選擇，只得下令各軍作戰到底。

日落落日：最長之戰在緬甸 1941-1945（上）

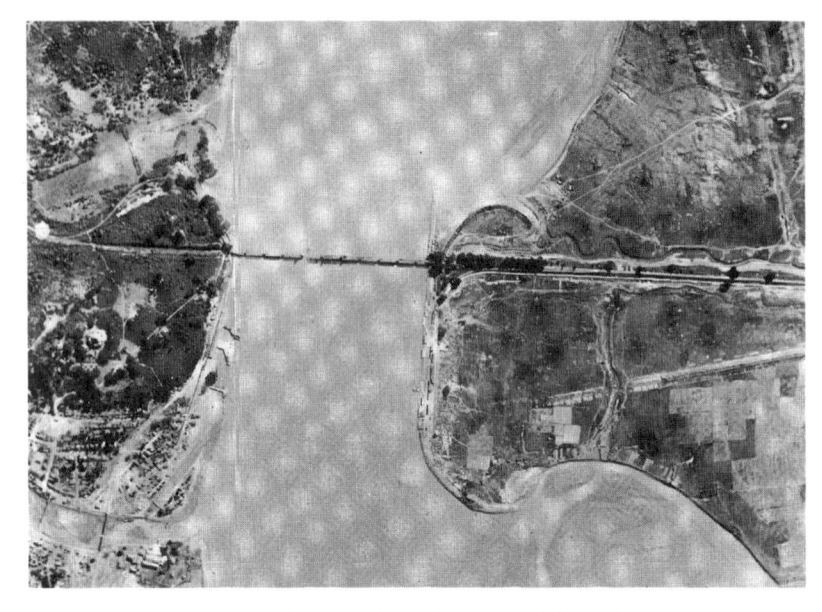

A-1　鳥瞰錫當橋（帝國戰爭博物館）

A-2　在橋下進行爆破的為孟加拉野戰工兵第三六九（馬扣拉）連的 B. A. 汗（Kham）中尉（後升少校）

第四章 劍裂矢盡

A-3 占領時快照，上圖：日本管理人及印度僕人；
　　　下圖：緬甸佛塔前的日本軍人。

A-4 藤原岩市少佐和辛莫漢（印度人）建立親日的「印度國民軍」，後來在因帕爾擔任牟田口廉也的參謀。（藤原岩市少佐）

A-5 印度國民軍總司令蘇巴斯・錢德拉・鮑斯身著戎裝。

第四章　劍裂矢盡

A-6　緬甸領袖巴茂，1943年在東京與鮑斯談話。（錄自巴茂著：《突破緬甸》Breakthrough in Burma）

A-7　鈴木敬司大佐（南益世，緬名：牟究）「南機關」創立者，也成立親日的緬甸國民軍。（錄自：《突破緬甸》）

A-8　翁山，緬甸國民軍三十志士領導者（帝國戰爭博物館）

日落落日：最長之戰在緬甸 1941-1945（上）

A-9 菲利克·托波斯基的素描，英國士兵及日本俘虜在阿拉干前線（帝國戰爭博物館）

A-10 1943年2月18日，阿拉干棟拜海灘的恩尼斯基林步兵團兩名死者，格羅斯畫（帝國戰爭博物館）

第四章　劍裂矢盡

A-11　1943年阿拉干恩丁醫療所英國部隊及擔架上的日本俘虜，格羅斯畫（帝國戰爭博物館）

A-12　方鎮內部（帝國戰爭博物館）

A-13　科希馬。中央前景地區行政長官宿舍，白色斑點是落在當地的降落傘，右側前方是守備崗，向南延伸的道路通往野戰補給倉庫、特遣隊用品倉庫、監獄丘。後方是阿拉杜拉山脊。（帝國戰爭博物館）

A-14　科希馬網球場，第一四九戰車團B中隊豪斯士官孤軍奮戰之地。（帝國戰爭博物館）

第四章 劍裂矢盡

A-15 1944年因帕爾戰役的主要戰場，普勒爾－德穆公路的一段。（帝國戰爭博物館）

A-16 第十一軍團軍團長吉法中將（左），某軍官（中）及皇家西肯特郡指揮官拉佛提中校（右）在科希馬包圍戰戰場。（帝國戰爭博物館）

日落落日：最長之戰在緬甸1941-1945（上）

第十一回　再戰科希馬
守備崗上的德蘭郡團與多塞特郡團；騎兵往救

　　在科希馬第一次圍攻失敗後，宮崎繁三郎更進一步的目標，便是攻占已被駐守英軍德蘭郡輕步兵團的第二營奪回的守備崗。此步兵團為英軍第二師第六旅的部隊，業已奉命必須一路打進科希馬。一九四四年四月十七日，也就是第一六一旅連絡上被包圍的皇家西肯特郡團的前一天，他們已在科希馬2哩外。第二營的B連，奉命維持公路安全，因為第二師的運輸，受到雙樹崗下面的臺地崗（Terrace Hill）之日軍威脅，那裡已成為日軍第一二四聯隊第二大隊的堅強據點。德蘭郡輕步兵營造成日軍50人的傷亡，也失去了自己的連長。他們便重新納入已進入村莊的A連與C連，占領了守備崗的南面與西面。山上的守軍大部分部隊在那時已經撤走，但頭一次圍攻的遺物到處都是，破碎的彈藥箱與水槽、分裂的樹幹、掛著空投補給的降落傘，還有未曾掩埋的死屍。日軍依然據守著守備崗南面的小丘—九木哨所—他們日軍稱為「猴丘」，守備崗則是「犬山」。英軍德蘭郡輕步兵團距日軍僅僅50碼，完全在日軍視線下，這時開始整理四周，找皇家西肯特郡團留下來的食物，儲存了一堆罐頭裝的牛奶、牛肉、鹹肉和水果。看來暫時，守備崗上的生活還很充裕。

　　D連帶著虔誠的希望能在晚上好好睡一覺，發現他們的山側有許多洞，他們便住了進去。十八日凌晨一點三十分，日軍

以迫擊炮和手榴彈攻擊C連,彈如雨下,D連連長綽號「坦克」沃德豪斯(Waterhouse)少校,在自己的散兵坑中翻了個身,告訴自己,什麼事都不會有,想再睡下去。噪音卻越來越大,炮彈聲和炸彈聲驚醒了他連內一名排長派特‧羅馬(Pat Rome)中尉,他的頭伸出坑外,發現整個地區到處都是煙與火,煙硝味遍及各處。他上面山上的一處彈藥堆集所火光熊熊,一處口糧堆集所正在燃燒。鼓鼓的牛肉罐頭的沉重爆裂聲,混合著松樹燃燒的斷裂聲和彈藥的爆炸聲。

羅馬排長突然聽到吼叫聲、尖叫聲,跟著就是英軍布倫輕機槍在他的周圍開火。似乎樣樣事情一下子都被聲音壓倒,日軍厲聲大叫「萬歲!」聲,輕機槍卡卡聲,還有手榴彈的爆炸聲,還有瘋狂衝過火光煙霧的人影。羅馬排長和同用一個散兵坑的班長爬出洞來,把一排人集合,向連部去。他們才走了20碼,羅馬便聽見這名班長呻吟就倒了下去。他死了,所以羅馬繼續推進。很清楚,有些日兵已經突破德蘭郡輕步兵陣地,更多的日兵正集中作一次攻擊。沃德‧豪斯少校知道要得到炮兵火力支援,是不可能的了,連內所有有線電話都沒有了,電話線也遭炮擊斷線;而配屬到連上的炮兵前進觀測員也已陣亡。防禦性的炮火兩個鐘頭後才到來,可是,在凌晨四點鐘左右,日軍發動了一次反擊。沃德‧豪斯少校的副連長洛克哈特,臥倒在羅馬中尉的身旁,遭衝鋒槍一槍打到,不過死得很快。羅馬還記得其他人便沒有這麼快,一名步兵被打中肚子,痛得又罵又叫;一名軍官的勤務兵大哭,他兩條腿都炸開了。排內的吳錫(Worthy)下士向排長大喊:「羅馬排長,來攙我一下,我瞎了。」羅馬走出去,把他拖回來。這時,他自己也中了槍,打得天旋地轉,只短短站了一會,一隻胳膊軟掉,掛在身體一邊,

不能動彈，也麻木了。他撿起一根步槍背帶，繞過頸子打一個結，把斷手放在皮帶裡面。

在戰鬥小停時，沃德‧豪斯少校同 C 連連長史托克（Roger Stock）聊了一下，他們抽了一支香菸，談談休假，羅馬也和他談了一下。五分鐘以後，史托克死了。營長決定派 A 連的一個排來，由連長西恩‧凱利（Sean Kelly）率領，把失去的地方再攻回來。凱利上尉和這一排弟兄上刺刀，爬過一堆堆英軍和日軍的屍體。他連內一名中士班長，兩腿受傷，還採取坐姿，用斯登衝鋒槍（Sten gun）射擊，向本班弟兄下命令，直到一發迫擊炮炸死了他。第二排上去，但排長被打死，整整一班人被九木哨所日軍的火力一掃而空。拂曉時，德蘭郡輕步兵團的官兵，都在面向日軍傾斜的開闊山坡上，上面日軍一覽無餘，便使用機關槍向他們掃射。羅馬中尉帶了一名輕機關槍手，想對準日軍陣地，卻失敗了。正當機關槍手的頭髮被一陣連發子彈分開，決定採取掩蔽時，他臥倒在一具日兵屍體後面。死屍的眼睛還沒有閉上，一直盯著他。第 A 連的一名軍官史塔克敦（Peter Stockton），到了羅馬那裡，問問情況如何，他就要領兵進行一次反擊，直入日軍的塹壕。史塔克敦帶了一把廓爾喀兵的闊頭彎刀一馬當先，而幾乎立刻就死了。這證實了日軍太強，受傷的英軍開始零零落落運回英軍陣線，在運傷兵的路徑上，日兵以輕機槍火力射擊他們。英軍的擔架兵就蹲在開闊地上包紮傷兵，把他們抬回去，又再出來抬；就單在這一晚，就有兩名擔架兵後來報請頒發維多利亞十字勳章。上午大約八點，戰場死寂下來，羅馬中尉向沃德豪斯少校報告，並奉命休息。他先在一個散兵坑中坐下，沉沉睡著，一直到被抬出坑，送上救護車。

第四章　劍裂矢盡

　　這是代價慘重的一夜，英軍前方的三個步兵連15名軍官中，只剩4人。就一個晚上，A連官兵136人，只剩下60人。德蘭郡輕步兵團也遭受其他方式的大失血，他們發現部隊中的一名軍官，受傷成了俘虜，日軍把他綁在一株樹上，對他用刺刀捅；在科希馬一戰中，人類的慈悲何其短缺。

　　當羅馬少尉正和他的朋友史托克（很快就死了）閒聊英國故鄉提斯德（Teesade），同一時間，山那一邊的日軍第一二四聯隊第十中隊的弟兄，也同樣地在懷念家鄉，正剪下他們的頭髮與指甲，做成他們的紀念袋，供一旦戰死後用。他們藉著散兵坑裡的燭光，也寫紀念的短文，向家人道別。這些信通常簡簡單單，時常使用成語：「親愛的父親與母親，現在日本的日子如何？馬上，兒就要到一個遙遠的地方。有一段時間，我沒法向您們寄上消息，不過別操心，不需要！」寫給愛妻或愛子的信，總不能說：「我即將赴死。」

　　「所有紀念物與信件，一律交營部。」命令規定：「寫完了先收集起來，這樣敵人在你們死後才不會說，你們這樣多愁善感，又沒男子氣概。所有照片與家信，通通燒掉！」

　　吉福大尉接到這一命令，望著自己大兒子的照片，「爸爸，現在我是班上第一名呢。」他看見兒子的信，照片上是他一年級時微笑的笑容，得意地把胳臂伸到前面，上面有「全班第一名」的標章。「所以，你是班上第一名了。」他寫回信：「你做得不錯，哪怕爸爸不在，繼續努力！」他向照片說話，也知道自己在做什麼，將照片點火。他眼光也看到上角勇伍長，也在做同一樣的事，兩個人相互微笑。吉福大尉這中隊領先攻擊。他們摘下了階章，士兵拋掉刺刀鞘，這些都不再需要了，如果守備崗攻不下來，他們不會再回來。

這突擊發起時間為凌晨五點，第二小隊長梅田（Umeda）少尉，第一個爬上梯子，自己滾入前面死角，拉到手榴彈插銷；立刻覺得胸部有燒灼感，人滾下山坡，滾到因帕爾公路上，喉嚨受傷。

　　中隊長吉福（Yoshifuku）大尉身受十一傷，全身浸滿了血倒下去。「別理我！」他對全體官兵下令：「向那些房屋進攻！」一名英兵朝他這方向扔一枚手榴彈，一等兵落合（Ochiai）用刺刀柄從他側面砸過去。那英兵回頭，大叫一聲，丟了手榴彈。「小心！」落合撲倒時，手榴彈一塊碎片在他背上挖了一個洞。中隊士兵將吉福大尉半拖半抬到山坡邊，再把他從那裡滾到安全的地方。他從 20 呎高跌落到公路上，傷口到處淌血。[91]

　　與過去分離並不僅是在科希馬日軍維持勇氣的唯一方法。有時候，迷信也有幫助─如蒙斯天使（Angel Mons）永遠不死[92]。日軍從科希馬嶺撤退後，於五一二〇高地作戰時，在那加村被俘的一名廓爾喀兵，就說日軍撤離後，有一日兵亡魂每晚都出現。只要天一黑，就有喊殺聲起，這名亡魂頭上緊緊戴著鋼盔，像惡魔般向他們衝過來，「我們一開槍，他就在我們陣地前消失，像鬼一樣！」日軍第五十八聯隊第三大隊聽過這個故事。他們投降後，在緬甸的卑謬（Prome）附近工作隊服勞役，口耳相傳這回事，那裡的英軍，就是曾經在科希馬攻擊他們的單位。第五十八聯隊史的編輯說：「我們並不認為這是奇事，只要一想到在那些山丘上，數以百計到以千計的同袍，

91　〈鄉土部隊戰記〉，《緬甸戰線》，頁 158-159。
92　譯註：蒙斯天使 The Angels of Mons 是一個著名的傳說：在第一次世界大戰時，比利時蒙斯戰役，有一群天使保護戰場上的英軍，祂是人的守護神。

第四章 劍裂矢盡

不屈不撓奮戰至死；我們可以想到他們的英魂，也許已成為一支幽靈突擊隊。」[93]

步兵第五十八聯隊第二大隊部的龜山正作（Kameyama Seisaku）中尉，發現一種更古怪，但或許更為傳統的方式可激起手下的勇氣。他記得佐藤紅綠（Sato Koroku）的一部長篇小說裡，一個棒球隊的老隊員們，如何抓住那些沒有用下體護身選手的睪丸。（這故事，在日俄對馬海戰時東鄉 Togo 元帥也曾說過。）

他們發覺山坡地硬，開挖很難，每當他們一起身，就遭到英軍的狙擊。「不要怕！」他叫手下的弟兄，「害怕沒道理，冷靜下來。大家一起來，抓緊你的蛋蛋！對吧？如果它們鬆垮垮吊著，你們就沒事！」

他力圖自己言行一致，喪氣的是，他自己的睪丸根本沒鬆鬆垮垮，而是緊緊縮在一起。小隊 30 多名日兵通通兩隻手放在股溝中間，眼睜睜看小隊長示範，他只有厚著臉皮說：「你們的如何啊？我的晃來晃去！」

當一名年輕的一等兵，在他前面，滿臉通紅，努力搜尋著，說道：「報告小隊長，我找不到我的蛋蛋……」連這迫在眉睫的戰爭恐怖，都無法制止全體官兵的一陣爆笑。[94]

為了收回科希馬，史托福的兵力在數量上輕易勝過日軍。原本派往路標 32 哩處之第五師第一六一旅，現在重新歸建。最近從阿拉干空運過來的第七師，由北方丘陵下到那加村。更東邊是溫蓋特長程特遣隊（Long-Range Reconnaissance Patrol）

93　《緬甸戰線，第五八聯隊回憶錄》，1964，頁 405。
94　同上，頁 308。

的第二十三旅（旅長佩龍 Perowne 准將），正在往欽敦江的小徑上，切斷日軍的給養及交通線。而第二師（師長格羅弗 Grover 少將）則突擊科希馬嶺及打通往因帕爾的公路。

四月二十二日，夜色降臨後，第二師格羅弗派麾下的第五旅（旅長哈金斯 Hawkins）旅長，去進攻被日軍佐藤的第三十一師團第一三八聯隊第六中隊所佔領的密瑞馬嶺（Merema Ridge），要在科希馬嶺北面 3 哩外，遠遠揮出一記左鉤拳。攻擊在傾盆大雨下進行。起初，英軍沿著茲沙村（Dzuza）以一列縱隊前進，然後再爬上了這座山嶺，這裡是佐藤右翼地區的有力據點。佐藤幸德師團長把他的指揮區分成三區，右翼區從密瑞馬嶺延伸到那加村邊緣；中央區則是那加村本身，村內及四周有第一三八聯隊第二大隊、第四大隊，第一二四聯隊第三大隊、及第五十八聯隊第三大隊四個大隊。左翼區包括了科希馬嶺以及四周的高地，為全師團中守備最嚴的地區，此區內集結了四個大隊，及第三十一師團司令部、第五十八聯隊指揮部、第一二四聯隊指揮部、還有第三十一師團的步兵旅團指揮部，都在這區內。

哈金斯第五旅，由卡麥隆郡高地第一團打先鋒，由那加族挑夫背補給品，爬上一處標高 2,000 呎的陡峭山岩。在此可從那加村日軍的後方出現，他們在五月四日發動攻擊。當天晚上，日軍反攻，從英軍手中重新奪回一些土地。但到五月五日，第五旅仍然據守那加村的西側，開始向「寶藏山（Treasure Hill）」派出作戰斥候。

從「守備崗」上，往下 100 呎有四層臺地，從一層到下一層高臺的落差，有 10 呎到 40 呎不等。最高的臺地是俱樂部的羽毛球場，下面是網球場，然後便是區行政長官官邸，這裡落

差超過 30 呎,再來就是花園,高於交叉路口 20 呎。從其中一層高臺上,要看到任何其他臺地的情形都不可能。

　　雖然事實上,所有這一帶地區,都是以前行政長官官邸的一部分,但英軍攻擊此處,卻對詳細地形不完全熟悉。多塞特郡團第二營的進攻,確定了這是網球場的位置,原先以為它是俱樂部廣場。[95] 多塞特郡團和皇家柏克郡團接著受到宮崎繁三郎主力的攻擊,多塞特郡團團長打從一開始,便認定需要戰車協助以將日軍從行政長官官邸區掩體中轟出來,作了幾次嘗試後,將一輛戰車開上了俱樂部廣場,從那裡可以控制網球場。四月二十八日,皇家工兵的一名推土機駕駛士,沿著公路開著他的推土機,直接繞過日軍陣地,想把一輛「李式」戰車拖在後面,駛上陡坡,開往官邸區。這位駕駛士以難以置信的冷靜,先在斜坡上開出一條通道,再去掛住那輛戰車。當他下了推土機作調整時,他拖的那輛戰車由於誤打了倒檔;把推土機向後拉,倒在戰車身上,撞碎在斜坡上。兩天後,改用一輛「蜂蜜式(Honey)」戰車。起初,車內通話系統不對勁,然後又沒了燃油。第二天,這名駕駛士再試,即使他很不信邪,因為那次將戰車從俱樂部廣場摔到網球場。這一回,多塞特郡團的一名軍官陪著他,同意這次不會再把戰車摔落到網球場。正當他們在非常有限的空間操作時,這輛「蜂蜜式」戰車,被只在 600 碼外日軍的一發 75 公厘炮彈近距離擦過,這種山炮在近距離很有威力。「蜂蜜式」戰車倒退進入掩體時,被一發口徑 3.7 吋戰防炮彈擊中,轟垮這輛戰車,卻沒有人傷亡。[96]

95　White, *Straight on for Tokyo, the War History of the 2nd battalion, the Dorsetshire Regiment*（54th Foot）, 1984, p. 193.
96　ibid,p.101。

多塞特郡團無法看出官邸區發生了什麼事，一部分是他們自己的過失，因為一行濃密的樹，遮住了日軍行動以及建築物的輪廓。然後，英軍拉傑普特團（Rajputs）進入守備崗周邊，以值得讚佩的企圖，儘可能多找掩護，來砍伐樹木，同時修建掩體。多塞特郡團團長反應很快：「一兩天後，我去看第二連途中，注意到似乎有些事不同了，樹林稀疏得多。果然，從山上俱樂部廣場看下去，看到一個景象，使我激動得，像是西班牙探險家柯提斯（Cortes）頭一次見到太平洋一樣興奮。我可以看到行政長官的官邸了！以前不但無法見到官邸，連官邸的大院也見不到。拉傑普特團清除叢林的行動，讓小到幾平方碼的地方都得以見到，這對我們可是莫大的幫助，因為我們曾竭盡每一種可能的方法，想一窺這處封閉的地域而不可得。」[97]

　　是該想想再度使用戰車的時候了。日軍已設法在「一般用途運輸嶺」和「監獄崗」，構築了蜂巢陣地，有地道和強固的掩體，對英軍的炮擊完全無動於衷。到五月中旬，日軍受到英軍炮擊的最高峰，包括：3.7 吋口徑榴彈炮 38 門一起射擊 3,000 發，25 磅炮 48 門 7,000 發；中口徑炮（兩門 5.5 吋口徑炮，也是整個英第三十三軍僅剩的兩門）1,500 發。此外還有迫擊炮集中射擊，以及每天皇家空軍的轟炸與機關槍掃射。然而，一等到炮轟的暴風過去，日軍步兵便準備反擊，雖然空中了無一物能助他們，且由於缺乏彈藥，自己的火炮也稀稀落落，都仍無法改變他們的戰志。

　　想要更深入那加村，和往下進攻亞拉杜拉（Aradura）之前，最重要的，便是先消滅日軍在「科希馬嶺」的最後據點。英軍

97　ibid, pp110-111。

派出工兵,再度以推土機開出可供一輛戰車通行的路,能爬上「醫院山(Hospital Hill)」懸崖,從後方突進日軍周邊。五月十二日晚上,克服坡度和地面濕滑,英軍工兵做到了原本不可能的任務。多塞特郡團極其高興地準備和這輛戰車前進,要求山炮連將一門口徑 3.7 吋的大炮抬進一處陣地。從那裡可以對網球場邊的鐵皮屋、以及旁邊的水槽加以轟擊,那兩處都被日軍堅守。

五月十三日上午十點,戰車第一四九團第三連的沃德豪斯中士駕駛他那輛「李式」戰車,緩緩地從俱樂部貯藏所向陡坡前進,前進的步兵排長,一直無法將前方的情況告訴沃德豪斯中士;頭一天晚上天黑以前,他們兩人曾偵察過陣地。沃德豪斯帶了多塞特郡團一名軍官在車內,駛過山嶺邊沿。「停車!」戰車駕駛兵大叫,可是已經太遲了,戰車就在網球場上,正好砸進日軍一處陣地,把裡面防守的日兵活活壓死。對正在注視的多塞特郡團官兵來說,看上去是令人毛骨悚然的慢動作,那輛戰車在網球場上穩固自己,戰車炮轉動,沃德豪斯中士發現自己正在由沙包覆蓋的鋼製水塔前面。日軍的步槍與輕機槍彈如雨下,無助的射向「李式」戰車。沃德豪斯車上的七五戰車炮,一發發炮彈對他們轟過去。日兵丟了武器逃跑,卻遇到多塞特郡團的火力,沃德豪斯的第一發炮彈,便是他們的攻擊信號。同時,山炮連那門 3.7 吋榴彈炮,朝日軍陣地後方轟擊了 50 發。多塞特郡團的基文(Given)中士,向前繞過網球場,用戰車電話和車內的多塞特郡團軍官通話,報告發生的情況。沃德豪斯將網球場周圍的日軍機關槍陣地及塹壕一一清除,耗了二十分鐘,再將戰車駛到高台邊,俯瞰下面行政長官的官邸,用七五戰車炮轟進去。炮轟停止,步兵便占領了官邸,僅一人

受傷。沃德豪斯以無線電報告:「步兵再度攻入並接收,無一人傷亡。」[98]事實上,五月十三日這一天, 多塞特郡團的唯一死亡,就在這一時候。營憲兵班的西格納(Signett)下士,領著他這一班人進入官邸時遭打死。

整整這一仗,只打了四十分鐘。多塞特郡團在「守備崗」上十八天,代價為75人戰死。在他處的英軍第二師,這天也是個好日子,第六旅與第七師的第三十三旅以及第四旅聯合,把日軍趕回亞拉杜拉山脊。五月四日到七日之間,宮琦繁三郎對英軍第六旅及第三十三旅攻擊「九木哨所」、「野戰補給庫山」、及「特遣隊用品庫山」,都成功擊退。但是,五天之後,英軍第三十三旅再度進攻,迫使日軍後撤。五月十三日,多塞特郡團占領了行政長官官邸,科希馬嶺肅清了。[99]

其餘的日軍據守兩處堅強陣地,一處是科希馬嶺以北的那加村,另一處為南面的亞拉杜拉山脊。要切斷宮崎少將在亞拉杜拉的部隊,英軍第二師師長格羅弗少將已經命令第四旅(旅長果斯呈Goschen)在右翼,和第五旅在左翼,共同執行鉗形攻勢。不過,第四旅得應付更為艱困的地形。在科希馬西南方2哩處的普里貝德茲(Pulebadze)山峰高幾近8,000呎,第四旅必須繞過,由西南方追上宮崎。第四旅以皇家諾福克郡團第一營(營長史考特少校)打先鋒,那加族人任嚮導,在大雨中沿著泥濘小徑,經過深谷。山谷內充斥大樹與植物,陽光難以穿透。口糧也短缺,為了達到偷襲,嚴禁炊煙,也沒有空投給養。第四旅披荊斬棘一路顛簸。五月四日,在「一般用途運輸

98　Perrett, *Tank Tracks to Rangoon*, p. 143.
99　White, op. cit., p. 114.

嶺」附近出山,日軍稱這裡為「司令部山」,因為宮崎少將曾將司令部設在這裡,以指揮科希馬嶺的作戰。宮崎原計畫四月二十八日到達亞拉杜拉山,可是行程艱困,無法如期到達,而迂迴行動也縮短。

諾福克郡團原擬在森林邊停止,等待炮兵的密集轟炸壓制「一般用途運輸嶺」後才進入,可是諾福克郡團第一營營長史考特少校,為了達成突襲,不要打草驚蛇,逕自帶了全營上刺刀直入。他們拿下了「一般用途運輸嶺」,以電話報告旅司令部:

「我在一般用途運輸嶺,正在鞏固陣地。」

「可是,你不可以在一般用途運輸嶺」,回答的人十分驚異:「你還沒有拿到作戰計畫呀!」

「我是在此地,我告訴你,派人上來看。」

事實上,諾福克郡團這個營,並沒有攻下整個陣地。日軍在嶺北還據守一群掩體,在叢林中仍有致命的狙擊兵俯瞰嶺上。

這些掩體是種威脅。第七師第三十三旅(旅長洛特托藤姆 Loftus-Tottenham 少將)已調給第二師,於五月四日那天,開始攻擊科希馬中央陣地。正當那時,第四旅在右翼與第六旅合作,在五月七日前攻占「監獄崗」,而第三十三旅則進占那加村。可是五月五日才抵達的洛特托藤姆少將旅長,去看了一下他那個旅要走的路徑,立刻就發現,在「一般用途運輸嶺」左側日軍掩體發射的火力,會把他們在右翼卡死。第四旅奉令肅清這山嶺,諾福克郡團第二營,在日軍掩體遭受英軍猛烈的炮兵集中射擊後,攻占了東北山脊。諾福克郡團的一名軍官藍德爾(Randle)上尉,以幾乎不敢相信的勇氣,以自己身體堵住一處掩體發射口,讓手下弟兄攻下來。不過日軍守住了從亞拉杜拉山脊上的機關槍,對攻擊的英軍射擊。五月九日,英軍運

來兩門 6 磅炮，以近距離直接射擊日軍掩體，卻失敗又沒造成破壞（經過證明，日軍掩體能對抗任何槍炮火力，只除開 5.5 吋中榴炮和近距離射擊的 75 公厘炮）。

五月七日，廓爾喀兵攻擊「一般用途運輸嶺」上的日軍掩體，運氣也不比諾福克郡團好。指揮官被打死，旅長果斯呈的勤務兵，想把他拖回來，也死了。果斯呈當時的偵查兵也遭打死，最後果斯呈自己也死了。這顯示了在科希馬近身戰的結果，英軍傷亡中，就有兩位旅長陣亡。而其他階級，到五月七日時，德蘭郡輕步兵團第二營的兵力，減少到只剩六排人。正如洛特・托藤姆少將所懼怕的，從「一般用途運輸嶺」上的日軍火力，逮到皇后西索立郡團第一營，當他們向監獄崗移動時，日軍師團的炮兵對他們轟擊了半小時，再以 75 公厘炮轟擊，將他們擊退。研究科希馬戰役的歷史學家史文森（Swinson）說：「這是一次苦楚的敗仗」。[100] 四天以後，五月十一日。西索立郡團第一營和旁遮普郡第十五團第一營，再度攻擊監獄崗，一般用途運輸嶺上的日軍照舊對他們攻擊，不過這一次，西索立郡團攻了上去，拿下山頂。

五月八日至十日，英軍第二師舔淨傷口，準備再度攻擊。五月十二日，廓爾喀團肅清了「監獄崗」，旁遮普第十五團第四營拿下了「特遣隊用品庫山」，而皇家柏克第一團攻占了「野戰補給庫山」。五月十二日晚上，日軍自「分遣隊用品庫山」所餘無幾的陣地撤走。第二天，英軍廓爾喀步兵第一團第四營，滲透上了「寶藏山」，發現幾幾乎空了。第五旅帶著戰車從科希馬嶺沿著公路接近。五月十五日，和廓爾喀團在一起。

100　Swinson, op. cit., p. 1702.

那加村以東的高地,還有待一一攻占。這些高地為「教會山」、「五一二〇高地」、和「大炮山脊」,以及南面的亞拉杜拉。

直到這時候,英軍第三十三軍軍長史托福中將一直在接收增援的生力軍;五月初,為第七師(師長梅舍維少將)和該師的第一一四旅,隨著第三十三旅進入科希馬地區;第一六一旅納入該師指揮,以代替空運到因帕爾的第八十九旅。第二六八旅與第二師的各單位換防,讓師內各旅僅只作戰三、四天,便回第馬浦休息一陣。[101]

相較於日軍,有驚人的對照;日軍死傷慘重,沒有援兵,沒有空軍支援,沒有戰車,甚至他們的炮兵不足,彈藥用罄。欽敦江河岸的兵站,沒有運來糧食,他們能期望的唯一解救便是死亡。儘管如此,一九四四年五月十六日,當英軍史托福中將,下令進行第二階段的重奪科希馬,日軍仍奮起應戰。

第十二回 黑貓三鬥白虎:
西恰爾小徑,波桑班及寧索康

一九四四年五月,田中信男(Tanaka Nobuo)少將代理第三十三師團師團長,[102] 六月即真除為師團長,晉任中將。不過此時,對一切企圖與目的來說,這一戰業已失敗了。可是田中

---

101 *Reconquest of Burma*, I, p. 269.
102 第十五軍軍牟田口廉也中將,於五月九日以電令撤換第三十三師團長柳田元三中將;翌日,駐泰國的獨立混成第二十九旅團旅團長田中信男少將奉命調職,當時他人在仰光,五月十三日首途赴前線。第三十三師團暫由參謀長田中鐵次郎指揮,直至田中少將到任為止。戰史叢書《因帕爾作戰》,下卷,頁56。

信男的舉止,從來沒有顯示過敗象。他魁梧威嚴,身高 6 呎,蓄著一把濃密動人的唇髭,髭尖長達兩耳。六月二日,他對全師官兵發布鼓舞性號召:

> 現在,是攻占因帕爾的時候了,本師團毫不怕死的步兵群,一旦突破敵軍主力,便可確定勝利到來。即將來臨的一戰,是一個轉捩點,它將決定大東亞戰爭的勝利或失敗……務必寄望本師團將戰至最後一人,本師團長對你們的勇敢與奉獻深具信心,深信你們將善盡責任……此役為帝國命運之所繫,全體官兵英勇奮戰吧![103]

這是激勵士氣,但同一天,田中在日記吐露心聲,卻低調得多:

> 師團官兵神情害怕,他們任自己的頭髮和鬍鬚生長,看上去就像是山中的野人。這一戰從開始,已超過一百多天。在這段期間,幾幾乎沒有東西吃,任何人身上剩不到一兩肥肉。由於營養不足,全都面色慘白,骨瘦如柴,國內的人甚至沒有辦法想像他們經歷過什麼。
>
> 我們有兩、三天天晴,可是昨晚又大雨傾盆,有了少數慰問袋和一些糧食;迄今為止,我們短缺蠟燭,因此沒有光線,只有絕對重要時才點燃。蠟燭熄滅後,

---

103　Evans and Brett-James, op. cit., pp. 105-106.

第四章 劍裂矢盡

我們便在完全黑暗中─這是瞑想的時刻！現在我們已能看地圖了，哪怕是晚上。

有了醃梅，我特別高興，叢林中的植物味道很苦，有草的味道─我們吃因為非吃不可。不過，每一頓拌一顆酸梅，食物也就變好吃了。

從六月十五日以來，我沒有用過手錶，戰場上，手錶沒有用處。即使大雨傾盆，了無止盡，敵機還是很活躍。天空晴朗時，二十四小時都沒停過。[104]

田中就在這一天策畫一次攻擊，想突破自己與印第十七師在比仙浦相持不下的困境。印第十七師師長考萬少將，麾下多了第二十師的第三十二旅（旅長麥肯齊 Mackenzie 准將），他給這個旅的任務，便是抵擋在西恰爾小徑地區田中（Tanaka）日軍的侵入。第六十三旅則接收第三十二旅在滴頂南面公路的陣地，同時占領四月中被日軍占領橫跨公路的寧索康村（Ninthoukhong）。日軍甚至更向北施壓，在五月的頭一個星期，進入下一個波桑班村（Potsangbam）。旅長麥肯齊准將曾在四月底，想殲滅寧索康的日軍，卻失敗了，損失了3輛戰車，傷亡130人。

第六十三旅（旅長柏頓 Burton 少將）要再試一次，而此時第四十八旅（旅長卡麥隆）繞過洛克塔克湖（Logtak Lake）東方，來到往舒加納（Suganu）的道路，此路將他帶到普勒爾戰鬥的邊緣，再轉向西，橫過鄉野（以及曼尼普爾河），向路標33哩及托邦前進。他要在這裡封鎖公路，勒住田中信男從南方

---

104 戰史叢書（OCH），《因帕爾作戰》，下卷，頁134。

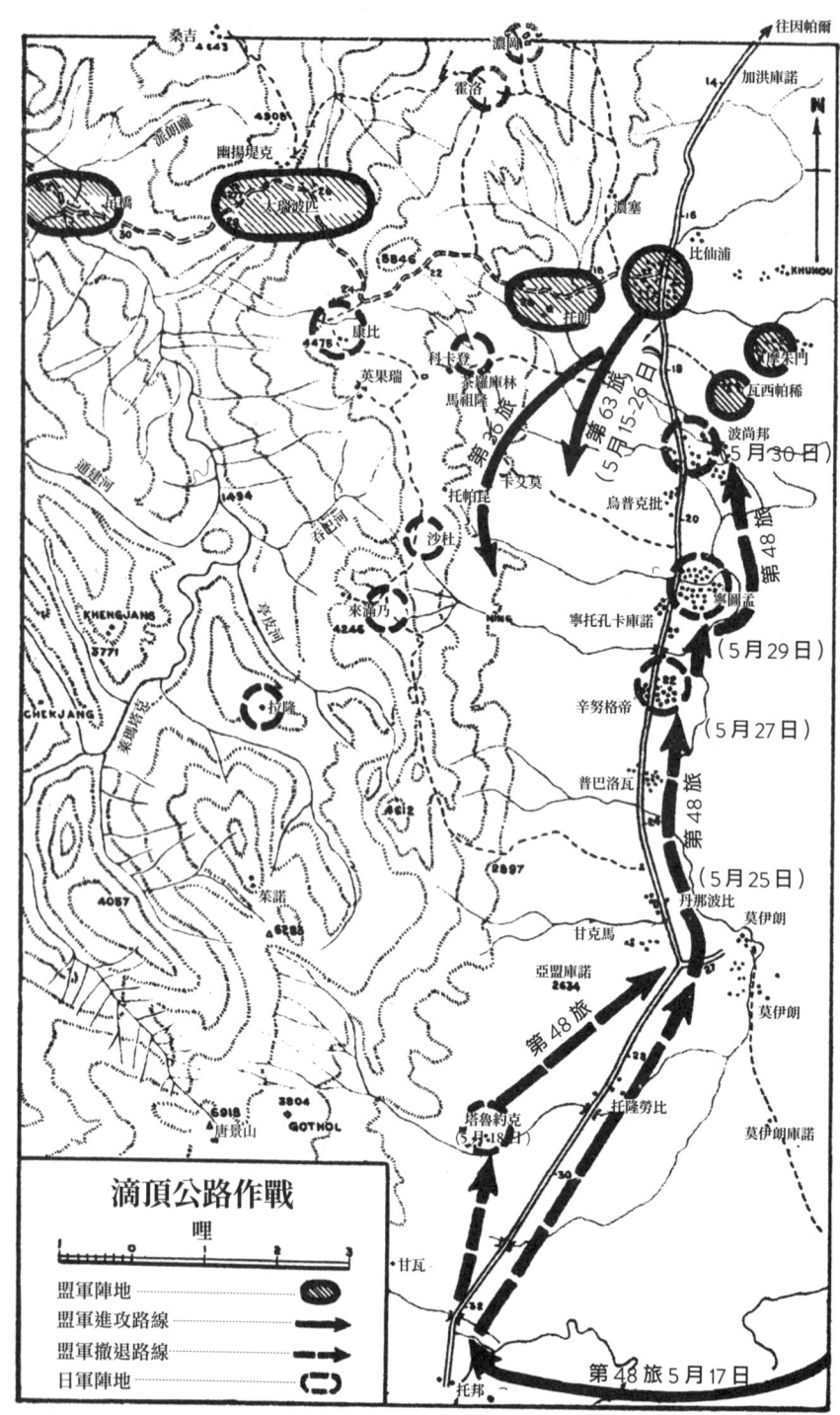

圖 4-9　1944 年 5 月 17-30 日滴頂公路作戰

來的補給線。卡麥隆的第四十八旅，在五月十三日出發，[105]夜間行軍，五月十六日上午六時，抵達三四〇四高地。他在那裡，可以俯瞰日軍在托邦隘道的陣地。在此高地接受了一次空投給養。他派廓爾喀兵團去切斷公路，摧毀了3輛日軍戰車。五月十八日上午，日軍兩支運輸部隊接近公路封鎖處，北面3輛貨車，來自南面的有8輛。這11輛貨車，被打垮了8輛。英軍更在路標28哩與路標36哩兩處所在，加以封鎖。田中師團的部隊，對這些路障以及卡麥隆第四十八旅旅部猛攻，都徒勞無功，且折損了200多人。[106]但是依照印第十七師師長考萬少將的計畫，重點在第六十三旅應該衝過日軍陣地，肅清位於波桑班（Potsangbam）和托邦之間的日軍步兵大隊和工兵聯隊，再與沿公路來的第四十八旅會合。但是，第六十三旅在波桑邦西面的卡艾摩爾（Kha Aimol）地區被日軍的抵抗困住。雖然該旅拿下了托克帕赫（Tokpa Khul）西面的鞍部，日軍稱那裡為「三丘崗」，距離來滿乃（Laimanai）田中的師團部北面只不過幾哩之遙。這一來，切斷了田中師團長與他前方幾個聯隊的交通。結果，英軍第四十八旅變得越來越孤立，而且是重演三月間印第十七師從滴頂的撤退，以方形隊伍在公路上移動。領先和殿後的都是廓爾喀部隊，擊退了田中師團包圍他們之企圖。五月二十九日清晨，卡麥隆第四十八旅的前衛（廓爾喀步兵第七團第一營）在寧索康激戰整日，想要打通一條路徑；但日軍緊緊據守，到末了只好繞過這村莊。第二天，卡麥隆和第六十三旅

---

105 A. J. Barker, *March on Delhi*, p. 139; 14 May according to *Reconquest of Burma*, I, p. 227.
106 廓爾喀部隊只損失5人；但卻由於皇家空軍發生錯誤，向公路阻塞處炸射，官兵卻有損失的三倍數字和37頭馱騾喪生。Kirby, *War against Japan*, III, p. 347.

的部隊會合。這次夾擊並未成功，第四十八旅傷亡很重，但他們也迫使田中的師團付出重大代價，傷亡 1,000 人。

當考萬少將用第四十八旅找田中的要害時，田中也在以同樣的方式對付他。他派作間大佐的第二一四聯隊到南更（Nunggang）北面。作間在那裡分散聯隊兵力，以末田（Sueda）少佐的第二大隊，進攻自因帕爾來的公路路標 12 哩處的二九二六高地，那裡有印第十七師的陣地；森谷（Moritani）少佐的第一大隊，在路標 14 哩處越過公路，自北面直趨比仙浦。

五月二十日進行此次攻擊，聯合從西面山區來的第二一五聯隊（笹原大佐）第二大隊一起對比仙浦突擊；第二一三聯隊（聯隊長砂子田大佐）第二大隊，從寧索康繞過波桑班，越過平原，從東南方向進擊比仙浦。

作間大佐攻擊猛烈，他的部隊幾乎攻到了考萬少將在清胡（Chingphu）司令部的上方。五月二十日，他們從因帕爾公路路標 10 哩處的布瑞市集（Buri Bazar）西面出山區，占領了支配公路的一座山（二九二六點，或稱紅崗）或者至少攻占了山崗的大部分。由英軍俾路支第十團第七營 20 名印度兵防守的一小處，抵擋了日軍攻擊。日軍並沒有占領這座山崗能俯瞰印第十七師司令部的那一部分高地，他們不知道考萬在那裡，只切斷從因帕爾來的公路。考萬自然反對就在日軍陰影威脅下進行作戰。經過集合司令部東拼西湊的兵力外，還加上幾個步兵連之後，仍未能擊退日軍攻勢。他便將傘兵第五十旅（伍茲准將）調來，[107] 在第二十師廓爾喀步兵第一團（團長溫菲德上校）第三營，以及騎槍兵第三團兩個戰車連協助下，終於將日軍在五

107　道格拉斯第一營營長稍早在南士貢戰役說的話。

月底趕出了紅崗（Red Hill）。作間大佐在南更的聯隊部，注視這一戰。末田少佐的第二大隊，從出發時的500多人，到打完後，只剩下40人。

五月二十日凌晨兩點鐘，第一大隊的森谷少佐，帶了他的大隊380人，在比仙浦北面的交叉路口，為大隊的機關槍挖掘戰壕。英軍反應迅速，第二天就用上戰車，踩躪中隊長松村大尉的陣地，他和整個中隊全員戰死。作間又派山守大尉第七中隊的70人，在比仙浦打開另一道口子。五月二十六日，第七中隊猛撲進去，卻沒半個人生還。

這一戰的結果，作間大佐的兩個大隊，第一大隊兵力380人，損失了360人；第二大隊500人，460人傷亡。砂子田大佐的第二一三聯隊第二大隊，失去了從東南方攻進比仙浦的機會。擔任主攻的笹原大佐第二一五聯隊，被印軍第六十三旅侵入其陣地後方，這使他在第三十三師團的中心「三丘崗」建立的堅固據點，完全失敗。

這就是田中信男接任新職的狀況，他立刻發揮自己的影響力。「本師團長深信」，他宣布，「為國服務的唯一途徑，便是以鐵的意志積極執行職責，此戰是意志力的競賽，對命令訴苦發牢騷，以及表達意見顯露軟弱，應嚴格禁止。」[108] 五月二十二日，他到了馬洛（Molloh）第十五軍新的作戰司令部，向牟田口報到；當天晚上，就到了來滿乃自己的師團部。當前師團長柳田中將交接時，柳田有了發洩的出氣筒：「戰況完全有利敵方，全軍殲滅只是時間問題！」田中知道柳田在陸軍士官學校是第一名，也是陸軍大學劍道社社員，或許他也過於敏

108　戰史叢書（OCH），《因帕爾作戰》，頁72。

感。不管怎麼說，田中對這種悲觀不同情，轉身開始手中的任務。他一定得從英軍第六十三旅手中，奪回三丘岡和卡艾摩爾村（Kha Aimol），並恢復與前線各聯隊的聯絡。

從第二一五聯隊編成的一支混成部隊，以篠原（Shinohara）大尉為隊長，奉令於五月二十四日晚上，自北面攻擊「觀察岡」（Observatory Hill）；可是隊部成員踩到一枚地雷，把隊員全都炸死，所以這次攻擊一無所得。砂子田大佐奉令率領他的大隊，去攻擊卡艾摩爾村；五月二十五日晚，他率大隊進擊，占領了英軍陣地，但付出傷亡38人的代價，包括兩名中隊長在內，所以他們撤退。

笹原大佐的第二一五聯隊，使用第二大隊及第三大隊突擊「三丘岡」，從五月二十二日打到五月二十八日，這也是一次災難，兩名大隊長都在傷亡官兵內。現在以數字論聯隊了無意義，聯隊的主力第一大隊，只剩100多人，其他兩個大隊，每大隊約有40人。中隊更少到只有7、8人。作間大佐的第二一四聯隊也一樣，末田少佐第二大隊三個中隊，每個中隊只有3到8人，沒有一名軍官指揮他們。這一役從五月二十三日開始，全師團傷亡3,500人，其中1,200人戰死，整個師團只有兩名大隊長沒有負傷。

在主要幹道地區，日軍的獨立工兵第四聯隊（聯隊長田口Taguchi大佐），接收了在寧索康的砂子田大佐大隊離開後的陣地。這個聯隊在最近的戰鬥中，還存活60人；但戰車第十四聯隊（現在聯隊長為伊勢Ise大佐），已經突破英軍第四十八旅的包圍，於五月三十一日，帶了兩個大隊（大隊長為瀨古Seko和岩崎Iwasaki）進入寧索康，加強據守。不過，伊勢大佐無意蹲在村子裡，他將田口大佐的工兵聯隊納入指揮後，便

第四章 劍裂矢盡

開始準備對比仙浦進行另一次攻擊。本來應該會有第二一四聯隊的增援,但是第二一四聯隊的第三大隊,從哈卡(Haka)到發蘭(Falalm)地區移動動作緩慢,在五月二十五日抵達托邦,向駐在薩托(Sado)的第三十三師團司令部報到(田中信男將作戰指揮所移到更近比仙浦的薩托),這段行程他應該只需一天,第三大隊卻耗了四天。

田中最初衝動地要以軍法懲治第三大隊隊長,但決定也許有更多地方用得到他,便令他繞過「三丘崗(Three Pimple Hill)」,向作間大佐的第二一四聯隊長報到。田中師團長如今開始思考前師團長柳田元三(Yanagida)中將的觀點,起先他不屑一顧。柳田元三是一位「才氣煥發且滿腹牢騷」的人,但柳田告訴田中,自己如何繼續被強迫以不顧死傷,不惜一切代價攻下比仙浦,對此第十五軍應該負責。而今,田中信男看到結果,為了比仙浦和紅崗,第二一四聯隊兩個大隊全遭殲滅;第二一五聯隊的第一大隊只剩 100 人,已準備焚燒聯隊旗。柳田是對的嗎?他自己與手下各聯隊長去接觸,因為英軍占領了三丘崗,才 600 碼開外。牟田口軍長誤判英軍第十四軍團的軍力,將責任完全歸咎於柳田的消極指揮,這是錯誤的,田中對柳田的同情漸漸增加。

但是也無法遮掩現實,田中還是在牟田口的麾下,而牟田口計畫了一次新攻勢,全殲與否,田中都得服從。

在六月五日到七日這三天,田中肅清了他幾處要地-卡艾摩爾村、托克帕赫和「觀察崗」等英軍陣地,得以能將給養供給第二一四及第二一五兩個聯隊殘存的官兵。同時,他使用最近從阿拉干到達的增援部隊,第五十四師團第一五四聯隊(岩崎 Iwasaki 大佐)的第二大隊,從寧索康北進,作一個向西的

大迴旋,使該大隊在六月七日清晨六點進入波桑邦。岩崎大佐聯隊長辦到了,在村子邊得到一個立足點,代價為 100 人。

但是寧索康並不是一個適當可發動攻擊的基地。這個村落一分為二,有一條泥濘的小溪從中流過,兩岸陡峭。日軍把守了村南的一端,有充足的樹木與樹籬可供掩蔽。而北面則是英軍印第十七師的支援營,西約克夏郡團的第一營(營長柯普 Cooper 少校),他這個營就比較沒什麼掩蔽,很容易受到日軍狙擊。他們後面的地面平坦潮濕,開挖散兵坑一點用也沒有,因為坑內會注水,一來是大雨不息不止,二則是洛克湖水的滲透,更不舒服的就是腳開始潰爛。

六月七日上午日軍攻擊西約克郡團一個排。這排 20 多人,以如雨而下的手榴彈和機關槍火力,將周邊的日軍趕回去。日軍不能前進是由於西約克郡團一名排士官長透納(Victor Turner)隻手空拳的勇敢所致,這一戰使他身後被追贈維多利亞十字勳章。他身負手榴彈衝刺六次,將手榴彈扔進日軍的機關槍陣地。日軍在英軍戰車炮及炮兵轟擊下停頓下來。在第二天天亮以前,瀨古將他那個大隊(向第十五師團借調的第六十七聯隊第一大隊)的人員後撤;80 人中損失了 60 人,包括代理大隊長的副官金子中尉在內。但是英軍西約克郡團也備受重創,傷亡 50 人,其中有兩名軍官,因此將廓爾喀步槍兵第五團第二營(營長湯生 Townsend,後來是厄斯特希 Eustace)調來接替。

整整六月中,當日軍的第十五師團與第三十一師團放鬆了對英軍第四軍的包夾,田中信男中將依然打算截斷西恰爾公路(六月二十二日,英軍第三十三軍與第四軍會師以後,這就是一個毫無用處的目標)和攻占離因帕爾只有投石之遙的比仙浦。

第四章　劍裂矢盡

　　田中決定使用自北緬甸前來增援的第五十三師團橋本（Hashimoto）大佐的第一五一聯隊，自西面進攻「森林崗」；然後向東攻擊「梅山」（加侖吉 Ngaranjial 北面的一處高地），再攻向比仙浦。在南面的第二一五聯隊（笹原大佐），則要攻擊加侖吉東面的英軍陣地，以舒解橋本大佐的壓力。在全師團總攻擊的前一天，作間大佐的第二一四聯隊，要派出一個突擊隊，進擊在南更（Nunggang）的英軍高射炮陣地。英軍對橋本大佐部隊的反擊，將會遭遇日軍炮兵的阻止（事實上，在橋本大佐聯隊只有一門團級大炮，必須分解後，以人力運往前線）。

　　必須承認，橋本大佐的部隊，比田中師團歷經久戰的部隊更年輕；但他們在茂盧（Mawlu）對抗英軍卡特准將的突擊部隊那段時間並不輕鬆，而且不得不在雨季最旺時，暴雨下行軍到陣地。官兵生活在濕淋的情況中，沒有休息，疫情不斷增加，他們花了十小時走了健康官兵在乾季兩小時可走到的路程，六月二十日的攻擊推遲了一天。

　　突擊隊兩次進行得都很成功，使英軍炮兵自此寂然。突擊隊員還埋設地雷，後來炸毀了英軍 4 輛輕戰車。橋本大佐的官兵 300 人，以奇襲捕獲了正在樹林山上進早餐的守備隊，占領了陣地。只花了一個小時，以 6 人傷亡的代價，達成了笹原一再突擊，傷亡慘重，卻沒有辦到的結果。對「白虎」的第三十三師團來說，更丟人的是，他們自以為—也是很多人的想法—是日本陸軍最精銳部隊之一。而橋本大佐所屬的第五十三師團，大部分都是京都地區城市居民所組成的隊伍。

　　可是橋本聯隊缺乏彈藥，無法攻占下一個目標「梅山」。在比仙浦沒有受到任何攻擊的英軍炮兵，對沿著山邊攻爬上來的橋本部隊猛烈轟擊。只幾分鐘，他就損失了一名大隊長和

205名士兵，聯隊大炮一半遭擊毀，橋本也無法整備。

第十五軍下令他不要帶工兵裝備，因此橋本大佐的第一五一聯隊在最需要時，卻缺乏工具。這個聯隊的第一大隊（岡本少佐）自南面攻下了「三角崗」，可是在二十二日這天，第二一三聯隊砂子田大佐的第二大隊，卻沒有攻下加侖吉東面的「貝爾山」。毫不奇怪，因為這個「大隊」，只有砂子田大隊長和士兵18人。不過，第二天，他們攻占了「貝爾山」，砂子田大佐在這一仗受了傷。

六月四日，英軍在南更（Nunggang）北面出現，滲透進入客洛克（Khoirok），第二一四聯隊長作間橋宜大佐將聯隊部移往西北面的來滿吞（Laimaton），只進入山區一點點路。前線這時安靜下來，使作間聯隊的官兵，想起他們的瘧疾和痢疾、還有皮膚病。這些病，在他們溼透的散兵坑或「章魚洞」迅速蔓延。可是作間大佐因為雨季讓他們無所事事，他派出兩、三組突擊隊作前線斥候和破壞。有一隊帶了6名工兵，向東面出發，越過山丘到了邦特（Bunte），炸掉英軍用來平射的一門防空炮和一個帳棚營區。另外一隊，為第九中隊的47名官兵，深入英軍後方達一星期之久，對布瑞市集（位於比仙浦東北方7哩處）的英軍陣地，進行一次閃電攻擊，另外摧毀了4輛戰車和6輛載重車。他們接近了因帕爾市4哩以內，這是日軍前所未有最靠近的一次（並在一個指示牌作記號以資證明）。作間聯隊長的運氣也夠好，虜獲了英軍的一些計畫。六月二十三日，渡邊安平一等兵，在客洛克附近的山炮陣地站衛兵，沒料到濃密的晨霧中出現一個人影，他回過神來用上刺刀；屍體認明是一名帶了旅部命令的英軍少校，命令上說「貴部要在六月二十四日攻擊太瑞波基（Tairenpokpi），切斷往日軍的公路。」

第四章　劍裂矢盡

作間橋宜大佐立刻派第二大隊赴太瑞波基，可是那天卻沒有攻擊發生。第二天，六月二十五日，英軍派出200人進攻來滿吞，400人攻擊客洛克。

田中信男對麾下幾個困頓的聯隊長加壓，賦予新任務，笹原大佐的第二一五聯隊很明顯已經筋疲力竭，他下令該聯隊進攻比仙浦西面的大炮陣地。他知道那裡是考萬攻擊他的核心力量。緊要關頭，笹原將聯隊分為兩隊，派他們每天去進攻英軍大炮陣地。

考萬少將的印第十七師，最近和日軍第三十三師團進行幾次激戰，損耗慘重，而自第二十師配屬過來的第三十二旅，依然困在主要幹道的寧索康，與日軍兩個大隊及戰車在激戰中。戰事的激烈，從這雨季的幾個月內，頒發兩座維多利亞十字勳章。可想而知，這兩座勳章都頒發給廓爾喀兵部隊。

日軍的戰車隊，是鼎鼎大名戰車第十四聯隊僅存的幾輛。想當年曾威風凜凜在馬來半島上南下進攻新加坡。而今，一切都過去了，日軍發現他們的47公厘戰車炮，不是英式75公厘戰車炮的對手，英軍戰車已支配了比仙浦以南的公路。英軍這位師長對勝利這麼有信心，正當田中計畫從四面八方猛撲比仙浦時，英國名演員諾爾科沃（Noel Coward）正在村子裡勞軍。

當然，考萬的信心有其原因，英軍的大炮、戰車、以及空投支援，都壓倒日軍。相對地，作間大佐算出了他那個聯隊的損失，在比仙浦四周的戰鬥中，日軍791人陣亡，241人負傷，22人失蹤，傷亡總數為1,054人。六月三十日，第三十三師團長田中，也算出全師團的總數，官兵傷亡7,000人，5,000多人生病，總數1.2萬人；換句話說，全師團兵力損失了百分之七十。

即使全師團的損失數字驚人，加之雨季又到最旺時刻，田中還是打算阻止英軍第四軍把他趕出去。當第五師由印第十七師接防，調回印度整補時，田中上演他所能的最佳演出。其他日軍師團長們都走回欽敦江，他仍在那裡奮鬥。就如史林姆後來指出，這也許是一次了無希望的掙扎。毫無疑問，田中當時也知道。不過我們可以同意史林姆對田中突擊隊襲擊的評論：「幾乎沒有幾個例子，當一支部隊兵力減少、備受痛擊、筋疲力盡得像日軍的第三十三師團一般，還能發動這麼猛烈的突擊……雖然也許會有人質疑如此追求一個毫無希望目標的軍事智慧，但沒有人會懷疑日軍作出這種嘗試的超級勇氣與大膽。就我所知，沒有一支軍隊能與他們相比。」[109]

第十三回 三戰科希馬：
佐藤幸德對牟田口廉也

佐藤幸德與牟田口廉也早就相識。在一九三〇年代，日本陸軍被一些好戰派系分裂，他們大多數致力於推翻議會政府，分裂主要在於方法各異。「統制派（Tōsei-ha）」是一些軍官準備與政治人物及資本家合作，只要政治家依照他們的要求去做。而「皇道派（Kōdō-ha）」則更為激進，視蘇聯為主要敵人，為了達成它的目標，準備行刺政治人物及商界大亨。一九三六年二月二十六日，日軍狂熱的青年軍官認同皇道派的主張，而

109　Slim, *Defeat into Victory*, pp. 336-337.

第四章　劍裂矢盡

刺殺了很多上級軍官，這次叛變，由天皇直接干預而中止。

「二二六事件」前兩年，皇道派依然占優勢時，佐藤幸德忠於東條英機和統制派的軍官（即使他日記中，顯示他認為將皇道派與統制派二分為過分簡化），他發覺自己遭到密查，一舉一動都被報告到皇道派，以及陸軍參謀本部總務部長牟田口大佐。

因此，一九四三年佐藤出任第三十一師團長時，他和牟田口並不完全陌生。他們兩人中，始終殘存緊張的互不信任感。佐藤幸德一直深信牟田口利用因帕爾戰役，加強自己妄自尊大的夢想，他不願自己師團的官兵死在牟田口的野心祭壇上。在另一方面，他忠實執行這次戰役的目的，因為這是職責所在要這麼做，因而他作了一次公開表態，分享勝利的期望；當天議程中告訴全師團官兵，說印度數百萬的人民，正等待日軍的進兵，以推翻痛恨的英人統治。他受制於「承詔必謹」（絕對服從天皇的命令）的訓示，但如果這次作戰要失敗，他並不認為撤退有什麼差辱，反而認為自願接受殲滅是愚蠢的。他企圖確保師團官兵在這一戰中，有一次公平的機會，要達到這一點便是補給要足。

一九四四年二月十二日，緬甸方面軍參謀長中永中將訪問第三十一師團。在仙台陸軍幼年學校時，他比佐藤高一年，佐藤覺得可以暢所欲言。臨別時，他送了兩隻孔雀和一支象牙做禮物，要求中永參謀長重行檢查整個補給業務。道別時，佐藤作了決定：倘使他的要求沒有達成，緬甸方面軍和第十五軍沒有提供給養給他師團官兵，他會自作戰中撤退。[110]

---

[110] 高本，《抗命》，頁97。

在他這個師團出發前兩星期,佐藤證實了他的猜疑,接到第十五軍軍長牟田口中將的命令,以他慣有的誇張方式,目標超過這次作戰的戰略限制。牟田口的參謀長久野村桃代中將,一個順從的傀儡來看他,「軍長要我轉達一項特別的要求,」久野村說道:「如果第三十一師團看到機會,他要你向第馬浦前進,這是他最熱忱的願望。」

一如我們所見,南方軍和緬甸方面軍早已默認,因帕爾作戰是一次守勢作戰;向第馬浦進兵,便會改為攻勢作戰,事實上,就是進攻印度。「我不能接受這項命令,」佐藤幸德說道:「第十五軍本身給我的命令為攻占科希馬,我將盡最大努力達成。但我怎麼能依突然的通知向第馬浦進兵?敵人的兵力有多少?我會得到甚麼補給?只說上一句『前進第馬浦』,而不考慮任何這些因素真是愚蠢。」佐藤幸德氣的是久野村傳達這項命令,動作上簡直像是牟田口的傳令。作為一個好參謀長,責任就在去勸司令官不要出洋相。

為了安撫佐藤,久野村和他的後方參謀薄井(Usui)少佐保證,作戰開始後,第三十一師團每天可得到10噸補給品。到三月二十五日,共250噸。可是,啥都沒有運到。到四月五日時,官兵自己帶來的三星期糧食,幾近罄空,僅只靠就地糧食搜刮撐過。可是,日軍官兵也不能隨心所欲搜刮百姓糧食。宮崎少將的左突進隊,便有嚴格規定,先派出宣撫班,沿著烏克侯爾到卡拉索姆的小徑進入那加村,以爭取當地居民,嚴厲禁止對村民動粗。計畫好徵收民糧,在管理軍官監督下進行。結果,宮崎少將的部隊—主要為第五十八聯隊—情況穩定。在這件事上來說,中突進隊的第一三八聯隊官兵,也沒有危急狀況。而全師團前進的主力部隊第一二四聯隊,包括師司令部在內,

則情況拮据。

就以彈藥供應來說,在桑薩克(Sangshak)一戰,證明對宮崎少將很大方。可是後來在科希馬嶺作戰中,已將彈藥耗罄。即使他的部隊在嶺上虜獲英軍多處彈藥堆集所,但大多數彈藥在英軍逆襲時,毀於射擊和轟炸。曾有少數幾次,試著把補給品運到。四月底,野戰運輸第五隊隊本部的服部(Hattori)中佐,帶了一支47輛吉普車組成的車隊,運來500發山炮彈、清酒和香煙。5輛吉普車駛往查卡巴馬(Chakhabama師團作戰指揮所),運去160發特殊破甲彈,卻只受到冷漠的歡迎:「為什麼你們不運來米和鹽?」第二批車隊,以12輛吉普車載運兩噸山炮彈到科希馬。五月二十四日,高田清秀(Takeda)少將使用3輛吉普車,到達查卡巴馬,可是他運的「東西」主要是慰安婦。所以補給品運過來兩次,但數量上微不足道。[111] 最初,山炮的每一門炮攜行基數為150發,共有17門炮。服部又供應每門30發炮彈,每炮可射擊180發。以那種比率,不適合炮戰需要,大多數炮彈在五月底以前都消耗光了。(相反的,日軍算出在一次作戰中,英軍炮兵在兩天內,向他們轟擊了11,500發炮彈)宮崎少將後來指出,英軍佩龍准將的「遠程突擊隊第二十三旅」,切斷了師團在科希馬以東的後方交通線,限制了作戰地區。在那加族人之間,英軍宣傳鼓勵以惡意對待日軍,也成功。佐藤和他的師團司令部,再度最直接感受到這種衝擊。

四月十七日,佐藤接到牟田口的命令,在四月二十九日前攻占科希馬。要調動宮崎少將所指揮的三個步兵大隊及一個山

---

[111] OCH,《因帕爾作戰》下卷,頁95。

炮大隊,用虜獲的英軍卡車運往因帕爾前線。佐藤幸德很吃驚,因為他看不出有辦法執行這個命令,當時他師團的兵力全部投入;而宮崎少將在「一般用途嶺」他的作戰指揮所中,對此戰役作戰術指揮。但他知道自己得做能做的事,例如,這道命令依照這一戰初期的構想來說行得通,一九四三年最初計畫中,第三十一師團內,倘若任何一個聯隊受命切斷科希馬的公路,其餘兵力便自北方進攻因帕爾,很可能因帕爾早就已陷落了。可是現在第三十一師團還困在科希馬嶺的作戰中,抽調它的兵力並不是時候。

史林姆對佐藤非常輕蔑:「毫無例外,他是我所遇到所有的日軍將領中最沒膽量的人。」[112] 他講到自己如何勸阻皇家空軍轟炸佐藤的司令部,因為他要佐藤活著,在科希馬那無能為力的高地上消耗該師團的兵力。他認為原本佐藤可以向第馬浦前進,輕輕鬆鬆瓦解英軍第十四軍團;但其實佐藤幸德既非愚蠢,也並非沒膽。他比起牟田口的其他師團長,更接近可以完成任務。因為他關懷部下不應該餓死,也不應該在牟田口任性的冒險中浪費生命,他判斷第馬浦就是這種冒險。所以,即使佐藤向前移動,命令一支兵力,準備從科希馬進兵因帕爾,但非常不像會真的執行作戰。[113] 牟田口要求的兵力,包含佐藤師團左翼地區的整個部隊,他們幾乎已經少到原有兵力的一半。而且倘若調動他們,如何補給?倘若他們花時間去找食物,又怎麼能打仗?彈藥從哪裡來?為什麼牟田口堅持四月二十九日「天長節」裕仁天皇生日,作為攻占因帕爾的終止日期?這是

112　Slim, *Defeat into Victory*, p. 311.
113　高木,《抗命》,頁153。

他，牟田口貪得無饜渴望張揚的另一個例證。為了宣揚，牟田口準備犧牲自己的部隊，佐藤幸德卻相反。所以他最先運用沉默技巧，以不屑一顧的沉默處理這道命令。然後，又來了一次通知，他回說：這樣調動不可能。四月二十九日，這項命令終於取消。牟田口軍部的參謀很不滿，覺得軍長竟讓自己被一位師團長搞得團團轉。

從五月中開始，佐藤越來越擔心保存師團的戰力。因此，在五月十二及十三日後，英軍第二師發現，可以攻占科希馬嶺的諸多山崗了，而以前該師攻擊都遭到日軍由地勢良好掩體內以猛烈火力攻擊而失敗。由於仍無補給品運到，佐藤緊急決定，要在五月底以前，將師團部隊從僵持的作戰中撤離。他知道，如果事先通知第十五軍，便會受到阻止。倘若他同其他師團長商討，不管願意不願意，也免不了拖他們下水。所以，他決心獨自行動。五月二十四日到二十五日，他採取了這項決定。[114]

五月十六日，佐藤幸德向緬甸方面軍發了一封電報，表示會有事發生。電報中道及駭人的補給狀況，更辛辣地指責第十五軍對這一戰的作為。河邊即使不高興佐藤師團長越級報告，但委婉地把電報帶給牟田口，要他注意。[115]

五月二十四日及二十五日，在武田少將來訪時，佐藤從他那兒，知道了為了運送增援部隊到第三十三師團，用光了卡車，可能無車可送補給第三十一師團。佐藤聽到這句話，告訴橋本大佐，對補給匱乏十分氣憤；暗示他想帶領全師團脫離這一戰。五月二十五日，他拍發下列電報給第十五軍：

---

114 戰史叢書（OCH），《因帕爾作戰》，下卷，佐藤的回顧，頁 96。
115 戰史叢書（OCH），《因帕爾作戰》，下卷，不破的回顧，頁 96。

> 本師團糧食目前已耗竭，山炮及步兵重武器彈藥完全用罄。因此，本師團最遲於六月一日，自科希馬撤退，移動至一處能收到補給品之地點。[116]

橋本在查卡巴馬過夜後，離開佐藤，於五月二十七日抵達第十五師團司令部。他向師團參謀長岡田（Okada）少將私下透露，深怕佐藤會帶了該師團部隊離開戰線，放棄科希馬。他也以電報向仰光緬甸方面軍司令部報告，將第三十一師團從當前危機中救出最好的辦法，便是將該師團退到烏克侯爾，以縮短該師團的補給路線。[117]

緬甸方面軍司令官於五月二十八日，收到佐藤以及橋本的電報，便警示第十五軍軍長牟田口，這一危機迫在眉睫。牟田口不追究補給問題，依他的個性，要參謀長久野村桃代發出一封電報，敦促佐藤師團長重加考慮：

> 對於忘卻貴師團英勇戰績，以及因為補給困難，貴官已決定自科希馬撤退，本人深感痛苦，本人要求貴官保持現陣地十多天。
>
> 本軍將攻占因帕爾，並對貴師傑出戰功加以獎勵。

電報末了加上一句通俗諺語：「在堅持的意志面前，甚至諸神都會讓路。」[118]

---

116 戰史叢書（OCH），《因帕爾作戰》，下卷，橋本的回顧，頁97。
117 戰史叢書（OCH），《因帕爾作戰》，下卷，山內日記，橋本的回顧，頁97。
118 戰史叢書（OCH），《因帕爾作戰》，下卷，頁97。

第四章 劍裂矢盡

佐藤幸德收到這份電報時很生氣:「這一命令完全不能執行,他以無禮及威脅,敦促我重加考慮。」他後來回憶道:「看上去第十五軍無法掌握真正的情況,我們沒有補給,以及官兵非傷即病。」他回軍部一則電報:「願通知軍長,基於情況,本師團長將自主行動。」[119]

他發出這則電報當天(五月三十一日)晚上,佐藤幸德收到白石(Shiraishi)大佐的道別電話。白石是佐藤在陸軍士官(軍官)學校同期同學,這時在那加村擔任中央戰區指揮官。這似乎是他在等的一個信號,他立即下令,左翼區和右翼區的部隊於五月三十一日午夜,離開科希馬,前往科希馬東邊2哩處的奇得馬(Chedema)。這是撤退的第一步,他向第十五軍再發出一則電報:「本師團以至上勇氣奮戰兩月,已達人類堅忍不拔之極限。本師團戰力已耗盡(劍斷箭亡),本人在苦淚下離開科希馬,一想到就足以令將軍心碎。」佐藤中將在這封電報以官印蓋章,明白表示責任在他。

第十五軍回電:「如戰況不可避免,第三十一師團立即撤往○○○○一線,[120] 撤退時間另電通知。」[121] 佐藤幸德並沒有回覆這個電報,為了保護師團右翼,他將第一三八聯隊第一大隊自宮崎部隊調出,派往卡拉索姆(科希馬東南27哩處),命令該大隊在師團撤退時緊緊據守各要點。

然而,到了六月九日,他接到第十五軍的「轉進」[122] 令:

---

119 戰史叢書(OCH),《因帕爾作戰》,下卷,佐藤筆記,頁98。
120 佐藤幸德不清楚這是哪一線,但相信是穿過克克里馬(Kekrima)的東西線,且根本不是一處適當的撤退所在。
121 戰史叢書(OCH),《因帕爾作戰》,下卷,頁99。
122 「轉進」為日軍軍語退卻的委婉用語。

第三十一師團以全速前進往烏克侯爾地區，接收補給後，與左翼第十五師團聯合，準備進攻因帕爾。同時，宮崎少將所轄步兵四個大隊及山炮兵一個大隊（由軍司令部直接指揮）將據守亞拉杜拉高地及科希馬東南25公里處之索吉馬（Sojiema），以阻止該地區敵軍向因帕爾前進。攻擊準備在六月十日前完成。

要在六月十日前，完成這種部署，根本就不可能，這道命令僅僅證實了佐藤幸德對第十五軍指揮能力的不信任。[123]

牟田口廉也除了致電佐藤幸德師團長外，還派了軍參謀長久野村桃代少將及後方主任參謀薄井（Usui）少佐來訪。薄井少佐受命監督補給品從胡買恩（Humine）運往烏克侯爾。六月四日，他離開因代吉，向北上卡巴盆地，途中遇到緬甸方面軍司令官河邊正三中將。他逮到這個機會，說明第十五軍軍長牟田口廉也的新威脅計畫，由第十五師團及第三十一師團，沿著烏克侯爾到桑薩克軸線進軍因帕爾。然後急忙趕赴胡買恩，他到達那裡時，發現雨季的大雨，已經使得烏克侯爾公路上的卡車無法通行。他便開始將補給品裝上背架，由挑夫搬運。因此他能運到烏克侯爾的補給品數量很少。加之，由第十五師團的士兵來運送，要保留這些補給品給第三十一師團就不可能了。久野村桃代參謀長跟薄井一起從胡買恩來，他們想法子得到一輛吉普車，在豪大雨中，沿著驚險的小徑，在六月二十一日黎明時分，到了一個名叫南勢（Nanshong）的地方，位置在烏克侯爾東南方6哩處。他們遇到了公路旁的第三十一師團司令部，

123　戰史叢書（OCH），《因帕爾作戰》，下卷，佐藤的回顧，頁100。

第四章 劍裂矢盡

久野村桃代參謀長要見在帳棚內的佐藤幸德。佐藤一口回絕：「本人沒有需要會見軍參謀長。」久野村桃代嚥下自尊，將軍長的命令遞給第三十一師團參謀長加藤國治（Katõ）大佐。加藤回憶那項命令中有三項：

一、步兵一個大隊及炮兵一個大隊，由一位聯隊長指揮，沿烏克侯爾至「教會」的公路（在因帕爾至科希馬公路幹線上）以增援宮崎部隊。

二、派官兵900人至胡買恩，運輸糧食及彈藥供師團攻勢。

三、該師團長將其餘兵力，部署於第十五師團左翼，從桑薩克西南，進攻因帕爾。[124]

派出兩個大隊給宮崎，又派官兵900人到胡買恩，事實很顯然，其餘留下，就沒有人供佐藤幸德直接指揮了。

加藤耐著性子向久野村解釋，沒有辦法增援宮崎部隊，因為六月十九日，英軍已經將科希馬南面的十七哩的烏克侯爾至「教會」的公路切斷，之後便沒有消息。軍部的命令忽略了本師團兵力的真正狀況，頭一件事就是把糧食給官兵。

這時，久野村堅持要見佐藤幸德本人，最終，佐藤勉強同意。正當久野村和薄井進入他的帳棚時，佐藤猛然開口對著薄井吼叫：「卡拉索姆得不到補給，烏克侯爾也沒有！為什麼不準備？你對本師團所答應的當作什麼了？所以，薄井，你怎麼

---

[124] 戰史叢書（OCH），《因帕爾作戰》，下卷，頁577。

說？」
　　薄井一語不發，久野村插嘴說，如果有任何不滿要提出，佐藤應該直接向他講，而不是對他的參謀。這時，薄井和加藤兩人離開帳棚。久野村回憶他和佐藤的談話，以下記載在日本的官方歷史中。不過史學家高木俊朗的版本，取材於佐藤幸德中將的手記（高木，頁209，及以下），比較詳細，以下的對話，混合了上述的兩種記載。

佐　　藤：「在這次作戰中，重要的因素便是補給。第十五軍對補給的態度，迄今為止，完全不負責任。本師團除非接到補給，要參與任何更進一步的作戰是不可能的。」

久野村：「你不能以概括一切的方式說『不可能』，一如軍部已經給你的電報，軍部已決定改由第三十一師團進攻因帕爾。這沒有變更，緬甸方面軍已要求這一點。」

佐　　藤：「你意思是說，當你們得到緬甸方面軍的一項要求，你們就把下級部隊差來遣去，連個計畫都不訂？」

久野村：「不，我們會作一個適當的研究。」

佐　　藤：「你們一定要在烏克侯爾貯放糧食，要從烏克侯爾向因帕爾進軍，你們就一定要在那裡貯放糧食；可是那裡了無一物，它的北面也沒有。你對這個都不知道？怎麼能談一個適當的研究？派過第十五軍任何一個參謀去那裡嗎？（薄井少佐

第四章　劍裂矢盡

　　　　奉命要去視察補給品運到桑薩克，但他一次也沒有去過。而這一回是久野村桃代參謀長頭一次視察這一部分前線。）我們由於缺乏補給，現處在一種膽戰心驚的狀況，以我們現在的情形去攻擊因帕爾，真是荒唐到極點。請將這個實情報告軍司令官。」

久野村：「你說烏克侯爾沒有補給品，我想是第十五師團拿走了。正如薄井少佐所說，你這個師團可以在胡買恩得到補給品恢復戰力，那裡有存糧。然後，請你調整你們的情況，向北移動，第十五師團後面已敞開；倘若第三十一師團沒有堅守的話，我們會一團亂。」

佐　　藤：「對調整北面的情況，本人並不反對。但是最先，我們得要有吃的。本人依然決定移向一處我們確實有東西吃的地方。」

久野村：「你打算往哪裡退？」

佐　　藤：「這不是往哪裡的問題，哪裡有吃的，我們就去那裡。我們可能在胡買恩得到糧食。」

久野村：「總之，如果你不打算去因帕爾，就不必多說了。你打算執行軍的命令，或者

不服從命令？」[125]

佐　藤：「我沒有說我們不會執行軍的命令，但是頭一件事，我們一定要吃，執行軍的命令在其次。」

到了晚上十一點，談話結束，久野村表示，他想待一晚，再回孔東（Kuntaung）第十五軍司令部（軍部在六月七日便遷到那裡了）。可是佐藤卻說，他無意停留該地，意思便是要趁夜色趕路。

佐藤離開，第三十一師團晚上行軍，不過在傾盆大雨下，路徑又窄，僅僅只走了3哩。六月二十三日，第十五軍來了一道命令，「第三十一師團將傷患官兵留在胡買恩兵站醫院，在敏達（Mintha）集結師團主力。」佐藤師團官兵在饑餓、發燒、和痢疾折磨下往前走，一路上只有一個念頭敦促他們，到了胡買恩那裡就有米了。

胡買恩的確有米，一如久野村軍參謀長所說，但只有16噸，僅僅夠兩天吃。佐藤立刻派兵出去，看看南面還有什麼存放，他們回來的消息是，在胡買恩和德穆之間，完全沒有存糧。久野村明知道貯存不足，怎麼能要佐藤把部隊集中在此處，這又是一次第十五軍的可怕不負責任，和愚蠢得驚人。[126]

因此，佐藤將師團官兵分組，在胡買恩以西山地村落中進

125　佐藤幸德後來透露，他與久野村桃代的談話中，「我絕對沒有半個字談到退卻，我怕他們會指責我『缺乏戰鬥精神』，因此我說得很慎重。」依照日本軍法第四十二條，「指揮部隊的指揮官敵前脫逃，以及未竭盡一切可能方法繼續戰鬥者，處死刑。戰史叢書，《因帕爾作戰》，下卷，頁167。

126　高木，《抗命》，頁217。

行搜索，至少還會有稻穀吧。卻幾乎沒有……路徑兩側無窮無盡的屍體，引導他們走向山村……。

第十四回　公路打通

宮崎支隊步兵第五十八聯隊的西田將（Nishida Susumu）大尉，在六月十八日晚上，抵達沙發邁那（Safarmaina）東北方的山崗，他向步兵第六十聯隊長松村（Matsumura）大佐報告，第三十一師團的主力部隊，憑自己的決斷撤退，放棄了科希馬前線。有一支部隊，即宮崎少將指揮的一個大隊，正沿著科希馬—因帕爾的公路向南前進，連續占據了幾個據點，以阻止英軍進擊。松村大佐聽完這才說道：「這是我從未接過的最奇怪報告，一位部隊指揮官，不管情況有多麼困難，怎麼能全憑自己作出這麼愚蠢的事，沒有軍部的命令，便停止自己的作戰而撤退？」

當然，這次撤退直接影響了松村，他正卡在英軍自南北兩方夾擊當中，在「教會」（康波比）南方約6哩處，英軍幾天內便會到達。宮崎少將計畫的撤退時程如下：

  維斯威瑪－六月四日至十三日
  毛桑尚－六月十三日至十七日（印緬國界）
  馬拉姆－六月十七日至二十日[127]
  卡隆－盡可能守住，六月二十日之後

---

[127] 只有三天，而非印度陸軍戰史所說的十天。*Reconquest of Burma*, I, p. 308.

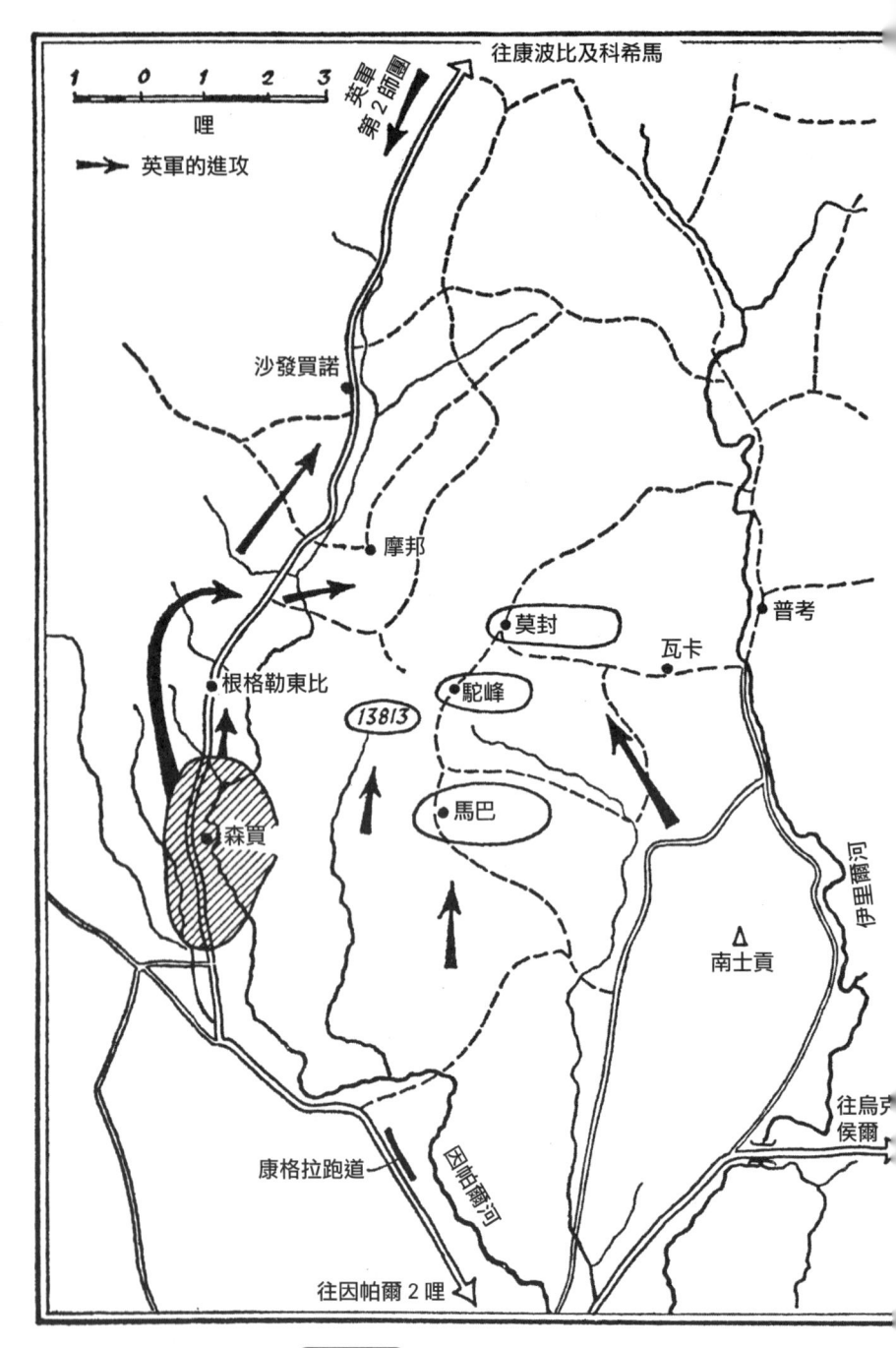

圖 4-10　突破包圍並重開科希馬公路

可是他業已被迫退到卡隆（Karong）大約38哩開外，所以松村大佐便派出他的情報官竹谷（Matsumura）中尉和山田（Nishida）曹長，和西田回去卡隆，看看實際狀況。竹谷在晚上穿越山區，在六月十九日回來。宮崎並沒有想他能在卡隆守住超過六月二十二日；然後他來到「教會」。在英軍第二師的壓力下，他能守住「教會」3天以上便是運氣，不屈不撓的宮崎曾經要求：「為我向松村提出要求，松村要好好大打一仗。」

可是松村大佐並沒等待，他告訴所屬部隊撤退往「教會」的公路。公路西面有一處建在高地的第一野戰醫院，傷患準備移往五七九七高地。為全師團擔任前衛的本田大隊，立即成為英軍迫擊炮集中射擊的目標。然後，英軍戰車在沙發買諾（Safarmaina）突破，穿過松村的陣地。六月二十一日，內堀（Uchibori）的部隊受到來自北面的炮擊。英軍第二師的戰車向南移動，於六月二十日，在路標95哩處的卡隆，突破宮崎的封鎖，開始對「教會」東南五七九七高地，也就是眾所皆知松村大佐第六十聯隊的集中地轟擊。

在路標112哩西面幾哩處，英軍第一二三旅旅部設在一處山上，旅情報組可以從那裡監視公路的動態。

戡寧（Canning）下士用一棵樹作他的觀測哨，然後用電話向旅部報告。他知道英第二師的先頭部隊，會在六月二十一日晚上，到路標103哩處，離英第四軍只有8哩的距離。六月二十二日上午十點三十分，戡寧用望遠鏡掃瞄公路，看見有一個連的「李式」戰車和步兵行駛在公路上。那是皇家裝甲兵第一四九團，軍車內是英第二師德蘭郡輕步兵團的第二營，他們是最後突破的部隊。他們與退進山區的日軍松村部隊，有一次輕微的駁火；但現在，公路已肅清了。

英軍第四軍的戰車,不甘示弱,那天早上便奉命在公路推進,領先縱隊的為騎槍兵第三團(團長丁斯戴爾Dimsdale少校)第三營,殿後的為輕騎兵第七團第三營。他們遭遇兩次路障,頭一處根本是一棵大樹,他們把它拖出路外;另一處只是一些鬆鬆散散的石頭,領先的戰車連準備摧毀它,在石頭中開出一條路通過。頭一輛戰車的車長萊德中士,把戰車停下來,離那堆石頭只有15呎遠。他準備開車通過時,一眼見到石頭中有金屬閃光,這堆石頭中埋了大約40發37公厘炮彈,彈頭都指著戰車。騎槍兵停下來,由工兵來處理這道牆,卻發現讓他們懊惱的事,輕騎兵第七團已超過他們向北前進,奔向路標169哩的雙層橋。可是道格拉郡第七團第一營原來就在那裡了。他們在公路西面的山崗中穿越前進,又回到路標109哩處,上午十點三十分,在此與第二師前鋒戰車部隊握手。[128]

這也是將軍們的會面,第九旅旅長所羅門准將,開著他的吉普車,穿過行軍的縱隊,直到他看見第六旅旅長史密斯准將,和第二師師長格羅弗少將走在一起,「史密斯,見到你真好。」「很高興我們辦到了。」第三十七軍軍長史托福中將和第五師師長布里格斯(Briggs)中將後來也到了,一起安排各師的作戰界線。[129]

而奉命援救第一野戰醫院傷患的日軍,越過公路與進入山區,但是他們一聽到公路南來北往的戰車駛近聲,很多情形卻是把傷患放棄在山邊。傷患向離開的擔架兵懇求:「帶我們跟你們走啊!」其他人會認為這是要他們用手榴彈自我了斷的暗

---

128 Perrett, *Tank Trucks to Rangoon*, p. 144.
129 Evans and Brett-James, *Imphal*, p. 327.

示。日軍第六十聯隊的曹長井上猛夫（Takeo），看見一輛有側掛座位的英軍機車從南面駛來，停在英軍戰車群前面，戰車的軍官爬下來，與機車乘客和駕駛握手。井上猛夫想到：「我們被打敗了！」以前他腦袋中從沒有這個念頭，可是在他面前的公路上，這就是證據。

梔平（Toshihira）主計曹長在山邊注視公路上，醫院中的傷患整排被丟棄。他數了一數，一共約有120人，其中包括有一些想爬上路橋而摔下來的。正注視時，一名印度兵[130]走到傷患邊，他帶著一個容器，開始將水往傷患身上倒。梔平曹長心想：「他從河裡帶水給他們。」那很像是水。這時，那名印度人從嘴裡取下香菸，彎身向前，把菸嘴湊近液體。一下子，火舌舐遍了傷病的日兵，憤怒發狂的叫聲、害怕的呻吟聲、尖叫聲、喊聲，在山邊擴散，這種景象提醒梔平在日本常見的佛教地獄圖畫，一團團巨大的火焰在扭曲的人屍和痛苦的人體四周翻滾。現在，他見到地獄了。火焰越來越高，從焚燒著的屍體上開始冒出奇怪的黑煙。[131]

英軍德蘭郡輕步兵團第一連的凱里（Sean Kelly），只知道因帕爾解圍了。「我們在陽光下獨自坐著、抽菸、吃東西。」他還記得，「兩頭的指揮車轟隆隆開過來，公路又通了，真是個好日子。」[132]

130　兜島裏，《英靈之谷》寫的是一名英國士兵，見266頁。
131　浜地利男，《因帕爾最前線》，頁243-244。
132　David Rissik, *The D. L. I. at War*, p. 197.

第十五回 山內的天鵝曲

　　日軍第十五師團師團長山內正文中將的飲食，即使在開始時就料理得很好，但後來只比師團官兵好一些。「ウ號作戰」開始時，山內已是病人，還堅持一種特別的料理。他在國外服役造成他偏愛西方食物，而他喜愛麵包勝過米飯。他吃的麵包，並不是隨便的麵包，當然更不是日軍口糧中的「乾麵包」，或者硬餅乾。他在中國就任師團長時，師團部在南京，麵包特別從上海運到。因此，即令在緬甸進行因帕爾戰役，仍然由師團幕僚烘焙他的麵包；當然，這並非沒困難，當管理組報告，他們做不到時。一位參謀今崗（Imaoke）便建議，在缺乏小麥粉時，他們應該採用自英軍倉庫中奪來的土產大麥粉，燕麥也行，牛奶則得自隨軍渡過欽敦江以及山區行進中殘存無幾的牲口。[133]

　　山內中將的西方格調，不僅僅是食品的料理，而且延伸至其他方面；他喜歡西方的坐式馬桶，勝過日本傳統的蹲式便池，即令他師團司令部正在逃避史肯斯中將麾下幾個師的圍困時，副官還命令山內的傳令兵坂原伍長，隨時帶著師團長特製的可攜式馬桶―絕非能引發官兵欽佩和奉獻犧牲的東西。

　　可是，山內業已活在他自己的天地裡。有一天，他派傳令兵去看配屬第十五師團的一位隨軍記者，《讀賣新聞》東亞部次長飯塚正次（Iizuka Masaji），對他說道：「師團長要我將這個給你。」飯塚正次拿起送來的一大塊肉，肉上面業已一層

133　高木，《憤死》，頁236。

第四章　劍裂矢盡

黑光,便問為什麼送肉?傳令兵告訴他,每宰一頭牛時,牛心和牛舌一向都放在一邊給師團長,這一塊牛肉是一份私人禮物。飯塚正次便到師團長宿舍去道謝,他很小心走在一邊,避開一匹死馬的屍體,業已剝開了皮肉,當他打起精神,側著身子經過那片腐臭味時,擠在馬眼四周、鼻孔和肉渣上的蒼蠅嗡嗡作響如雲般飛向空中。

山內在他那小不點兒大宿舍門口,含笑迎接。「將軍,我來感謝您的好意。」山內中將把一張坐椅,一個空彈藥箱向前推,「我有些東西想給你看。」師團長從胸部口袋中抽出一本筆記本,「家父最偉大的天賦之一便是寫俳句。[134] 我自己有些涉獵,雖然是『學徒廟前誦佛經』,[135] 這卻是我漸漸淡忘的事。我想對你唸一唸最近所寫的一兩首詩,他開始在筆記本上掠過:「這一首如何?」

> 阿拉干山崗[136]
> 我已超越
> 正邁向他世的旅程

飯塚止不住面露驚訝,一位前線的指揮官,不應寫出像這樣悲觀的俳句,這是一首天鵝曲(辭世詩)嘛!他知道自己會死在這帶山嶺中,他許多部下業已戰死。飯塚凝視中將的面孔,由於瘧疾侵蝕而瘦削、虛弱和衰老。山內將筆記本放下,開始

134　俳句,一種十七音節的詩
135　這句成語原為「學徒不解佛經意,廟前聽久也會哼。」
136　Arakan wo,愛找麻煩的人認為第一行只有四個音節而非五個。但如果念成 Arakanu,最後的 n 也算一音節。

說話:「我在美國待了很多年,對他們的力量和弱點有一些見解。『光機關』的機關長磯田,對美國的認識和我一樣,而東條英機首相似乎對我們有那種經驗的將校不喜歡,和牟田口一樣。整個事情是這麼愚蠢……」[137]

牟田口不斷催促山內師團長攻占因帕爾,在六月的前三個星期中,慌慌張張下了一些相互牴觸的命令。有一天,山內師團的一個部隊,在英軍猛烈的炮兵彈幕轟擊下撤退;但他接到指示,在第十五軍批准前,不准撤退。山內師團長即使在身體虛弱的狀態中,仍然不受威嚇。他指出要是等到分隊與小隊的消息送回來時,在第十五軍下令撤退前,這個單位也許全遭殲滅了。「現在,第十五師團的前線,壓力應該少了。」牟田口中將電示:「因為英軍的壓力,包括戰車,已經增加對第三十三師團的攻擊力。」「答覆浪費時間。」山內正文中將在日記中這樣記載:「浪費時間去回應。」因此,什麼都沒有說。到六月十五日,又來一通電報:「敵軍正開始在山本部隊前線撤退,快利用此機會攻占因帕爾,將敵軍摧毀於貴師團前線,然後奪取因帕爾東方及北方之機場與山頭。」

這真是異想天開的境界。然而,到第二天,還有一通電報來,「以全力據守貴師團目前陣地,占領『教會』,加以據守。」同一天稍晚,「將貴師團右突擊支隊交給宮崎支隊指揮。」就這樣,山內的兵力名義上是指揮一個師團,實際只剩三個半大隊。為了達成剝奪兵力,在六月二十二日又令山內派出輸送隊300人,阻止英軍在北面向烏克侯爾進兵。300人的兵力等於他現在的兩個大隊,目前師團直接指揮下的兵力,只有一個半

---

137 飯塚政次,《大東亞戰史密錄》,頁238。

大隊。

第二天，薄井少佐自第十五軍軍部來，帶來軍參謀長久野村的手喻，「山內正文中將立即免去第十五師團長一職。」山內調至東京參謀本部，自一九四四年六月十日起生效，繼任者為柴田卯一（Shibada Ryūichi）中將。山內高燒到攝氏三十八度，沒有力氣對這次調職作爭辯。

> 六月二十三日……我無能為力，但對作戰中被調職深以為憾，師團在承受如此打擊後，未能再度重建。但命令出自東京參謀本部，我無能為力，猜想可能我沒有照第十五軍要求辦事所致。[138]

第十六回　上原兵長的毒氣

山內的第十五師團在南士貢山遭英軍攆走後，他的兵力分布在因帕爾到科希馬公路西側與東側，但都有開口，英第四軍即以三個師作試探攻擊，力求解除日軍的箝制。第五師第九旅（旅長所羅門）駐兵在康拉東比南面 2 哩處的森買，這個村落是增援部隊的營區和工兵堆集所的所在地，儘管急忙在四周邊緣部署防務，但是防務仍然不及森買村。四月十一日，山內的步兵在接近公路時便加以截斷，開始對村子周邊進擊，因此堆集所裡的大多數非戰鬥的英兵，便向南撤退。他們逃離周邊時，卻遭到英軍戰機攻擊，堆集所內儲放的物資都在混亂中放棄了。

138　高木，《憤死》，頁 304。

日軍在公路西面分散開—山內心中已有切斷西恰爾的策略—而不是直接衝向因帕爾。他們也占領公路東方山丘中一處稱為馬巴（Mapao）的高地，可以威脅康格拉機場，而這機場距離因帕爾僅9哩開外。

可是山內的兵力減少，與他們所負任務不對稱。這讓英軍第四軍軍長官史肯斯中將明瞭，這成為山內第十五師團最軟弱的一面，因此他決定摧毀第十五師團，便派印第二十三師師長羅伯斯（Roberts）少將攻擊烏克侯爾，因為日軍開始利用那裡作為補給兵站。印第五師則向前進，越過康拉東比（Kanglatongbi）直達科希馬。還有，一旦所羅門准將的第九旅從滴頂公路撤退後，由印第十七師第六十三旅換防，便沿著南士貢摧毀伊里爾河谷，迫使日軍退出伊里爾江與公路幹線的各處山地：馬巴群山，駝峰和莫封山，有些高達5,000呎。

英第二十三師長羅伯斯少將有個打算，如果他們快速進兵，穿過耶岡波克匹（Yaingangpokpi），突破李潭，他不但可以接近烏克侯爾，又能俘獲第十五師團部、山內師團長和一切，當時認為該師團在卡山姆。第一旅的夕福司郡團（Seaforths）（團長金 King 上校）在山丘中闢路，於四月十五日下山進入卡山姆，不過太遲了，山內已經離開（毋寧說是被抬著離開的）到了閃培村（Shongpel Villiage）的北面，金上校這一團，再加上第三十七旅（旅長柯林瑞吉 Collingridge 准將），他們揮兵前往閃培村，但山內又逃脫成功。

同時，印軍第五師第一二三旅（旅長伊文斯准將）圍攻在康拉東比東面，馬巴和莫封山嶺中的一個日軍據點，若伊文斯旅無法將日軍攆出去，英軍便無法北進。印第五師師長布里格斯明白對這些陣地轟擊無用，光以「駝峰」來說，旁遮普第

第四章　劍裂矢盡

十四團第三營在五月中旬就進攻七次，後來決定將伊文斯旅繞過公路幹道，經森買從康拉東比進入山區轉向進攻，從北面突破進入該嶺，也許能包圍日軍。

英第七師的第八十九旅（旅長克羅瑟 Crowther）被撥給布里格斯的印第五師，以補充在科希馬四周作戰損失的第一六一旅。他們沿著公路前進，攻擊康拉東比東面的三八一三高地。伊文斯准將的三個營[139]，在皇家野戰炮兵第二十八團及空軍的支援下，攻擊日軍，卻沒有造成影響。在英第四軍軍長史肯斯中將督促下，印第五師師長布里格斯知道突破公路直達科希馬非常重要，因而被迫離開固守在各高地的日軍，專心對付公路。他帶了第九旅再度迂迴，進入康拉東比，以支持伊文斯准將的一二三旅穿過山麓丘陵，沿著莫封下面的公路向東前進。

英軍兵力雖然大於山內正文耗盡的第十五師團兵力，但因官兵傷亡，還有滂沱雨季，也感受到影響。從五月二十七日起，豪大雨使康拉東比周圍日軍，以及附近丘陵陣地受到更大打擊，炮兵的彈藥也受到限制。日軍第十五師團的炮兵規定每門炮每天限制 6 發；但是，英軍第二師的炮兵，一天中對科希馬佐藤日軍陣地狂炸的炮彈數以千計。[140]

六月的第一個星期，蘇法克郡（Suffolk）第二團在戰車支援下，對兩座小山丘突擊，這兩座山丘外號「以撒」和「詹姆士」，很挨近莫得朋（Modbung）。一如科希馬所發生過的，戰車得由工兵用絞盤拖上斜坡，可是要讓它們保持位置並不容易，大雨把山坡變成了一個油鍋，一輛戰車翻滾下山坡。七月

139　分別為蘇法克郡團第二營、旁遮普第二團第一營，以及道格拉郡第十七團第一營。
140　Brett-James, *Ball of Fire*, p. 346.

七日這天，蘇法克郡團傷亡官兵幾近40幾人。但這種受挫只是暫時的，第二天回來再次進攻，由一架「颶風式」戰鬥機和戰車支援，一輛戰車遭日軍擊中。印第五師在伊里爾河谷及科希馬公路中間突破，終於將日軍的山丘陣地一個個扳倒，也可以說，迫使防守的日軍逃走。起先是印第二十五師，接著是調到李潭地區的印第二十師，開始把日軍步兵第五十一聯隊及第六十七聯隊給毀了。英第四軍成功地在這兩聯隊中間切入，將第十五師團分為兩半，進行地毯式殲滅。[141]

在莫得朋（Modbung）山頂，日軍步兵第六十聯隊第二大隊（松村 Matsumura 大佐），既沒有戰防炮，也沒有任何防禦，可對抗莫得朋南面2哩處的易克邦（Ekban）山上外型古怪的大炮。認識到這門大炮的特性，是步兵第六十聯隊第二大隊第六中隊的兩個分隊遭到炮轟。在附近的壕溝中先升起一柱火光，十秒鐘後日軍便聽見炮彈從頭上飛過，村岸（Muragishi）上等兵靜聽炮彈飛過及隨之而來的回音，斷定這門炮是英軍從因帕爾過來的防空炮，在因帕爾沒有什麼用處，因為空中並無日軍戰鬥機可供打落了。接著山上的掩體遭炸開，村岸上等兵附近飛來四散的人肉碎片。他連忙爬開，到山邊挖散兵坑讓自己躲進去。要是頭伸出坑外，幾乎就是自殺。可是村岸在炮擊暫息一陣時，稍微伸頭窺望，只見好像一大團黑鐵，就在10碼開外，沿著山嶺駛過來，吐出紅色和白色的火焰，他放聲大叫：「戰車！」儘管他極其不相信，戰車竟能爬上他們四十五度角的山

---

141 但是代價不斐，六月中旬，對路標113哩處展開公路封鎖攻擊，西約克郡第三團第四連，損失該連所有軍官和27名士兵，在他們的士官長指揮下，20人受傷，在下週，約特郡第九團第三營，損失為33名官兵戰死，101名士兵受傷。（Brett-James, *Ball of Fire*, pp. 351-353）

崗。這輛戰車停在一條業已遭轟擊過的壕溝，轉動戰車炮，對業已躺在那裡的日軍屍體又打了幾發炮彈以保萬全，之後緩緩朝村岸駛過來。他數了一下，山邊共有四輛戰車。他知道自己無力招架，全營都沒有戰防炮。十秒過後，其中一輛戰車幾乎就快到壕溝邊緣。

讓村岸上等兵大為驚異的是，在他身邊的上原（Uehara）上等兵，突然起身出了壕溝衝向這輛戰車，細聲對夥伴說：「我要幹掉這輛戰車，讓我來！」村岸只見他右手抓著一個好像是圓圓的大玻璃球，戰車就在幾碼開外，上原把玻璃球朝它甩過去，一下子就砸到戰車正面，玻璃球化為一團白氣，就像水蒸氣般，吸進了戰車內。

幾秒鐘後，戰車炮塔頂蓋朝上推開，英軍戰車兵從車內爬出往山坡跑，翻身打滾又打滾，避開那白煙。上原爬上戰車炮塔，朝車身內往下丟一枚手榴彈，車內砰然巨響，手榴彈引爆了戰車彈藥，一道猛烈的紅火柱朝上衝，一下子就把戰車炸成鋼鐵碎片，燃起熊熊大火。

村岸見證了第二次世界大戰中使用毒氣的罕見例子。上原上等兵所扔的一枚毒氣彈，在緬甸戰場上還比較新，當時並不多。事實上，那是德國所發明，是德國與日本軍事上共同研究的少數例子之一。一艘日本潛水艦把樣本和圖解運到日本，日軍稱它為「乞比彈」（矮子彈），是一個棒球大小的厚玻璃球，球心裝有氫氰酸液體，當和坦克車的裝甲鋼板撞擊時，玻璃粉碎，其中液體在大氣中立即氣化，產生白煙，吸進戰車內，使車內乘員窒息死亡。這種毒氣有莫大的致命率，血液中含有 0.4 微克，便足致人於死。

日軍也用一種對付戰車的武器「戰防穿甲彈」，採最前與

最後的字拼合,稱為「塔彈(Ta Dan)」。這種彈在稍為觸及戰車裝甲時,便噴出一種超高溫氣體,燒熔裝甲進入車內。[142]

第十七回　島達夫中尉歷險記

　　日軍步兵手中,有為數眾多的「乞比彈」(ちび彈),也許確實已經證明是一種可怕的戰防武器。但是結果只不過是孤注一擲,別無他法,這是一九四四年六月日軍第十五師團的心情與處境的特徵。獨立山炮隊的命運便是另外一個例子。在激戰的階段中,牟田口中將計畫一次從烏克侯爾向因帕爾進兵,使用第十五及第三十一師團,派這兩個部隊的士兵一起去支援一次步兵攻擊,這支部隊的指揮官為島達夫(Shima Tatsuo),他是一名見習官代理中隊長,因為階級高於他的幹部都戰死了。當他接到命令進兵時,他靠竹筍、荷蘭芹和四腳蛇為生已一個月,幾乎沒剩下什麼力氣。

　　他的炮兵中隊長今泉(Imaizumi)大尉告訴他,去帶來剩下的45名士兵和3門炮。報告中說步兵僅僅只有兩枚地雷,要面對向南行駛的英軍10輛戰車。今泉有氣無力地揮手道別時,島達夫對他那老掉牙的陳腔爛調和以前相信的哄騙十分排斥。今泉大尉很不高興,瘋狂亂下令,其實官兵們都知道他獨占口

---

[142] 我第一次聽到使用「乞比彈」時很懷疑,相信英方若知道日方用毒氣對付他們,自然會將這一報導,轉變成第一級的反日宣傳武器。將這件事告訴我的人,為《京都新聞》的久津間先生,他堅持訪問過村岸,並記載在他的《守衛之詩—因帕爾篇》,京都,1979,頁280-286。

糧中的硬餅乾……[143]

島達夫發現這個步兵隊，有100人由森（Mori）大尉指揮，據守一座高達4,000呎、有叢林覆蓋的一〇五A高地，位在烏克侯爾與因帕爾中間。森大尉見到來支援的帶隊官，竟是一名見習士官，他睜大眼睛。但他很高興見到島達夫，他們選定壕溝及山炮位置，並派出觀測組測量距離。

英軍10輛戰車一下子進入視線範圍內，島達夫看見領先的戰車指揮，站在炮塔內，以一種從容自在的樣子打量地形。島達夫的山炮隊第二炮瞄準鏡對準戰車履帶，分隊長注意著他的信號，「開火！」他右手一落，西村軍曹的第一座炮將領先的英軍戰車打個正著。英軍戰車縱隊慢了下來，第二座炮和第三座炮擊中第二輛和第三輛戰車，其他七輛卻沒調頭，反而以戰車炮對準日軍山炮開火。剎那間，島見習官和他的炮兵頓時覺得天崩地裂。

這時，火光與煙霧中，他們聽到戰機聲，看到炸彈落下來，又聽見機關槍掃射，直到大地動搖；過不久，大雨救了島達夫。戰機飛走，英軍戰車在傾盆大雨中撤退，留下4輛戰車殘骸。島達夫損失了一門山炮和一半士兵。其餘士兵全身都是泥土，既傷心又憤慨地改變山炮陣地。竹田（Takeda）准尉是新加坡一戰的有經驗的老兵，低聲嘀咕，但可聽到他說：「我們也應該撤退！」他和還是學生的島達夫從來不相投，島達夫覺得應該予以申斥，但制住自己，說得很勉強：「別當傻瓜，逃兵要槍斃的！」竹田准尉卻不為所動：「我們只有兩門炮和23個人

---

[143] 這記述在《太平洋戰爭實錄》，第三卷，「島達夫，地獄街道之戰」，頁178-188。

該做什麼？倘若現在不溜之大吉，明天我們全部都成菩薩了。」

島達夫不是天生的戰士，他承認自己是個懦夫，他才在三個月前開始參與作戰，一聽到炮響，就躲在一匹馬肚下。可是現在他成了部隊長，就完全不同了。「我猜，明天會奉令撤退，同時，我們山炮還有三箱炮彈，不要讓士兵驚慌。」但是，島達夫裝作面露勇敢，他告訴自己，戰場上的悲慘，並不只是對大炮的怒吼與炮燄的感受，那只是剎那間的恐怖與戰慄；反而是在漆黑夜色中的哀傷，你可能落入無邊無際的絕望深淵。

黎明像一把利劍，刺穿雲層的間隙，同時帶來英軍的戰機，噗噗答答在上空飛過，就像一台快要破碎的汽車發動機。立刻開始機槍掃射，可是這攻擊一停，就有一架雙引擎轟炸機，飛過日軍步兵上空，傾瀉大量燃油後調頭飛回來，有意地發射燃燒彈，散布在日軍步兵散兵坑中。日軍籠罩在黑煙下，大聲尖叫，痛苦地打滾。島達夫沒時間停留在恐怖中，身邊士兵叫了起來：「戰車！」一共 11 輛，其中 6 輛是小型戰車。森大尉的一名步兵帶著一枚破甲地雷衝出去，另一步兵則爬上領先的戰車，打開戰車炮蓋，想丟一枚手榴彈進去，卻被英軍步兵擊中。兩輛戰車停下來，而其餘戰車發現島達夫的陣地，開始炮轟，在金屬碎片的旋風和泥土的灰雲中，日軍的山炮趁機反擊，兩輛戰車爆炸，燃起熊熊烈火。其他 7 輛戰車就像受了傷的野獸，無情地以機關槍射擊，噴出鮮紅的火舌。

「報告，剩 5 發炮彈了！」西浦（Nishiura）軍曹大叫，島達夫從機槍瞄準器了解，他到達這一戰的盡頭了，於是下令破壞瞄準器，炮管裡留一發炮彈，每個人持有一枚手榴彈。然後英機連續投下的炮彈打中大炮，剛好森大尉上來，島達夫的身體飛向空中，然後腦袋和臉不知撞到什麼硬東西，等他清醒

第四章　劍裂矢盡

過來時，一切都過去了。一個中隊 10 個去了 8、9 個，只剩 5 個人，島達夫死裡逃生，因為頭撞到彈藥箱，所以安然無恙。他知道自己得向中隊部報告，但這時英軍一行一列的戰車、載重車和吉普車正向南行進，他和部屬穿過沒有路徑的叢林離開。

不久，西浦軍曹指出有些怪事，在與戰車作戰中，不論是竹田准尉還是岩崎伍長都不見了，西浦軍曹吐出懷恨的責備：「他們溜掉了！」但這是事實，島達夫氣得抓狂。西浦把他們送來，卻讓他溜走了，怎麼可能自己的中隊長不預告他們就自己逃走。島達夫記得竹田准尉一直在他身後對他的沒效率發牢騷。可是現在諸事不同了，他竭盡心力打了兩天仗，就像一把劍已淬火成鋼，人沒逃走還好好活著，終於習慣了戰爭和種種死亡。他了解在飛揚的金屬碎片中找尋縫隙求生存，他了解必須堅強站起來，他的自信增加了。

他的部屬花田（Hanada）上等兵，腹部受重傷，在他們夜間通過了英軍的警戒線之後，第二天清晨死了。土井一等兵背部受傷，在西浦和小林的扶持下行進，他知道自己讓他們兩人落後，便低聲說道：「夠遠的了，你們把我放下，往前走吧。」島達夫替換小林，他們繼續走下去。可是土井似乎是機械式舉步，了無聲息地從他們的肩膀上滑下去，臉朝地，在行進中死了。島達夫雙手合十，唸了一段禱告，他們三人就繼續走。經過倒在公路邊銷毀的日軍的 8 輛戰車、敞開的彈藥箱、橫躺在路徑上的屍體，全是撤退留下的東西。而活著的人，三三兩兩，每個身形削瘦、疾病纏身、皮包骨、長長臭臭的鬍鬚，走過時被他們緊緊抓住腿，嘆息和呻吟著：「給我們水！」「把我帶走！」

島達夫和他的兩名士兵都知道，如果他們被這些捲曲的肢

體、在意識朦朧邊緣的人拖累下來,便會被困住。島達夫的武士刀在兩腿間拖動,但卻沒有把它甩掉,最先丟掉的是飯盒和鋼盔。「保持清醒!繼續走!」他對著西浦和小林粗聲粗氣,直到聲音不行了,這時便用一根竹棍子輕輕打他們,很痛心推著他們走;除非他能抓到竹田准尉和今泉大尉,他不會崩潰。他們如果能走到西朋(Sibong),他有把握那裡是日軍一處陣地。因此他們繼續走,沿著彎彎曲曲的路徑上上下下,他們東摔西倒地走過時,樹枝掉落的葉子進入他們口中,兩條腿的一切感覺都麻木了。但是現在還有除了英軍以外的危險,躺著的屍體肚皮被接近的炸彈炸開,背包散布,背包中的東西,被藏在樹林中的賊兵偷空,他們下手的並不只是死人。「那就是我們的結果。」島達夫心想:「就是要活下去,甚至會殺那些和我們同一邊的人。」立刻,他和西浦、小林野搜起屍身的背包來,沒有一點羞恥感,只是白忙一場,任何背包中都沒有一點糧食。

這時,英軍已將山本支隊從申南鞍部擊退,日軍正退往德穆。可是島達夫卻沒有方法知道這一點,爬上一處陡坡,希望見到西朋就在下方,他能看到這條河彎彎曲曲、進進出出,它肯定會流過西朋,便決定作最後一次努力。這時他聽到身後有戰車的聲音,便一頭跳進溪內。

等到他站起身來,才知道他們身旁還有兩個日本人,便是竹田准尉和岩崎伍長,兩個從激戰中開溜的人,岩崎業已死了,竹田背部受了傷。他告訴島達夫,今泉已被偷食物的日兵殺死,也警告他逗留下來很危險。

島達夫發現,自己的痛恨消失了。找竹田准尉報復,是他這次長途跋涉的目的,他活在自己的懷恨中,而今知道無關緊

要了。他們三人把竹田准尉留在後面,繼續沉重的走下去。屍體再度越來越多,阿薩姆的潮濕空氣和雨季的大雨,把他們清刷得很乾淨,很多日兵業已成為骷髏,他看到很多日兵躺在雨水潭中,僅只能從軍服可以辨識,剩下森然白骨,只有頭上的頭髮像水草般飄動,空洞的黑眼眶仰望天空。他還記得剛來緬甸時自己做過的蠢事,夢見凱旋回到日本,胸前掛滿勳章。那是已經成為過去的一種狂熱,一種瘋狂,再不會有「萬歲」聲了,只有分離與死亡。

他的意識漸漸失去了,現在躺了下來伸手去摸身旁的手槍,卻什麼也找不到,西浦和小林把槍拿走。怕他自殺嗎?遠處有戰車的隆隆聲,這一次,他既不挺身戰鬥,也不逃跑,只深深進入夢鄉。他醒來時,此身已在英軍的戰俘營內。

第十八回 申普路拉鋸戰(三)[144]

六月十二日,當日軍第三十三師團第二一三聯隊長溫井親光(Nukui Chikamitsu)大佐出院返隊,山本募(Yamamoto)少將便決定對普勒爾作最後一次進兵。加上第十五師團第六十聯隊第一大隊及第五十一聯隊第二大隊殘餘官兵共 160 人左右,還有他自己聯隊的一個中隊,工兵 80 人,反戰車炮第一大隊 100 人,還有山炮兩門,奉令在公路北方山區切過,經過庫台庫隆(Khudei Khunou),攻擊在普勒爾的主要基地和機場。他的偵查隊發現英軍駐紮在郎格爾(Langgol)與普勒爾北面山

---

[144] 譯註:參閱地圖:圖 4-11、圖 4-12。

丘間的山嶺上，普勒爾東北卻沒有陣地，但遮蔽物眾多。即使英軍印第十七師的第十八旅，在五月初對這些丘陵掃蕩過；到五月底之前第二十三師第一旅又重複進行掃蕩；英軍的努力顯示無法防止果敢的日軍小股部隊在普勒爾東方山區滲透。

六月十六日，溫井親光大佐到了隆果爾，但是五天後，他的部隊在空地遭英軍轟炸機逮到，死傷慘重，尤其是工兵。他自己也受到轟炸，他退到了庫台庫隆。六月二十六日，英軍炮兵發現他在那裡，便在晚上以每十分鐘一次，規則性地炮轟他的部隊。儘管日軍山炮以最大射程轟擊普勒爾機場，英機依然不停起飛降落。溫井親光大佐無法阻止他們，便決心放棄以全力來進攻機場的念頭，換成派出一支「輕裝突擊隊」作閃電攻擊。七月二日，由井上助藏（Inoue Sukezõ）大尉率領 13 名隊員，突破進入機場。一星期後，山田准尉率領隊員 9 人，破壞了市內的倉庫。

這些攻擊大有斬獲，井上助藏大尉那一隊，放火燒掉了英軍 13 架戰鬥機與偵察機，七月四日安然歸來。溫井親光大佐很冷靜且滿意地觀察到，其後的許多天，英軍戰鬥機的活動大為減少。七月九日晚上，山田准尉找到了普勒爾的武器堆集所和燃油庫，將它們炸毀，引起熊熊大火，十日全員歸隊。據英國陸軍指揮官回憶，「這是日軍很成功的行動。」（雖然他以為參與的日軍為 7 人，且將燒毀飛機的報告說成 8 架。）[145]

不過這只是山本募少將的最後一擲，他聽見溫井親光大佐使用「輕裝突擊」戰術，而不是使用全部兵力，他便下令從第三十一師團暫時配屬給他一個單位，調到前線。但這個單位並

---

145 Slim, *Defeat into Victory*, p. 334.

沒有動，因為他們的補給消耗完了。當地村民對他的搜索極其痛恨，手下官兵不得不一天用半品脫的麥片粥代替他們剩下的米，混合野菜和粉狀的味噌；用來駄運補給品的七十二頭水牛，則被宰殺充糧。

七月十三日，山本募少將接到第十五軍命令，從申南（Shenam）往坦能帕（Tengnoupal）地區撤退；進入卡巴盆地；向茂叨及耶瑟久前進。他把司令部設在查木耳（Chamol），命令溫井大佐的部隊掩護他撤退。七月二十三日晚上，溫井大佐的工兵爆破了在西朋的最後一座橋。一門山炮阻擋了英軍的前進，英軍困惑的是，後來沒偵查到這門炮，也沒虜獲這門炮。原因很簡單，這門消失的山炮，指揮的為飛田弘（Tonda Hiroshi）中尉，他讓日軍步兵有時間撤退，他自己待在前線。到他發射最後一發炮彈，便將山炮分解，藏在小徑下，炮手只帶了炮管與擊發撞針離開。

七月二十四日，山本募的司令部撤出查木耳，英軍便攻進村內；但沒有強力攻擊，使他們得以集合第十五及第三十三師團的落伍士兵，以及遭轟擊後的殘餘印度國民兵。不過這時口糧配給少到一天只有四十八克，而在莫雷證明了就地搜索糧食了無用處，什麼稻穀和蔬果都找不到。

山本募少將也和其他將領一樣，受夠了牟田口廉也。當藤原岩市參謀再度從第十五軍司令部來和他在一起談及撤退，山本募少將回答得明白：「迄今為止，我服從軍部的命令，但是從今以後，我要依自己的判斷移動。」[146] 藤原岩市參謀帶給他的命令為：據守莫雷，直到七月三十一日。但山本募少將見到地區中已

146　戰史叢書，《因帕爾作戰》，下卷，頁175。

沒有落伍的日兵後，提前一天出發，全程步行，退向欽敦江的西塘（Sittaung），八月二日抵達。第十五軍命令他阻止英軍前進並掩護第三十三師團主力的撤退，將指揮部設在耶瑟久。他不理這個命令，而從溫井部隊中派出一個中隊，作為抵拒迫近英軍的一個象徵。他以前對待伊藤少佐和上田大佐的態度，顯示出他對部屬有多麼嚴厲，那時是在申南鞍部作戰，他們對他的無理要求表示抗議。而現在，他自己也受夠了長官的命令。

第十九回 四戰科希馬
佐藤解職

第三十一師師團長佐藤幸德，猜想牟田口要使用他那忍飢挨餓、軍服襤褸的部隊，發動一次新攻勢。他猜對了。六月二十五日，第十五軍一道命令到達，要他在敏達集結師團兵力攻擊普勒爾。會把山本募少將的兵力配屬給他，可佐藤一直在找糧食。在胡買恩的野戰醫院，他奉令把傷患留在那裡，已經沒有吃的了。在西面的敏達以及山丘一帶，更幾乎甚麼都沒有。他便決定派師團主力收集稻穀，其餘兵力向欽敦江前進。

七月七日，牟田口取消前令，告訴佐藤，派出師團中三個步兵大隊及一個炮兵大隊到謬吉特（Myochit），到那裡由山本募少將指揮。佐藤便派第一三八聯隊的兩個大隊、第一二四聯隊第二大隊及山炮大隊前往謬吉特，然而這支兵力到了那裡，不管山本募少將如何堅持，卻拒絕移動。

在新命令後兩天，佐藤接到第十五軍命令，發令日期是七

月七日,免去他師團長一職,繼任人為河田槌太郎(Kawada Tsuchitarō)中將,佐藤幸德中將則歸給仰光的緬甸方面軍司令部。七月十日,第十五軍司令部又指示,「該員即赴新職,毋庸等待繼任到職。」

佐藤中將對這一情勢大喜過望,在他看來,調到位階高於第十五軍的總部,他可以把自己的見解向方面軍司令官河邊正三中將表達,先打一個電報去—「整個在欽敦江兩岸的軍隊,居於無法忍受的狀況。」—他向第三十一師團道別後,便出發到孔東的第十五軍司令部去。

他求見軍參謀長久野村少將,這下輪到久野村擺譜了,放話說他病了,不肯見佐藤。佐藤立刻去訪高級參謀木下(Kinoshita)大佐,向他耳中又複誦一番第十五軍不負責任,告訴他馬上把補給品運到欽敦江去。他也不造訪牟田口,在七月十三日離開孔東,從欽敦江順流向下到葛禮瓦。他也在那裡暴跳如雷,告訴輸送隊加快運送補給品給第三十一師團。

七月二十二日,佐藤到了仰光,他業已堅決請求召開一次軍事法庭。在過程中,他決定將第十五軍以及其腐敗的參謀公諸於世,而且在法律範圍,證明他本身行動的正當性。的確在幾個星期以前,差一點舉行一次軍事法庭,由於牟田口業已報告方面軍司令河邊中將,他認為佐藤中將已經逾越他。當牟田口知道宮崎繁三郎部隊的真正兵力,十分生氣,而這支部隊已在六月四日,由第十五軍指揮。他說:「第三十一師團長違背了本軍對宮崎部隊兵力及任務的計畫……這一次,我恐怕我們有一件必須由軍法處理的案子了。」[147] 牟田口致電給佐藤,根

147　戰史叢書(OCH),《因帕爾作戰》,下卷,河邊日記,頁114。

據軍部的命令，變更宮崎部隊的兵力。佐藤只不過將這份命令扔進廢紙桶裡，還引用一句成語：「為時已晚」，最後與牟田口斷絕無線電報接觸。在另一方面，牟田口在六月二日告訴佐藤向烏克侯爾前進，他對佐藤的撤退，先前加以遮掩，因為他不要有這件醜事：在日本陸軍史上前所未聞，一位師團長以自己的權力，直接違背軍部命令，自戰線上撤退。

佐藤幸德中將為自己就審，蒐集各項文件。他後來回憶說道：

> 我仔細聽過軍中與各師團間所有往來的電報後，對幾乎失敗收場的因帕爾戰役，可以達成一種見解。從一開始軍部就無能力指揮，加上前線戰場軍隊的實況，在五月下旬，本人就知道沒有成功的希望。而第十五軍僅僅為了面子的理由在執行。每一個師團兵力都已枯竭，我們所能做的一切，就是等待屠戮。本人認為一定要讓他們將這瘋狂的因帕爾作戰終止。
>
> 第十五軍軍長，不是一位能靜聽實際戰況報告或意見表達的人。本人致電給緬甸方面軍請取消此一作戰，但毫無結果。因此不論牟田口廉也中將會多麼堅持士兵繼續下去，本人開始取消本師團作戰行動，避免引起前線崩潰，被迫將本師團向後方移動。
>
> 由於此舉動，本人挽救全師團，免於了無價值的殲滅，也避免第十五軍其他部隊免於摧毀。[148]

---

148 同前，頁101。

佐藤的立場受到否定。河邊正三中將業已在七月三日,決定終止因帕爾作戰。他的司令部窮於應付緬甸北面前線的危機,面對華軍、史迪威、以及強大壓力的溫蓋特(原本不應該投入此處)縱隊。他不得不策畫第十五軍撤退。河邊正三最不願做的事,就是在他手中以軍法處置麾下一名將領。這件事了無裨益,而且會向全世界暴露方面軍司令部的恥辱。因此,方面軍司令部決定以醫學處理這件事,判決佐藤幸德中將為「在戰爭劇烈的壓力下導致精神錯亂。」南方軍、緬甸方面軍的副官處長,以及東京陸軍省的派遣官開會,在一九四四年十一月二十三日決定作出不起訴的處分。佐藤幸德中將在這天待命,翌日編入預備役。

第二十回 「ウ號作戰」結束

六月二十六日,第十五軍參謀長久野村命令第三十一師團,加入對普勒爾的攻勢,不只是因為佐藤疲累的部隊,湊巧在那一帶地區,運用方便。佐藤幸德拒絕第三十一師團與第十五師團合作,由東面及北面進攻因帕爾。佐藤堅持向南運動以覓食,這意味著牟田口攻占因帕爾幾個最後計畫之一,已經失敗。事實上,六月七日那天,在牟田口和緬甸方面軍河邊談過後,回到孔東的軍司令部,便知道他這一場豪賭輸了。不過還是有辦法補償他的損失,倘若能將第三十一師團調到申南—普勒爾地區作戰,而第三十三師團在新師團長田中信男指揮下,自南面對因帕爾另行攻擊,應該可能使前線穩定。田中信男對前任柳田麾下幾個被打垮的聯隊,很成功地幫他們打氣。牟田口希望,即令拿不下因帕爾,

他應能攻占比仙浦。田中信男業已顯示了他的氣概，在五月十八日令步兵第二一四聯隊第一大隊長齋藤少佐，進行一次夜間攻擊。在這次攻擊中，齋藤少佐和他那個大隊360名官兵（全大隊有380人）都戰死。十天後，大隊中倖存的20人又進行一次攻擊，想為大隊長報仇，也被英軍一掃而空。

田中的運氣比山內正文中將繼任者第十五師團長的柴田卯一中將要好一點。柴田卯一知道他也不得不像一位吞火魔術師，下令鼓舞官兵前進；可是對垂頭喪氣的士兵來說，幾近餓死在泡水的壕溝中，對這種號召充耳不聞。他們的士氣低到谷底，頂多只是在敵人攻擊時，回應敵人的射擊，而且也只有在新師團長兇狠的訓斥下才做。如果緬甸方面軍司令官河邊正三中將這時下令終止這場戰役的話，牟田口至少還能說幾乎達成各級高階司令部所希望的防衛地步，雖然與他自己所希望的相差很遠。部隊應該可以撤退到滴頂地區，穿過茂叩西北山丘到欽敦江西岸高地這一線。[149]

木下（Kinoshita）參謀官草擬這個計畫，牟田口將這個計畫考慮了一下，默默無語，又突然告訴久野村發電報給仰光的方面軍司令部。這個計畫應該會受到方面軍同情與接受，因為河邊正三司令對前線的印象已經向他顯示出，勝利多麼遙不可及。他後來寫道：「我回仰光時，不斷看到一批批日兵，在傾盆大雨下離開前線；也看到印度人，即我派往普勒爾作戰的印度國民軍的臉色。如果我能冷靜地觀察這一戰，那時就能當場取消這次作戰了。」[150] 不過，他也寫到有一個超過自己更有名

149　兜島裏，《英靈之谷》，頁163。
150　同前，頁166。

第四章 劍裂矢盡

的人,支配了他的判斷;而且奇怪的是,他並不是指日本天皇。「只要有人的手能舉起來握住一件武器,我就知道戰鬥一定要繼續打下去。印度和日本兩國的命運,全靠這一戰,錢德·鮑斯就是關鍵。」[151] 因此,河邊立刻覆電給牟田口廉也中將:

> 獲悉第十五軍消極悲觀之表現,本人深感意外。身為方面軍司令官,必須重述吾人唯一職責為准許吾人採取攻勢。要求貴官繼續奮鬥,全心全力達成貴官職責;至於第三十一師團,貴官須以最嚴厲手段加以處置。[152]

這則電報除去了牟田口心中所有顧忌,現在他內心的狀態遠遠不是如何努力達成職責,而是孤注一擲,不管他成不成功,這是日本人處理這一戰役的特色。當河邊敦促第十五軍軍長牟田口廉也作更大的努力,但也致電南方面軍司令部及東京,尋求取消所有行動。而這時,牟田口內心深處,業已知道最後失敗的苦楚,卻仍然鞭策濕透、餓慌的殘餘兵力,再度進行作戰。[153]

---

151 河邊正三方面軍司令官從第十五軍的回程中,曾造訪鮑斯,鮑斯宣稱他要繼續戰鬥和解放印度那種激烈的熱情,河邊深為感動。不論暫時有什麼挫折,7月12日,緬甸方面軍參謀長中永太郎中將去看他,向他報告日軍取消因帕爾作戰。牟田口宣布,他要自己的人留在印度國境,而不撤退到曼德勒以南。戰史叢書,《因帕爾作戰》,下卷,頁156。
152 同上,下卷,牟田口廉也戰後回顧,頁149。
153 似乎有點疑問,在這時的牟田口廉也相當精神錯亂。(不論以前懷疑他的神智有問題)他在戰術指揮所附近有一塊小小空地,稱為「竹城所」裡面豎有竹竿,指向東西南北的四個方向,他將竹竿加以裝飾。每天凌晨他走近竹竿,朝拜日本的「八百萬神」。他的勤務兵說,他會在半夜起床大叫:「我屋內地板下有怪物,立刻派兵來趕走!」勤務立即請人把這處所加以清掃,當然沒有發現什麼不祥之物。三國一郎編,《昭和史探訪》,第四卷,高木俊朗,〈無謀的因帕爾作戰〉,1974,頁105。

他下達了最後一道攻擊命令：第十五師團自索巴爾（Thoubal）進兵攻擊普勒爾；第三十一師團的殘餘部隊自謬約特進攻，而第三十三師團的第二一四聯隊，則自南面攻擊因帕爾。牟田口這一把牌洗過好多次，不過這一回僅有微乎其微的希望。第十五師團的參謀業已爭論不休，他們是不是應該打下去，或者照佐藤中將所說的結束戰爭。最終，他們的部隊根本自戰場上飄逝。第三十三師團業已被考萬的印第十七師所包圍，根本無法派出第二一四聯隊去攻普勒爾；而第三十一師團業已拋掉了他們的武器，對於第十五軍的這道命令沒有反應，牟田口廉也不可避免的放棄了；七月九日，他下令全軍撤退。

河邊正三司令也下達命令，不過是在病床上，由於阿米巴原蟲（痢疾）而病倒。六月二十五日，他聽到英軍已突破在科希馬到因帕爾公路據守的日軍戰線，也就是說，這一作戰結束了。第二天，他聽到佐藤幸德自烏克侯爾撤退，已通過胡買恩。牟田口廉也來的電報，用上一句不祥的成語：「倘若再有千分之一的機會，我們一定前進越過防禦的……」

他告訴青木參謀立即赴南方軍總部報告危機已經到來。請青木帶了一封私函給寺內壽一大將的總參謀長木村兵太郎中將。[154] 青木參謀在六月二十九日搭飛機自仰光飛往馬尼拉。[155] 南方軍也和河邊正三一樣表裡不一，在六月二十日，還把攻占因帕爾列為緬甸作戰的最高優先，甚至建議撤退正在掩護阿拉干海岸的部隊，來增援牟田口廉也的第十五軍。一個諷刺的巧

---

154 譯註：據日軍《大事年表》，1944年3月22日至12月26日，南方軍總參謀長為飯村穰中將。
155 兜島裏，《太平洋戰爭》，下卷，頁168。由於天氣惡劣，青木參謀直到七月三日才離開仰光。

合，英軍皇家海軍也選擇了那一天，在安達曼群島發動一次大規模攻擊，暗示英軍或許企圖越過孟加拉海灣，對緬甸進行自海上登陸的攻擊。南方軍比照河邊正三的例子：要照會後方。故派出美山要藏（Miyama Yōzō）大佐赴東京大本營，請示對緬甸作戰未來方向的看法。東京方面眼見因帕爾前線崩潰，及來自緬甸遠北方胡康河谷及雲南方面的威脅，而且密支那已遭攻占；在六月二十九日，將其觀點經由美山要藏大佐轉達。

一九四四年七月一日，青木大佐抵達馬尼拉，他將河邊正三方面軍司令官的來信，添上自己的報告文字，立即自馬尼拉發電報給東京參謀本部，清楚說明河邊正三的觀點，因帕爾作戰應予取消。東京同意。七月二日南方軍自馬尼拉下達命令：

> 緬甸方面軍總司令要加強薩爾溫江以西及北緬地區作戰，以摧毀敵人想聯接印度及中國公路之計畫，並計畫在欽敦江以西地區實施抵抗作戰，以對抗曼尼普爾河地區之敵。

七月三日凌晨兩點三十分，河邊正三在病床上接到了這份電報，他說話艱難，兩眼深窪，雙頰枯瘦，痢疾瀉掉了他一身的力氣。因此，第十五軍軍長牟田口廉也的美夢，也是河邊正三一年以來主要的急務，為他的官兵帶來數以萬人計的死亡，就像氣泡一般戳破了。河邊正三司令官在病床上痛苦不已，不能入睡，等待天明。[156]

即令到了這時，他依然沒有本事下命令作全面撤退，以電

156　《太平洋戰爭密錄》，第三卷，頁207。

報發給第十五軍軍長牟田口廉也中將,要他預期任務會有變更,還問是不是還預期攻下因帕爾。這種問法背後的理由,便是如果第十五軍往後撤退到欽敦江,怕英軍經過普勒爾追擊,會把這個軍完全消滅,他要確切能沿著這一軸線阻止英軍。七月五日發出電報,取消因帕爾作戰。不過,這一命令也包含了一個虔誠的希望,牟田口廉也中將能守住從因帕爾來的公路,沿著欽敦江,緊緊守住一道防禦陣地。[157]

如同我們所見,牟田口廉也難以置信的,決定以第十五軍殘餘的兵力,對普勒爾作一次最後的突擊。從第三十一師團抽調三個步兵大隊和一個炮兵大隊。當時,第三十一師團還在謬吉特(Myochit),這支兵力併入山本募少將的部隊。七月五日,牟田口廉也接到河邊正三電報,他斷定自己攻擊普勒爾,正合上意,儘管已經取消了因帕爾作戰。在七月七日,他還下令給第三十三師團派出三個步兵大隊加入攻擊。他還告訴第十五師團,向因帕爾採取攻勢,為了使在其他地方的英軍受到壓力。

河邊正三收到牟田口廉也關於他攻擊計畫的報告,感覺進退維谷。這種攻擊與取消因帕爾作戰並不符合,更不要說還要在欽敦江占領防禦陣地;此計畫看來忽略了日本師團的真實情況,例如,第三十三師團現正遭受印第十七師強大的壓力,若從該師團抽調一支勁旅,會使整個師團的撤退陷入險境。

七月十一日,河邊致電牟田口,停止該軍將要對普勒爾的進攻。緬甸方面軍開始重行計畫在緬甸作戰的未來方向,雖然兵力已大量減損根本成不了大事。

---

157 戰史叢書(OCH),《因帕爾作戰》,下卷,緬甸方面軍作戰參謀扶河中佐的回顧,頁153。

一身破爛軍服的各師團官兵，步履踉蹌的沿著山間的道路往後走，武器丟了，一隻手抓根棍子，另一隻手抓個飯盒，在傾盆大雨下痛苦地蹣跚而行。運氣好的傷患，由馬拖的木橇拖到欽敦江，運氣差的在濕透的擔架上顛顛簸簸，傷勢更重的就躺在路徑的兩旁。傷口沒能處理的痛楚、餓得發瘋，還有瘧疾和痢疾的內在折磨，使得他們痛苦得哀求經過的同袍，給他們一枚手榴彈，就此了結自己。

還有一些傷患，虛弱得甚至求人給他手榴彈都開不了口。躺在地上的腐屍任由蛆蟲在眼睛內、鼻孔中、嘴巴裡蠕動鑽爬。即令能行走的傷患，也筋疲力盡得沒有勁拂掉和頭髮糾結在一起的白蟲子。所以他們奇怪的外表就像是頭髮灰白的哲人，在叢林小徑上蹣蹣跚跚，緊跟著他們的，是痛楚的哀叫：「弟兄，給我一個手榴彈⋯⋯一個手榴彈，弟兄！」

他們不再是軍人了，戰史學家兜島襄寫道：「第十五軍一旦從激戰中脫離，已不再是一支完整的軍隊，而是一夥筋疲力盡的人。」[158] 當他們被迫走下卡巴盆地，那裡是每一種痢疾桿菌、斑疹傷寒、瘧疾的陷阱，他們的將領還力求保持一個有組織撤退的樣子。接替佐藤幸德職務的第三十一師團長河田槌太郎（Kawada）中將，揮動一根6呎長的長棍，穿著襪子慢慢走，一視同仁地對官兵邊罵邊打氣。

到了西塘，日軍等著運過欽敦江，英軍飛機對著他們俯衝掃射，兩岸堆滿了屍體，屍體上不可能分辨得出是泥濘或血，被蛆蟲吃掉的是人屍，或者是一堆泥土了。有些屍體業已遭啃得乾乾淨淨。英軍的戰鬥機飛走了，接著它們在空中的位置是一群群盤旋的兀鷹。

158　兜島襄，《太平洋戰爭》，下卷，頁169。

普勒爾——德穆公

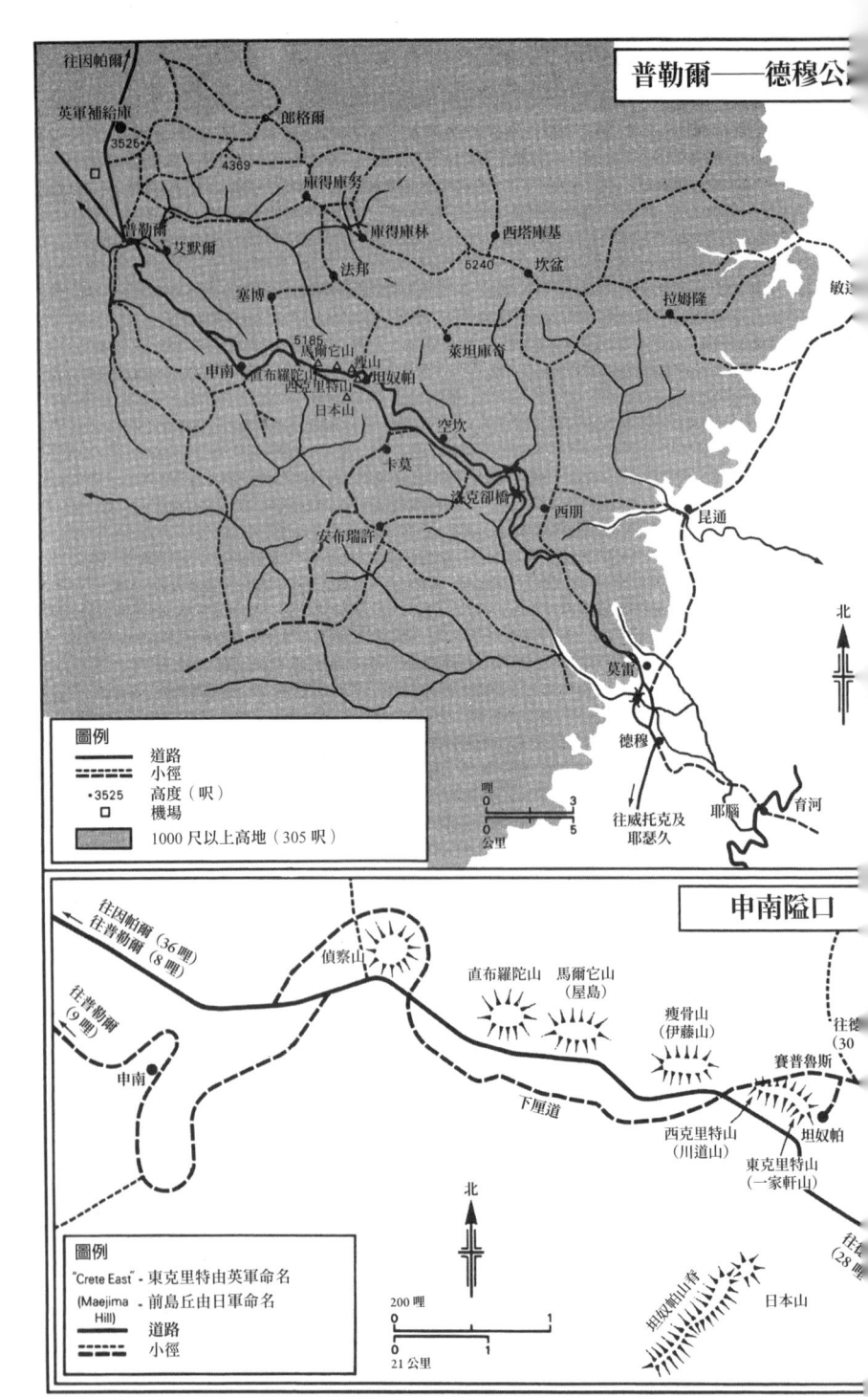

地名標註：
往因帕爾、英軍補給庫、3526、郎格爾、4369、庫得庫努、西塔庫基、普勒爾、艾默爾、庫得庫林、法邦、5240、坎盆、拉姆隆、敏達、塞博、5185、馬爾它山、萊坦庫奇、申南、直布羅陀山、鞍山、西克里特山、坦奴帕、日本山、空坎、卡莫、漯克卻橋、西朋、昆通、安布瑞許、莫雷、德穆、耶腦、育河、往威托克及耶瑟久

圖例
- 道路
- 小徑
- •3525 高度（呎）
- □ 機場
- 1000 呎以上高地（305 呎）

比例尺：哩 0 3 5 ／ 公里 0 5

北

申南隘口

往因帕爾（36哩）
往普勒爾（8哩）
往普勒爾（9哩）
偵察山
直布羅陀山　馬爾它山（屋島）
瘦骨山（伊藤山）
往德（30）
賽普魯斯
申南
下厘道
西克里特山（川道山）
坦奴帕
東克里特山（一家軒山）
往（28哩）
坦奴帕山脊
日本山

圖例
- "Crete East" - 東克里特由英軍命名
- (Maejima Hill) - 前島丘由日軍命名
- 道路
- 小徑

北

比例尺：200哩 0 1 ／ 21公里 0 1

A-17　日本第七十五師團步兵第五十一聯隊長尾本大佐及副官在南士貢觀戰。（史托利收藏）

A-18　1944年6月第三十三軍及第四軍前哨在因帕爾到科希馬路上會師。（帝國戰爭博物館）

日落落日：最長之戰在緬甸 1941-1945（上）

A-19　印度第二十師師長格雷西少將（後升爵士），1945年攝於西貢，當時指揮法屬印度的英軍。（帝國戰爭博物館）

A-20　因帕爾授勳儀式。因帕爾日軍撤退後，由魏菲爾將軍代表英王授爵第十四軍團長及三位軍長。前排由左至右：史林姆中將（後升為陸軍元帥子爵），克里迪森中將（第十五軍），史肯斯中將（第四軍），以及史托福中將（第三十三軍）。（帝國戰爭博物館）

A-21 緬甸寺廟守護神獸「欽迪」。溫蓋特選「欽迪」作為他的遠征軍的象徵。（P. 伍華德）

A-22 溫蓋特坐在一架運輸機內，機內已改為運載驢子。（帝國戰爭博物館）

日落落日:最長之戰在緬甸 1941-1945(上)

A-23　佛格森少校(巴倫特雷勳爵)(後升旅長),在溫蓋特第一次遠征擔任縱隊指揮官,後來的「週四作戰」擔任第十六旅旅長。(帝國戰爭博物館)

A-24　1945年3月16日,英軍行軍經過蒙育瓦。(帝國戰爭博物館)

A-25 1945年2月，漂浮在瑞麗江上的日軍屍體。（帝國戰爭博物館）

A-26 第二師第五旅三位營長。由左至右：馬凱斯特中校（卡麥隆營）、懷特中校（多賽特營），艾文中校（伍斯特營）。（帝國戰爭博物館）

A-27 在第三十三軍位於敏努的灘頭堡，史都華坦克準備橫渡伊洛瓦底江。（帝國戰爭博物館）

A-28 在壘固村,旁遮普的十五團第四營正在渡過伊洛瓦底江。(帝國戰爭博物館)

A-29 「乳房寶塔」是在橫渡伊洛瓦底江時的一個被讚美的路標。(P. 伍華德)

日落落日：最長之戰在緬甸 1941-1945（上）

A-30　印度第十九師師長里斯少將，1945年3月在曼德勒督戰。（P. 伍華德）

國家圖書館出版品預行編目資料

日落落日：最長之戰在緬甸 1941-1945（上冊）/ 路易士‧艾倫（Louis Allen）著；朱浤源、黃文範、蕭明禮、楊力明、李軼等譯 -- 初版 . -- 臺北市：黎明文化事業股份有限公司 , 2023.08

　　面； 公分

譯自 Burma: The Longest War 1941-45

ISBN：978-957-16-1003-0（全套：平裝）

1.CST: 第二次世界大戰 2.CST: 戰史 3.CST: 緬甸

592.9154　　　　　　　　　　　　112012068

圖書目錄：598029（114-10）

日落落日：
最長之戰在緬甸 1941-1945（上冊）

作　　　者	路易士・艾倫（Louis Allen）
譯　　　者	朱浤源、黃文範、蕭明禮、楊力明、李軼等
董 事 長	黃國明
發 行 人	
總 經 理	詹國義
總 編 輯	楊中興
副 總 編 輯	吳昭平
美 編 設 計	楊雅期
出 版 者	黎明文化事業股份有限公司
	臺北市重慶南路一段 49 號 3 樓
	電話：（02）2382-0613 分機 101-107
	郵政劃撥帳戶：0018061-5 號
發 行 組	新北市中和區中山路二段 482 巷 19 號
	電話：（02）2225-2240
臺 北 門 市	臺北市重慶南路一段 49 號
	電話：（02）2311-6925
公 司 網 址	郵政劃撥帳戶：0018061-5 號
	http://www.limingbook.com.tw
總 經 銷	聯合發行股份有限公司
	新北市新店區寶橋路 235 巷 6 弄 6 號 2 樓
	電話：（02）2917-8022
法 律 顧 問	李永然律師
印 刷 者	中茂分色製版印刷事業股份有限公司
出 版 日 期	2025 年 9 月初版 1 刷
定 　 　 價	新台幣 1200 元（上、下二冊合購，不分售）

版權所有・翻印必究◎如有缺頁、倒裝、破損，請寄回換書
ISBN：978-957-16-1003-0（全套：平裝）

Burma: The Longest War 1941-45 by Louis Allen
Copyright©2019 by Tim Allen
The Work has been authorized by the Proprietor to be published and distributed in Traditional Chinese character and Simplified Chinese character versions by LI MING CULTURAL ENTERPRISE CO. LTD. in Taiwan or Mainland China.
All Rights Reserved